Klös

Nanoelektronik

Alexander Klös

Nanoelektronik

Bauelemente der Zukunft

2., aktualisierte und erweiterte Auflage

Über den Autor:
Prof. Dr.-Ing. Alexander Klös, Technische Hochschule Mittelhessen,
Fachbereich Elektro- und Informationstechnik

Print-ISBN: 978-3-446-47899-2
E-Book-ISBN: 978-3-446-47900-5

Alle in diesem Werk enthaltenen Informationen, Verfahren und Darstellungen wurden zum Zeitpunkt der Veröffentlichung nach bestem Wissen zusammengestellt. Dennoch sind Fehler nicht ganz auszuschließen. Aus diesem Grund sind die im vorliegenden Werk enthaltenen Informationen für Autor:innen, Herausgeber:innen und Verlag mit keiner Verpflichtung oder Garantie irgendeiner Art verbunden. Autor:innen, Herausgeber:innen und Verlag übernehmen infolgedessen keine Verantwortung und werden keine daraus folgende oder sonstige Haftung übernehmen, die auf irgendeine Weise aus der Benutzung dieser Informationen – oder Teilen davon – entsteht. Ebenso wenig übernehmen Autor:innen, Herausgeber:innen und Verlag die Gewähr dafür, dass die beschriebenen Verfahren usw. frei von Schutzrechten Dritter sind. Die Wiedergabe von Gebrauchsnamen, Handelsnamen, Warenbezeichnungen usw. in diesem Werk berechtigt also auch ohne besondere Kennzeichnung nicht zu der Annahme, dass solche Namen im Sinne der Warenzeichen- und Markenschutz-Gesetzgebung als frei zu betrachten wären und daher von jedermann benützt werden dürften.

Die endgültige Entscheidung über die Eignung der Informationen für die vorgesehene Verwendung in einer bestimmten Anwendung liegt in der alleinigen Verantwortung des Nutzers.

Bibliografische Information der Deutschen Nationalbibliothek:
Die Deutsche Nationalbibliothek verzeichnet diese Publikation in der Deutschen Nationalbibliografie; detaillierte bibliografische Daten sind im Internet unter http://dnb.d-nb.de abrufbar.

www.hanser-fachbuch.de
Lektorat: Dipl.-Ing. Natalia Silakova-Herzberg
Herstellung: Frauke Schafft
Coverkonzept: Marc Müller-Bremer, www.rebranding.de, München
Titelmotiv: © Alexander Klös
Satz: Alexander Klös
Druck: CPI Books GmbH, Leck
Printed in Germany

Vorwort

Die Anforderungen an das Fachgebiet der Mikroelektronik in der Lehre haben sich in den letzten Jahrzehnten stark verändert. Bis in das Jahr 2000 reichte für eine Vermittlung von Inhalten, welche nicht nur die Systemebene, sondern auch die Funktionsweise der integrierten Bauelemente betrachten, häufig eine semiklassische Beschreibung aus. Die stetige Verkleinerung der Strukturgrößen bis in den Bereich weniger Nanometer macht inzwischen eine tiefer gehende Betrachtung notwendig, welche Quanteneffekte wie beispielsweise den Tunneleffekt mit einbeziehen muss. Das Fachgebiet der *Nanoelektronik* ist entstanden. Die Lehre auf diesem Gebiet steht vor der Herausforderung, sowohl die physikalischen Grundlagen zum Verständnis dieser Effekte als auch das Klemmenverhalten von Bauelementen für eine Betrachtung im Schaltungsverbund zu vermitteln. Für Bachelor- und Masterstudierende der Elektrotechnik bleibt im Studium wenig Zeit, sich in die Grundlagen der Halbleiterphysik einzuarbeiten. Studierende der Physik decken diesen Teil zwar mit großer Tiefe ab, erreichen aber oft nicht eine Sichtweise in Bezug auf das Bauelement in einem Netzwerk.

Hier soll das vorliegende Buch einen Beitrag liefern. Es ist auf Grundlage von Vorlesungen entstanden, welche ich seit vielen Jahren auf den Gebieten der *Nanoelektronik* und *Festkörperelektronik* für Studierende der Elektrotechnik in Bachelor- und Masterstudiengängen an der Technischen Hochschule Mittelhessen halte. Bei der Konzeption des Buchs stand im Vordergrund, dass es als alleinige Grundlage für eine Vorlesung auf dem Gebiet mikroelektronischer oder nanoelektronischer Bauelemente geeignet ist.

Die Erläuterungen einer Vielzahl physikalischer Effekte in Halbleitern verlangen keine Vorkenntnisse, welche über die Grundlagen der Elektrotechnik hinausgehen. Das Buch enthält eine Einführung in die Grundlagen der Halbleiterphysik und -technologie bis zu einer Tiefe, wie sie zum Verständnis für den Einfluss von Quanteneffekten auf das Klemmenverhalten der Bauelemente notwendig ist. Dies erlaubt auch Bachelorstudierenden, einen Einblick in die besondere Funktionsweise von Schaltelementen der Nanoelektronik zu erhalten. Für Studierende von Masterstudiengängen sind detaillierte Ableitungen quantenmechanischer Grundlagen und der Kennliniengleichungen von Bauelementen enthalten.

Zur Unterstützung des Lernerfolgs schließen die meisten Kapitel mit Wiederholungsfragen, welche die erläuterten Zusammenhänge ohne notwendige Berechnungen abfragen. Übungsaufgaben mit Musterlösungen dienen der weiteren Vertiefung des Lernstoffs.

In Ergänzung zu den Rechenbeispielen wird in einigen Kapiteln auf die Simulationsplattform *http://nanohub.org* der Purdue University (USA) verwiesen. Hier stehen (nach kostenloser Registrierung) eine Vielzahl von Online-Simulationstools für das Gebiet der Nanoelektronik zur Verfügung, welche das Verständnis der Inhalte zusätzlich unterstützen.

Das Buch umfasst mit den Kapiteln 2, 3, 4 und 5 eine für Elektrotechnikstudierende geeignete Einführung in die Grundlagen der Halbleiterphysik, welche die in Bauelementen der Nanoelektronik in Erscheinung tretenden besonderen Effekte enthält. Kapitel 6 gibt einen kurzen Überblick über die Grundlagen der Halbleitertechnologie, wie er zum Verständnis der im Buch vorgestellten Bauelementstrukturen notwendig ist. Studierende der Physik können von der Beschreibung der Funktionsweise einer Vielzahl klassischer Bauelemente der Mikroelektronik in Kapitel 7, ausgehend von den zugrunde liegenden physikalischen Effekten bis hin zu ihrem Klemmenverhalten, profitieren. Kapitel 8 gibt eine Einführung die wichtige CMOS-Schaltungstechnik und Speichertechnologien.

Kapitel 9 führt nach Darstellung der technologischen Entwicklung der klassischen CMOS-Technologie in die heutige Großintegration ein und erläutert ihre Grenzen. Dabei steht das elektrische Verhalten des MOS-Transistors als immer noch wichtigstes Schaltelement im Vordergrund. Kapitel 10 stellt schließlich Bauelementstrukturen vor, welche als Ergänzung oder Ersatz des klassischen MOS-Transistors angedacht sind. Zum heutigen Zeitpunkt werden sie zwar bereits experimentell gefertigt, haben aber noch keinen Einzug in die Serienfertigung erhalten.

An dieser Stelle möchte ich den Doktoranden und Studierenden der Arbeitsgruppe *Nanoelektronik/Bauelementmodellierung* an der TH Mittelhessen danken, welche mit ihren wissenschaftlichen Arbeiten im Rahmen öffentlich geförderter Projekte auf dem Gebiet der Simulation und Modellbildung neuartiger Transistorkonzepte einen wichtigen Beitrag zu deren Verständnis und Beschreibung geleistet haben. Besonderer Dank gilt Dr.-Ing. Mike Schwarz für das Korrekturlesen der Inhalte dieses Buchs.

Schließlich einen besonderen Dank an meine Familie für die vielfältige Unterstützung meiner Arbeit in all den Jahren.

Gießen, im Mai 2018 Alexander Klös

Vorwort zur 2. Auflage

Kaum ein Gebiet der Ingenieurwissenschaften entwickelt sich so rasant wie die Nanoelektronik. Seit der Drucklegung der ersten Auflage dieses Buchs wurden neue Bauelementkonzepte entwickelt, die für die weitere Entwicklung der Großintegration sehr vielverspechend sind. Heute bereiten die drei wirtschaftlich größten Halbleiterhersteller den Übergang zu sogenannten Nanosheet-Transistoren vor. Durch konsequente Weiterentwicklung dieses Konzepts haben 2D-Materialien in der Nanoelektronik inzwischen eine große Bedeutung erlangt und werden für neue Transistorstrukturen erforscht. Diese Entwicklungen sind jetzt in der neuen Auflage des Buchs enthalten.

Weiterhin wurden die Grundlagenkapitel zur Halbleiterphysik erweitert, um dem Anspruch des Buchs als umfassendes und alleiniges Begleitbuch für Vorlesungen auch in Masterstudiengängen gerecht zu werden. Hierbei wird insbesondere der Einführung der Bandstruktur von Halbleitern und der Berechnung von Tunnelströmen mehr Raum gewidmet. Eine Vielzahl von kleineren Änderungen und Aktualisierungen in allen sonstigen Kapiteln und eine Übersicht der empfohlenen Simulationstools auf der Plattform nanohub.org runden die neue Auflage ab.

An dieser Stelle sei darauf hingewiesen, dass aus Gründen einer einheitlichen Darstellung im Text und in den grafischen Darstellungen der Punkt als Dezimaltrennzeichen entsprechend dem englischen Sprachraum verwendet wird.

Gießen, im Januar 2024 Alexander Klös

Inhalt

1 Einführung in die Nanoelektronik

In diesem Kapitel wird zunächst die Bedeutung der Mikroelektronik für technologischen Fortschritt erläutert. Anschließend wird das Gebiet der *Nanoelektronik* davon abgegrenzt. Die hierbei wichtigen grundlegenden physikalische Effekte der Mikrophysik werden benannt.

Lernziele

Die Lernenden ...

- kennen die technologische Entwicklung der Mikroelektronik,
- kennen die Abgrenzung von Mikro- zur Nanoelektronik,
- können die in der Nanoelektronik gegenüber der Mikroelektronik zusätzlich in Erscheinung tretenden physikalischen Effekte benennen.

1.1 Bedeutung der Mikroelektronik

Die in den vergangenen Jahrzehnten erreichte enorme Steigerung der Leistungsfähigkeit elektronischer Systeme beruht in hohem Maße auf dem Fortschritt der Mikroelektronik. Maßgeblich hierbei ist die Silizium-Technologie, welche durch kontinuierliche Verkleinerung der hergestellten Strukturgrößen einen stetigen Anstieg der Komplexität integrierter Schaltkreise bei immer geringerer Leistungsaufnahme ermöglichte (vgl. Bild 1.1). Damit wurden moderne mobile Anwendungen mit langer Akkulaufzeit bei hoher Rechenleistung wie beispielsweise das Smartphone geschaffen. Aber auch die Steigerung der Leistungsfähigkeit in Multi-Core-Prozessorsystemen wäre ohne die Vergrößerung der Integrationsdichte nicht möglich.

Als wichtigstes Schaltelement einer digitalen Schaltung auf einem VLSI-Chip (VLSI: engl. für *very large scale integration*) gilt seit vielen Jahrzehnten der MOS-Feldeffekttransistor (MOSFET), da mit ihm die geringste Leistungsaufnahme und höchste Integrationsdichte für ein komplexes System zu erzielen ist.

Die Silizium-Planartechnologie basiert auf der schrittweisen Abscheidung dünner Schichten auf einem *Silizium-Wafer* (einkristalline dünne Siliziumscheibe) und deren laterale Strukturierung. Daraus werden ausschließlich auf der Oberfläche des Wafers die funktionalen Bauelemente geschaffen. Die Dicke der abgeschiedenen Schichten ist schon seit Jahrzehnten im Bereich weniger Nanometer bis Mikrometer. Die lateralen Strukturen sind ebenfalls schon seit den neunziger Jahren im Submikrometerbereich. Dennoch spricht man erst seit ca. 15 Jahren im Bereich höchstintegrierter Schaltkreise von „Nanoelektronik“.

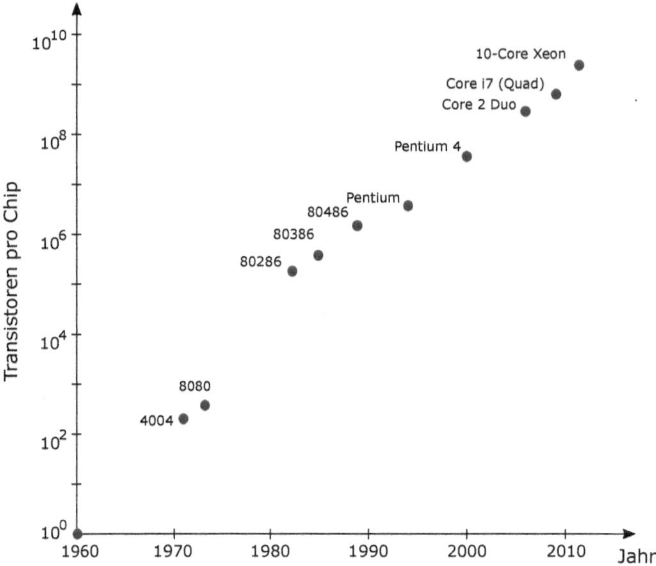

Bild 1.1 Historische Entwicklung der Anzahl integrierter Schaltelemente je Chip am Beispiel von Prozessorgenerationen

Die möglichst defektfreie technologische Realisierung von Strukturen im Bereich weniger Nanometer über die gesamte Obefläche eines Wafer hinweg, der heute einen Durchmesser von bis zu 450 mm hat, verlangt hochtechnologische Herstellungsprozesse im Reinraum. Der Bau einer Halbleiterfabrik kostet daher mehrere Milliarden US$, sodass weltweit nur noch wenige Unternehmen in der Lage sind, dieses finanzielle Risiko zu tragen.

Die Entwicklungskosten eines Mikrochips und die Auftragsfertigung in einer Halbleiterfabrik können bis zu mehreren Millionen US$ betragen. Nur mit genügend großer Stückzahl eines Integrierten Schaltkreises können die Entwicklungskosten so auf die einzelnen Chips umgelegt werden, dass ein Verkaufspreis von wenigen US$ erreicht wird.

1.2 Chancen der Nanoelektronik

Was unterscheidet *Nanoelektronik* von *Mikroelektronik*? In der Fachwelt spricht man von Nanoelektronik, wenn in Halbleiterbauelementen physikalische Effekte in Erscheinung treten, die in älteren Technologien überhaupt nicht erkennbar oder zumindest vernachlässigbar waren. Diese Effekte sind quantenmechanischer Natur und verlangen zu deren Beschreibung ein tiefgehendes Verständnis für die Betrachtung von Elektronen als Wellen oder Teilchen. Zwar basiert die gesamte Festkörperphysik im Kern auf dem Dualismus zwischen Welle und Teilchen, jedoch erlaubt die Einführung des sogenannten Bändermodells für kristalline Halbleiter in den meisten Fällen eine Beschreibung der elektrischen Effekte in mikroelektronischen Bauelementen auf Grundlage der klassischen Physik.

Für die Nanoelektronik ist diese Vereinfachung nicht mehr möglich; die Wellennatur des Elektrons hat einen wesentlichen Einfluss. Bei Abmessungen im Nanometerbereich hat man die Größenordnung der Wellenlänge von Elektronen im Bauelement erreicht. Dadurch wird insbesondere das *Tunneln* von Ladungsträgern durch Barrieren ermöglicht.

In Bauelementen der Nanoelektronik tritt der Tunneleffekt in zwei Arten in Erscheinung:

- Der Tunneleffekt kann als unerwünschter, parasitärer Effekt das elektrische Verhalten des Schaltkreises verschlechtern und verhindert damit auch die weitere Miniaturisierung der Bauelemente. Beispielsweise steigen Leckströme an, sodass ein energieeffizienter Betrieb bei Steigerung der Integrationsdichte nicht mehr erreicht werden kann.
- Der Tunneleffekt kann aber auch zur Steigerung der elektrischen Leistungsfähigkeit in neuartigen Bauelementen gezielt genutzt werden. Hierzu ist es notwendig, in einer Technologie Strukturabmessungen im Bereich weniger Nanometer kontrolliert herstellen zu können. Die heutige Technologie ist hierzu in der Lage.

Aber nicht nur das gezielte Nutzen quantenmechanischer Effekte macht neuartige Bauelemente der Nanoelektronik aus. Die Fähigkeit, in einer Technologie Strukturen von wenigen Nanometern Abmessung mit ausreichender Genauigkeit und Ausbeute herzustellen, erlaubt die Realisierung ganz neuartiger Transistorgeometrien. Als Beispiel sei die im Jahr 2011 eingeführte *FinFET-Technologie* genannt, welche einen grundlegenden Wandel der jahrzehntelang vergleichsweise ähnlich gebliebenen Herstellung des MOS-Transistors bedeutete. Führende Hersteller setzten mit dieser Technologie auf eine weitere Verkleinerung des einzelnen Schaltelements. Heute werden Konzepte für neue Transistorstrukturen mit funktionalen Schichten entwickelt, welche nur noch eine Dicke von wenigen Nanometern aufweisen, sogenannte *Nanosheets*. All diese weltweiten Forschungsanstrengungen in Industrie und Hochschulen zielen darauf ab, den Bedarf der Industriegesellschaft nach immer höherer Leistungsfähigkeit integrierter Schaltkreise zu decken.

Auch unter Verwendung dieser neuartigen Transistorstrukturen ist das Ende der Miniaturisierung beinahe erreicht. Die Funktionsweise des MOS-Transistors verschlechtert sich bezüglich seines Schaltverhaltens so immens, dass intensiv nach alternativen Konzepten für einen elektronischen Schalter geforscht wird. Die in Nanostrukturen in den Vordergrund tretenden Effekte können hierbei vielleicht als Grundlage für neuartige Transistorprinzipien genutzt werden.

2 Eigenschaften von Halbleitern

Nanoelektronische Bauelemente bestehen zum größten Teil aus Halbleitermaterialien. Daher sind für das Verständnis ihrer Funktionsweise Kenntnisse über die elektrische Leitfähigkeit dieser Materialien und der darin auftretenden Ladungen essenziell.

Lernziele

Die Lernenden ...

- können Metalle – Halbleiter – Isolatoren anhand ihrer Bandstruktur unterscheiden,
- kennen die Ursachen elektrischer Leitfähigkeit in Halbleitern,
- kennen die Ursache der Sperrwirkung einer Diode,
- verstehen die Grundlagen der Elektrostatik an einem pn-Übergang.

2.1 Struktur von Halbleitern

Die Leitfähigkeit eines Festkörpers wird durch die Konzentration an freien, beweglichen Ladungsträgern bestimmt, welche für einen Stromfluss zur Verfügung stehen. Im nächsten Abschnitt wird zunächst der grundsätzliche Unterschied in der Bandstruktur verschiedener Festkörper erläutert. Aufgrund der Bedeutung von Silizium für die Mikroelektronik und auch die Nanoelektronik werden in den nachfolgenden Abschnitten elektrische Eigenschaften von Halbleitern am Beispiel dieses Elements erläutert. Darauf aufbauend wird dann in späteren Kapiteln auf die Besonderheiten anderer Halbleiter hingewiesen.

2.1.1 Bandstruktur

Die Unterschiede in der sogenannten *Bandstruktur* von Isolatoren, Halbleitern und Metallen verdeutlicht Bild 2.1. Aufgrund der Ausbildung und Interferenz von Wellenfunktionen der Elektronen im Festkörper befinden sich nur in den sogenannten Energiebändern erlaubte Energieniveaus der Elektronen. In den dazwischenliegenden Bandlücken findet sich kein erlaubtes Energieniveau.

Nur Ladungsträger mit einer Energie entsprechend dem *Leitungsband* können sich im Festkörper frei bewegen. Wirkt nun ein elektrisches Feld auf diese Ladungsträger ein, dann entsteht eine gerichtete Bewegung und es fließt ein Strom.

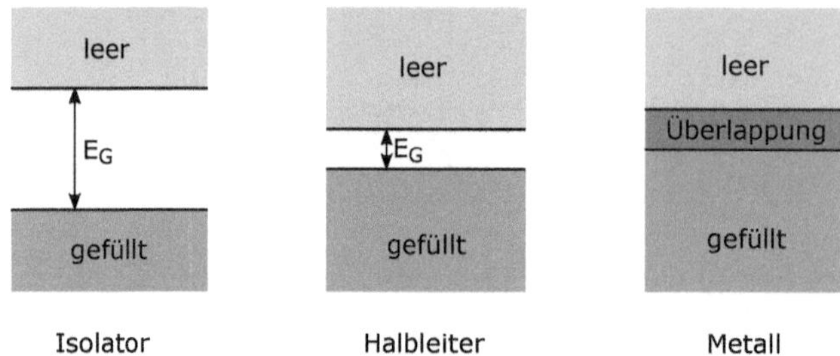

Bild 2.1 Schematische Darstellung der Bandstruktur von Isolatoren, Halbleitern und Metallen

Ladungsträger im *Valenzband* eines Atoms (wie auch Elektronen in Bändern mit geringerer Energie) sind an dieses gebunden und können daher nicht zum Stromfluss beitragen. Gelangen Elektronen aus dem Valenzband jedoch durch Aufnahme von Energie in Höhe der Bandlücke E_G in das Leitungsband, dann können diese die Leitfähigkeit des Materials erhöhen. Ein Übergang vom Valenz- in das Leitungsband ist beispielsweise durch Aufnahme thermischer Energie oder Absorption von Photonen möglich.

Bei Isolatoren besteht zwischen Valenz- und Leitungsband eine Bandlücke von mehr als 5 eV. Das Valenzband ist von Elektronen besetzt, wogegen das Leitungsband unbesetzt ist. Daher kann im Isolator kein Stromfluss stattfinden.

Die Einheit eV *(Elektronenvolt)* steht für die Energie $1.602 \cdot 10^{-19}$ VAs. Ein Elektronenvolt ist damit die Menge an potenzieller Energie, welche ein Elektron bei Bewegung in einem elektrostatischen Feld mit der Potenzialdifferenz von 1 V aufnimmt oder abgibt.

In Metallen befinden sich bereits ohne Zufuhr thermischer Energie, das heißt bei einer Temperatur von $T = 0$ K, Elektronen im Leitungsband. Damit ist eine grundsätzliche Leitfähigkeit von Metallen gegeben.

Halbleiter liegen mit ihren Eigenschaften zwischen Isolatoren und Metallen. Wir betrachten hier zunächst den *intrinsischen,* das heißt reinen Halbleiter, ohne Verunreinigungen durch Fremdatome. Beim absoluten Nullpunkt der Temperatur befinden sich alle Elektronen im Valenzband und in darunterliegenden Bändern. Das Leitungsband ist unbesetzt. Der Halbleiter verhält sich also als Isolator. Wird die Temperatur erhöht, dann können Elektronen zusätzliche thermische Energie aufnehmen und den Übergang in das Leitungsband schaffen. Hierzu ist die Aufnahme von Energie in mindestens der Größe der Bandlücke E_G notwendig. Damit steigt die elektrische Leitfähigkeit der Halbleiter bei Erwärmung und sie verhalten sich zunehmend entsprechend den Metallen.

Der Unterschied zwischen Isolatoren und Halbleitern ist also im Wesentlichen in der Größe der Bandlücke E_G begründet. Bei Isolatoren ist diese so groß ($E_G > 5$ eV), dass die Aufnahme thermischer Energie nicht genügt, eine für einen Stromfluss ausreichende Anzahl von Elektronen in das Leitungsband zu bringen. Dagegen gelingt dies bei Halbleitern aufgrund ihrer geringeren Bandlücke.

Gruppe / Periode	II	III	IV	V	VI
2	Be	B	C	N	O
3	Mg	Al	Si_{14}	P	S
4	Zn	Ga	Ge	As	Se
5	Cd	In	Sn	Sb	Te
6	Hg	Ti	Pb	Bi	Po

Bild 2.2 Ausschnitt aus dem Periodensystem mit den wichtigsten Elementen der Halbleitertechnologie

Aus der mit einer Erwärmung ansteigenden Anzahl von Elektronen, welche vom Valenz- in das Leitungsband gelangen, folgt für die elektrische Leitfähigkeit im intrinsischen Halbleiter direkt eine *exponentielle Abhängigkeit von der Temperatur.*

Wichtige chemische Elemente der Halbleitertechnologie sind in Bild 2.2 dargestellt. Man unterscheidet zwischen sogenannten *Elementhalbleitern* aus der IV. Hauptgruppe wie Silizium und Germanium und *Verbindungshalbleitern* wie beispielsweise Legierungen aus Elementen der III. und V. Hauptgruppe.

Der wichtigste Halbleiter ist hierbei Silizium aufgrund seiner Verwendung in der historisch langjährigen und ausgereiften Technologie. Silizium weist mit einer Bandlücke von $E_G = 1.12$ eV bereits bei Raumtemperatur eine geringe elektrische Leitfähigkeit auf. Die exponentielle Zunahme von Ladungsträgern im Leitungsband verbietet allerdings einen Betrieb siliziumbasierter Schaltkreise bei Umgebungstemperaturen von mehr als 150 °C.

Bei Verbindungshalbleitern ist insbesondere Galliumarsenid (GaAs) mit weiteren Anteilen von Aluminium (Al), Indium (In), Phosphor (P), Stickstoff (N) oder Antimon (Sb) für optoelektronische Bauelemente von Bedeutung. Galliumnitrid (GaN) findet aufgrund der in speziellen Strukturen erreichbaren hohen Schaltgeschwindigkeit Anwendung als Material in der Hochfrequenztechnik. Aber auch in der Leistungselektronik hat GaN in den letzten Jahren eine große Bedeutung erlangt. Die große Bandlücke mehr als 3 eV und ein niedriger Verlustwiderstand erlaubt die Realisierung von Konvertern mit Spannungen bis zu 600 V und Leistungen bis zu 10 kW. Daher sind GaN-basierte Transistoren in DC/DC-Wandlern im Bereich von Elektrokleingeräten bis hin zur industriellen Stromversorgung sehr verbreitet.

Auch Legierungen von Elementen in der IV. Hauptgruppe werden in der Technologie für spezielle Anwendungen verwendet: Siliziumkarbid (SiC) beispielsweise weist je nach strukturellem Aufbau eine Bandlücke von 2.4 eV...3.3 eV auf und eignet sich daher zum Beispiel für die Realisierung von Hochtemperaturelektronik, welche Betriebstemperaturen von mehreren hundert Grad Celsius erlaubt. Die große Bandlücke ermöglicht auch hier das Schalten hoher Spannungen. SiC-basierte Transistoren zunehmend in der Leistungselektronik zum Schalten von Leistungen bis in den Bereich von mehr als 100 kW eingesetzt.

Im Zuge der Nanoelektronik werden vermehrt Elementhalbleiter mit Verbindungshalbleitern in sogenannten *Heterostrukturen* kombiniert. Die Abscheidung extrem dünner Schichten wechselnder Materialien in einer Dicke von nur wenigen Nanometern erlaubt das kontrollierte Auftreten quantenmechanischer Effekte, die man sich zur Steigerung der Leistungsfähigkeit von Bauelementen zunutze macht.

2.1.2 Atomarer Aufbau von Silizium

Bild 2.3 zeigt für Silizium das vollständige *Atommodell nach Bohr*[1] und eine vereinfachte Darstellung. Im Bohr'schen Atommodell werden die Elektronen auf unterschiedliche Energieniveaus, die sogenannten stationären Zustände oder Schalen gesetzt. Wenn man die Schalen durchnummeriert (1...7), erhält man die Hauptquantenzahl n. Die Schalen können immer nur mit einer bestimmten Anzahl Elektronen besetzt werden; die maximale Anzahl beträgt $2 \cdot n^2$. Eine innere Schale muss immer erst voll besetzt sein, bevor die nächsthöhere Schale besetzt werden kann.

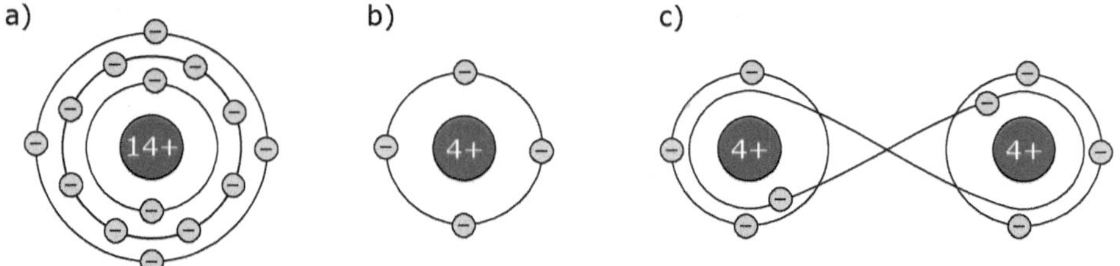

Bild 2.3 Atommodell nach Bohr für Silizium: a) vollständig mit allen Schalen, b) vereinfachte Darstellung, nur die äußere Schale der Valenzelektronen ist dargestellt, c) vereinfachte Darstellung der Elektronenpaarbindung zweier benachbarter Siliziumatome (Austausch eines Valenzelektrons)

Ein Elektron kann von einer Schale in eine andere springen. Dieser als Quantensprung bezeichnete Vorgang lässt sich mit der klassischen Mechanik und Elektrodynamik nicht erklären. Beim Quantensprung zwischen stationären Zuständen mit verschiedener Energie kann elektromagnetische Strahlung in Form eines Photons emittiert oder absorbiert werden. Die Energie des Photons entspricht der Energiedifferenz zwischen den beiden Zuständen. Alternativ kann auch eine Umwandlung in Wärmeenergie erfolgen.

Mit seiner Kernladungszahl 14 besitzt ein Siliziumatom 14 Elektronen auf den Schalen (vgl. Bild 2.3a). Entsprechend der IV. Hauptgruppe des Periodensystems befinden sich auf der äußersten besetzten Schale vier sogenannte *Valenzelektronen*. Nur diese können unter Zuführung geringer Energie das Atom verlassen. Für die elektrischen Eigenschaften des Halbleiters sind diese Valenzelektronen maßgeblich, daher verwenden wir nachfolgend eine vereinfachte Darstellung des Siliziumatoms. Es reicht die Betrachtung der vier Valenzelektronen zusammen mit einem vierfach positiv geladenen Kern, damit das gesamte Atom elektrisch neutral bleibt (Bild 2.3b).

Mit seinen vier Valenzelektronen kann das Siliziumatom mit vier benachbarten Atomen eine Elektronenpaarbindung eingehen (Bild 2.3c).

[1] Niels Bohr (1885–1962), dänischer Physiker, gelang 1922 durch Annahme eines Schalenmodells eine Erklärung für den Aufbau des Periodensystems der Elemente. Er erhielt 1922 für seine Forschungen über die Atomstruktur sowie die von den Atomen ausgehende Strahlung den Nobelpreis für Physik.

2.1.3 Kristallgitter

In Halbleitern wird die Energie zum Aufbau der Kristallgitter durch die Bindungsenergie der Valenzelektronen aufgebracht. Silizium und Germanium kristallisieren aus der Schmelze im sogenannten *Diamantgitter.* Bild 2.4 verdeutlicht dies und zeigt schematisch eine Elementarzelle des Kristallgitters. Die Abmessungen einer Elementarzelle bezeichnen wir mit der *Gitterkonstanten* a_0. Für Silizium beträgt $a_0 = 0.543$ nm, wobei eine Zelle acht Siliziumatome enthält. Das Kristallgitter besteht aus zwei kubisch-flächenzentrierten Gittern, wobei das zweite um 1/4 der Würfeldiagonalen in der Diagonalrichtung gegenüber dem ersten Gitter verschoben ist.

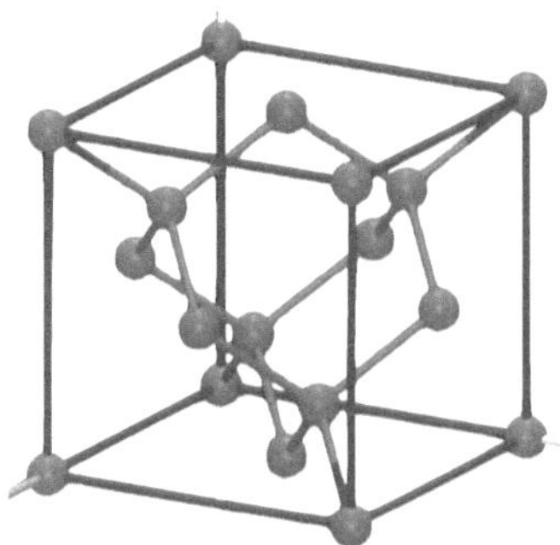

Bild 2.4 Elementarzelle eines Silizium-Kristalls (Diamantgitter)

Die Verbindungshalbleiter Galliumarsenid und Galliumphosphid kristallieren im *Zinkblendegitter.* Es entspricht dem Diamantgitter, bei dem das erste kubisch-flächenzentrierte Gitter aus Galliumatomen, das zweite Gitter aus Arsenatomen besteht.

Die Eigenschaften eines Halbleiters hängen von der Kristallstruktur ab. Innerhalb eines Materials sind verschiedene Größen abhängig von der Richtung im Kristall. Zur Definition verschiedener Ebenen und Richtungen in Kristallgittern wurden die *Miller'schen Indizes* eingeführt. Sie können in folgenden Schritten bestimmt werden (vgl. Bild 2.5):

1. Man zeichnet die kubische Elementarzelle in ein kartesisches Koordinatensystem ein. Die drei Kanten des Würfels müssen auf den Achsen x, y, z liegen.
2. Die Schnittpunkte der Kristallebene mit den Achsen x, y, z werden in Einheiten der Gitterkonstanten ausgedrückt.
3. Anschließend wird der Kehrwert der erhaltenen Zahlen gebildet. Die Komponenten werden mit einem gemeinsamen Faktor multipliziert, sodass sich die drei kleinsten ganzen Zahlen h, k, l ergeben, welche im gleichen Verhältnis stehen wie die ursprünglichen Kehrwerte.
4. Das Ergebnis wird in runde Klammern gesetzt: $(h\ k\ l)$.
5. Negative Indizes werden durch Querbalken über dem Index dargestellt (z. B. $(1\ \bar{1}\ 0)$).

Beispiel 2.1 Bestimmung der Miller'schen Indizes

Zur Bestimmung der Miller'schen Indizes der in Bild 2.5 gezeigten Ebene gehen wir wie folgt vor:

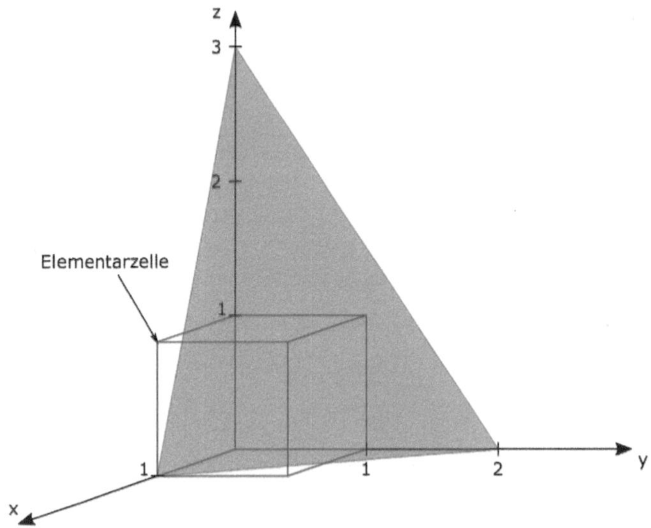

Bild 2.5 Beispiel einer Kristallebene mit Darstellung der Elementarzelle im Koordinatensystem

- Die Achsenabschnitte der Ebene betragen:

  x-Achse: 1, y-Achse: 2, z-Achse: 3
- Wir bilden den Kehrwert und erhalten:

  $\left(\frac{1}{1}\ \frac{1}{2}\ \frac{1}{3}\right)$
- Wir erweitern mit dem Faktor 6, damit alle Zahlen ganzzahlig werden. Die gesuchten Miller-Indizes der Kristallebene lauten daher:

  (6 3 2)

■

Beispiele für Kristallebenen, welche in der Halbleitertechnologie häufig verwendet werden, zeigt Bild 2.6.

Kristallrichtungen werden durch die Gruppe kleinster Zahlen ausgedrückt, welche dasselbe Verhältnis zueinander haben wie die Komponenten eines Vektors in der gewünschten Richtung. Zur Bezeichnung der Richtung werden diese Zahlen in eckige Klammern gesetzt.

In kubischen Kristallen ist die Gitterkonstante in den drei Richtungen gleich. Daher stehen hier die Richtungen $[h\ k\ l]$ senkrecht auf der Ebene $(h\ k\ l)$ mit den gleichen Indizes. Die Richtung entspricht also dem Normalenvektor der zugehörigen Kristallebene.

Sind anstatt einer spezifischen Netzebene alle symmetrisch äquivalenten Ebenen gemeint, so wird die Notation $\{h\ k\ l\}$ verwendet. Beispielsweise bezeichnet man im kubischen Kristallsystem mit {1 0 0} die äquivalenten Ebenen (1 0 0), $(\bar{1}\ 0\ 0)$, (0 1 0), $(0\ \bar{1}\ 0)$, (0 0 1), $(0\ 0\ \bar{1})$, was den sechs Oberflächen eines Würfels entspricht. Die Notation $\langle h\ k\ l\rangle$ bezeichnet alle zum Vektor $[h\ k\ l]$ symmetrisch äquivalenten Richtungen. Die Angabe $\langle 1\ 1\ 1\rangle$ steht daher für alle Raumdiagonalen.

In der Siliziumtechnologie wird vorwiegend (1 0 0)-orientiertes Material verwendet. Das heißt, dass die Oberfläche des Wafers der (1 0 0)-Ebene entspricht.

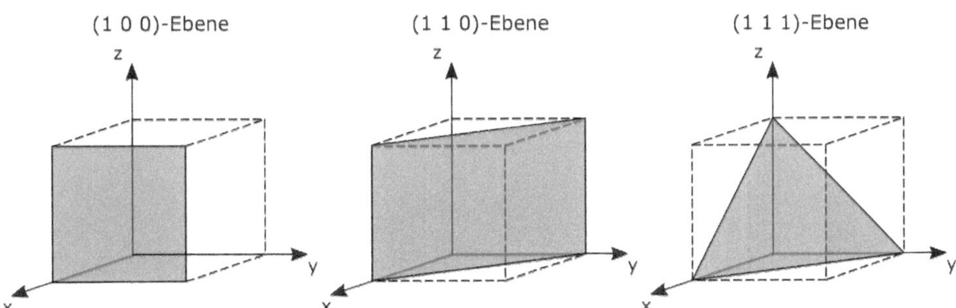

Bild 2.6 Darstellung verschiedener Kristallebenen

2.1.4 2D-Materialien

In der Nanoelektronik finden sogenannte *2D-Materialien* eine immer größere Bedeutung. Diese kristallinen Materialien bestehen aus einzelnen Schichten, welche im Extremfall nur aus einer Lage von Atomen oder Molekülen bestehen. Mehrere solcher Lagen können schichtweise gestapelt sein und werden durch *Van-der-Waals-Kräfte*, benannt nach dem Physiker Johannes van der Waals[2], zusammengehalten.

Schon lange bekannt war *Graphen* (engl. *Graphene*) als zweidimensionaler Kristall aus Kohlenstoffatomen (siehe Bild 2.7). Im Jahr 2004 gelang Andre Geim und Konstantin Novoselov[3] die Herstellung von Graphen im Labor. Seine vergleichsweise hohe spezifische Leitfähigkeit hat ein großes Interesse an diesem Material in der Mikroelektronik hervorgerufen. Denkbar sind Mikrochips mit hoher Geschwindigkeit, denn für Verbindungsleitungen aus Graphen ergibt sich ein verschwindend kleiner Widerstandsbelag.

Aber auch als Material in den integrierten Bauelementen selbst wurde Graphen intensiv untersucht. Neben einer zu erwartenden hohen Schaltfrequenz einzelner Bauelemente lässt die Verwendung von wenigen Lagen oder im Idealfall nur einer Lage Graphen in Nanostrukturtransistoren eine drastische Verbesserung der Leistungsfähigkeit erwarten. Allerdings steht dieser Anwendung zunächst entgegen, dass Graphen keine Bandlücke aufweist, diese aber, wie wir in Abschnitt 2.4 sehen werden, notwendig für das Sperrverhalten eines Schaltelements ist.

Die Arbeiten mit Graphen haben umfangreiche Forschungen auf dem Gebiet auch weiterer 2D-Kristalle angeregt. *Schwarzer Phosphor* beispielsweise zeigt in der Kristallstruktur eine gewellte Doppelschicht und weist im Gegensatz zu Graphen eine Bandlücke und damit halbleitende Eigenschaften auf. Eine Vielzahl von weiteren Möglichkeiten bieten die Übergangsmetall-Dichalkogenide, abgekürzt TMD (von engl. *Transition Metal Dichalcogenide*), welche daher von besonderem Interesse sind [13]. Sie bestehen aus einer Legierung von zwei Elementen, die in dem 2D-Kristall in drei Atomlagen gestapelt sind: Eine Monolage aus Übergangsmetallatomen, welche umgeben ist von zwei Monolagen aus Chalkogenatomen.

[2] Johannes Diderik van der Waals (1837–1923), niederländischer Physiker, erforschte unter anderem das Verhalten von Molekülen. Er erhielt 1910 für seine Forschungen über Aggregatzustände für Gase und Flüssigkeiten den Nobelpreis für Physik.

[3] Andre Geim und Konstantin Novoselov erhielten im Jahr 2010 für grundlegende Experimente mit dem zweidimensionalen Material Graphen den Nobelpreis für Physik.

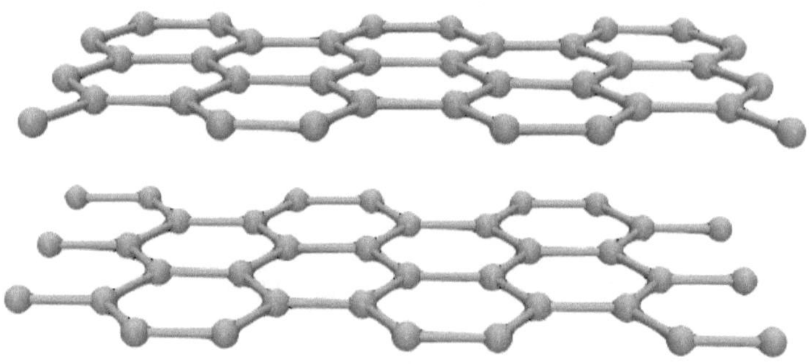

Bild 2.7 Darstellung zweier Atomlagen Graphen

Beispielsweise werden heute TMD-Monolagen von MoS_2 oder WS_2 als Materialien für Transistoren intensiv untersucht (siehe Abschnitt 10.8).

Verwenden Sie zur Darstellung der Kristallgitter unterschiedlicher Halbleiter das *Crystal Viewer Tool* auf *http://nanohub.org/tools/crystalviewer*.

2.2 Eigenleitung

Für die folgende Betrachtung reicht eine vereinfachte schematische Darstellung des Silizium-Kristallgitters in einer Ebene, wie in Bild 2.8a gezeigt, aus. Die Punkte symbolisieren Elektronenpaarbindungen, bestehen aus je einem Elektron der benachbarten Atome. Alle dargestellten Elektronen befinden sich im Valenzband, daher stehen keine freien Ladungsträger im Leitungsband für einen Stromfluss zur Verfügung. Diese Darstellung zeigt den Zustand bei einer Temperatur $T = 0$ K. Der Halbleiter wirkt als Isolator.

Wird die Temperatur erhöht, dann gerät das Kristallgitter zunehmend in Schwingungen. Diese Gitterschwingungen führen dazu, dass vereinzelt Elektronenpaarbindungen aufgebrochen werden. Damit kann ein Elektron sein Wirtsatom verlassen und sich frei im Kristall bewegen. Hierzu muss allerdings mindestens eine Energie in Höhe der Bandlücke zwischen Leitungs- und Valenzband dem Elektron zugefügt werden, damit es das Leitungsband erreichen kann.

Das Abwandern des freien Elektrons mit einer negativen Elementarladung $-q$ hat ein Siliziumatom ionisiert; eine Elektronenpaarbindung ist unvollständig (vgl. Bild 2.8b). Es ist ein sogenanntes *Loch* (oder auch *Defektelektron*) entstanden. Das Loch kann auch wandern, indem es von einem Elektron einer benachbarten Doppelbindung „aufgefüllt“ wird. Eine Wanderung des Lochs in eine Richtung ist also immer verbunden mit der Wanderung eines Elektrons in der entgegengesetzten Richtung.

Aufgrund der nun lokal nicht mehr gegebenen Ladungsneutralität besitzt das Loch eine positive Ladung $+q$. Mithilfe der Quantenmechanik kann das Loch auch als Teilchen mit einer eigenen Masse (ungleich der Elektronenmasse) und einer Ladung $+q$ aufgefasst werden, wel-

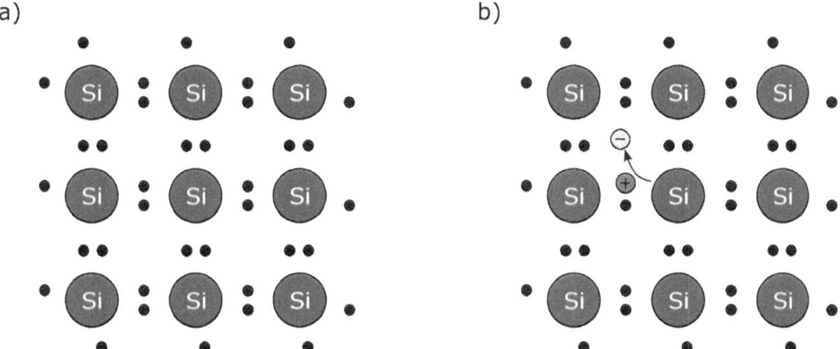

Bild 2.8 a) Schematische Darstellung des Silizium-Kristallgitters in der Ebene bei $T = 0$ K. b) Erzeugung eines Elektron-Loch-Paares bei Eigenleitung

ches sich frei im Kristall bewegen kann. Seine Energie entspricht der des Valenzbandes. Diese Tatsache erlaubt in vielen Fällen eine Beschreibung seines Verhaltens mit den Grundsätzen der klassischen Physik und der Elektrostatik.

Mit der Erhöhung der Temperatur werden vermehrt Elektron-Loch-Paare im Halbleiter erzeugt. Die Konzentration n der Elektronen im Leitungsband und die Konzentration p der Löcher im Valenzband sind gleich der *intrinsischen Ladungsträgerdichte* oder *Eigenleitungsdichte* n_i. Diese Ladungsträger können sich frei im Kristall bewegen. Wirkt ein elektrisches Feld auf den Halbleiter ein, so bewegen sich Elektronen entgegen den Feldlinien, Löcher dagegen aufgrund ihrer positiven Ladung in Richtung der Feldlinien. Es fließt ein Strom, zu dem Elektronen und Löcher beitragen. Diese Eigenschaft wird *Eigenleitung* genannt.

In Silizium beträgt bei einer Temperatur von $T = 300$ K die intrinsische Ladungsträgerkonzentration ca. $n = p = n_\mathrm{i} = 1.45 \cdot 10^{10}$ cm^{-3}. Sie steigt mit einer Zunahme der Temperatur T und Verkleinerung der Bandlücke E_G exponentiell an.

2.3 Fremdleitung

In der Technologie wird die Leitfähigkeit eines Halbleiters gezielt erhöht. Hierzu werden Fremdatome in das Kristallgitter eingebaut. Dieses Verfahren nennt man *Dotieren* des Halbleiters. Das Ziel ist dabei nicht nur, eine gewünschte und im Betriebsbereich des Schaltkreises weitgehend konstante Leitfähigkeit einzustellen. Vielmehr entsteht durch das Zusammenspiel eines Stromtransports durch Löcher oder Elektronen erst die aktive Funktion des Bauelements.

Als Dotierstoffe kommen bei Silizium Elemente der III. (Bor) oder V. Hauptgruppe (Phosphor, Arsen) zur Anwendung (siehe Bild 2.2).

2.3.1 n-dotiertes Silizium

Elemente der V. Hauptgruppe besitzen nur fünf Valenzelektronen. Wird beispielsweise ein Phosphor-Atom in das Kristallgitter eingebaut, so benötigt es nur vier seiner Valenzelektronen, um mit vier benachbarten Siliziumatomen eine vollständige Bindung einzugehen. Bild 2.9a illustriert dies in einer schematische Darstellung in der Ebene. Das fünfte Valenzelektron ist quasi „überflüssig". Es ist nur gering an sein Wirtsatom gebunden und kann dieses schon bei Zuführung geringer thermischer Energie verlassen. Es erreicht dann das Leitungsband und kann sich frei im Kristall bewegen und zur Leitfähigkeit beitragen. Im Unterschied zur Eigenleitung ist hierbei kein zusätzliches Loch entstanden.

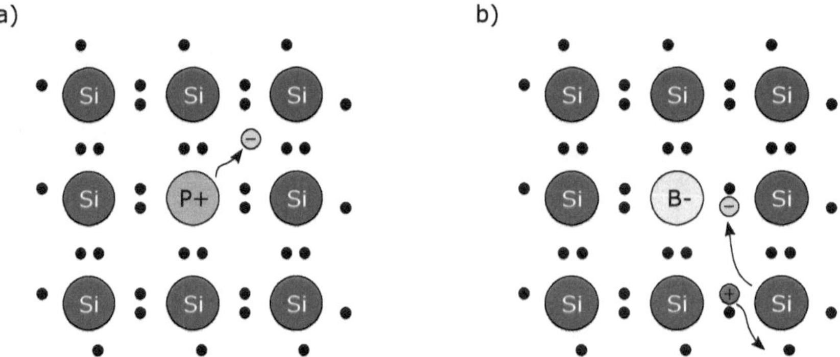

Bild 2.9 Schematische Darstellung eines mit Fremdatomen dotierten Silizium-Kristallgitters in der Ebene. a) Erzeugung eines freien Elektrons durch Dotierung mit einem Phosphor-Atom, b) Erzeugung eines freien Lochs durch Dotierung mit einem Bor-Atom

Dotierstoffatome der V. Hauptgruppe in der Konzentration N_D werden durch die Abgabe ihres fünften Valenzelektrons positiv ionisiert. Sie werden als *Donatoren* (aus dem Lateinischen: *donator – Geber, Spender*) bezeichnet. Sie sind fest in das Kristallgitter eingebaut und können daher beim Anlegen eines elektrischen Feldes nicht zum Stromfluss beitragen. Die ins Leitungsband abgegebenen freien Elektronen können sich dagegen frei bewegen und zum Stromfluss beitragen. Diese Eigenschaft nennen wir *Fremdleitung* in einem *n-dotierten Halbleiter*. Man nennt ihn *n-leitend*.

2.3.2 p-dotiertes Silizium

Ein Element der III. Hauptgruppe besitzt nur drei Valenzelektronen. Typischerweise wird bei Silizium Bor verwendet. Bild 2.9b zeigt schematisch den Einbau eines Bor-Atoms in einen Siliziumkristall. Für eine vollständige Bindung mit vier benachbarten Siliziumatomen werden vier Valenzelektronen benötigt, es stehen im Bor-Atom jedoch nur drei zur Verfügung. Schon bei Zuführung geringer thermischer Energie löst sich ein Elektron aus einer benachbarten Doppelbindung und vervollständigt die Einbindung des Dotierstoffatoms in den Kristall.

An der aufgelösten Doppelbindung fehlt jetzt ein Elektron; lokal ist hier eine positive Ladung, also ein Loch, entstanden. Dieses Loch kann jedoch wieder durch ein Elektron von einer benachbarten Doppelbindung *aufgefüllt* werden, sodass dieses Loch als quasi positiver Ladungsträger durch den Kristall wandern kann. Das Loch hat eine Energie entsprechend dem Valenzband.

Dotierstoffatome der III. Hauptgruppe in der Konzentration N_A werden durch die Aufnahme eines zusätzlichen Elektrons negativ ionisiert. Sie werden als *Akzeptor* (für *akzeptieren, aufnehmen*) bezeichnet, sind fest im Kristallgitter eingebaut und können daher nicht zu einem Stromfluss beitragen. Die entstandenen Löcher im Valenzband dagegen können sich frei bewegen und zum Stromfluss beitragen. Diese Eigenschaft nennen wir *Fremdleitung* in einem *p-dotierten Halbleiter*. Man nennt ihn *p-leitend*.

Wird ein Halbleiter sowohl mit Donatoren in der Konzentration N_D als auch mit Akzeptoren der Konzentration N_A dotiert, so werden beide ionisiert. Maßgeblich für den Leitfähigkeitstyp ist der Dotierstoff, welcher in höherer Konzentration eingebracht wurde. Wirksam ist dann die sogenannte *Nettodotierung* $N = |N_A - N_D|$.

2.3.3 Ladungsbilanz

In der Halbleiterelektronik ist es üblich, Dotierstoffkonzentrationen mit der Anzahl Fremdatome pro Kubikzentimeter anzugeben. Typische Konzentrationen bewegen sich im Bereich von 10^{15} cm^{-3} bis zu 10^{20} cm^{-3}. Silizium besteht aus ca. $5 \cdot 10^{22}$ Atomen pro 1 cm^3. Demnach kann maximal ungefähr jedes 500. Siliziumatom durch ein Dotierstoffatom ersetzt werden. Die Einbringung höherer Konzentrationen verbietet die maximale Löslichkeit der Elemente im Festkörper.

In einem Halbleiter entstehen durch Eigenleitung sowohl freie Elektronen als auch Löcher. Werden Dotierstoffatome in das Kristallgitter eingebaut, entstehen zusätzliche freie Elektronen im Leitungsband (Dotierung mit Donatoren) oder zusätzliche freie Löcher im Valenzband (Dotierung mit Akzeptoren). Die freien Ladungsträger, welche in der höheren Konzentration auftreten, werden als *Majoritäten*, diese in geringerer Konzentration als *Minoritäten* bezeichnet. Entsprechend stellen in einem n-dotierten Halbleiter Elektronen die Majoritäten dar, dagegen in einem p-dotierten Halbleiter die Löcher.

In einem elektrisch neutralen Kristall muss die Konzentration der ortsfesten und beweglichen positiven Ladungsträger (Donatoren und Löcher) gleich der Konzentration der ortsfesten und beweglichen negativen Ladungsträger (Akzeptoren und Elektronen) sein:

$$N_D^+ + p = N_A^- + n \tag{2.1}$$

Dieser Zusammenhang ist für das nachfolgende Verständnis einer Kombination aus p- und n-leitenden Zonen in einem Halbleiter von großer Wichtigkeit.

Steigt aufgrund einer Dotierung mit Donatoren die Konzentration an freien Elektronen an, so bleibt die Löcherkonzentration nicht konstant auf ihrem Wert n_i eines intrinsischen Halbleiters. Die Vielzahl an Elektronen reduziert die Anzahl Löcher. Umgekehrt reduziert die Vielzahl an Löchern in einem p-Halbleiter die Anzahl der freien Elektronen.

Befindet sich der Halbleiter im thermischen Gleichgewicht, dann gilt das *Massenwirkungsgesetz*:

$$n \cdot p = n_\mathrm{i}^2 \tag{2.2}$$

Das Produkt aus Elektronen- und Löcherkonzentration ist bei gegebener Temperatur konstant.

Beispiel 2.2 Ladungsträgerkonzentration im dotierten Halbleiter

Ein Siliziumkristall sei mit Phosphor (Donator) in der Konzentration $N_\mathrm{D} = 10^{18}\ \mathrm{cm}^{-3}$ dotiert. Bei einer Temperatur von $T = 300$ K betrage die intrinsische Ladungsträgerdichte $n_\mathrm{i} \approx 1.5 \cdot 10^{10}\ \mathrm{cm}^{-3}$. Gesucht sind die Elektronen- und Löcherkonzentration.

Bei $T = 300$ K sind alle Dotierstoffatome ionisiert. Jedes Phosphor-Atom hat somit ein freies Elektron in das Leitungsband abgegeben. Die Konzentration der Dotierstoffatome ist um einige Größenordnungen größer als die intrinsische Ladungsträgerkonzentration. Für die Elektronenkonzentration gilt also:

$$n \approx N_\mathrm{D} = 10^{18}\ \mathrm{cm}^{-3} \tag{2.3}$$

Die Löcherkonzentration folgt aus dem Massenwirkungsgesetz (2.2):

$$p = \frac{n_\mathrm{i}^2}{n} \approx \frac{n_\mathrm{i}^2}{N_\mathrm{D}} = \frac{\left(1.5 \cdot 10^{10}\ \mathrm{cm}^{-3}\right)^2}{10^{18}\ \mathrm{cm}^{-3}} = 225\ \mathrm{cm}^{-3} \tag{2.4}$$

In einem Kubikzentimeter befinden sich also 10^{18} freie Elektronen im Leitungsband, aber nur 225 freie Löcher im Valenzband. ■

■ 2.4 pn-Übergang

Der pn-Übergang stellt die einfachste Form eines elektronischen Bauteils dar, an welchem die Ladungsbilanz und Potenzialverteilung in einem Halbleitermaterial grundlegend betrachtet werden kann.

2.4.1 Sperrwirkung der pn-Diode

Treten ein p- und ein n-dotierter Halbleiter in Kontakt, so ergibt sich an der Grenzfläche eine Sperrwirkung, welche einen Stromfluss nur noch in eine Richtung zulässt. Den Aufbau und die Kennlinie dieser Halbleiterdiode zeigt Bild 2.10. Wird eine positive Spannung U in Flussrichtung (von p zu n) angelegt, so steigt der Strom durch die Diode exponentiell mit der Spannung an. Wird dagegen eine negative Spannung in Sperrrichtung angelegt, so blockiert die Diode nahezu den Stromfluss; es fließt lediglich der relativ kleine Sperrstrom I_S. Das Verhalten lässt

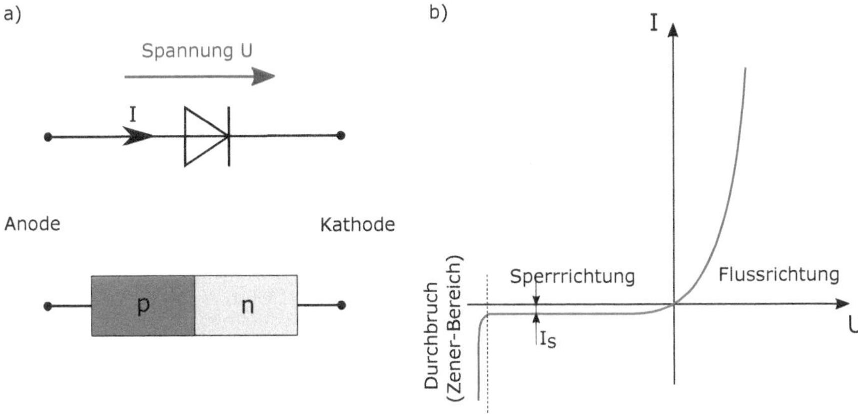

Bild 2.10 a) Schaltbild und schematischer Aufbau einer pn-Halbleiterdiode. b) Verlauf der Strom-Spannungs-Kennlinie

sich durch die *Shockley'sche*[4] *Diodengleichung* beschreiben:

$$I = I_S \left(e^{\frac{U}{u_{th}}} - 1 \right) \tag{2.5}$$

Hierbei ist u_{th} die sogenannte *Temperaturspannung*. Sie lässt sich aus der *Boltzmann-Konstanten*[5] $k_B = 1.381 \cdot 10^{-23}$ J/K $= 8.617 \cdot 10^{-5}$ eV/K, Temperatur T und der Elementarladung q bestimmen:

$$u_{th} = \frac{k_B T}{q} \tag{2.6}$$

Bei $T = 300$ K gilt $u_{th} \approx 26$ mV.

Überschreitet die Spannung in Sperrrichtung eine gewisse Grenze, so kommt es zum Durchbruch der Sperrschicht (*Lawinendurchbruch* oder *Zener*[6]*-Bereich*), der allerdings in (2.5) nicht beschrieben ist.

Bild 2.11a zeigt schematisch den Aufbau einer pn-Halbleiterdiode im Querschnitt. Sie besteht aus einem p-dotierten Halbleiter, welcher negativ geladene ortsfeste Akzeptoren im Kristallgitter aufweist. Jeder Akzeptor trägt mit einem freien Loch zu den Majoritäten bei. Entsprechend (2.2) existieren im p-dotierten Halbleiter auch einige wenige freie Elektronen, welche die Minoritäten darstellen. In gleicher Weise tragen die im n-dotierten Halbleiter ortsfesten und positiv ionisierten Donatoren zu den freien Elektronen als Majoritäten bei, wogegen hier Löcher die Minoritäten darstellen. Jeder Bereich verhält sich nach außen elektrisch neutral.

Aufgrund der unterschiedlichen Konzentration an Elektronen und Löchern kommt es im Bereich der Grenzfläche zu einem Fluss von Ladungsträgern. Dieser Effekt aufgrund eines Gradienten der Konzentration wird als *Diffusion* bezeichnet. Löcher aus dem p-dotieren Gebiet

[4] William Shockley (1910–1989), britisch-amerikanischer Physiker, entdeckte zusammen mit John Bardeen und Walter Brattain 1947 während der Tätigkeit bei den Bell Telephone Laboratories den Transistoreffekt. Zusammen erhielten sie 1956 den Nobelpreis für Physik.

[5] Benannt nach Ludwig Boltzmann (1844–1906), österreichischer Physiker und Philosoph, lieferte bedeutende Beiträge zur Thermodynamik und statistischen Mechanik.

[6] Benannt nach Clarence Zener (1905–1993), amerikanischer Physiker.

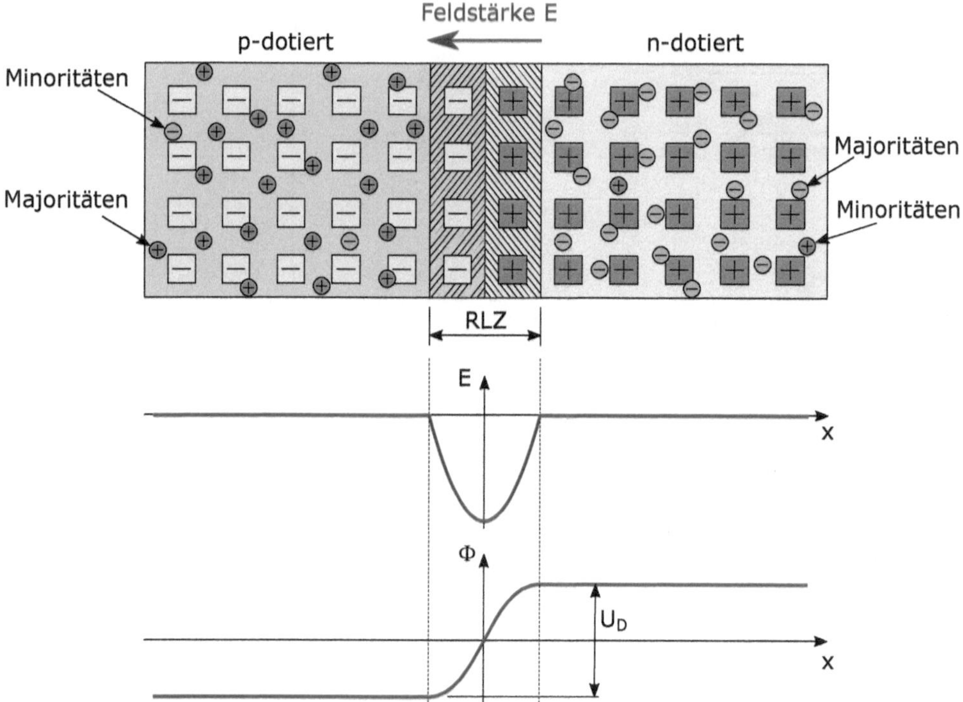

Bild 2.11 Struktureller Aufbau einer pn-Halbleiterdiode mit Darstellung der Ladungen und Ausbildung der Raumladungszone (RLZ) als Sperrschicht. Darunter ist der Verlauf der elektrischen Feldstärke und des Potenzials gezeigt.

diffundieren in das n-Gebiet. Genauso findet umgekehrt eine Diffusion von Elektronen aus dem n- in das p-Gebiet statt. Im Bereich der Grenzfläche rekombinieren diese Ladungsträger miteinander, sodass eine von freien Ladungsträgern geräumte Zone entsteht. In diesem Bereich verbleiben im p-Halbleiter nur noch die negativ geladenen Akzeptoren, im n-Halbleiter die positiv geladenen Donatoren. Diese beiden Bereiche sind nicht mehr elektrisch neutral und werden daher als *Raumladungszone* (auch: *Verarmungszone*, engl. *depletion region*) bezeichnet.

Innerhalb der Raumladungszone ist ein elektrisches Feld entstanden. Freie Ladungsträger, ob Elektronen oder Löcher, werden im elektrischen Feld entgegen ihrer Diffusionsrichtung beschleunigt. Daher kommt es bei Ausbildung einer bestimmten Dicke der Raumladungszone und der damit verbundenen Feldstärke zu einem Stoppen des Ladungsausgleichs. Bild 2.11b zeigt den Verlauf der Feldstärke und des elektrostatischen Potenzials entlang einer Schnittlinie von p- zu n-Zone. Die entstandene Potenzialdifferenz wird als *Diffusionspotenzial* U_D bezeichnet und verursacht die Sperrwirkung der Diode.

Wird die Diode mit $U > 0$ in Flussrichtung gepolt (positive Spannung von p- zu n-Zone), dann verringert sich die Potenzialdifferenz über der Raumladungszone; sie beträgt dann $U_D - U$. Als Folge kann wieder ein Diffusionsstrom von Ladungsträgern fließen. In Sperrrichtung ($U < 0$) dagegen wird die Potenzialbarriere noch vergrößert und die Diode sperrt den Stromfluss.

Das elektrische Feld in der Raumladungszone ist in jedem Betriebszustand (thermisches Gleichgewicht, Fluss- oder Sperrrichtung) grundsätzlich immer von der n-dotierten zur p-dotierten Zone gerichtet. Es wird von den Akzeptoren und Donatoren in der an freien Ladungsträgern verarmten Zone hervorgerufen (engl. *depletion region*).

Die Dicke der Raumladungszone d_{RLZ} hängt von den jeweiligen Dotierungskonzentrationen ab und liegt in der Größenordnung weniger Mikrometer. Die verbleibenden Zonen des Halbleiters (exklusive der Raumladungszone) sind elektrisch neutral und tragen zur eigentlichen Funktion der Diode nicht bei. Diese sogenannten *Bahnzonen* sind lediglich zur Kontaktierung des pn-Übergangs notwendig und stellen in einer realen Diode einen Serienwiderstand dar.

Sind die n- und p-leitenden Zonen jeweils homogen dotiert, dann ist die Gesamtdicke der Raumladungszone gegeben durch

$$d_{\mathrm{RLZ}} = \sqrt{\frac{2\,\varepsilon\,(N_{\mathrm{A}} + N_{\mathrm{D}})}{q\,N_{\mathrm{A}}\,N_{\mathrm{D}}}\,(U_{\mathrm{D}} - U)} \tag{2.7}$$

Hierbei ist ε die Dielektrizitätskonstante des Halbleitermaterials (für Silizium: $\varepsilon_{\mathrm{Si}} = 11.7\,\varepsilon_0$).

Je geringer die Dotierungskonzentrationen sind, desto dicker ist die ausgebildete Raumladungszone. Die gesamte Raumladungszone verhält sich nach außen elektrisch neutral, daher müssen innerhalb dieser Zone gleich viele positive und negative Ladungen sich gegenüberstehen. Ist beispielsweise die p-Zone geringer dotiert als die n-Zone, so muss daher in der p-Zone ein größeres Volumen als im n-Gebiet umschlossen werden, damit die Gesamtzahl an Akzeptoren in der Raumladungszone gleich der Anzahl Donatoren ist.

Für die Ausdehnung $d_{\mathrm{RLZ,p}}$ in das p-leitende Gebiet mit der Dotierungskonzentration N_{A} bzw. die Ausdehnung $d_{\mathrm{RLZ,n}}$ in das n-leitende Gebiet der Dotierung N_{D} gilt der Zusammenhang:

$$d_{\mathrm{RLZ,n}} \cdot N_{\mathrm{D}} = d_{\mathrm{RLZ,p}} \cdot N_{\mathrm{A}} \tag{2.8}$$

Die Raumladungszone an einem pn-Übergang dehnt sich zum größten Teil in das niedriger dotierte Gebiet aus.

Sind die Dotierungskonzentrationen unterschiedlich und gilt beispielsweise $N_{\mathrm{A}} \ll N_{\mathrm{D}}$, so lässt sich vereinfachen:

$$d_{\mathrm{RLZ}} \approx \sqrt{\frac{2\,\varepsilon}{q\,N_{\mathrm{A}}}\,(U_{\mathrm{D}} - U)} \quad \text{mit:}\; d_{\mathrm{RLZ,p}} \approx d_{\mathrm{RLZ}} \;\text{ und }\; d_{\mathrm{RLZ,n}} \approx 0 \tag{2.9}$$

2.4.2 Lösung der Poisson-Gleichung am pn-Übergang

Zur Herleitung von Gleichung (2.7) zeigt Bild 2.12 eine schematische Darstellung eines pn-Übergangs entlang einer Koordinate x als eindimensionale Betrachtungsweise. Beide Zonen

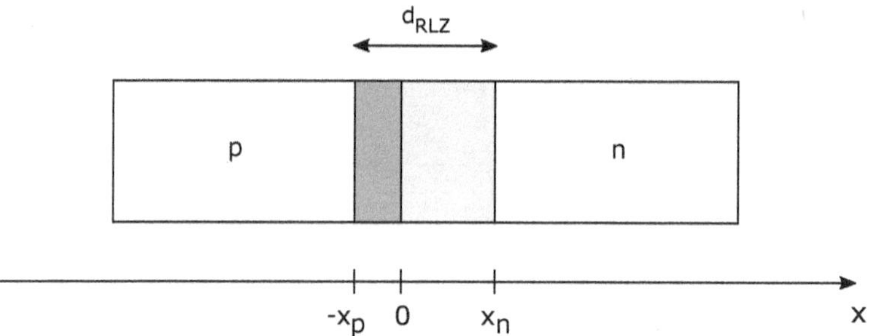

Bild 2.12 Schematische Darstellung der Raumladungszonenausdehnung am pn-Übergang

seien jeweils homogen dotiert. Im p-Gebiet betrage die Dotierungskonzentration N_A, im n-Gebiet N_D. Der metallurgische Übergang liege an der Stelle $x = 0$.

Zur Berechnung der Ausdehnung der Raumladungszone d_{RLZ} und der dabei entstehenden Diffusionsspannung U_D ist die *Poisson-Gleichung* des elektrostatischen Potenzials φ zu lösen:

$$\Delta\varphi = -\frac{\rho}{\varepsilon} \tag{2.10}$$

Für das elektrische Feld in x-Richtung gilt:

$$E(x) = -\frac{d\varphi}{dx} \tag{2.11}$$

Die Raumladung ρ ist mit der jeweiligen Konzentration an ionisierten Dotierstoffen gegeben. Außerhalb der Raumladungszone sind die Halbleiterzonen elektrisch neutral, sodass die folgenden Randbedingungen gelten:

$$E(x < -x_p) = E(x > x_n) = 0$$

Das elektrisch neutrale p-Gebiet liege auf Potenzial V_p, das neutrale n-Gebiet auf V_n:

$$\varphi(x < -x_p) = V_p \qquad \varphi(x > x_n) = V_n$$

Die Lösung der Differenzialgleichung innerhalb der Raumladungszone erfolgt zunächst getrennt für n- und p-Gebiet.

p-Gebiet: $-x_p \leq x \leq 0$

Für die Raumladungsdichte gilt (negativ geladene Akzeptoren):

$$\rho_n = -qN_A$$

Die Poisson-Gleichung lautet:

$$\frac{d^2\varphi}{dx^2} = -\frac{dE}{dx} = -\frac{\rho_p}{\varepsilon} = \frac{qN_A}{\varepsilon}$$

Nach Trennung der Veränderlichen lässt sich in den Grenzen $x = -x_p$ bis $x = 0$ integrieren:

$$-\int_0^{E(x)} dE = \frac{qN_A}{\varepsilon}\int_{-x_p}^{x} dx$$

$$\Rightarrow E(x) = -\frac{qN_A}{\varepsilon}(x + x_p)$$

n-Gebiet: $0 < x \le x_n$

Mit $\rho_p = +qN_D$ (positiv geladene Donatoren) folgt in gleicher Weise:

$$E(x) = -\frac{qN_D}{\varepsilon}(x_n - x)$$

Stetigkeit des elektrischen Feldes

Das elektrische Feld an der Stelle $x = 0$ muss stetig sein. Daher ergibt sich durch Gleichsetzen der beiden Ausdrücke für $E(x = 0)$ unmittelbar die in Gleichung (2.8) formulierte Regel:

$$\frac{qN_A}{\varepsilon}x_p = \frac{qN_D}{\varepsilon}x_n$$

Die Ausdehnung in die p-leitende Zone lässt sich also ausdrücken durch

$$x_p = \frac{N_D}{N_A}x_n$$

Nun erfolgt durch weitere Integration die Berechnung der Potenziallösung in den jeweiligen Gebieten.

p-Gebiet: $-x_p \le x \le 0$

$$E(x) = -\frac{d\varphi}{dx} = -\frac{qN_A}{\varepsilon}(x + x_p)$$

$$\int_{V_p}^{V(0)} d\varphi - \frac{qN_A}{\varepsilon}\int_{-x_p}^{0}(x + x_p)dx$$

$$V(0) - V_p = \frac{qN_A}{\varepsilon}\left(\frac{1}{2}x^2 + x_p \cdot x\right)\Bigg|_{-x_p}^{0}$$

$$\Rightarrow V(0) = V_p + \frac{qN_A}{2\varepsilon}x_p^2$$

n-Gebiet: $0 < x \le x_n$

$$E(x) = -\frac{d\varphi}{dx} = -\frac{qN_D}{\varepsilon}(x_n - x)$$

Integration in den Grenzen $x = 0$ bis $x = x_n$ liefert:

$$\Rightarrow V(0) = V_n - \frac{qN_D}{2\varepsilon}x_n^2$$

Stetigkeit des Potenzials

An der Stelle $x = 0$ muss auch das Potenzial φ stetig sein:

$$V(0) = V_n - \frac{qN_D}{2\varepsilon}x_n^2 = V_p + \frac{qN_A}{2\varepsilon}x_p^2$$

Unter Verwendung der Beziehung $x_p = x_n \cdot N_D / N_A$ lässt sich schreiben:

$$V_n - V_p = \frac{qN_D}{2\varepsilon}\left(\frac{N_D}{N_A} + 1\right)x_n^2$$

Für die Ausdehnung der Raumladungszone in x-Richtung ergibt sich somit:

$$x_n = \sqrt{\frac{2\varepsilon(V_n - V_p)}{qN_D\left(1 + \frac{N_D}{N_A}\right)}}$$

Berücksichtigt man, dass die Spannungsdifferenz $V_n - V_p = U_D - U$ ist (also Diffusionsspannung abzüglich einer von außen angelegten Spannung in Flussrichtung), sowie die Gesamtausdehnung der Raumladungszone mit

$$d_{RLZ} = x_n + x_p = x_n\left(1 + \frac{N_D}{N_A}\right)$$

gegeben ist, so erhält man den mit Gleichung (2.7) gegebenen Ausdruck:

$$d_{RLZ} = \sqrt{\frac{2\varepsilon(U_D - U)}{qN_D\left(1 + \frac{N_D}{N_A}\right)}} \cdot \left(1 + \frac{N_D}{N_A}\right) = \sqrt{\frac{2\,\varepsilon\,(N_A + N_D)}{q\,N_A\,N_D}(U_D - U)} \qquad (2.12)$$

2.5 Wiederholungsfragen

1. Was unterscheidet Isolatoren, Halbleiter und Metalle?
2. Wodurch entsteht eine elektrische Leitfähigkeit in intrinsischen Halbleitern?
3. Was sind „Valenzelektronen“? Wie viele Valenzelektronen hat ein Siliziumatom?
4. Erläutern Sie das Atommodell nach Bohr.
5. Was versteht man unter „Elementhalbleitern“, was unter „Verbindungshalbleitern“?
6. Was versteht man unter einem „Loch“ als Ladungsträger?
7. Was versteht man unter „Eigenleitung“, was unter „Fremdleitung“?
8. Was sind Akzeptoren, was sind Donatoren? Welche Elemente werden in der Siliziumtechnologie typischerweise verwendet?
9. Was versteht man unter der „intrinsischen Ladungsträgerkonzentration“?
10. Was versteht man unter „Minoritäten“, was unter „Majoritäten“ in einem Halbleiter?
11. Wie entstehen freie Elektronen im dotierten Halbleiter? Wie entstehen Löcher?
12. Welche positiven, welche negativen Ladungen bestimmen die Ladungsbilanz in einem elektrisch neutralen, dotierten Halbleiter?
13. Warum sinkt bei Dotierung eines Halbleiters mit Donatoren die Löcherkonzentration gegenüber dem intrinsischen Fall?
14. Wodurch entsteht die Sperrwirkung einer pn-Diode?
15. Wodurch entsteht die Raumladungszone an einem pn-Übergang?
16. Sind die beiden Zonen an einem pn-Übergang mit unterschiedlicher Konzentration dotiert, in welche Zone dehnt sich die Raumladungszone zum überwiegenden Teil aus?

2.6 Übungen

Übung 2.1

Die Gitterkonstante von Silizium betrage $a = 0.543$ nm. In jedem Volumen der Größe a^3 befinden sich 8 Atome.

a) Wie viele Siliziumatome sind in einem 1 cm^3 ?

b) Die molare Masse von Silizium beträgt 28.1 g/mol (1 mol enthält $6.022 \cdot 10^{23}$ Atome). Berechnen Sie die Dichte von Silizium!

Übung 2.2

Gegeben ist ein homogen dotierter Siliziumkristall mit folgenden Dotierstoffkonzentrationen:

Phosphor: $5 \cdot 10^{18}$ cm^{-3}, Bor: 10^{16} cm^{-3}.

Es gilt: $n_i = 1.5 \cdot 10^{10}$ cm^{-3}, Temperatur $T = 300$ K.

a) Berechnen Sie die Konzentrationen freier Elektronen und Löcher bei Raumtemperatur.

b) Wie viele Akzeptoren und Donatoren befinden sich in einem Volumen mit 100 nm Kantenlänge?

Übung 2.3

Gegeben sei eine pn-Silizium-Diode mit folgenden Kenngrößen: $N_D = 10^{18}$ cm^{-3}, $N_A = 5 \cdot 10^{16}$ cm^{-3}, $n_i = 1.5 \cdot 10^{10}$ cm^{-3}, $\varepsilon_{Si} = 11.7 \cdot \varepsilon_0$, $\varepsilon_0 = 8.85 \cdot 10^{-14}$ F/cm, Temperatur $T = 300$ K.

a) Berechnen Sie die Diffusionsspannung am pn-Übergang und die Elektronen- bzw. Löcherkonzentration in den jeweiligen Bahnzonen.

b) Berechnen Sie die Gesamtausdehnung der Raumladungszone im thermischen Gleichgewicht ($U = 0$) sowie jeweils deren Anteil in der n- und p-leitenden Zone.

c) Es werde eine Spannung von 10 V in Sperrrichtung der Diode angelegt. Berechnen Sie die Gesamtausdehnung der Raumladungszone.

2.7 Lösungen

Übung 2.1

a) $5 \cdot 10^{22}$

b) $2.3\ \mathrm{g/cm^3}$

Übung 2.2

a) $N_D \gg N_A$ (n-leitend) $\Rightarrow$ $n \approx N_D = 5 \cdot 10^{18}\ \mathrm{cm^{-3}}$

$p = \frac{n_i^2}{n} \approx \frac{n_i^2}{N_D} = 45\ \mathrm{cm^{-3}}$

b) Volumen $V = (100\ \mathrm{nm})^3 = (100 \cdot 10^{-7}\ \mathrm{cm})^3 = 10^{-15}\mathrm{cm^3}$

Anzahl Donatoren: $N_D \cdot V = 5000$

Anzahl Akzeptoren: $N_A \cdot V = 10$

Übung 2.3

a) $U_D = 26\ \mathrm{mV} \cdot \ln \frac{N_D N_A}{n_i^2} \approx 0.859\ \mathrm{V}$

n-Gebiet: $n = N_D = 10^{18}\ \mathrm{cm^{-3}}$, $p = n_i^2 / N_D = 225\ \mathrm{cm^{-3}}$

p-Gebiet: $p = N_A = 5 \cdot 10^{16}\ \mathrm{cm^{-3}}$, $n = n_i^2 / N_A = 4500\ \mathrm{cm^{-3}}$

b) $d_{RLZ} = \sqrt{\frac{2 \cdot 11.7 \cdot 8.85 \cdot 10^{-14}\ \mathrm{F/cm} \cdot (5 \cdot 10^{16}\ \mathrm{cm^{-3}} + 10^{18}\ \mathrm{cm^{-3}})}{1.602 \cdot 10^{-19}\ \mathrm{As} \cdot 5 \cdot 10^{16}\ \mathrm{cm^{-3}} \cdot 10^{18}\ \mathrm{cm^{-3}}} \cdot 0.859\ \mathrm{V}} \approx 15.1 \cdot 10^{-6}\ \mathrm{cm} = 151\ \mathrm{nm}$

$d_{RLZ,n} = \frac{d_{RLZ}}{1 + \frac{N_D}{N_A}} \approx 7.2\ \mathrm{nm}$

$d_{RLZ,p} = d_{RLZ} - d_{RLZ,n} = 143.8\ \mathrm{nm}$

c) $d_{RLZ} = \sqrt{\frac{2 \cdot 11.7 \cdot 8.85 \cdot 10^{-14}\ \mathrm{F/cm} \cdot (5 \cdot 10^{16}\ \mathrm{cm^{-3}} + 10^{18}\ \mathrm{cm^{-3}})}{1.602 \cdot 10^{-19}\ \mathrm{As} \cdot 5 \cdot 10^{16}\ \mathrm{cm^{-3}} \cdot 10^{18}\ \mathrm{cm^{-3}}} \cdot (0.859\ \mathrm{V} - (-10\ \mathrm{V}))} \approx 536\ \mathrm{nm}$

3 Teilchen und Wellen

Die in der Nanoelektronik vermehrt in Erscheinung tretenden physikalischen Effekte basieren auf dem Welle-Teilchen-Dualismus der Elektronen. Zur mathematischen Beschreibung der Wellenfunktion werden in diesem Kapitel die Grundlagen der Schrödinger-Gleichung und ihre Bedeutung für die Funktion integrierter Bauelemente erläutert.

Lernziele

Die Lernenden ...

- kennen die Darstellung von Elektronen als Teilchen und Welle,
- kennen die Grundlagen der Beschreibung von Materiewellen mithilfe der Schrödinger-Gleichung,
- verstehen die Ausbildung diskreter Energieniveaus in einem Potenzialtopf,
- kennen den Unterschied zwischen Bohr'schem Atommodell und Orbitalmodell,
- kennen die physikalische Grundlage des Tunneleffekts,
- verstehen den Begriff der Tunnelwahrscheinlichkeit und kennen einen allgemeinen analytischen Ansatz zu ihrer Berechnung.

3.1 Dualismus von Welle und Teilchen

Die klassische Physik beschreibt Elektronen als Teilchen mit einer Masse $m_0 = 9.11 \cdot 10^{-31}$ kg und einer negativen Elementarladung $-q = -1.602 \cdot 10^{-19}$ As. Auf dieser Grundlage lässt sich der Ladungstransport in elektrischen Leitern als Fluss einzelner Teilchen mit einer bestimmten Geschwindigkeit v auffassen. Der Strom I durch einen Leiter beschreibt die Ladungsmenge Q, welche seinen Querschnitt pro Sekunde durchströmt. Demnach ist I/q die Anzahl der Elektronen, die pro Sekunde durch den Leiter strömt. Der Impuls und die kinetische Energie der Elektronen sind mit

$$p = m_0 v \tag{3.1}$$

$$E = \frac{m_0 v^2}{2} \tag{3.2}$$

gegeben. Diese Beschreibung ist für die weitaus meisten Gebiete der Elektrotechnik ausreichend. Sogar für die Mikroelektronik lässt sich dieses klassische Bild in vielen Fällen verwenden. Mit Verkleinerung der Strukturgröße in den Bereich weniger Nanometer versagt allerdings zunehmend diese Beschreibung.

In Analogie zur elektromagnetischen Strahlung, welche zugleich Wellen- und Teilcheneigenschaften aufweist, wurde 1924 von de Broglie[1] jedem Partikel auch eine Materiewelle *(De-Broglie-Welle)* zugeordnet. Danach gehört zu jedem Teilchen der Energie E eine Welle der Frequenz

$$\nu = \frac{E}{h} \tag{3.3}$$

Die Konstante

$$h = 6.626 \cdot 10^{-34}\ \text{Js} = 4.136 \cdot 10^{-15}\ \text{eVs} \tag{3.4}$$

ist das *Planck'sche Wirkungsquantum*[2]. Unter Verwendung des sogenannten *reduzierten Planckschen Wirkungsquantums*

$$\hbar = \frac{h}{2\pi} = 1.06 \cdot 10^{-34}\ \text{Js} = 6.58 \cdot 10^{-16}\ \text{eVs} \tag{3.5}$$

folgt mit der zugehörigen Kreisfrequenz:

$$E = \hbar\omega \tag{3.6}$$

Tatsächlich lässt sich die Wellennatur von Materie in einem Doppelspaltexperiment nachweisen. Passiert ein Elektronenstrahl eine Doppelspaltstruktur, so ergibt sich auf einem dahinterliegenden Detektorschirm ein Beugungsmuster, welches durch Interferenz entsteht. Man spricht vom *Wellen-Teilchen-Dualismus.* Der Impuls p des Partikels ist mit der Wellenlänge λ bzw. Wellenzahl k dieser Materiewelle verknüpft:

$$p = \frac{h}{\lambda} = \hbar k \tag{3.7}$$

Überträgt man diesen Zusammenhang auf die Energie eines freien Elektrons der Masse m_0, dann erhält man:

$$E = \frac{m_0}{2} v^2 = \frac{p^2}{2m_0} = \frac{h^2}{\lambda^2} \cdot \frac{1}{2m_0} = \hbar\omega \tag{3.8}$$

Eine messbare Wellenlänge ergibt sich wegen der geringen Größe von $\hbar$ nur für hinreichend kleine Teilchenmassen. Daher tritt der Wellencharakter der Materie erst im atomaren Bereich und insbesondere für Elektronen in Erscheinung.

Beispiel 3.1 Wellenlänge eines freien Elektrons

Ein freies Elektron werde innerhalb einer Potenzialdifferenz von $U = 100$ V beschleunigt. Die dabei erreichte kinetische Energie beträgt:

$$E = qU = 1.602 \cdot 10^{-19}\ \text{As} \cdot 100\ \text{V} = 1.602 \cdot 10^{-17}\ \text{VAs} = 100\ \text{eV} \tag{3.9}$$

1 Louis de Broglie (1892–1987), französischer Physiker, erhielt 1929 für seine Entdeckung der Wellennatur des Elektrons (Welle-Teilchen-Dualismus) und der daraus resultierenden Theorie der Materiewellen den Nobelpreis für Physik.

2 Benannt nach Max Planck (1858–1947), deutscher Physiker und Mitbegründer der Quantenphysik. Er erhielt 1918 für die Entdeckung des Planck'schen Wirkungsquantums den Nobelpreis für Physik.

Aus der klassischen Betrachtung des Elektrons der Masse $m_0 = 9.11 \cdot 10^{-31}$ kg als Partikel lässt sich seine Geschwindigkeit berechnen:

$$E = \frac{m_0}{2} v^2 \quad \Rightarrow \quad v = \sqrt{\frac{2E}{m_0}} = 5.93 \cdot 10^6 \, \frac{\text{m}}{\text{s}} \tag{3.10}$$

Die quantenmechanische Beschreibung als Welle liefert (3.8):

$$E = \frac{m_0}{2} v^2 = \frac{h^2}{\lambda^2} \cdot \frac{1}{2m_0} \quad \Rightarrow \quad \lambda = \sqrt{\frac{h^2}{2\, m_0\, E}} = 1.2 \cdot 10^{-10}\, \text{m} = 0.12\, \text{nm} \tag{3.11}$$

Die Kreisfrequenz der Welle beträgt:

$$\omega = \frac{E}{\hbar} = 1.5 \cdot 10^{17}\, \text{s}^{-1} \tag{3.12}$$

■

Entsprechend (3.11) ergibt sich folgende Schlussfolgerung:

Die Wellenlänge eines Teilchens sinkt mit steigender Masse. Aufgrund der sehr kleinen Masse von Elektronen ergibt sich eine Wellenlänge im Bereich von Nanometern. Daher ist die Welleneigenschaft von Elektronen für die Nanoelektronik von Bedeutung.

Für Teilchen größerer Masse folgt eine kleinere Wellenlänge, daher sind hierbei Effekte der Welleneigenschaft normalerweise nicht zu beobachten.

3.2 Die Schrödinger-Gleichung

Im Jahr 1926 hatte Erwin Schrödinger[3] die Idee, man könne doch Elementarteilchen grundsätzlich als *Wellenpakete* auffassen. Überlagert man viele Wellenzüge mit geringfügig unterschiedlicher Wellenlänge, dann ist die Amplitude der resultierenden Welle wegen auftretender Interferenzen überall gleich null, nur nicht am Ort des Wellenpakets selbst. Auch ein Photon solle man sich als ein solches Wellenpaket denken. Die Geschwindigkeit, mit der sich das Wellenpaket entlang des Wellenzuges fortbewegt, ist die sogenannte *Gruppengeschwindigkeit.*

Die mathematische Vorschrift zur Zerlegung eines Wellenpakets in einzelne Wellenzüge ist die *Fourier-Transformation.* Aufgrund ihrer Bedeutung für das Verständnis der Schrödinger-Gleichung wird nachfolgend eine kurze Zusammenfassung der Methode gegeben.

[3] Erwin Schrödinger (1887–1961), österreichischer Physiker, formulierte 1926 die nach ihm benannte *Schrödinger-Gleichung*. Damit war eine Beschreibung der Quantenmechanik mithilfe partieller Differenzialgleichungen der klassischen Mathematik möglich. Hierfür erhielt er im Jahr 1933 den Nobelpreis für Physik.

3.2.1 Fourier-Transformation

Die Fourier-Transformation erlaubt die Darstellung einer Funktion $f(t)$ durch das *Fourier-Integral*:

$$f(t) = \frac{1}{2\pi} \int_{-\infty}^{\infty} \int_{-\infty}^{\infty} f(\tau)\, \mathrm{e}^{\mathrm{j}\omega(t-\tau)} \mathrm{d}\tau \mathrm{d}\omega \tag{3.13}$$

Man bezeichnet das Fourier-Integral als eine *Transformation*:

$$F(\mathrm{j}\omega) = \int_{-\infty}^{\infty} f(t)\, \mathrm{e}^{-\mathrm{j}\omega t} \mathrm{d}t \qquad \text{Fourier-Transformation} \tag{3.14}$$

$$f(t) = \frac{1}{2\pi} \int_{-\infty}^{\infty} F(\mathrm{j}\omega)\, \mathrm{e}^{\mathrm{j}\omega t} \mathrm{d}\omega \qquad \text{Rücktransformation} \tag{3.15}$$

Man benutzt zur Kennzeichnung der Transformation aus dem *Zeitbereich* (oder *Originalbereich*) in den *Frequenzbereich* (oder *Bildbereich*) das Korrespondenzzeichen:

$$f(t) \circ\!\!-\!\!\bullet\; F(\mathrm{j}\omega)$$

In der Elektrotechnik ist die Zeitfunktion häufig durch einen Strom- oder Spannungsverlauf gegeben. $F(\mathrm{j}\omega)$ bezeichnet dann das sog. *komplexe Frequenzspektrum* der Zeitfunktion $f(t)$. Bei Darstellung der Zeitsignale durch ihr komplexes Frequenzspektrum $F(\mathrm{j}\omega)$ kann die komplexe Wechselstromlehre bei der Analyse linearer Netze angewendet werden.

Mithilfe der Fourier-Transformation kann ein Anregungssignal formal in elementare sinusförmige Signale unterschiedlicher Frequenz zerlegt werden. Jedes dieser Teilsignale bewirkt im Netzwerk ein sinusförmiges Ausgangssignal mit gleicher Frequenz wie die Anregung, aber mit unterschiedlicher Amplitude und Phasenlage. Die abschließende Überlagerung aller dieser Ausgangsschwingungen entsprechend dem Integral der Rücktransformation liefert das gesuchte Ausgangssignal im Zeitbereich und damit die Gesamtwirkung des Anregungssignals im Netzwerk.

Für die Bedingungen zur Existenz von $F(\mathrm{j}\omega)$ einer Funktion sei an dieser Stelle auf entsprechende Fachliteratur verwiesen [7, 8].

In Bild 3.1 ist beispielhaft das Ergebnis einer Fourier-Zerlegung eines Rechteckpulses gezeigt. Das Frequenzspektrum hat die Form einer si-Funktion[4].

Berücksichtigt man in erster Näherung nur die dominanten Anteile des Amplitudenspektrums bis zur ersten Nullstelle, dann haben Signalfrequenzen im Intervall $0 \leq \omega \leq \pm 2\pi / T$ den größten Anteil an der Repräsentation des Rechteckpulses der Dauer T. Je kürzer der Rechteckpuls, desto breiter wird das Amplitudenspektrum. Ist der Puls dagegen von längerer Dauer, dann verringert sich die Breite des Intervalls für ω, welches das Rechtecksignal maßgeblich beschreibt.

---

4 Die si-Funktion (Sinus cardinalis) wird durch $\mathrm{si}(x)$ oder auch $\mathrm{sinc}(x)$ bezeichnet. Sie steht für den Ausdruck $\sin(x)/x$ und wird aufgrund ihrer Bedeutung zur Beschreibung des Beugungsbildes von kohärentem Licht an einem Spalt auch als *Spaltfunktion* bezeichnet.

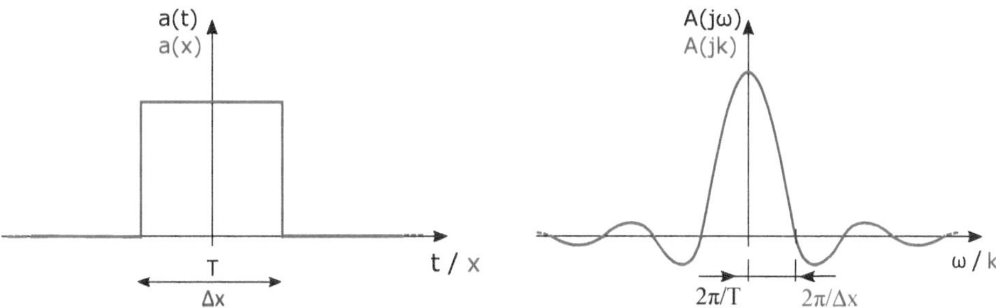

Bild 3.1 Fourier-Transformation eines rechteckförmigen Funktionsverlaufs. In Anlehnung an die Anwendung in der Elektrotechnik ist links das Zeitsignal, rechts das Amplitudenspektrum dargestellt. Die Überlagerung der im Amplitudenspektrum gegebenen Teilschwingungen unterschiedlicher Kreisfrequenz ω und Amplitude $A(\mathrm{j}\omega)$ leistet die Rücktransformation. Zur Deutung der Funktionsverläufe im Zusammenhang mit der Schrödinger-Gleichung betrachten wir die Darstellung links als das Wellenpaket entlang des Orts x, rechts als die Zerlegung in Wellenzüge unterschiedlicher Wellenzahl $k = 2\pi/\lambda$ und Amplitude $A(\mathrm{j}k)$.

3.2.2 Materiewellen

Zur Vereinfachung der nachfolgenden Erläuterungen betrachten wir nur den eindimensionalen Fall, das heißt die Ausdehung von Wellenfunktionen nur entlang des Orts x.

Eine Materiewelle an der Stelle x zum Zeitpunkt t ist bei konstanter Wellenlänge λ in komplexer Schreibweise gegeben durch

$$\Psi(x,t) = A\cdot \mathrm{e}^{\mathrm{j}(kx-\omega t)} \tag{3.16}$$

mit der Wellenzahl

$$k = \frac{2\pi}{\lambda} \tag{3.17}$$

und der (komplexen) Amplitude A.

Betrachtet man ein Wellenpaket entlang des Orts x, dann liefert die Fourier-Transformation die Zerlegung dieses Pakets in eine Überlagerung unendlich vieler Teilwellen mit Wellenzahl $k = 2\pi/\lambda$ und zugehöriger Amplitude $A(k)$. Diese Analogie ist in Bild 3.1 mit der alternativen Beschriftung der Achsen im Original- bzw. Bildbereich gegeben. Ein Wellenpaket im Sinne der Schrödinger-Gleichung ist also die Überlagerung unendlich vieler Materiewellen unterschiedlicher Wellenlänge. Interferenz führt zur Ausbildung des örtlich lokalisierten Wellenpakets. Bewegt sich das Wellenpaket im Raum, so ist seine Gruppengeschwindigkeit gleichbedeutend mit der Bewegungsgeschwindigkeit des Teilchens nach der klassischen Physik.

In Analogie zum oben beschriebenen Zusammenhang zwischen Breite der Rechteckfunktion im Originalbereich und der Lage der ersten Nullstelle im Bildbereich ist die örtliche Ausdehnung Δx des Wellenpakets gekoppelt mit dem Intervall der Breite $\Delta k = 2\pi/\Delta x$. Je kleiner die Ausdehnung eines Wellenpakets im Ort, desto größer ist der zu seiner Beschreibung notwendige Bereich Δk der Wellenzahl. Ist dagegen die Ausdehnung des Wellenpakets größer, dann wird der notwendige Bereich der Wellenzahl kleiner. Daraus folgt, dass von einem Teilchen nicht gleichzeitig der Ort x und der Impuls $p = \hbar k$ bestimmt werden können. Je genauer der

Ort bekannt ist, desto genauer ist das Wellenpaket im Ort lokalisiert und der Bereich der Wellenzahlen steigt an. Umgekehrt führt die genaue Bestimmung der Geschwindigkeit eines Teilchens und damit seines Impulses und seiner Wellenzahl zu einer größeren Ausdehnung des Wellenpakets im Raum. Diesen Zusammenhang beschreibt die sogenannte *Heisenberg'sche*[5] *Unschärferelation*:

Befindet sich ein Teilchen innerhalb der Länge Δx, so beträgt die Unschärfe der Wellenzahl mindestens $\Delta k = 2\pi / \Delta x$ oder $\Delta(1/\lambda) = 1/\Delta x$. Mit $p = h/\lambda$ folgt:

$$\Delta x \cdot \Delta p \geq h \tag{3.18}$$

Ist der Ort x genau bestimmt, dann ist nur eine ungenaue Aussage über den Impuls möglich und umgekehrt.

Die Interpretation der Wellenfunktion ist mit der klassischen Physik nicht zu erklären. Sie beschreibt keine physikalische Zustandsgröße im Raum. Sie gibt dagegen die Wahrscheinlichkeit an, ein Teilchen am Ort x zu finden, wenn man danach „sucht". Wird eine Messung durchgeführt und ein Teilchen am Ort x nachgewiesen, dann ist als Folge davon die Ortsunschärfe Δx minimal und daher aufgrund von (3.18) die Impulsunschärfe maximal. Die Geschwindigkeit des Teilchens ist aufgrund der durchgeführten Messung unbestimmt. Man spricht davon, dass beim Messvorgang unter Einflussnahme des Beobachters die Wellenfunktion *kollabiert*[6].

Mathematisch wird der Zusammenhang zwischen Wellenfunktion und Aufenthaltswahrscheinlichkeit wie folgt beschrieben:

Das Integral über das Betragsquadrat der Wellenfunktion im Intervall $a \leq x \leq b$ beschreibt die Wahrscheinlichkeit, ein Teilchen in diesem Intervall zu finden:

$$P = \int_a^b |\Psi(x,t)|^2 \mathrm{d}x = \int_a^b \Psi(x,t) \cdot \Psi^*(x,t) \mathrm{d}x \tag{3.19}$$

P ist damit die Wahrscheinlichkeitsdichte der Position des Teilchens.

Dabei steht Ψ^* für die konjugiert-komplexe Wellenfunktion.

Befindet sich innerhalb des Raums $-\infty < x < +\infty$ ein Elektron, so muss das Integral über die Wahrscheinlichkeitsdichte den Wert 1 ergeben:

$$\int_{-\infty}^{+\infty} |\Psi(x,t)|^2 \mathrm{d}x = 1 \tag{3.20}$$

Aus dieser sogenannten *Normierung* lässt sich die Amplitude der Wellenfunktion bestimmen.

5 Werner Karl Heisenberg (1901–1976), deutscher Physiker, formulierte 1927 die nach ihm benannte Heisenberg'sche Unschärferelation. Nach dieser sind zwei komplementäre Eigenschaften eines Teilchens wie beispielsweise Ort und Impuls nicht gleichzeitig beliebig genau bestimmbar. Er erhielt 1932 den Nobelpreis für Physik.

6 Der *Kollaps der Wellenfunktion* ist ein Begriff der *Kopenhagener Deutung der Quantenmechnik.* Andere Deutungen der Einflussnahme eines Beobachers wurden beispielsweise von Erwin Schrödinger postuliert und mit dem Gedankenexperiment *Schrödingers Katze* veranschaulicht.

Genauso wie elektromagnetische Wellen können Materiewellen im Raum miteinander interferieren. Damit lässt sich bei der Durchführung eines Doppelspaltexperiments mit einem Elektronenstrahl die Entstehung eines Beugungsmusters erklären.

Beispiel 3.2 Wellenfunktion eines freien Elektrons

Ein freies Elektron wird nur durch eine Materiewelle mit genau einer Wellenlänge dargestellt. Dies lässt sich wie folgt zeigen. Lautet die Wellenfunktion

$$\Psi(x,t) = A \cdot e^{j(kx-\omega t)}$$

dann folgt für die Wahrscheinlichkeitsdichte:

$$|\Psi(x,t)|^2 = \Psi(x,t) \cdot \Psi^*(x,t) = A \cdot e^{j(kx-\omega t)} \cdot A^* \cdot e^{-j(kx-\omega t)} = A \cdot A^* = \text{const.}$$

Das Betragsquadrat der Wellenfunktion ist unabhängig vom Ort x und der Zeit t und damit überall im Raum konstant. Daher hält sich das Elektron an jeder Stelle x mit der gleichen Wahrscheinlichkeit auf. Damit gilt für die Ortsunschärfe $\Delta x \longrightarrow \infty$. Aufgrund (3.18) folgt für die Impulsunschärfe $\Delta p \longrightarrow 0$, was mit dem Zusammenhang $p = \hbar k$ auf genau eine Wellenzahl und damit Wellenlänge hindeutet. ■

3.2.3 Eindimensionale, zeitunabhängige Schrödinger-Gleichung

Die Schrödinger-Gleichung liefert den mathematischen Zusammenhang zwischen der Wellenfunktion eines Teilchens und seiner Energie im Raum als partielle Differenzialgleichung. Nachfolgend beziehen wir uns fortan nur noch auf Elektronen als betrachtete Teilchen. Weiterhin beschränken wir uns auf die Erläuterung der Schrödinger-Gleichung in ihrer eindimensionalen, zeitunabhängigen Form, so wie sie für das Verständnis der damit zusammenhängenden Effekte in der Nanoelektronik meist ausreichend ist. Damit ist die Wellenfunktion gegeben durch

$$\Psi(x,t) = \Psi(x) \cdot e^{-j\omega t} \tag{3.21}$$

und die Schrödinger-Gleichung lautet:

$$-\frac{\hbar^2}{2m_0} \cdot \frac{\partial^2 \Psi(x)}{\partial x^2} + V(x) \cdot \Psi(x) = \varepsilon \cdot \Psi(x) \tag{3.22}$$

Hierbei sind m die Masse und ε die Energie des Elektrons in x-Richtung. Die Funktion $V(x)$ beschreibt die potenzielle Energie des Elektrons an der Stelle x, abgeleitet aus der elektrostatischen Potenzialverteilung $U(x)$ im Raum:

$$V(x) = -q \cdot U(x) \tag{3.23}$$

Bild 3.2 zeigt exemplarisch drei Lösungen für $\Psi(x)$ innerhalb einer Potenzialwanne. Jede Lösung entspricht einer bestimmten Energie ε des Elektrons. Das Energieniveau, für das eine Lösung der Schrödinger-Gleichung existiert, wird als *Eigenenergie* bezeichnet.

- Ein Elektron mit der niedrigsten Eigenenergie ε_1 ist in der Potenzialwanne gefangen, denn zu beiden Seiten klingt die Wellenfunktion und damit auch die Aufenthaltswahrscheinlichkeit auf null ab. Dem Elektron muss Energie zugeführt werden, damit es die auf beiden Seiten befindlichen Barrieren überwinden kann.

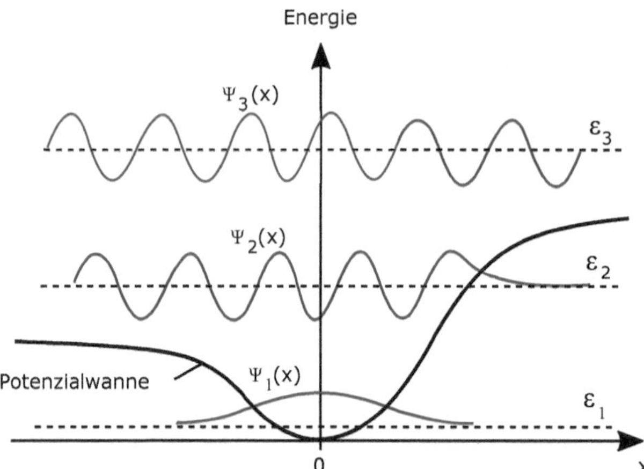

Bild 3.2 Mögliche Lösungen der Schrödinger-Gleichung in einer Potenzialwanne

- Besitzt ein Elektron die Eigenenergie ε_2, so kann es zwar die Potenzialbarriere zu seiner Rechten nicht überwinden (die Wellenfunktion klingt für große x ab, das heißt, die Aufenthaltswahrscheinlichkeit geht hier gegen null.) Zu seiner Linken kann es aber die Wanne verlassen, da seine Energie größer als die der Barrierenhöhe ist. Entsprechend zeigt sich in diesem Bereich die Wellenfunktion eines freien Elektrons mit genau einer Wellenlänge und maximaler Ortsunschärfe.
- Für die Eigenenergie ε_3 kann das Elektron zu beiden Seiten hin die Wanne verlassen. Die Wellenfunktion entspricht im gesamten Raum der eines freien Elektrons. Der Aufenthaltsort des Teilchens ist vollkommen unbestimmt.

3.3 Der Potenzialtopf

Die nachfolgenden Beispiele verdeutlichen die Ausbildung der Wellenfunktionen in einem idealisierten Potenzialtopf (engl. *quantum well*) entsprechend Bild 3.3. Sie sind unter Verwendung des *Exponentialansatzes* zur Lösung linearer Differenzialgleichungen auf einfache Art analytisch lösbar. Bezüglich detaillierter Grundlagen dieses Lösungsverfahrens sei an dieser Stelle auf Lehrbücher der Mathematik oder auch [8] verwiesen.

Beispiel 3.3 Lösungen $\Psi(x)$ in einem unendlich tiefen Potenzialtopf

Bild 3.3a zeigt den Verlauf der potenziellen Energie $V(x)$. Die Breite des Potenzialtopfs beträgt L. Zu beiden Seiten, an den „Wänden" des Potenzialtopfs, steigt die Energie auf unendlich an. Ein Elektron, welches sich im Potenzialtopf befindet, kann diesen also nicht verlassen. Die Potenzialbarrieren an den Stellen $x = \pm L/2$ sind somit undurchdringbar. Mithin ist die Aufenthaltswahrscheinlichkeit des Elektrons außerhalb des Potenzialtopfs gleich null und es gilt:

$$\Psi(x \leq -L/2) = \Psi(x \geq L/2) = 0$$

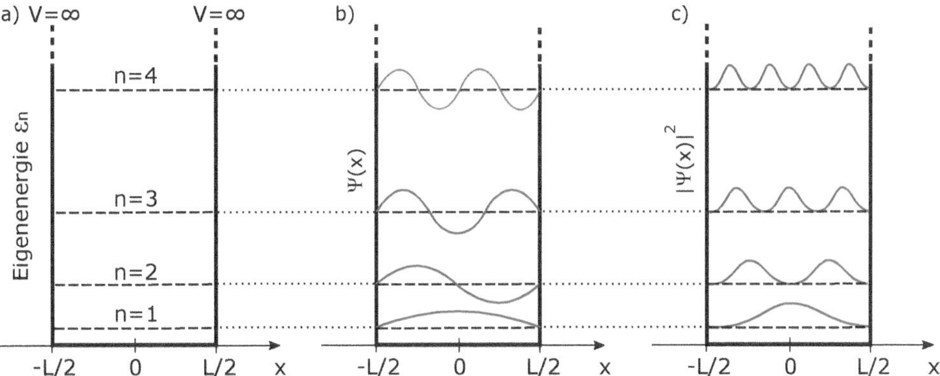

Bild 3.3 a) Skizze eines unendlich tiefen Potenzialtopfs mit möglichen Eigenenergien eines Elektrons. b) Darstellung der zugehörigen Moden der Wellenfunktion $\Psi(x)$. c) Aufenthaltswahrscheinlichkeit $|\Psi(x)|^2$

Dies ergibt sich auch aus der Schrödinger-Gleichung nach (3.22): Gilt $V(x) \longrightarrow \infty$, so muss $\Psi(x) = 0$ sein.

Damit sind die Randbedingungen gegeben, um im Intervall $-L/2 < x < L/2$ die Schrödinger-Gleichung zu lösen. Hierbei ist $V(x) = 0$, sodass wir schreiben können:

$$-\frac{\hbar^2}{2m_0} \cdot \frac{\partial^2 \Psi(x)}{\partial x^2} - \varepsilon \cdot \Psi(x) = 0$$

Dies ist eine gewöhnliche, homogene lineare Differenzialgleichung. Wir wählen den Exponentialansatz

$$\Psi(x) = A \cdot \mathrm{e}^{b \cdot x}$$

und erhalten nach Einsetzen die charakteristische Gleichung:

$$-\frac{\hbar^2}{2m_0} \cdot b^2 - \varepsilon = 0$$

Als Lösungen für den Parameter b ergibt sich:

$$b_{1,2} = \pm\sqrt{-\frac{2m_0\varepsilon}{\hbar^2}} = \pm \mathrm{j}\frac{\sqrt{2m_0\varepsilon}}{\hbar}$$

Damit lässt sich die allgemeine Lösung der homogenen Differenzialgleichung aufstellen:

$$\Psi(x) = A_1 \cdot \mathrm{e}^{b_1 x} + A_2 \cdot \mathrm{e}^{b_2 x}$$

Bringt man die Lösungen $b_{1,2}$ in Verbindung mit der Wellenzahl k:

$$b_{1,2} = \pm \mathrm{j}k$$

dann lässt sich die Lösung als folgende Wellengleichung formulieren:

$$\Psi(x) = A_1 \cdot \mathrm{e}^{\mathrm{j}kx} + A_2 \cdot \mathrm{e}^{-\mathrm{j}kx}$$

Sie besteht also aus einer bezüglich x-Richtung hin- und rücklaufenden Welle.

Wir setzen die Randbedingungen an den Stellen $x = \pm L/2$ ein und erhalten:

$$\Psi(L/2) = A_1 \cdot \mathrm{e}^{+\mathrm{j}kL/2} + A_2 \cdot \mathrm{e}^{-\mathrm{j}kL/2} = 0$$

$$\Psi(-L/2) = A_1 \cdot \mathrm{e}^{-\mathrm{j}kL/2} + A_2 \cdot \mathrm{e}^{+\mathrm{j}kL/2} = 0$$

Lösen wir die erste Gleichung nach A_1 auf:

$$A_1 = -A_2 \cdot \mathrm{e}^{-\mathrm{j}kL}$$

und setzen dies in die zweite Gleichung ein, dann erhalten wir:

$$-A_2 \cdot \mathrm{e}^{-\mathrm{j}kL} \cdot \mathrm{e}^{-\mathrm{j}kL/2} + A_2 \cdot \mathrm{e}^{+\mathrm{j}kL/2} = 0$$

Eine triviale Lösung der Gleichung ergibt sich mit $A_2 = 0$, was gleichbedeutend damit wäre, dass sich kein Elektron im Potenzialtopf aufhält. Nichttriviale Lösungen erhalten wir für

$$-\mathrm{e}^{-\mathrm{j}kL} \cdot \mathrm{e}^{-\mathrm{j}kL/2} + \mathrm{e}^{+\mathrm{j}kL/2} = \mathrm{e}^{-\mathrm{j}kL/2}\left(\mathrm{e}^{+\mathrm{j}kL} - \mathrm{e}^{-\mathrm{j}kL}\right) = 0$$

Mit der Beziehung

$$\sin(x) = \frac{1}{2\mathrm{j}}\left(\mathrm{e}^{\mathrm{j}x} - \mathrm{e}^{-\mathrm{j}x}\right)$$

können wir schreiben:

$$\mathrm{e}^{-\mathrm{j}kL/2} \cdot 2\mathrm{j} \cdot \sin(kL) = 0$$

Diese Gleichung ist an den Nullstellen der Sinusfunktion erfüllt, also muss gelten:

$$kL = n\pi \quad \Rightarrow \quad k_n = \frac{n\pi}{L} \quad \text{mit: } n = \pm 1; \pm 2; \pm 3; \ldots \tag{3.24}$$

Hierbei wurde $n = 0$ ausgelassen, weil dies wieder der trivialen Lösung mit $\Psi(x) \equiv 0$ entspräche.

Die diskreten Lösungen der Wellenzahl $k_n = n\pi/L$ sind die *Eigenwerte* der Lösung. Die zugehörigen Energien sind *Eigenenergien*:

$$\varepsilon_n = \frac{p^2}{2m_0} = \frac{(\hbar \cdot k_n)^2}{2m_0} = \frac{\hbar^2\pi^2}{2m_0L^2} \cdot n^2 \tag{3.25}$$

Befindet sich ein Elektron im Potenzialtopf, dann kann es gemäß der möglichen Lösungsfunktionen der Schrödinger-Gleichung nur eine der diskreten Energien ε_n annehmen.

Für ein Elektron der Energie ε_1 wollen wir nachfolgend die Wellenfunktion exakt bestimmen. Wir erhalten:

$$\Psi_1(x) = A_{11} \cdot \mathrm{e}^{\mathrm{j}\pi x/L} + A_{12} \cdot \mathrm{e}^{-\mathrm{j}\pi x/L}$$

Unter Berücksichtigung der Randbedingung $\Psi(x = L/2) = 0$ erhalten wir:

$$\Psi_1(L/2) = A_{11} \cdot \mathrm{e}^{\mathrm{j}\pi/2} + A_{12} \cdot \mathrm{e}^{-\mathrm{j}\pi/2} = \mathrm{j}A_{11} - \mathrm{j}A_{12} = 0 \quad \Rightarrow \quad A_{11} = A_{12} = A_1$$

und können unter Verwendung der Beziehung

$$\cos(x) = \frac{1}{2}\left(\mathrm{e}^{\mathrm{j}x} + \mathrm{e}^{-\mathrm{j}x}\right)$$

für die Wellenfunktion schreiben:

$$\Psi_1(x) = A_1 \cdot \left(\mathrm{e}^{\mathrm{j}\pi x/L} + \mathrm{e}^{-\mathrm{j}\pi x/L}\right) = 2A_1 \cos\left(\frac{\pi x}{L}\right)$$

Hin- und rücklaufende Welle überlagern sich derart, dass es im Potenzialtopf zur Ausbildung einer stehenden Welle kommt. Das Ergebnisse verdeutlicht Bild 3.3b auch für weitere Moden der Wellenfunktion. Für jede erlaubte Energie kommt es zur Ausbildung einer stehenden Welle in den Begrenzungen des Topfs, dessen Breite L ein ganzzahliges Vielfaches der halben Wellenlänge des Elektrons sein muss.

Zur Bestimmung der Amplitude A_1 der Wellenfunktion $\Psi_1(x)$ verwenden wir die mit (3.20) notwendige Normierung der Wellenfunktion. Es muss gelten:

$$\int_{-\infty}^{+\infty} |\Psi_1(x)|^2 \mathrm{d}x = 1$$

und daher unter Verwendung von $\Psi_1(x) = 2A_1 \cos\left(\frac{\pi x}{L}\right)$ innerhalb des Potenzialtopfs und $\Psi_1(x) = 0$ außerhalb:

$$4A_1^2 \cdot \int_{-L/2}^{+L/2} \cos^2\left(\frac{\pi x}{L}\right) \mathrm{d}x$$

$$= 4A_1^2 \cdot \left(\frac{1}{2}\cos\left(\frac{\pi x}{L}\right) \cdot \sin\left(\frac{\pi x}{L}\right) + \frac{1}{2}x\right)\Bigg|_{-L/2}^{+L/2}$$

$$= 2A_1^2 \cdot L = 1$$

Damit folgt für die Amplitude

$$A_1 = \frac{1}{\sqrt{2L}}$$

und für die Wellenfunktion der Energie ε_1:

$$\Psi_1(x) = \sqrt{\frac{2}{L}} \cdot \cos\left(\frac{\pi x}{L}\right)$$

Entsprechend lassen sich durch Anwendung der Normierung auch die Wellenfunktionen der weiteren Eigenenergien berechnen. Damit ergeben sich im unendlich tiefen Potenzialtopf folgende Eigenenergien mit ihren zugehörigen Wellenfunktionen:

$$\begin{aligned}
&n = 1: \quad && \varepsilon_1 = \frac{\hbar^2\pi^2}{2m_0L^2} \quad && \Psi_1(x) = \sqrt{\frac{2}{L}} \cdot \cos\left(\frac{\pi x}{L}\right) \\
&n = 2: && \varepsilon_2 = 4\varepsilon_1 && \Psi_2(x) = \sqrt{\frac{2}{L}} \cdot \sin\left(\frac{2\pi x}{L}\right) \\
&n = 3: && \varepsilon_3 = 9\varepsilon_1 && \Psi_3(x) = \sqrt{\frac{2}{L}} \cdot \sin\left(\frac{3\pi x}{L}\right) \\
&n = 4: && \varepsilon_4 = 16\varepsilon_1 && \Psi_4(x) = \sqrt{\frac{2}{L}} \cdot \sin\left(\frac{4\pi x}{L}\right) \qquad (3.26) \\
&\ldots
\end{aligned}$$

■

Das Ergebnis von Beispiel 3.3 lässt sich in folgender Aussage zusammenfassen:

Ist ein Elektron in einem Potenzialtopf gefangen, dann kann es nur diskrete Eigenenergien ε_n annehmen. Man spricht auch von *Quantum-Confinement* (engl. für *„Quanteneinschluss"*). Je kleiner die Breite L des Topfs, desto gröber ist die Quantisierung der Energien. Jede Eigenenergie entspricht der Ausbildung einer stehenden Welle in den Begrenzungen des Topfs, dessen Breite L ein ganzzahliges Vielfaches der halben Wellenlänge des Elektrons sein muss.

Wie weiter unten gezeigt werden wird, ist dieser Sachverhalt Grundlage zur Erklärung des Bohrschen Atommodells, nach welchem sich Elektronen nur auf Schalen mit bestimmten zugehörigen Energien aufhalten dürfen. Damit die Quantisierung der Energie überhaupt in Erscheinung tritt, muss die Länge L in der Größenordnung weniger Nanometer liegen.

Eine weitere Schlussfolgerung ist, dass die Wellenfunktionen zur Potenzialbarriere hin stetig auf $\Psi(x) = 0$ abfallen und daher auch die Aufenthaltswahrscheinlichkeit für Elektronen direkt an der Barriere null ist. Dies ist für die Berechnung der Ladungsträgerdichte in Nanostruktur-MOSFETs wichtig.

In der Realität gibt es keine unendlich hohen Potenzialbarrieren; die Tiefe eines Potenzialtopfs muss also endlich sein. Welche Auswirkungen dies auf die Lösung der Schrödinger-Gleichung hat, zeigt das folgende Beispiel.

Beispiel 3.4 Lösungen $\Psi(x)$ in einem endlich tiefen Potenzialtopf

Bild 3.4a zeigt den Verlauf der potenziellen Energie $V(x)$ eines Potenzialtopfs mit einer Barrierenhöhe V_b zu beiden Seiten. Die Breite des Potenzialtopfs beträgt L. Ausgangspunkt zur Berechnung der Wellenfunktionen ist wieder die eindimensionale Schrödinger-Gleichung nach (3.22). Wir lösen getrennt für das Intervall außerhalb und innerhalb des Potenzialtopfs.

Außerhalb des Potenzialtopfs

Im Gegensatz zu Beispiel 3.3 kann jetzt nicht mehr vorausgesetzt werden, dass außerhalb es Topfs $\Psi(x) = 0$ ist. Wir ersetzen $V(x) = V_b$ in (3.22):

$$-\frac{\hbar^2}{2m_0} \cdot \frac{\partial^2 \Psi(x)}{\partial x^2} + (V_b - \varepsilon) \cdot \Psi(x) = 0$$

und erhalten folgende Lösungen der charakteristischen Gleichung:

$$-\frac{\hbar^2}{2m_0} \cdot b^2 + (V_b - \varepsilon) = 0$$

$$\Rightarrow \quad b_{1,2} = \pm \frac{\sqrt{2m_0(V_b - \varepsilon)}}{\hbar}$$

Als allgemeine Lösung der homogenen Differenzialgleichung erhalten wir:

$$\Psi(x) = A_1 \cdot \mathrm{e}^{b_1 x} + A_2 \cdot \mathrm{e}^{b_2 x}$$

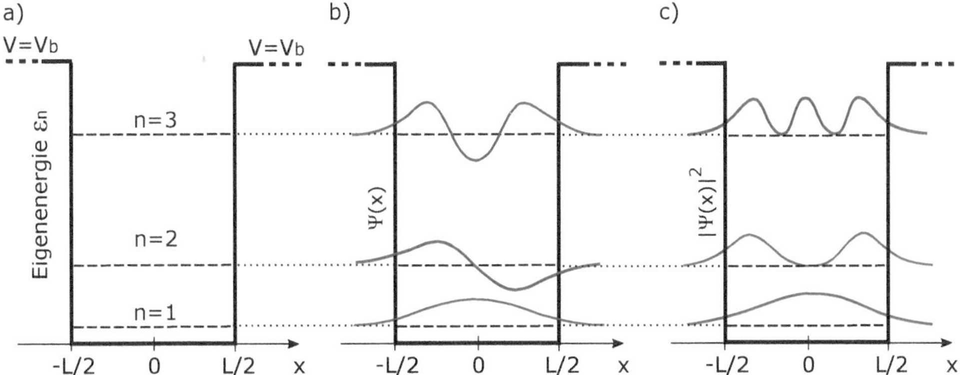

Bild 3.4 a) Skizze eines endlich tiefen Potenzialtopfs mit diskreten Energien ε_n. b) mögliche zugehörigen Moden der Wellenfunktion $\Psi(x)$. c) Aufenthaltwahrscheinlichkeit $|\Psi(x)|^2$

Besitzt das Elektron *eine Energie größer als die Barrierenhöhe*, gilt also $\varepsilon > V_b$, dann ist b imaginär:

$$b_{1,2} = \pm \mathrm{j} \frac{\sqrt{2m_0(\varepsilon - V_b)}}{\hbar} = \pm \mathrm{j} k_a \tag{3.27}$$

und es folgt für $\Psi(x)$ die *Wellenfunktion eines freien Elektrons* mit der Wellenzahl k_a.

Ist die Energie des Elektrons *kleiner als die Barrierenhöhe*, gilt also $\varepsilon < V_b$, so ist b reell:

$$b_{1,2} = \pm \frac{\sqrt{2m_0(V_b - \varepsilon)}}{\hbar} = \pm \kappa \tag{3.28}$$

und die Lösung $\Psi(x)$ ist aus der *Summe zweier reeller Exponentialfunktionen* gegeben. Als allgemeine Lösung der homogenen Differenzialgleichung erhalten wir:

$$\Psi(x) = A_1 \cdot \mathrm{e}^{\kappa x} + A_2 \cdot \mathrm{e}^{-\kappa x} \tag{3.29}$$

Innerhalb des Potenzialtopfs

Innerhalb des Potenzialtopfs gilt $V(x) = 0$ und wir erhalten entsprechend Beispiel 3.3 als Lösungen der charakteristischen Gleichung:

$$-\frac{\hbar^2}{2m_0} \cdot b^2 - \varepsilon = 0$$

$$\Rightarrow \quad b_{1,2} = \pm \mathrm{j} \frac{\sqrt{2m_0 \varepsilon}}{\hbar} = \pm k_w \tag{3.30}$$

und damit die Ausbildung oszillierender Wellenfunktionen für den Ladungsträger.

Gesamtlösung für $\varepsilon < V_b$

Mit den obigen Ergebnissen lässt sich die Wellenfunktion für alle x stückweise definieren:

$$\Psi(x) = \begin{cases} C \cdot \cos(k_w x) & \text{für} \quad |x| < L/2 \\ A_1 \cdot \mathrm{e}^{\kappa x} + A_2 \cdot \mathrm{e}^{-\kappa x} & \text{für} \quad |x| \geq L/2 \end{cases}$$

Zur Bestimmung der Parameter $A_{1,2}$ und C ist die Stetigkeit von $\Psi(x)$ an den Stellen $x = \pm L/2$ anzusetzen, worauf wir hier im Weiteren aber verzichten.

Das Ergebnis verdeutlicht Bild 3.4b. Die Wellenfunktion eines Elektrons mit einer Energie $\varepsilon < V_b$ zeigt innerhalb des Potezialtopfs eine Oszillation, während außerhalb die Funktion $\Psi(x)$ für $|x| > L/2$ exponentiell abklingt. Damit ist außerhalb des Topfs $|\Psi(x)|^2 \neq 0$ und folglich kann mit einer bestimmten Wahrscheinlichkeit das Elektron auch hier gefunden werden. Je größer die Distanz von den Potenzialwänden, desto geringer ist die Wahrscheinlichkeit hierfür. Diese Tatsache ist auch bei der Darstellung der Wellenfunktionen in einer Potenzialwanne in Bild 3.2 berücksichtigt. ■

Das obige Beispiel verdeutlicht den grundsätzlichen Unterschied zwischen der Behandlung eines Elektrons als klassischen Partikel und der Berücksichtigung der Welleneigenschaften:

Ist die Energie eines Elektrons geringer als die Höhe einer Potenzialbarriere, so kann es im klassischen Fall diese nicht durchdringen. Die Quantenmechanik lehrt uns aber, dass der Ladungsträger durchaus die Barriere durchdringen kann, wenn auch mit einer entlang des Orts exponentiell abklingenden Wahrscheinlichkeit. Dies ist die Grundlage des *Tunneleffekts.*

3.4 Quantenstrukturen

Im allgemeinen dreidimensionalen Fall hat der Impulsvektor eines Elektrons Komponenten in x-, y- und z-Richtung. Die Gesamtenergie des Partikels ist damit gegeben aus der Summe

$$E = \frac{1}{2m_0}\left(p_x^2 + p_y^2 + p_z^2\right) = \frac{\hbar^2}{2m_0}\left(k_x^2 + k_y^2 + k_z^2\right) \tag{3.31}$$

wobei k_x, k_y und k_z kontinuierliche Parameter sind, wenn die Wellenfunktion bezüglich keiner Dimension in ihrer Ausbreitung eingeschränkt ist.

In der Praxis kann ein Potenzialtopf entlang mehrerer Dimensionen realisiert werden. Bild 3.5 zeigt Beispiele hierzu.

Erfolgt das *Confinement* (engl. für *„Einschluss"*) nur in einer Dimension (vgl. Bild 3.5a), so spricht man von einem *2-D-Elektronengas.* Die Elektronen können sich nur noch in einer Schicht, also in zwei Dimensionen, frei bewegen. Das Energiespektrum lautet dann:

$$E = \varepsilon_n + \frac{\hbar^2}{2m_0}\left(k_y^2 + k_z^2\right) \tag{3.32}$$

mit nur noch zwei kontinuierlichen Parametern k_y und k_z. Es bilden sich sogenannte *Subbänder* (engl. *subbands*) aus. Elektronen der Quantenzahl n können sich nur in der $\{y, z\}$-Ebene frei bewegen; sie besitzen also nur noch zwei Freiheitsgrade. Der zweidimensionale Charakter der Partikel ist umso ausgeprägter, je weiter die Subbänder voneinander separiert sind. Dies ist möglich, wenn die Schichtdicke des Potenzialtopfs in der Größenordnung weniger Nanometer liegt.

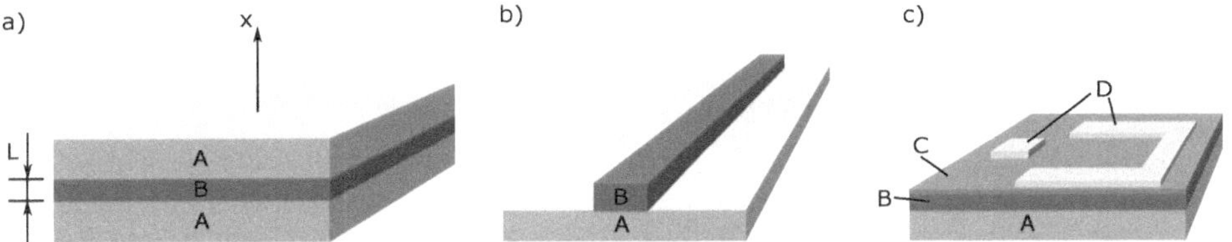

Bild 3.5 Quantenstrukturen mit Confinement von Elektronen innerhalb unterschiedlicher Dimensionen. a) Heterostruktur als 2-D-System; die Schichten aus dem Material A stellen eine Potenzialbarriere für Elektronen in der Schicht B dar. b) Nanodraht als 1-D-System; eine auf das Material A aufgetragene Schicht B wurde teilweise beispielsweise durch einen Ätzprozess entfernt, sodass Elektronen in einer weiteren Bewegungsrichtung eingeschränkt sind. c) Quantenpunkt als 0-D-System; realisiert aus einem 2-D-System mit Potenzialbarrieren aus den Materialien A und C. An der Oberfläche wird durch entsprechende Potenziale an den Elektroden D eine weitere Einschränkung der Elektronenbewegung in der Ebene erreicht, welche sogar durch entsprechende Beschaltung veränderbar ist.

Eine solche Struktur kann beispielsweise durch das abwechselnde Abscheiden dünner Schichten (im Bereich weniger Zehntel Nanometer) der Materialien A und B erzeugt werden (sogenannte *Heterostrukturen*).

Werden Ladungsträger in zwei Dimensionen von einer Potenzialbarriere umgeben (vgl. Bild 3.5b), wirkt ein Confinement also in zwei Richtungen, so ist nur noch die Bewegung des Partikels in einer Richtung (ein Freiheitsgrad) möglich. Es kommt zu einer weiteren Quantisierung mit den Quantenzahlen n_1 und n_2 und der Ausbildung eindimensionaler Subbänder:

$$E = \varepsilon_{n_1,n_2} + \frac{\hbar^2}{2m_0} k_x^2 \tag{3.33}$$

Die Bewegung entlang der Richtung x wird nur noch über den eindimensionalen Vektor k_x beschrieben. Eine solche Struktur wird als *Nanodraht* (engl. *nanowire* oder *quantum wire*) bezeichnet und ist nach heutiger Sicht die ideale Form für den Kanalbereich eines MOS-Transistors, um eine optimale Steuerung des Stroms zu erlauben.

Werden Elektronen in allen drei Dimensionen durch Potenzialbarrieren in ihrer Bewegung eingeschränkt, so handelt es sich um einen *Quantenpunkt* (engl. *quantum dot*) oder auch *nulldimensionales System*. Die einfachste Form ist eine Box mit den Abmessungen L_x, L_y und L_z. Nehmen wir vereinfacht an, dass die potenzielle Energie gegeben ist durch

$$V(x,y,z) = \begin{cases} 0 & \text{innerhalb der Box} \\ +\infty & \text{außerhalb der Box} \end{cases} \tag{3.34}$$

dann erhalten wir entsprechend obigem Beispiel 3.3 zum unendlichen Potenzialtopf hier als Eigenenergien bzw. Lösungen der Schrödinger-Gleichung:

$$E_{n_1,n_2,n_3} = \frac{\hbar^2\pi^2}{2m_0}\left(\frac{n_1^2}{L_x^2} + \frac{n_2^2}{L_y^2} + \frac{n_3^2}{L_z^2}\right), \quad n_1,\ n_2,\ n_3 = 1,\ 2,\ 3,\ \ldots \tag{3.35}$$

$$\Psi_{n_1,n_2,n_3} = \sqrt{\frac{8}{L_x\,L_y\,L_z}}\,\sin\left(\frac{\pi x n_1}{L_x}\right)\sin\left(\frac{\pi x n_2}{L_y}\right)\sin\left(\frac{\pi x n_3}{L_z}\right) \tag{3.36}$$

Hierbei ist zu beachten, dass E_{n_1,n_2,n_3} die Gesamtenergie des Elektrons ist. Die drei Quantenzahlen n_1, n_2, n_3 ergeben sich aus drei Richtungen der Quantisierung. Die Wellenfunktionen sind also in allen drei Dimensionen beschränkt.

Ein mögliches Herstellungsverfahren für Quantenpunkte illustriert Bild 3.5c. Eine Schichtfolge verschiedener Materialien erzeugt ein zweidimensionales System. Zusätzlich werden an der Oberfläche Elektroden platziert, welche durch entsprechende Beschaltung Potenzialbarrieren in der Ebene erzeugen. Durch Wechsel der Potenziale an den Elektroden können Kanäle in den Quantenpunkt geöffnet oder geschlossen werden.

Wird die Bewegungsrichtung von Elektronen in einem dreidimensionalen Raum durch Quantum-Confinement eingeschränkt, so unterscheidet man: *Quantum-Well* (Einschränkung in einer Dimension), *Quantum-Wire* (Einschränkung in zwei Dimensionen), *Quantum-Dot* (Einschränkung in allen drei Dimensionen). Als Folge ergibt sich für die Elektronenergie in Richtung der Einschränkung eine Diskretisierung der möglichen Energiezustände (*Eigenenergien*).

Die Ergebnisse des Quantenpunkts finden sich auch in der Betrachtung von Wellenfunktionen in einem Atom wieder.

3.5 Orbitale des Wasserstoffatoms

Die Ausbildung diskreter Energieniveaus in einem Quantenpunkt führen schließlich zur Erklärung, warum sich nach dem Bohr'schen Atommodell Elektronen nur auf Schalen mit bestimmten Energien aufhalten können. Dies sei nachfolgend am Beispiel des Wasserstoffatoms erläutert.

Bild 3.6 zeigt den Potenzialtopf, wie er von der positiven Kernladung im Atom erzeugt wird. Ist ein Elektron an das Atom gebunden, dann muss es sich auf einem der diskreten Energieniveaus befinden, wie sie sich aus der Lösung der Schrödinger-Gleichung ergeben. Jede erlaubte Energie stellt eine Schale des Bohr'schen Atommodells dar und entspricht einer stehenden Welle. Allerdings muss hierbei die Schrödinger-Gleichung im dreidimensionalen Raum am Ort $\vec{r}$ gelöst werden. Ergebnisse für die räumlichen Wahrscheinlichkeitsdichten $|\Psi(\vec{r})|^2$ der ersten und zweiten Elektronenschale illustriert Bild 3.7.

Die Schrödingergleichung ist die Grundlage zur Ableitung eines quantenmechanischen Atommodells, welches auch als *Orbitalmodell* bezeichnet wird. Erst durch diese Betrachtungsweise sind die erlaubten Energien im Schalenmodell nach Bohr zu erklären. Die räumlichen Wahrscheinlichkeitsdichten für den Aufenthalt eines Elektrons auf einem diskreten Energieniveau wird als *Orbital* bezeichnet.

Elektronen können von einem Orbital zu einem anderen mit höherer Energie springen, indem die Differenzenergie beispielsweise durch Absorption eines Photons zugeführt wird *(fotoelektrischer Effekt)*. Der Übergang von einer Schale mit höherer Energie zu einem geringeren

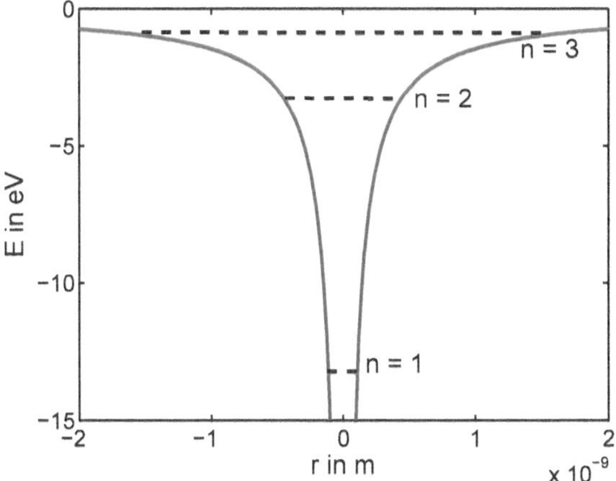

Bild 3.6 Darstellung der potenziellen Energie im Wasserstoffatom. Entsprechend einer punktförmigen Ladung q im Kern ist die potenzielle Energie eines Elektrons in Abhängigkeit vom Abstand r gegeben durch: $V(r) = q^2/(4\pi\varepsilon_0 r)$. Es ergeben sich diskrete Eigenenergien mit der Quantenzahl n.

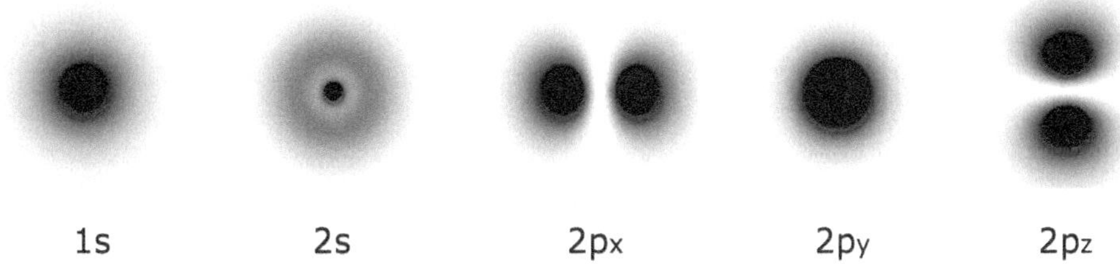

Bild 3.7 Illustration von Orbitalen der ersten und zweiten Elektronenschale

Energieniveau kann dagegen durch Aussendung der Differenzenergie in Form eines Photons *(Lichtemission)* erfolgen. Neben der Energieübertragung mit Photonen ist auch ein Austausch mit anderen Quantenteilchen wie zum Beispiel *Phononen* möglich. Diese Teilchen sind das quantenmechanische Äquivalent zu Schwingungen im Kristallgitter eines Materials, wie sie durch Wärme entstehen.

Im Übrigen liefert die Lösung der Schrödinger-Gleichung auch die Erklärung dafür, dass Elektronen trotz ihrer vom Atomkern wirkenden elektrostatischen Anziehungskraft nicht in den Kern stürzen: Elektronen sind entsprechend der Mode der Wellenfunktion um den Kern herum verteilt und kein punktförmiges klassisches Teilchen.

Verwenden Sie zur Berechnung und Visualisierung der Wellenfunktion in Quantumdots das *Quantum Dot Lab* auf *http://nanohub.org/tools/qdot*.

3.6 Transmission, Reflexion und Tunneleffekt

Treffen Elektronen der Energie ε auf eine rechteckige Potenzialbarriere der Höhe $V_b > \varepsilon$ und Dicke L, dann nimmt deren Wellenfunktion wie in Abschnitt 3.2 gezeigt unter der Barriere exponentiell ab. Bild 3.8 verdeutlicht den Sachverhalt. Die Barriere befindet sich zwischen den Stellen $x = 0$ und $x = L$. Diese Stellen werden auch als *klassische Umkehrpunkte* (engl. *classical turning points*) bezeichnet; die klassische Physik für das Elektron als Teilchen ist in diesem Bereich nicht mehr gültig. Die Elektronen können mit einer gewissen Wahrscheinlichkeit die Barriere durchdringen und dahinter ihre Bewegung als freie Ladungsträger fortsetzen. Durchdringt ein Elektron die Barriere nicht, dann wird es reflektiert; wiederum als freies Elektron, aber in entgegengesetzter Bewegungsrichtung.

Das Verhältnis von reflektiertem zu eintreffendem Partikelfluss $R(\varepsilon) = i_r / i_{in}$ gibt den *Reflexionskoeffizienten* oder auch die Wahrscheinlichkeit zur Reflexion bei der Energie ε an. Das Verhältnis zwischen transmittiertem zu eintreffendem Fluss $\mathbf{T}(\varepsilon) = i_t / i_{in}$ bezeichnen wir als den *Transmissionskoeffizienten* oder auch die sogenannte *Tunnelwahrscheinlichkeit.*

Die *Tunnelwahrscheinlichkeit* (oder: der *Transmissionskoeffizient*) beschreibt die Wahrscheinlichkeit, dass ein Elektron, welches auf eine Potenzialbarriere trifft, diese durchdringt. Die Tunnelwahrscheinlichkeit sinkt mit steigender Barrierendicke exponentiell.

Wir betrachten zwei Energieintervalle, in denen das Elektron ein grundsätzlich unterschiedliches Verhalten erwarten lässt: $0 < \varepsilon < V_b$ und $\varepsilon > V_b$. Für den Fall eines klassischen Partikels wäre für das erste Intervall der Reflexionskoeffizient $R(\varepsilon) = 1$ und die Tunnelwahrscheinlichkeit beträgt $T(\varepsilon) = 0$. Für das zweite Intervall erhielten wir $R(\varepsilon) = 0$ und $T(\varepsilon) = 1$. Dies gilt bei Berücksichtigung der Quantenmechanik nur für den Fall, dass die Barriere viel dicker als die De-Broglie Wellenlänge des Elektrons ist, also $L \gg \lambda$.

Kommt die Barrierendicke in die Größenordnung der Wellenlänge des Elektrons, dann lehrt uns das Ergebnis aus Beispiel 3.4, dass die Wellenfunktion durchaus eine Potenzialwand durchdringen kann und innerhalb der Barriere exponentiell absinkt. Nach Durchdringen der Barriere entsteht wieder die Wellenfunktion eines freien Elektrons. Je geringer die Dicke und Höhe der Barriere, desto größer ist die Wahrscheinlichkeit, dass ein Elektron diese durchtunneln kann.

Aufgrund der in nanoelektronischen Strukturen auftretenden Abmessungen im unteren Nanometerbereich ist der Tunneleffekt einer der wesentlichen Effekte, die den Unterschied zwischen der Mikro- und Nanoelektronik begründen. Das Tunneln von Ladungsträgern durch Barrieren kann einerseits von Nachteil sein und eine weitere Strukturverkleinerung von Bauelementen verhindern (z. B. *Leckströme im Transistor*). Andererseits kann der Tunneleffekt auch vorteilhaft eingesetzt werden, so z. B. in der *Tunneldiode* oder dem *Tunnel-Feldeffekttransistor.*

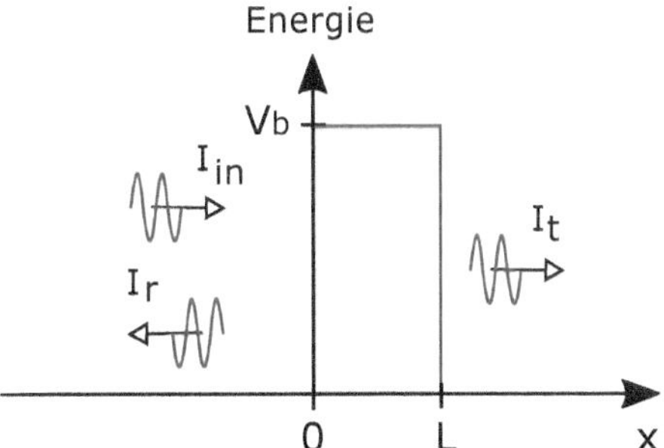

Bild 3.8 Ein Fluss von Elektronen trifft auf eine Potenzialbarriere. Ein Teil des Flusses wird reflektiert, der andere Teil tunnelt durch die Barriere und tritt auf der anderen Seite als transmittierter Fluss auf.

Nachfolgend betrachten wir die analytische Berechnung der Tunnelwahrscheinlichkeit bei einfacher Form der Barriere.

3.6.1 Rechteckbarriere

Wir betrachten zunächst eine rechteckige Barriere der Höhe V_b und Dicke L wie in Bild 3.9a abgebildet. Links und rechts der Barriere ist die Wellenfunktion eines freien Elektrons dargestellt. Wir erhalten die Aufenthaltwahrscheinlichkeit in den jeweiligen Zonen aus $|\Psi_B|^2$ bzw. $|\Psi_A|^2$. Das Verhältnis dieser Terme ergibt die Tunnelwahrscheinlichkeit. Die Lösung der Schrödinger-Gleichung liefert [9]:

$$T(\varepsilon) = \frac{|\Psi_B|^2}{|\Psi_A|^2} = \left[1 + \frac{V_b^2}{4\varepsilon(V_b - \varepsilon)} \sinh^2\left(\frac{L}{\hbar}\sqrt{2m_0(V_b - \varepsilon)}\right)\right]^{-1} \tag{3.37}$$

Ist die Energie ε des Elektrons viel kleiner als die Barrierenhöhe V_b, lässt sich der Ausdruck annähern durch

$$T(\varepsilon) \approx \frac{16\varepsilon(V_b - \varepsilon)}{V_b^2} \exp\left(\frac{-2L}{\hbar}\sqrt{2m_0(V_b - \varepsilon)}\right) \tag{3.38}$$

Es zeigt sich die exponentielle Abhängigkeit von T bezüglich der Barrierendicke L.

Bild 3.10 zeigt, dass der Transmissionskoeffizient unterhalb der Barrierenhöhe V_b steil mit ε ansteigt. Wenn die Barriere viel dicker als die De-Broglie Wellenlänge des Elektrons ist, also $L \gg \lambda$, dann ist für $\varepsilon < V_b$ der Transmissionskoeffizient $T(\varepsilon) \approx 0$. Bei kleinerer Barrierendicke gilt aber bereits für Energien knapp unterhalb der Barrierenhöhe $T(\varepsilon) > 0$.

Ist die Energie $\varepsilon > V_b$, dann ergeben sich Oszillationen als Interferenzmuster von Wellenfunktionen, welche an der linken und rechten Barrierenbegrenzung auch für $\varepsilon > V_b$ reflektiert werden.

a)

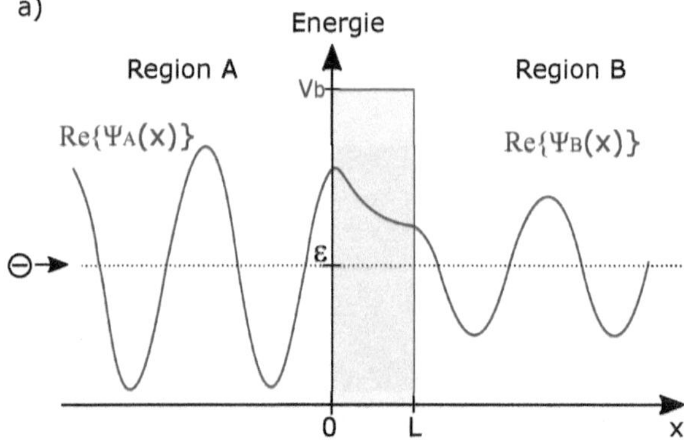

b)

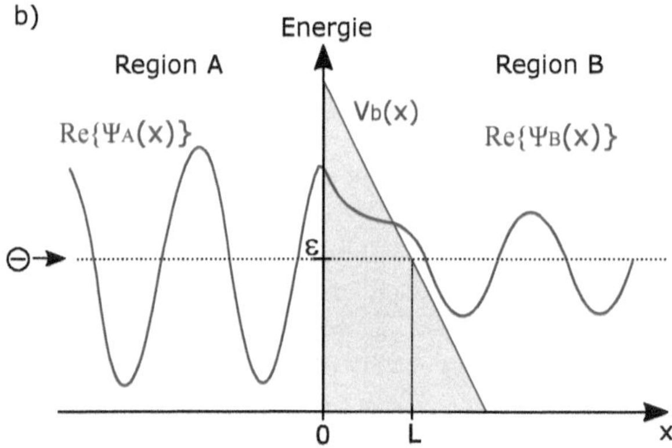

Bild 3.9 Eine Wellenfunktion eines Elektrons durchtunnelt a) eine rechteckige, b) eine dreieckige Barriere.

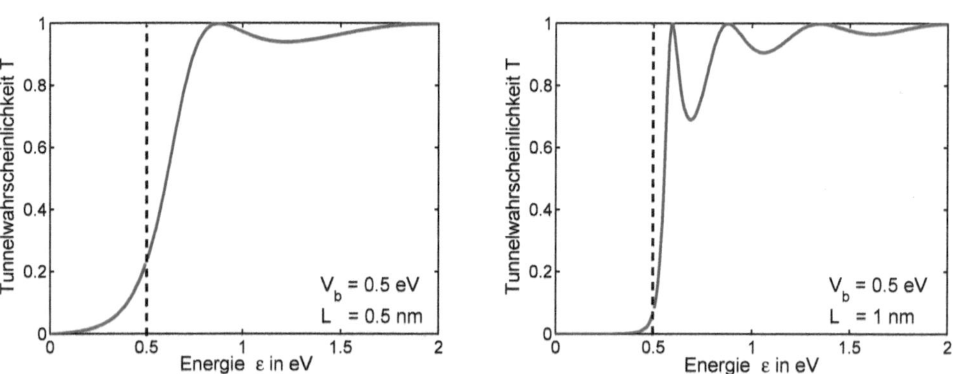

Bild 3.10 Verlauf des Transmissionskoeffizienten (Tunnelwahrscheinlichkeit) T in Abhängigkeit von der Energie ε eines Elektrons. Links: rechteckförmige Barriere mit einer Dicke von $L = 0.5$ nm, rechts: $L = 1$ nm. In beiden Fällen beträgt die Höhe der Potenzialbarriere $V_b = 0.5$ eV.

3.6.2 WKB-Approximation

Die *Wentzel-Kramers-Brillouin-Approximation*[7] liefert eine Näherungslösung für die Tunnelwahrscheinlichkeit durch eine Barriere, deren Verlauf sich nicht in zu kurzer Distanz ändert, das heißt, $V_b(x)$ ändert sich kaum innerhalb einer Wellenlänge des Elektrons [14]. Unter dieser Voraussetzung wird die Barriere quasi durch viele rechteckige Barrieren approximiert, deren Transmissionskoeffizienten miteinander multipliziert werden. In jeder dieser Barrieren wird der Verlauf der Wellenfunktion entsprechend der Lösung in (3.38) exponentiell angesetzt. Auf diese Weise kann die Tunnelwahrscheinlichkeit näherungsweise berechnet werden gemäß:

$$T(\varepsilon) = \frac{|\Psi_B|^2}{|\Psi_A|^2} \approx \exp\left\{-2\int_0^L |k(x)|\,\mathrm{d}x\right\}$$

$$\approx \exp\left\{-2\int_0^L \frac{\sqrt{2m_0\,(V_b(x)-\varepsilon)}}{\hbar}\mathrm{d}x\right\} \tag{3.39}$$

Bild 3.9b zeigt einen dreieckigen Verlauf einer Barriere. Der Verlauf lässt sich beschreiben durch:

$$V_b(x) = V_b(0) - q\left|\vec{E}\right| \cdot x \tag{3.40}$$

mit dem Betrag $\left|\vec{E}\right|$ des elektrischen Feldes in der Barriere. Aus der Integration in (3.39) folgt dann:

$$T(\varepsilon) \approx \exp\left\{-\frac{4\sqrt{2m_0}(V_b-\varepsilon)^{3/2}}{3q\hbar\left|\vec{E}\right|}\right\} \tag{3.41}$$

Damit ist eine spezielle Form der WKB-Approximation gegeben, welche bei dreieckigem Verlauf der Potenzialbarriere anwendbar ist (*trianguläre WKB-Approximation*). Diese Näherung findet sehr häufig Gebrauch bei der Berechnung von Tunnelströmen in verschiedenen Bauelementen. Die Dreieckform der Barriere kann oft als Näherung in realen Bauelementstrukturen verwendet werden, so beispielsweise bei der Berechnung von Tunnelströmen in Oxiden (Leckströme in nanoskalierten MOS-Transistorstrukturen) oder in Bereichen extrem steiler Bandverbiegung (siehe Esaki-Tunneldiode in Abschnitt 7.1.2 oder Tunnel-Feldeffekttransistor in Abschnitt 10.6).

Wird in der Literatur von WKB-Approximation gesprochen, so ist häufig die trianguläre Approximation nach (3.41) gemeint, welche eigentlich nur eine spezielle Form der allgemeinen WKB-Approximation für beliebigen Verlauf der Barriere nach (3.39) darstellt.

[7] Benannt nach Gregor Wentzel (1898–1978), Hendrik Anthony Kramers (1894–1952) und Léon Brillouin (1889–1969).

3.7 Wiederholungsfragen

1. Was versteht man unter dem „Dualismus von Welle und Teilchen“?
2. Warum kommt der Wellennatur von Elektronen in der Nanoelektronik eine besondere Bedeutung zu?
3. Was versteht man unter einem „Wellenpaket“ zur Darstellung eines Elektrons? Wie steht diese Darstellung in Zusammenhang mit der Heisenberg'schen Unschärferelation?
4. Erläutern Sie den Begriff „Eigenenergie“ am Beispiel eines unendlich tiefen Potenzialtopfs. Skizzieren Sie Lösungen der eindimensionalen Schrödinger-Gleichung und die Aufenthaltswahrscheinlichkeit eines Elektrons in einem solchen Potenzialtopf.
5. Was versteht man unter der „Normierung der Wellenfunktion“?
6. Wodurch unterscheiden sich Lösungen der Schrödinger-Gleichung außerhalb eines endlich tiefen Potenzialtopfs bei einer Energie des Partikels a) größer, b) kleiner als die Barrierenhöhe?
7. Was versteht man unter „Quantum-Confinement“?
8. Was versteht man unter einem „Nanodraht“?
9. Erläutern Sie den Zusammenhang zwischen dem Bohr'schen Atommodell und der Lösung der Schrödinger-Gleichung in einem Potenzialtopf.
10. Was versteht man unter dem „Orbitalmodell“?
11. Was unterscheidet das Atommodell nach Bohr vom Orbitalmodell?
12. Was versteht man unter dem „Tunneleffekt“?
13. Was beschreibt die „Tunnelwahrscheinlichkeit“?
14. Unter welcher Voraussetzung gilt die „WKB-Approximation“ zur Berechnung des Transmissionskoeffizienten?

3.8 Übungen

Übung 3.1

Ein Elektron (Masse $m_0 = 9.11 \cdot 10^{-31}$ kg) bewege sich mit der Geschwindigkeit $v = 10^7$ cm/s.

a) Berechnen Sie Impuls, Wellenzahl und De-Broglie-Wellenlänge des Elektrons!
b) Es ist Position und Impuls des Elektrons zu bestimmen. Der Impuls kann mit einer relativen Genauigkeit von 10 % gemessen werden. Mit welcher erreichbaren minimalen Unschärfe kann der Ort bestimmt werden? Wie steht die Ortsunschärfe in Relation zur Wellenlänge des Elektrons?

Übung 3.2

Ein endlich tiefer Potenzialtopf soll analysiert werden. Die Tiefe des Potenzialtopfs betrage 4 eV, seine Breite sei 1 nm. Die Partikelmasse entspricht einem Elektron: $m_0 = 9.11 \cdot 10^{-31}$ kg. Verwenden Sie zur Berechnung der Eigenenergien und Wellenlängen die Näherung des unendlich tiefen Potenzialtopfs aus Beispiel 3.3.

a) Wie viele diskrete Energiezustände ε_n bilden sich innerhalb des Potenzialtopfs aus? Ermitteln Sie die Werte dieser Eigenenergien.

b) Berechnen Sie die Wellenlängen λ_n der Elektronen in den Eigenenergien. Skizzieren Sie qualitativ die zugehörigen Wellenfunktionen $\Psi(x)$ und die Aufenthaltswahrscheinlichkeiten $|\Psi(x)|^2$.

c) Die Potenzialbarriere zu beiden Seiten des Potenzialtopfs habe eine Dicke von 1 nm. Berechnen Sie die Wahrscheinlichkeit, dass ein Elektron im niedrigsten Energieband der Quantumwell die Potenzialbarriere an einer Seite durchdringt. Verwenden Sie hierfür als Näherung die Formel (3.38).

Übung 3.3

Gemäß (3.29) fällt die Wellenfunktion unterhalb einer Barriere proportional zu $\exp(-\kappa x)$ ab, wobei κ durch (3.28) gegeben ist. Zeigen Sie, dass für die Berechnung der Tunnelwahrscheinlichkeit eines Elektrons der Energie ε durch eine Barriere der Höhe V_b und Dicke L für $\kappa L \gg 1$ Gleichung (3.38) eine gültige Näherung für (3.37) darstellt.

3.9 Lösungen

Übung 3.1

a) $p = m_0 v = 9.11 \cdot 10^{-26}\ \mathrm{kg \cdot m/s}$

$k = p/\hbar = 8.6 \cdot 10^8\ \mathrm{m}^{-1}$

$\lambda = 2\pi/k = 7.3$ nm

b) $\Delta p/p = 0.1 \quad \Rightarrow \quad \Delta p = 9.11 \cdot 10^{-27}\ \mathrm{kg \cdot m/s}$

Mit $\Delta x \cdot \Delta p = h$ folgt: $\Delta x = 73.5$ nm

$\Delta x/\lambda = 10$, das heißt, die Ortsunschärfe beträgt das 10-Fache der Wellenlänge.

Übung 3.2

a) Wir verwenden als Näherung

$$\varepsilon_n = \frac{p^2}{2m_0} = \frac{(\hbar \cdot k_n)^2}{2m_0} = \frac{\hbar^2 \pi^2}{2m_0 L^2} \cdot n^2$$

mit der Breite des Potenzialtopfs $L = 1$ nm.

Es ergeben sich drei Eigenenergien $\varepsilon_n < 4$ eV mit folgenden zugehörigen Wellenlängen:

$\varepsilon_1 = 0.38$ eV, $\varepsilon_2 = 1.52$ eV, $\varepsilon_3 = 3.42$ eV

b) Mit

$$p_n = \frac{h}{\lambda} = \sqrt{2m_0\varepsilon_n}$$

berechnen wir die Wellenlängen aus

$$\lambda_n = \frac{h}{\sqrt{2m_0\varepsilon_n}} = \frac{2L}{n}$$

und erhalten:

$\lambda_1 = 2$ nm, $\lambda_2 = 1$ nm, $\lambda_3 = 0.67$ nm

Skizze der Wellenfunktionen bzw. Aufenthaltswahrscheinlichkeiten:

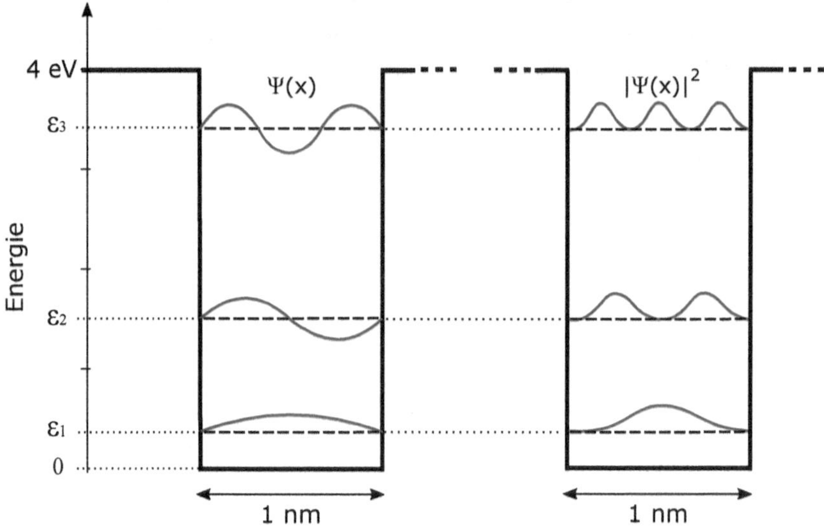

c) Mit $V_b = 4$ eV, Barrierendicke $L = 1$ nm und ε_1 folgt aus (3.38):

$$T(\varepsilon_1) \approx \frac{16\varepsilon_1(V_b - \varepsilon_1)}{V_b^2} \exp\left(-\frac{2L}{\hbar}\sqrt{2m_0(V_b - \varepsilon_1)}\right)$$

$$\approx \frac{16 \cdot 0.38 \text{ eV}(4 \text{ eV} - 0.38 \text{ eV})}{(4 \text{ eV})^2}$$

$$\times \exp\left(-\frac{2 \cdot 1 \text{ nm}}{1.06 \cdot 10^{-34} \text{ Js}}\sqrt{2 \cdot 9.11 \cdot 10^{-31} \text{ kg} \cdot (4 \text{ V} - 0.38 \text{ V}) \cdot 1.602 \cdot 10^{-19} \text{ As}}\right)$$

$$\approx 1.3756 \cdot \exp(-19.39)$$

$$\approx 5.2 \cdot 10^{-9}$$

Übung 3.3

Nach (3.37) und (3.28) gilt für die Tunnelwahrscheinlichkeit:

$$T(\varepsilon) = \left[1 + \frac{V_\mathrm{b}^2}{4\varepsilon(V_\mathrm{b} - \varepsilon)} \sinh^2(L\kappa)\right]^{-1}$$

Mit $\kappa L \gg 1$ können wir schreiben:

$$\sinh(\kappa L) = \frac{1}{2}\left(\mathrm{e}^{\kappa L} - \mathrm{e}^{-\kappa L}\right) \approx \frac{1}{2}\,\mathrm{e}^{\kappa L}$$

und erhalten:

$$T(\varepsilon) \approx \left[1 + \frac{V_\mathrm{b}^2}{4\varepsilon(V_\mathrm{b} - \varepsilon)} \cdot \frac{1}{4}\,\mathrm{e}^{2\kappa L}\right]^{-1}$$

Schließlich ergibt sich mit $\exp(2\kappa L) \gg 1$:

$$T(\varepsilon) \approx \frac{16\varepsilon(V_\mathrm{b} - \varepsilon)}{V_\mathrm{b}^2} \exp(-2\kappa L)$$

4 Bandstruktur und Bändermodell

Die in Kapitel 3 erläuterten Grundlagen zur Ausbildung von Wellenfunktionen in einem Potenzialtopf führen in diesem Kapitel zur Herleitung der Bandstruktur und des *Bändermodells* in Halbleiterkristallen. Das Verständnis für die Konstruktion des Bändermodells in Halbleiterstrukturen unterschiedlicher Dotierung sowie in Heterostrukturen ist die Basis zum Verständnis der Funktion aller Halbleiterbauelemente.

Lernziele

Die Lernenden ...

- kennen die Grundlagen der Bandstruktur und die Bedeutung der Brillouin-Zone,
- kennen das Konzept der effektiven Masse,
- können direkte und indirekte Halbleitermaterialien an der Bandstruktur unterscheiden,
- kennen die Darstellung eines Bändermodells,
- können die Funktion einer pn-Halbleiterdiode am Bändermodell erklären,
- kennen die physikalischen Vorgänge an einem Metall-Halbleiter-Übergang,
- können Bändermodelle für Heterostrukturen konstruieren,
- kennen die Grundlagen der Ladungsträgerstatistik in Halbleitern.

4.1 Wellenfunktion und Bandstruktur im Kristall

In Abschnitt 3.5 betrachteten wir ein einzelnes Atom als Potenzialtopf. Daraus ergaben sich diskrete Energieniveaus der im Atom gebundenen Elektronen entsprechend den Schalen des Bohr'schen Atommodells. Die regelmäßige Anordnung von Atomen in einem Halbleiterkristall entspricht einer periodischen Aneinanderreihung von Potenzialtöpfen. Eine vereinfachte Struktur mit der Gitterkonstante a_0 und Potenzialbarrieren der Höhe V_b zeigt Bild 4.1.

Wir unterscheiden zwei Fälle. Sind die Potenzialbarrieren unendlich ($V_b \longrightarrow \infty$), dann können nach Beispiel 3.3 die Wellenfunktionen der Elektronen nicht aus den Potenzialtöpfen austreten. Jedes Atom kann isoliert von benachbarten Atomen betrachtet werden.

Ist jedoch die Höhe V_b endlich, so ist entsprechend Beispiel 3.4 in der Barriere $|\Psi|^2 \neq 0$. Die Potenzialtöpfe können nicht mehr unabhängig betrachtet werden. Die Wellenfunktion erstreckt

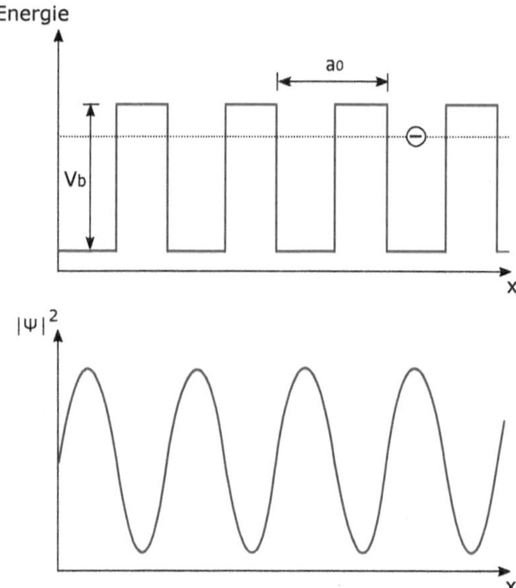

Bild 4.1 Schematische Darstellung einer kristallinen Struktur als periodische Aneinanderreihung von Potenzialtöpfen der Tiefe V_b und Gitterkonstante a_0. Der Verlauf der Aufenthaltswahrscheinlichkeit $|\Psi|^2$ ist exemplarisch für ein Elektron auf dem gestrichelt eingezeichneten Energieniveau.

sich nun wie in Bild 4.1 gezeigt entlang der gesamten periodischen Struktur, und ein Elektron ist nicht mehr an nur ein Atom gebunden. Es kommt zur Reflexion der Welle an der Gitterstruktur mit einer konstruktiven Interferenz.

Nach dem *Pauli-Prinzip*[1] kann ein Energiezustand mit bestimmten Quantenzahlen nur von maximal zwei Elektronen (mit entgegengesetztem Elektronenspin) besetzt werden. Daher können sich in einem einzigen Atomorbital maximal zwei Elektronen aufhalten. Diese Tatsache ist maßgeblich für den Aufbau der chemischen Elemente. Daher fächern sich die diskreten Energieniveaus eines Atoms bei der Betrachtung eines Kristalls auf in sogenannte *Energiebänder*. Bild 4.2 verdeutlicht dies. Dabei kann es zur Überlappung der erlaubten Energiebänder kommen, oder es verbleiben Lücken, welche verbotene Bereiche für die Energie eines Elektrons darstellen. Diese werden als *Bandlücke* bezeichnet.

Verwenden Sie zur Visualisierung von Energiebändern aufgrund der periodischen Aneinanderreihung von Potenzialtöpfen das Tool *Periodic Potential Lab* auf *http://nanohub.org/tools/kronigpenneylab.*

Wir unterscheiden zwischen gebundenen Zuständen (engl. *bound states*) und ungebundenen Zuständen (engl. *unbound states*). Elektronen in gebundenen Zuständen haben die Tendenz, in einer Region lokalisiert zu sein. In der schematischen Darstellung sind die zugehörigen

[1] Wolfgang Pauli (1900–1958), österreichischer Physiker, formulierte 1925 das später nach ihm benannte Pauli-Prinzip, das eine quantentheoretische Erklärung des Aufbaus eines Atoms darstellt. Er erhielt 1945 den Nobelpreis für Physik.

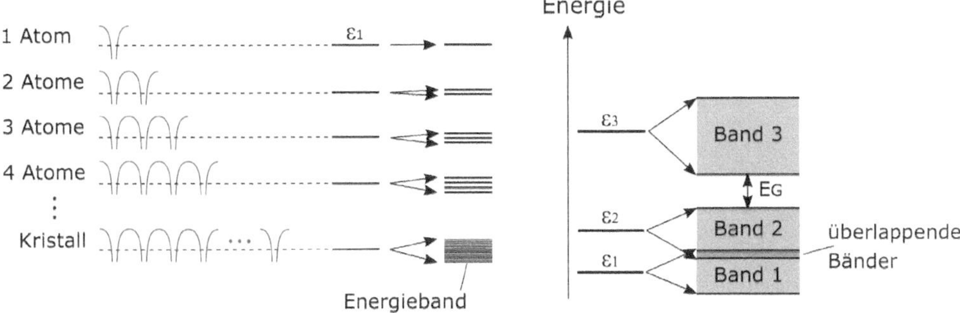

Bild 4.2 Aufweitung diskreter Energieniveaus eines einzelnen Atoms zu Energiebändern in einem Kristall

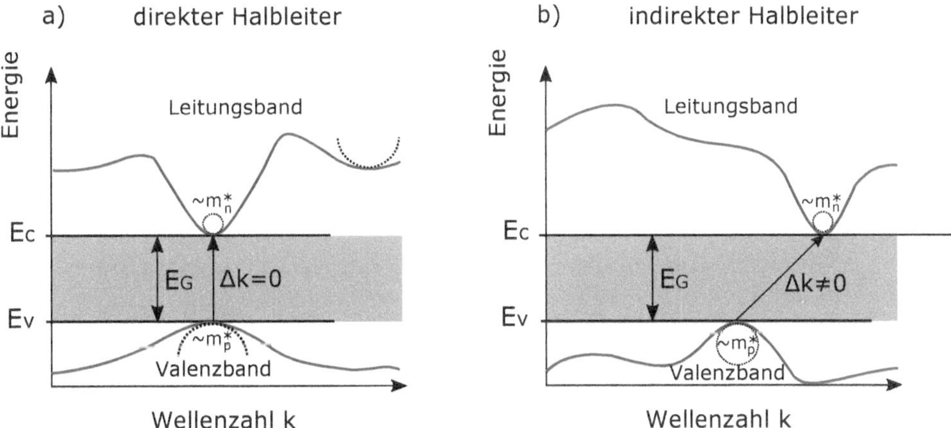

Bild 4.3 Schematische Darstellung der Struktur des Leitungs- und Valenzbandes eines a) direkten, b) indirekten Halbleiters. Die Energie E_C bezeichnet die Unterkante des Leitungsbands, E_V die Oberkante des Valenzbands.

Energiebänder innerhalb des Potenzialtopfs zu finden. Um die Barriere zu überwinden, muss den Elektronen Energie zugeführt werden. Dann können sie einen Energiezustand erreichen, welcher höher als die Potenzialbarriere ist. Ungebundene Zustände sind bei einer Energie, welche größer als die Potenzialbarriere ist, zu finden. Die zugehörigen Wellenfunktionen können sich ungehindert im Kristall ausbreiten, ähnlich der eines freien Elektrons. Ladungsträger in dem Energieband, welches wir in Abschnitt 2.1.1 mit *Leitungsband* bezeichnet haben, können sich daher frei im Kristall bewegen.

Für Löcher gilt eine analoge Betrachtungsweise. Sie bewegen sich im Valenzband und können in ihrem Verhalten näherungsweise wie klassische Teilchen mit einer Ladung $+q$ oder einer entsprechenden Wellenfunktion beschrieben werden.

Stellt man die möglichen Lösungen der Schrödinger-Gleichung im Kristall grafisch dar, so ergibt sich die *Bandstruktur* eines Materials. Bild 4.3 zeigt schematisch den Verlauf des Leitungs- und Valenzbandes zweier Halbleiter in Abhängigkeit der Wellenzahl k. Verbleibt eine Energielücke (engl. *energy gap*) zwischen der Unterkante des Leitungsbands E_C und der Oberkante des Valenzbands E_V, so wird diese als *Bandabstand* oder *Bandlücke* $E_G = E_C - E_V$ bezeichnet. Die

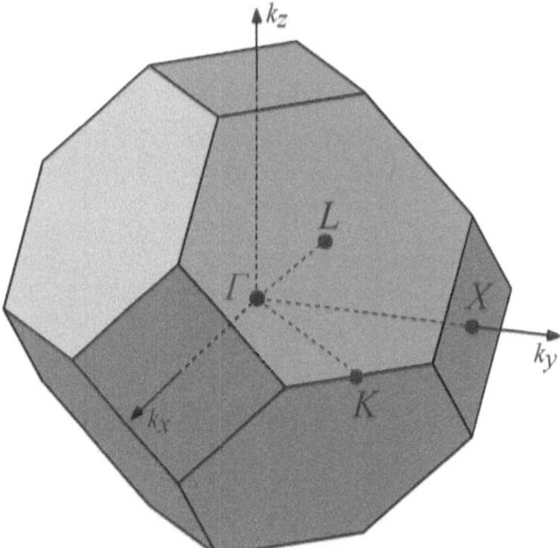

Bild 4.4 Darstellung der ersten Brillouin-Zone im k-Raum mit Kennzeichnung der Symmetriepunkte Γ, X, L und K.

Größe dieser Bandlücke hatten wir in Abschnitt 2.1.1 zur Unterscheidung zwischen Isolatoren, Halbleitern und Metallen herangezogen.

Die Energiezustände werden nach dem Bohr'schen Atommodell zunächst beginnend mit der niedrigsten Energie besetzt. Befinden sich freie Elektronen im Kristall, dann halten diese sich in einem Energiezustand an der Unterkante des Leitungsbandes auf. Freie Löcher haben entsprechend ein Energieniveau an der Oberkante des Valenzbandes. Von daher ist insbesondere in diesen Bereichen der genaue Verlauf der Bandstruktur für den Ladungstransport maßgeblich.

Aufgrund der periodischen Gitterstruktur im Kristall ist auch das Ergebnis für die Bandstruktur periodisch. Ihr Verlauf ist jedoch abhängig von der betrachteten Richtung des Wellenzahlvektors $\vec{k}$ im Kristall. Es reicht daher, die Bandstruktur nur in der ersten sogenannten *Brillouin-Zone*[2] zu betrachten.

In Bild 4.4 ist die erste Brillouin-Zone eines kubisch-flächenzentrierten Kristallgitters (z. B. das Diamandgitter von Silizium oder das Zinkblendegitter von Galliumarsenid, vgl. Abschnitt 2.1.3) im *k-Raum* (oder: *Impulsraum*) dargestellt. Hierin definiert man einige wichtige Symmetriepunkte:

- Γ-Punkt: Das Zentrum der ersten Brillouin-Zone.
- X-Punkt: Der Schnittpunkt der [100]-Achse mit dem Rand der ersten Brillouin-Zone.
- L-Punkt: Der Schnittpunkt der Raumdiagonalen [111] mit dem Rand der ersten Brillouin-Zone.
- K-Punkt: Der Schnittpunkt der Diagonalen [110] in der Ebene mit dem Rand der ersten Brillouin-Zone.

[2] Léon Brillouin (1889–1969), französisch-amerikanischer Physiker. Er wurde bekannt durch theoretische Arbeiten zur Festkörperphysik.

Die in Bild 4.4 dargestellte Zelle lässt sich entlang der Linien Γ-X und Γ-L periodisch fortsetzen. Dies entspricht der Periodizität der Bandstruktur entlang dieser Richtungen. Die Bandstrukturen der wichtigen Halbleiter Galliumarsenid und Silizium sind in Bild 4.5 dargestellt.

Für Galliumarsenid (Bild 4.5a) liegen das Minimum des Leitungsbands und das Maximum des Valenzbands im Zentrum der ersten Brillouin-Zone, d. h. im Γ-Punkt bei $k = 0$. Es handelt sich daher um einen sogenannten *direkten Halbleiter.* Betrachtet man im Diagramm den Kurvenverlauf nach rechts, dann folgt man der Richtung [100], bis man auf den X-Punkt stößt (weiter in diese Richtung, würde sich der Verlauf zunächst spiegeln und dann periodisch wiederholen). Von der Mitte des Diagramms nach links folgt man der Richtung [111], bis man den L-Punkt am Rand der ersten Brillouin-Zone erreicht. Auf diese Weise lässt sich der Verlauf der Bandstruktur in verschiedene Richtungen recht kompakt darstellen.

Bild 4.5b zeigt die Bandstruktur für Silizium entlang der gleichen Pfade. Das Maximum des Valenzbands liegt auch hier im Γ-Punkt. Da sich das Minimum des Leitungsbands aber nicht bei gleicher Wellenzahl befindet, sondern bei $k \neq 0$, spricht man von einem *indirekten Halbleiter.*

Befinden sich die Unterkante des Leitungsbands und die Oberkante des Valenzbands eines Halbleiters bei gleicher Wellenzahl k in der Bandstruktur, so spricht man von einem *direkten Halbleiter.* Unterscheidet sich die Wellenzahl k, so spricht man von einem *indirekten Halbleiter.*

Verwenden Sie zur Berechnung und Visualisierung der Bandstruktur in verschiedenen Halbleitern das *Band Structure Lab* auf *http://nanohub.org/tools/bandstrlab.*

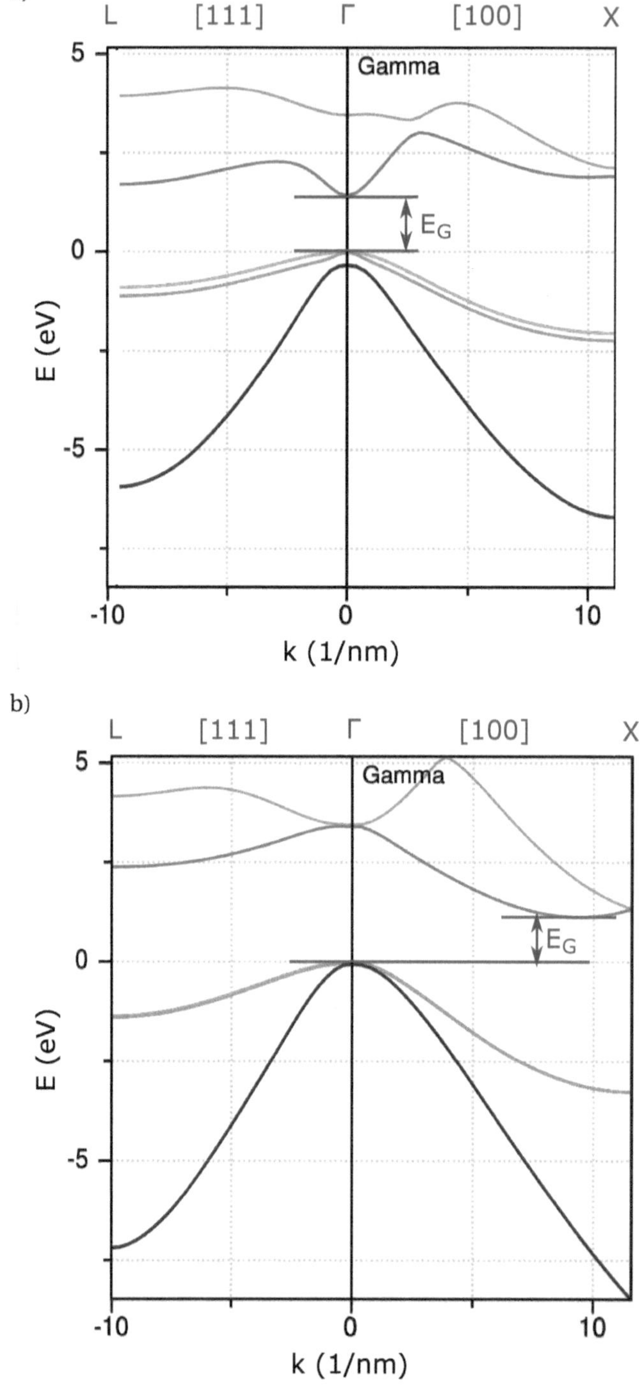

Bild 4.5 Bandstruktur von a) GaAs, b) Silizium innerhalb der ersten Brillouin-Zone entlang des Pfades vom L-Punkt über den Γ-Punkt zum X-Punkt

4.2 Effektive Masse

Für viele Anwendungen kann die Bewegung eines Elektrons in einem Kristall näherungsweise mit der klassischen Physik eines Teilchens beschrieben werden. Allerdings verlangt die Lösung der Schrödinger-Gleichung in der periodischen Kristallstruktur eine geänderte Masse des Ladungsträgers; man spricht von der sogenannten *effektiven Masse* m_n^*. Diese ist von der Energie, der Geschwindigkeit und der exakten Bandstruktur des Materials abhängig.

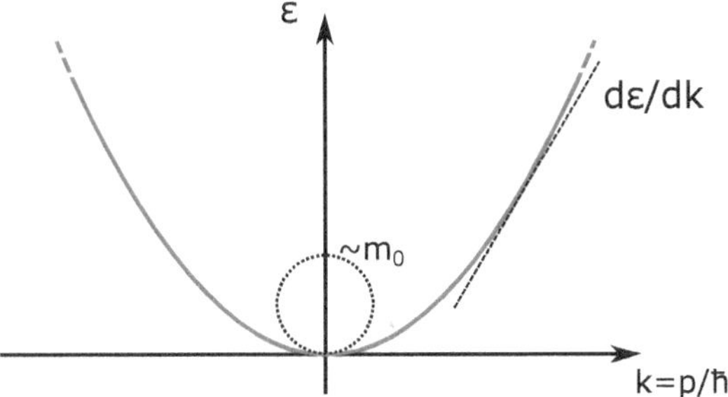

Bild 4.6 Zusammenhang zwischen kinetischer Energie ε und Wellenzahl k eines freien Elektrons im Vakuum. Die Tagente ist proportional zur Geschwindigkeit des Teilchens, die Krümmung zum Kehrwert der Masse m_0 (symbolisiert durch einen Kreis im Ursprung). Je größer der Durchmesser des Kreises ist, desto größer ist die Masse des Teilchens.

Um diesen Zusammenhang zu verstehen, betrachten wir zunächst die kinetische Energie eines freien Elektrons im Vakkum (siehe Bild 4.6). Sie ist gegeben durch

$$\varepsilon = \frac{p^2}{2m_0} = \frac{\hbar^2 k^2}{2m_0} \tag{4.1}$$

und damit quadratisch von seiner Wellenzahl k abhängig. Die Tangente an jeder Stelle k ist proportional der Geschwindkeit v des Teilchens:

$$\frac{\mathrm{d}\varepsilon}{\mathrm{d}k} = \frac{\hbar^2 k}{m_0} = \frac{\hbar p}{m_0} = \hbar v \tag{4.2}$$

Die Krümmung des parabelförmigen Verlaufs ist gegeben mit

$$\frac{\mathrm{d}^2\varepsilon}{\mathrm{d}k^2} = \frac{\hbar^2}{m_0} \tag{4.3}$$

und damit proportional zu $1/m_0$. Je größer die Masse, desto geringer ist also die Krümmung.

Dieser Zusammenhang lässt sich auf die Interpretation der Bandstruktur übertragen. In Bild 4.3 zeigt sich im Bereich der Bandkanten von Leitungs- und Valenzband ein näherungsweise parabelförmiger Verlauf. Entsprechend (4.3) liefert die Krümmung dieser Parabelnäherung, welche in Bild 4.3 durch einen Kreis symbolisiert ist, eine Aussage über die effektive Masse m^* der Ladungsträger im Bereich der Bandkanten. Diese Vorgehensweise wird als *Effective-Mass-Approximation* bezeichnet.

Das Zusammenhang zwischen der Energie und dem Impuls von Elektronen und Löchern in einem Kristall lässt sich durch Berücksichtigung einer effektiven Masse annähern (engl. *effective-mass approximation*). Dies erlaubt für viele Bauelemente mit Stukturgrößen im Mikrometerbereich bis hinab zum 10-nm-Bereich eine semiklassische Beschreibung des Ladungstransports. Besonderheiten der Kristallstruktur werden mit der effektiven Masse berücksichtigt.

Die Gesamtenergie eines Elektrons im Leitungsband eines direkten Halbleiters wie z. B. Galliumarsenid kann dann wie folgt beschrieben werden, wobei in unterschiedliche Richtungen ggf. verschiedene effektive Massen zu berücksichtigen sind:

$$E = E_C + \frac{\hbar^2 k_x^2}{2m_{n,x}^*} + \frac{\hbar^2 k_y^2}{2m_{n,y}^*} + \frac{\hbar^2 k_z^2}{2m_{n,z}^*} \tag{4.4}$$

Nimmt man gleiche effektive Massen für alle Richtungen an, dann ergibt sich für alle möglichen Kombinationen von Wellenzahlen in die verschiedenen Raumrichtungen bei gleicher Gesamtenergie E des Elektrons die Oberfläche einer Kugel. Dies ist in Bild 4.7a dargestellt.

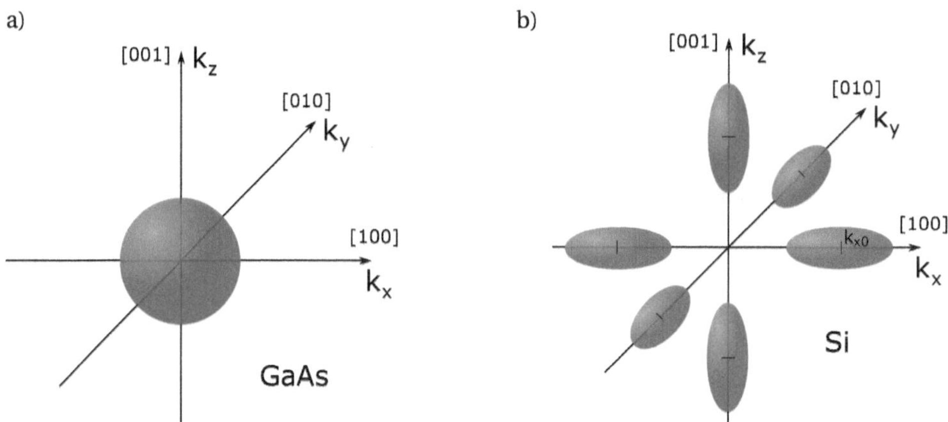

Bild 4.7 Oberflächen für konstante Energie im k-Raum. a) GaAs: Kugeloberfläche im Zentrum. b) Silizium: Es befinden sich 6 Ellipsoide entlang der < 100 >-Achsen.

Bei einem indirekten Halbleiter ist zusätzlich noch die Wellenzahl $k \neq 0$ im Leitungsbandminimum zu berücksichtigen. Nehmen wir [100] als Ausbreitungsrichtung an, und befinde sich das Leitungsbandminimum bei $k_{x0} \neq 0$, dann lässt sich schreiben:

$$E = E_C + \frac{\hbar^2 (k_x - k_{x0})^2}{2m_{n,x}^*} + \frac{\hbar^2 k_y^2}{2m_{n,y}^*} + \frac{\hbar^2 k_z^2}{2m_{n,z}^*} \tag{4.5}$$

Dieser Sachverhalt ist für Silizium in Bild 4.7b dargestellt. Es ergeben sich 6 Ellipsoide entlang der ⟨100⟩-Achsen der verschiedenen Raumrichtungen. Für Schwingungen entlang dieser Richtungen erhalten wir für die sogenannte *longitudinale effektive Masse* m_l^*, senkrecht dazu die *transversale effektive Masse* m_t^*. Diese zeigen sich in der entsprechenden Krümmung der Elliposide. Findet die Bewegung in [100]-Richtung entlang der x-Achse statt, dann gilt in (4.5) somit $m_l^* = m_{n,x}^*$ und $m_t^* = m_{n,y}^* = m_{n,z}^*$. In Silizium und Germanium unterscheidet sich die effektive Masse der Elektronen im Leitungsband für longitudinale und transversale Ausbreitungsrichtung der Wellen.

Löcher bewegen sich im Valenzband und können in ihrem Verhalten näherungsweise wie klassische Teilchen mit der Ladung $+q$ und einer effektiven Masse m_{p}^{*} (entsprechend der Krümmung des Valenzbands) beschrieben werden. In Silizium und Galliumarsenid ergibt sich in der jeweiligen Bandstruktur im Γ-Punkt ein Maximum für zwei unterschiedliche Lösungen, die eine unterschiedliche Krümmung aufweisen (siehe Bild 4.7). Diese entspricht den *leichten Löchern* (engl. *light holes*) mit der effektiven Masse m_{lh}^{*} bzw. den *schweren Löchern* (engl. *heavy holes*) mit m_{hh}^{*}.

Typische Parameter der Bandstruktur wichtiger Halbleitermaterialien fasst Tabelle 4.1 zusammen.

Tabelle 4.1 Parameter wichtiger Halbleitermaterialien. Die Ruhemasse eines Elektrons beträgt $m_0 = 9.11 \cdot 10^{-31}$ kg. Bei Löchern wird die effektive Masse für *light holes* (lh) und *heavy holes* (hh) unterschieden, bei Silizium und Germanium ergeben sich für Elektronen unterschiedliche effektive Massen für transversale (t) oder longitudinale (l) Wellenausbreitung.

Parameter	Symbol	Ge	Si	GaAs
Bandlücke (bei $T = 300\ K$)	E_{G}	0.66 eV	1.12 eV	1.424 eV
Bandübergang		indirekt	indirekt	direkt
Elektronenaffinität	$q\chi$	4.0 eV	4.05 eV	4.07 eV
Effektive Masse Elektronen	m_{n}^{*}/m_0	$1.64^{\mathrm{l}}, 0.082^{\mathrm{t}}$	$0.98^{\mathrm{l}}, 0.19^{\mathrm{t}}$	0.063
Effektive Masse Löcher	m_{p}^{*}/m_0	$0.04^{\mathrm{lh}}, 0.28^{\mathrm{hh}}$	$0.16^{\mathrm{lh}}, 0.49^{\mathrm{hh}}$	$0.076^{\mathrm{lh}}, 0.5^{\mathrm{hh}}$
Intrin. Ladungsträgerkonzentration	n_{i}	$2.4 \cdot 10^{13}\ \mathrm{cm^{-3}}$	$1.45 \cdot 10^{10}\ \mathrm{cm^{-3}}$	$1.79 \cdot 10^{6}\ \mathrm{cm^{-3}}$
Zustandsdichte im Leitungsband	N_{C}	$1.04 \cdot 10^{19}\ \mathrm{cm^{-3}}$	$2.8 \cdot 10^{19}\ \mathrm{cm^{-3}}$	$4.7 \cdot 10^{17}\ \mathrm{cm^{-3}}$
Zustandsdichte im Valenzband	N_{V}	$6.0 \cdot 10^{18}\ \mathrm{cm^{-3}}$	$1.04 \cdot 10^{19}\ \mathrm{cm^{-3}}$	$7.0 \cdot 10^{18}\ \mathrm{cm^{-3}}$
Rel. Dielektrizitätskonstante	ε_{r}	16.0	11.7	13.1
Gitterkonstante	a_0	0.564613 nm	0.543095 nm	0.56533 nm

4.3 Generation und Rekombination

Elektronen können in Wechselwirkung mit weiteren Quantenteilchen von einem Energieband zu einem anderen übergehen *(Interbandübergang)*. Wird durch den Übergang eines Elektrons aus dem Valenzband in das Leitungsband ein Elektron-Loch-Paar erzeugt, spricht man von *Generation*. Besetzt dagegen ein Elektron aus dem Leitungsband durch Übergang in das Valenzband einen zurvor unbesetzen Zustand, dann nennt man diese Vernichtung eines Ladungsträgerpaares *Rekombination*.

Die Anzahl der pro Volumeneinheit und pro Sekunde generierten oder rekombinierten Elektron-Loch-Paare wird als *Generationsrate G* bzw. *Rekombinationsrate R* bezeichnet. Die zeitliche Veränderung der Elektronenkonzentration lässt sich damit aus der Differenz zwischen Generations- und Rekombinationsrate berechnen:

$$\frac{\partial n}{\partial t} = G - R \tag{4.6}$$

wobei im thermischen Gleichgewicht $G = R$ bzw. $\partial n / \partial t = 0$ gilt. Es findet also ständig die Generation und Rekombination von Ladungsträgerpaaren statt, wobei diese beiden Prozesse sich im Gleichgewicht befinden.

Die Rekombinationsrate hängt von der Temperatur und der Ladungsträgerkonzentration ab, denn es muss eine begrenzte Anzahl von Elektronen mit einer begrenzten Anzahl von Löchern rekombinieren. Die Generationsrate dagegen ist nur von der Temperatur abhängig, da es für eine Generation eine praktisch unbegrenzte Anzahl von Elektronen im Valenzband gibt, für die eine praktisch unbegrenzte Zahl von Zuständen im Leitungsband zur Verfügung stehen.

4.3.1 Generationsprozesse

Wechselt ein Elektron vom Valenzband in das Leitungsband, dann hinterlässt es im Valenzband ein freies Loch. Notwendig ist dafür die Absorption eine *Photons* oder *Phonons*.

Bei einem *direkten Halbleiter* (Bild 4.3a) ist durch Absorption eines *Photons* ein *direkter Bandübergang*, das heißt praktisch ohne Änderung des Impulsvektors, zwischen der Oberkante des Valenzbandes zur Unterkante des Leitungsbandes möglich (der Impulsübertrag zwischen Photon und Elektron ist vergleichsweise klein und daher zu vernachlässigen). Das Photon muss die benötigte Sprungenergie zur Verfügung stellen.

Bei einem *indirekten Halbleiter*, wie in Bild 4.3b dargestellt, muss sich bei einem Bandübergang zusätzlich der Impulsvektor ändern. Für einen solchen *indirekten Bandübergang* muss also nicht nur die Energie zugeführt werden, sondern auch noch der zusätzliche Impuls. Dies kann beispielsweise durch ein passendes *Phonon* erfolgen, wie es durch thermische Gitterschwingungen existieren kann.

Die Generation eines Elektron-Loch-Paares durch Absorption eines Photons ist die Grundlage für fotoelektrische Absorptionsbauelemente wie Fotodioden oder Solarzellen. Aus der notwendigen minimalen Energie zur Überwindung der Bandlücke, die von einem Photon geliefert werden muss, ergibt sich die spektrale Empfindlichkeit bzgl. elektromagnetischer Strahlung des Bauelements.

4.3.2 Rekombinationsprozesse

Befindet sich ein Elektron im Leitungsband, dann kann es mit einer bestimmten Wahrscheinlichkeit mit einem Loch im Valenzband rekombinieren. Auch hierbei ist eine Unterscheidung in direkte und indirekte Halbleiter notwendig.

Da bei direkten Halbleitern (Bild 4.3a) mit der Rekombination praktisch keine Impulsänderung notwendig ist, wird die frei werdende Energiedifferenz als Photon mit der Energie $E = h\nu$ ausgestrahlt (ν ist die Frequenz der zugehörigen elektromagnetischen Strahlung). Man spricht hierbei von *strahlender Rekombination*. Dieser Vorgang ist die Voraussetzung zur Realisierung von strahlenden Bauelementen wie Leuchtdioden (LED: *Light-Emitting-Diode*) oder Halbleiterlaser.

Die Rate der Rekombination ist proportional zur Elektronen- und Löcherkonzentration:

$$R \sim n \cdot p \tag{4.7}$$

Da für jeden Rekombinationsprozess sowohl ein Elektron und ein Loch benötigt werden, begrenzt im dotierten Halbleiter die Minoritätenkonzentration den Rekombinationsprozess. Ein Überschuss an Minoritäten gegenüber der Gleichgewichtskonzentration sinkt exponentiell mit der Zeit t ab. Beispielsweise kann in einem n-dotierten Halbleiter mit der Gleichgewichtskonzentration p_0 der Löcher der Abbau von überschüssigen Löchern $\Delta p = p - p_0$ beschrieben werden durch

$$\Delta p(t) = \Delta p(0) \cdot \mathrm{e}^{-t/\tau_\mathrm{p}} \tag{4.8}$$

Hierbei ist τ_p die effektive *Lebensdauer* der Löcher. Die Rekombinationsrate ist dann gegeben mit

$$R = \frac{\partial p}{\partial t} = \frac{\Delta p(t)}{\tau_\mathrm{p}} \tag{4.9}$$

Die bei indirekten Halbleitern (Bild 4.3b) notwendige Impulsänderung für einen Rekombinationsprozess muss durch Wechselwirkung mit einem Phonon übertragen werden. Daher kommt es hierbei nicht zur Aussendung eines Photons, es erfolgt eine *nichtstrahlende Rekombination (Shockley-Read-Hall-Rekombination*[3] oder *Auger-Prozesse*[4]*).* Die Energieübertragung an ein Phonon führt letztlich zu einer Erwärmung des Halbleiters.

Absorptionsbauelemente (Fotodiode, Solarzelle) können aus *direkten* oder *indirekten Halbleitermaterialien* bestehen. Der Bandabstand bestimmt die minimal notwendige Energie eines Photons für die Generation eines Elektron-Loch-Paares und damit die spektrale Empfindlichkeit des Bauelements.

Für optische *Strahlungsbauelemente* (LED, Halbleiterlaser) sind *direkte Halbleitermaterialien* notwendig. Der Bandabstand bestimmt die Energie eines beim Rekombinationsprozess ausgestrahlten Photons und damit die Wellenlänge der erzeugten elektromagnetischen Strahlung.

Das in der Mikro- und Nanoelektronik häufig verwendete Silizium und auch Germanium sind die wichtigsten indirekten Halbleiter. Beispiele für direkte Halbleiter sind Verbindungshalbleiter wie Siliziumkarbid (SiC) oder Galliumarsenid (GaAs), auch unter Zufuhr weiterer Anteile von beispielsweise Indium, Aluminum, Phosphor oder Nitrid.

Für viele Bauelemente der Mikroelektronik (insbesondere dem Bipolartransistor) ist eine lange Lebensdauer der überschüssigen Minoritäten von großer Bedeutung. Optoelektronische Bauelemente wie LED oder Halbleiterlaser verlangen eine überwiegend strahlende Rekombination. Versetzungen und Störstellen in einem Kristall bilden Rekombinationszentren und können erheblich die Lebensdauer verringern und in direkten Halbleitern die strahlende Rekombination verhindern. Dies begründet die Notwendigkeit eines einkristallinen Halbleitermaterials großer Reinheit zur Realisierung dieser Bauelemente.

[3] Benannt nach William Shockley, William Thornton Read und Robert N. Hall.

[4] Pierre Victor Auger (1899–1993), französischer Physiker.

4.4 Bändermodell

Die Funktion vieler Halbleiterbauelemente lässt sich anhand des *Bändermodells* (oder: *Energiebandschema*) erklären. Stellvertretend für beliebige Halbleitermaterialien erfolgt nachstehend die genauere Erläuterung am Beispiel von Silizium (siehe Bild 4.8).

Da sich die meisten freien Elektronen an der Unterkante E_C des Leitungsbandes und die meisten freien Löcher an der Oberkante E_V des Valenzbandes aufhalten, wird im Bändermodell häufig nur der Verlauf von E_C und E_V über den Ort x dargestellt. Der *Vakuumlevel* E_{vac} ist das Energieniveau, auf welches ein Elektron angehoben werden muss, damit es den Kristall verlassen kann. Die Energiedifferenz zur Leitungsbandunterkante wird mit *Elektronenaffinität* $q\chi = E_{vac} - E_C$ bezeichnet.[5]

4.4.1 Intrinsisches Silizium

Bild 4.8a zeigt das Bändermodell für intrinsisches Silizium am absoluten Nullpunkt. Alle Elektronen sind an ihr Wirtsatom gebunden, es stehen daher keine freien Ladungsträger im Leitungsband zu Verfügung. Der Abstand zwischen der Leitungsbandunterkante E_C und der Valenzbandoberkante E_V ist durch den Bandabstand $E_G = E_C - E_V = 1.12$ eV gegeben. Die Elektronenaffinität von Silizium beträgt $q\chi = 4.05$ eV.

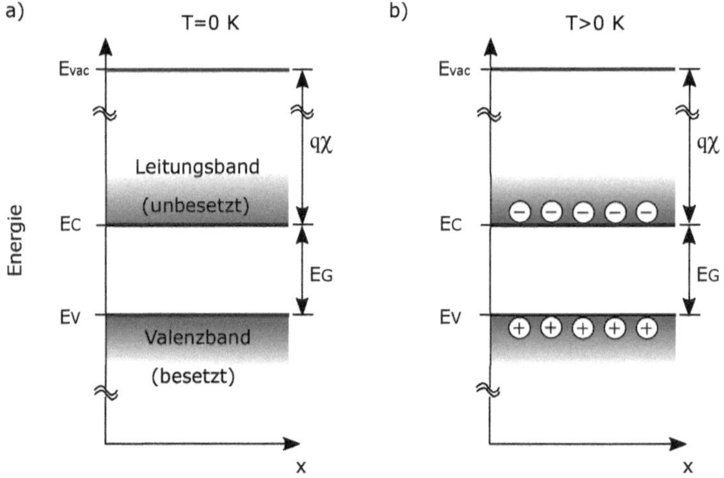

Bild 4.8 Bändermodell von intrinsischem Silizium für a) $T = 0$ K (alle Elektronen sind an ihr Wirtsatom gebunden) und b) $T > 0$ K (Generation freier Elektron-Loch-Paare)

Damit ein Ladungstransport möglich ist, müssen durch Zufuhr thermischer Energie freie Elektron-Loch-Paare erzeugt werden. Diesen Zustand für eine Temperatur $T > 0$ K zeigt Bild 4.8b.

[5] In der Literatur finden sich für die Elektronenaffinität die Schreibweisen χ und $q\chi$. In Anlehnung an [9] wird in diesem Buch die Schreibweise $q\chi$ verwendet, wobei χ die Einheit Volt hat.

Zur Bestimmung der elektrischen Leitfähigkeit ist eine genaue Berechnung der Konzentration freier Ladungsträger notwendig. Wie viele Elektronen aufgrund thermischer Bewegung genügend Energie aufnehmen, um den Sprung in das Leitungsband zu schaffen, ist ein statistischer Prozess. Wie in Abschnitt 4.1 erläutert, können Elektronen entsprechend dem Pauli-Prinzip nur paarweise die verschiedenen Orbitale eines Atoms auffüllen. Grundlage zur Beschreibung dieser Zusammenhänge ist die *Fermi-Dirac-Statistik*, benannt nach den Physikern Enrico Fermi[6] und Paul Dirac[7]. Die sogenannte *Fermi-Verteilung* gibt an, mit welcher Wahrscheinlichkeit bei gegebener Temperatur T ein Energiezustand E von einem Elektron besetzt ist:

$$f_n(E) = \frac{1}{1 + \exp\left(\frac{E - E_F}{k_B T}\right)} \tag{4.10}$$

Hierbei ist k_B die *Boltzmann-Konstante*. Die Energie E_F wird als das *Fermi-Niveau* bezeichnet, bei dem die Wahrscheinlichkeit zur Besetzung eines Energiezustands genau 50 % beträgt ($f_n(E_F) = 0.5$). Den Verlauf der Verteilungsfunktion für verschiedene Temperaturen zeigt Bild 4.9.

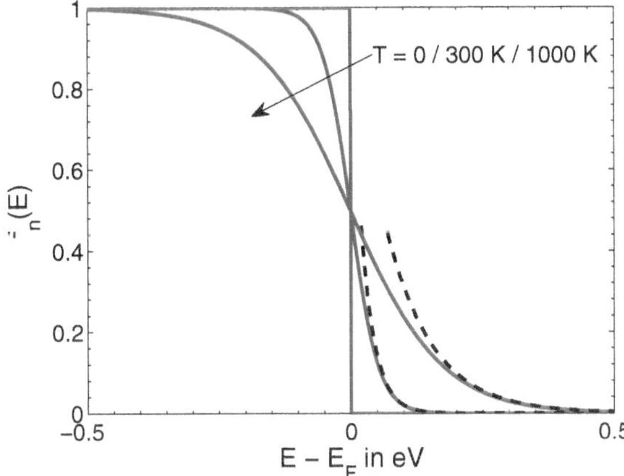

Bild 4.9 Verlauf der Fermi-Verteilungsfunktion für verschiedene Temperaturen T. Die gestrichelten Linien zeigen die Näherung durch die Boltzmann-Verteilung, welche für $E - E_F \gg k_B T$ gültig ist.

Beim absoluten Nullpunkt zeigt die Fermi-Verteilung ein Stufenprofil. Für $E < E_F$ gilt $f_n(E) = 1$, und somit sind unterhalb des Fermi-Niveaus E_F alle Energiezustände besetzt, während mit $f_n(E) = 0$ für $E > E_F$ kein Elektron einen Zustand oberhalb von E_F besetzt. Mit steigender Temperatur zeigt die Fermi-Verteilung einen zunehmend abgerundeten Verlauf. Die Besetzungswahrscheinlichkeit unterhalb des Fermi-Niveaus sinkt, während sie oberhalb ansteigt.

[6] Enrico Fermi (1901–1954), italienischer Physiker, lieferte zahlreiche Beiträge zur Quantenstatistik. Er erhielt 1938 den Nobelpreis für Physik.

[7] Paul Dirac (1902–1984), britischer Physiker, Mitbegründer der Quantenphysik, erhielt 1933 zusammen mit Erwin Schrödinger den Nobelpreis für Physik.

Für Löcher im Valenzband, also fehlende Elektronen, ergibt sich eine ähnliche Verteilungsfunktion:

$$f_\mathrm{p}(E) = 1 - f_\mathrm{n}(E) = \frac{1}{1+\exp\left(\frac{E_\mathrm{F}-E}{k_\mathrm{B}T}\right)} \tag{4.11}$$

Für Energien $E - E_\mathrm{F} \gg k_\mathrm{B}T$ lässt sich die Fermi-Verteilung durch den einfacheren Ausdruck der *Boltzmann-Verteilung* annähern:

$$f_\mathrm{n}(E) \approx \exp\left(-\frac{E-E_\mathrm{F}}{k_\mathrm{B}T}\right) \tag{4.12}$$

$$f_\mathrm{p}(E) \approx \exp\left(\frac{E-E_\mathrm{F}}{k_\mathrm{B}T}\right) \tag{4.13}$$

Wie wir weiter unten in diesem Kapitel sehen werden, ist dies insbesondere bei nicht allzu großer Dotierungskonzentration möglich und erlaubt eine einfachere Ableitung von Modellgleichungen zur Beschreibung von Halbleiterbauelementen.

Die *Fermi-Verteilungsfunktion* beschreibt die Wahrscheinlichkeit, dass ein erlaubter Energiezustand in der Bandstruktur eines Materials durch ein Elektron besetzt ist. Bei dem sogenannten Fermi-Niveau E_F beträgt die Besetzungwahrscheinlichkeit genau 50 %. Sie lässt sich im Bereich geringer Besetzungswahrscheinlichkeit durch die *Boltzmann-Verteilung* approximieren.

Bild 4.10 zeigt das Bändermodell von intrinsischem Silizium mit zugehöriger Fermi-Verteilungsfunktion. Die Lage des Fermi-Niveaus im intrinsischen Halbleiter bezeichnen wir mit E_Fi. Der Abstand zwischen Fermi-Niveau und dem Vakuumlevel wird als *Austrittsarbeit* (engl. *work function*) bezeichnet und ist mit $q\phi_\mathrm{Si} = E_\mathrm{vac} - E_\mathrm{Fi}$ gegeben.[8] Befände sich ein Elektron auf dem Fermi-Niveau, so wäre die Austrittsarbeit die notwendige Energie, um das Elektron aus dem Kristall zu lösen. Entsprechend der Darstellung ist innerhalb der Bandlücke die Besetzungswahrscheinlichkeit zwar ungleich null, jedoch ist in diesem Bereich kein erlaubter Zustand, also auch kein Elektron vorhanden.

Im Leitungsband steigt mit erhöhter Temperatur die Fermi-Verteilung an; die Wahrscheinlichkeit zur Besetzung von Zuständen steigt. Dagegen sinkt im Valenzband mit höherer Temperatur die Wahrscheinlichkeit, dass ein Zustand besetzt ist; es entstehen daher hier mehr freie Löcher.

Die Anzahl der erlaubten Zustände je Volumeneinheit wird als *Zustandsdichte* bezeichnet. Da im intrinsischen Fall immer gleich viele freie Elektronen wie freie Löcher generiert werden und bei Silizium die Zustandsdichte für Elektronen im Leitungsband etwa gleich der Zustandsdichte für Löcher im Valenzband ist, liegt E_Fi ziemlich genau in der Bandmitte. Für die meisten Betrachtungen ist diese Näherung ausreichend. Für eine genauere Untersuchung der Zustandsdichten und der Lage des intrinsischen Fermi-Niveaus sei an dieser Stelle auf Abschnitt 4.6 verwiesen.

[8] Entsprechend der Notation für die Elektronenaffinität wird in diesem Buch in Anlehnung an [9] die Austrittsarbeit mit $q\phi$ bezeichnet, wobei ϕ die Einheit Volt hat.

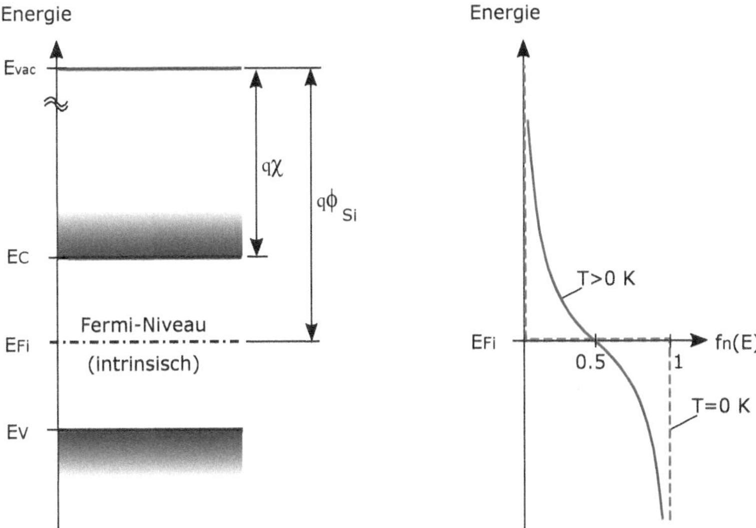

Bild 4.10 Bändermodell von intrinsischem Silizium mit Darstellung der Fermi-Verteilung bei unterschiedlichen Temperaturen

Wichtige Größen im Bändermodell:

- E_C: Unterkante des Leitungsbands
- E_V: Oberkante des Valenzbands
- $E_G = E_C - E_V$: *Bandlücke* (oder: *Bandabstand*)
- E_F: *Fermi-Level*
- E_{vac}: Energie eines aus dem Kristall gelösten freien Elektrons im Vakuum (*Vakuum-Level*)
- $q\phi_{Si} = E_{vac} - E_F$: *Austrittsarbeit* (engl. *work function*)

4.4.2 Dotiertes Silizium

Wird ein Halbleiter mit Donatoren oder Akzeptoren dotiert, so entsteht ein Überschuss an freien Elektronen bzw. Löchern. Diese Änderung in der Besetzungswahrscheinlichkeit der Zustände wird durch eine Verschiebung des Fermi-Niveaus beschrieben.

Bild 4.11a zeigt p-dotiertes Silizium. Die in das Kristallgitter eingebauten Akzeptoren der Konzentration N_A bieten einen freien Energiezustand E_A knapp oberhalb der Valenzbandoberkante E_V an. Schon bei Zuführung geringer thermischer Energie wird dieser Zustand durch ein Elektron aus dem Valenzband besetzt (es gilt $W(E_A) \approx 1$); es verbleibt ein freies Loch mit der Energie E_V. Durch die erhöhte Löcherkonzentration im Valenzband sind hier weniger Zustände besetzt; der Wert der Fermi-Verteilung muss also absinken. Dies bewirkt eine Verschiebung des Fermi-Niveaus zur Valenzbandkante E_V hin. Die Austrittsarbeit $q\phi_{pSi}$ steigt gegen-

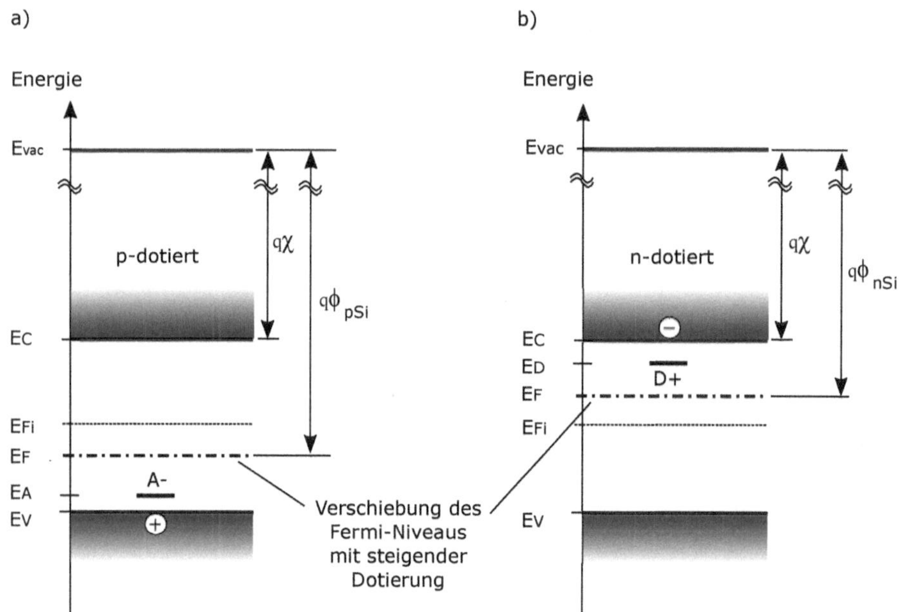

Bild 4.11 Bändermodell von dotiertem Silizium mit Darstellung der Verschiebung des Fermi-Niveaus gegenüber dem intrinsischen Fermi-Niveau. Bei Dotierung mit Akzeptoren (a) erfolgt eine Absenkung des Fermi-Niveaus zum Valenzband hin. Im n-leitenden Halbleiter (b) verschiebt sich das Fermi-Niveau mit steigender Dotierung zum Leitungsband.

über dem intrinsischen Fall an, denn die Elektronen sind im p-leitenden Kristall stärker gebunden.

Mithilfe der Boltzmann-Approximation (4.12) lässt sich die Konzentration an freien Löchern bestimmen zu

$$p = n_{\mathrm{i}} \exp\left(-\frac{E_{\mathrm{F}} - E_{\mathrm{Fi}}}{k_{\mathrm{B}} T}\right) \tag{4.14}$$

Durch Verschiebung der Fermi-Verteilung sinkt auch die Besetzungswahrscheinlichkeit im Leitungsband, was der aus dem Massenwirkungsgesetz folgenden reduzierten Elektronenkonzentration $n = n_{\mathrm{i}}^2 / N_{\mathrm{A}}$ entspricht.

Im n-leitenden Halbleiter mit der Dotierungskonzentration N_{D} ist der Energiezustand E_{D} des schwach gebundenen 5. Valenzelektrons der Donatoren knapp unterhalb des Leitungsbandes zu finden. Bei Zuführung geringer thermischer Energie kann das Elektron die Energie E_{C} erreichen. Die erhöhte Konzentration an besetzten Zuständen im Leitungsband entspricht einer Verschiebung der Fermi-Verteilung, in Bild 4.11b repräsentiert durch das Fermi-Niveau, zum Leitungsband hin. Die Austrittsarbeit $q\phi_{\mathrm{nSi}}$ sinkt gegenüber dem intrinsischen Fall, denn die Elektronen sind im n-leitenden Kristall schwächer gebunden.

Entsprechend folgt aus der Boltzmann-Approximation (4.12) für die Konzentration freier Elektronen im Leitungsband:

$$n = n_{\mathrm{i}} \exp\left(\frac{E_{\mathrm{F}} - E_{\mathrm{Fi}}}{k_{\mathrm{B}} T}\right) \tag{4.15}$$

Die Konzentration freier Löcher im Valenzband ergibt sich dann aus $p = n_i^2 / N_D$.

Im p-leitenden Halbleiter verschiebt sich das Fermi-Niveau mit steigender Dotierungskonzentration zum Valenzband hin. Die Austrittsarbeit des Halbleiters steigt. Im n-leitenden Halbleiter nähert sich das Fermi-Niveau dem Leitungsband an. Die Austrittsarbeit des Halbleiters sinkt.

An dieser Stelle sei darauf hingewiesen, dass die für (4.14) und (4.15) verwendete Boltzmann-Approximation nach (4.12) nur dann gültig ist, wenn das Fermi-Niveau in genügendem Abstand zum Leitungs- bzw. Valenzband liegt, das heißt, es muss gelten: $|E_{C/V} - E_F| \gg k_B T$. Ist die Dotierungskonzentration sehr hoch (ungefähr $> 10^{19}$ cm^{-3}), dann liegt das Fermi-Niveau sehr nahe am Leitungs- bzw. Valenzband oder wird sogar in die Bänder verschoben. Der Halbleiter verhält sich dann ähnlich einem Metall mit entsprechend hoher Leitfähigkeit und man spricht von einem *entarteten* oder *degenerierten Halbleiter*. In diesem Fall ist die Fermi-Verteilung zu verwenden, was in Abschnitt 4.6 genauer erläutert wird.

4.5 Metallurgische Übergänge

In den folgenden Abschnitten erfolgt die Konstruktion der Bändermodelle für verschiedene metallurgische Übergänge, welche in Halbleiterbauelementen häufig auftreten.

4.5.1 pn-Übergang

Nachfolgend wird anhand einer pn-Diode in Silizium das Bändermodell innerhalb eines Halbleitermaterials mit unterschiedlich dotierten Zonen erläutert. Die Bilder 4.12 und 4.13 zeigen die verschiedenen Betriebszustände. Für Silizium beträgt $\chi = 4.05$ eV und $E_G = 1.12$ eV. (Anmerkung: Die Abbildungen sind nicht maßstäblich.)

4.5.1.1 Thermisches Gleichgewicht

Wir beginnen mit dem pn-Übergang im thermischen Gleichgewicht, also ohne eine von außen angelegte Spannung.

Zur Konstruktion des Bändermodells zeigt Bild 4.12a den p- und n-leitenden Halbleiter getrennt, also ohne elektrischen Kontakt. Die Darstellungen entsprechen Bild 4.11.

In einem zweiten Schritt illustriert Bild 4.12b, wie eine Verschiebung der beiden Bändermodelle zueinander das Bändermodell des pn-Übergangs mit elektrischem Kontakt zwischen beiden Zonen ergibt. Im thermischen Gleichgewicht muss das Fermi-Niveau im gesamten Halbleiter ausgeglichen sein. Wäre das nicht der Fall, würden unterschiedliche Besetzungswahrscheinlichkeiten bei einer Energie zu einem Ladungsfluss führen, bis schließlich ein Ausgleich stattgefunden hat.

Wie wir in Abschnitt 4.4.2 festgestellt haben, sind die Austrittsarbeiten beider Zonen unterschiedlich. Die Verschiebung der Bändermodelle zueinander entspricht genau der Differenz

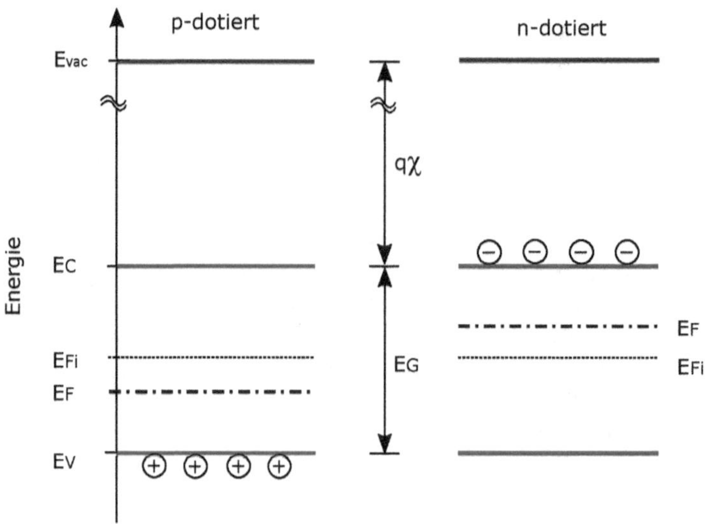

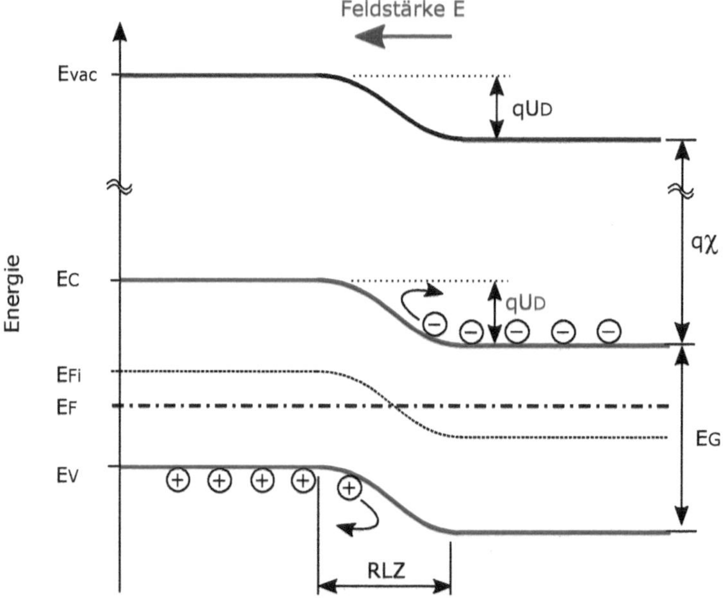

Bild 4.12 Bändermodell eines pn-Übergangs. a) Darstellung der p- und n-dotierten Zonen ohne Kontakt. b) Beide Zonen sind in Kontakt im thermischen Gleichgewicht. Im Kontaktbereich bildet sich eine Raumladungszone (RLZ) aus.

zwischen den Austrittsarbeiten des p- und n-dotierten Halbleiters, denn in jeder Zone (in genügender Distanz zum Kontaktbereich) bleibt der Abstand zwischen Fermi-Niveau und Valenz- bzw. Leitungsband unverändert. Es entsteht somit eine Potenzialdifferenz in der Höhe der Diffusionsspannung U_D zwischen beiden Zonen, welche als Energiedifferenz qU_D im Bändermodell eingezeichnet ist.

Im thermischen Gleichgewicht ist das Fermi-Niveau über alle Materialien hinweg ausgeglichen. An einem pn-Übergang sind zwei Materialien mit unterschiedlicher Austrittsarbeit in Kontakt. Daher ensteht an der Kontaktstelle eine Potenzialbarriere. Diese ist die Grundlage für die Gleichrichterwirkung einer Diode.

Wie bereits in Abschnitt 2.4 erläutert, kommt es aufgrund der unterschiedlichen Elektronen- und Löcherkonzentrationen in beiden Zonen zu einem Diffusionsprozess. Wir bezeichnen dies als *Diffusionsstrom* (siehe Abschnitt 5.2). Dem wirkt die Beschleunigung der Ladungsträger durch das in der Raumladungszone entstandene elektrische Feld entgegen. Diese durch Einwirkung eines elektrischen Feldes hervorgerufene Bewegung der Ladungsträger bezeichnen wir als *Driftstrom* (siehe Abschnitt 5.1). In Bild 4.12b ist dies durch eine Potenzialbarriere dargestellt, welche Elektronen bzw. Löcher zurückdrängt. Zur Überwindung der Barriere muss einem Ladungsträger mindestens die Energie qU_D zugeführt werden.

Sind alle Dotierstoffatome ionisiert, dann ist im p-leitenden Gebiet die Majoritätenkonzentration (Löcherkonzentration) nahezu gleich der Dotierungskonzentration: $p \approx N_A$. Mit der Boltzmann-Approximation nach (4.14) lässt sich schreiben:

$$p = n_i \exp\left(-\frac{E_F - E_{Fi}}{k_B T}\right) \tag{4.16}$$

Damit kann man den Abstand zwischen dem intrinsischen Fermi-Niveau und dem Fermi-Niveau E_F im p-dotierten Halbleiter ermitteln:

$$E_{Fi} - E_F = k_B T \ln\left(\frac{N_A}{n_i}\right) \tag{4.17}$$

In gleicher Weise lässt sich für die n-dotierte Zone mit (4.15) und der Donatorkonzentration N_D berechnen:

$$E_F - E_{Fi} = k_B T \ln\left(\frac{N_D}{n_i}\right) \tag{4.18}$$

Die Addition beider Ergebnisse liefert einen Ausdruck für die Austrittsarbeitsdifferenz zwischen beiden Zonen und damit auch für die in der Raumladungszone entstandene Diffusionsspannung:

$$U_D = \frac{k_B T}{q} \ln\left(\frac{N_A N_D}{n_i^2}\right) \tag{4.19}$$

Am pn-Übergang sind im thermischen Gleichgewicht der Diffusionsstrom (hervorgerufen durch unterschiedliche Ladungsträgerkonzentrationen in p- und n-Zone) und der Driftstrom (aufgrund der Wirkung des elektrischen Feldes in der Raumladungszone) im Gleichgewicht. Der Gesamtstrom ist daher null.

4.5.1.2 Flussrichtung

Wird an den äußeren Klemmen der pn-Diode eine Spannung in Flussrichtung ($U > 0$) angelegt, also positiv von der Anode (p-leitend) zur Kathode (n-leitend), so wird das elektrische Feld über der Raumladungszone reduziert und die Breite der Zone verringert sich. Das Bändermodell hierzu zeigt Bild 4.13a. Die von außen angelegte Spannung lässt sich direkt an der Differenz zwischen den Fermi-Niveaus

$$E_{\mathrm{Fn}} - E_{\mathrm{Fp}} = qU \tag{4.20}$$

in der n- bzw. p-Zone ablesen. Die Verschiebung der Bändermodelle beider Zonen zueinander bewirkt eine Verringerung der Potenzialbarriere in der Raumladungszone.

Nach dem Massenwirkungsgesetz betragen die Minoritätenkonzentrationen in den jeweiligen neutralen Zonen (also außerhalb der Raumladungszone):

$$n_{\mathrm{p0}} = n_{\mathrm{i}}^2 / N_{\mathrm{A}} = n_{\mathrm{i}} \exp\left(\frac{E_{\mathrm{Fp}} - E_{\mathrm{Fi}}}{k_{\mathrm{B}} T}\right) \quad \text{Elektronenkonzentration im p-Gebiet} \tag{4.21}$$

$$p_{\mathrm{n0}} = n_{\mathrm{i}}^2 / N_{\mathrm{D}} = n_{\mathrm{i}} \exp\left(-\frac{E_{\mathrm{Fn}} - E_{\mathrm{Fi}}}{k_{\mathrm{B}} T}\right) \quad \text{Löcherkonzentration im n-Gebiet} \tag{4.22}$$

Die Schwächung des elektrischen Feldes lässt den Diffusionsprozess der freien Ladungsträger zu. Majoritäten aus dem n-Gebiet (Elektronen) können die Barriere zum p-Gebiet überwinden und werden dort zu Minoritäten. Die Dicke der Raumladungszone liegt im Bereich von nur wenigen zehntel Mikrometern. Von daher können wir annehmen, dass es innerhalb dieses Bereichs zu keiner Rekombination von Ladungsträgern kommt. Die Besetzungwahrscheinlichkeit für einen Zustand im Leitungsband und damit das Fermi-Niveau E_{Fn} der Elektronen unmittelbar links und rechts der Raumladungszone ist also gleich. Gleiches gilt für das Fermi-Niveau E_{Fp} der Löcher. Damit befinden sich innerhalb der Raumladungszone die Konzentrationen der positiven und negativen freien Ladungsträger nicht im Gleichgewicht, und das Massenwirkungsgesetz ist hier nicht gültig. Elektronen- und Löcherkonzentration werden jeweils durch ein eigenes sogenanntes *Quasi-Fermi-Niveau* beschrieben.

Damit ist die Elektronenkonzentration im p-Gebiet an der Grenze zur Raumladungszone gegeben durch

$$n_{\mathrm{p}}(0) = n_{\mathrm{i}} \exp\left(\frac{E_{\mathrm{Fn}} - E_{\mathrm{Fi}}}{k_{\mathrm{B}} T}\right) \tag{4.23}$$

Erweitern liefert:

$$n_{\mathrm{p}}(0) = n_{\mathrm{i}} \exp\left(\frac{E_{\mathrm{Fn}} - E_{\mathrm{Fp}}}{k_{\mathrm{B}} T}\right) \exp\left(\frac{E_{\mathrm{Fp}} - E_{\mathrm{Fi}}}{k_{\mathrm{B}} T}\right) \tag{4.24}$$

Mithilfe des Ausdrucks für die Minoritätenkonzentration n_{p0} im Gleichgewicht nach (4.21), $u_{\mathrm{th}} = k_{\mathrm{B}} T / q$ und (4.20) lässt sich schreiben:

$$n_{\mathrm{p}}(0) = n_{\mathrm{p0}} \exp\left(\frac{U}{u_{\mathrm{th}}}\right) \tag{4.25}$$

Analog ergibt sich für die Randkonzentration der Löcher im n-Gebiet:

$$p_{\mathrm{n}}(0) = p_{\mathrm{n0}} \exp\left(\frac{U}{u_{\mathrm{th}}}\right) \tag{4.26}$$

a) Flussrichtung

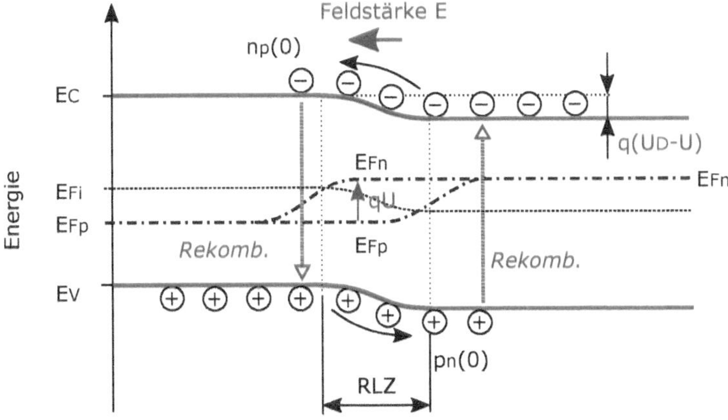

b) Sperrrichtung

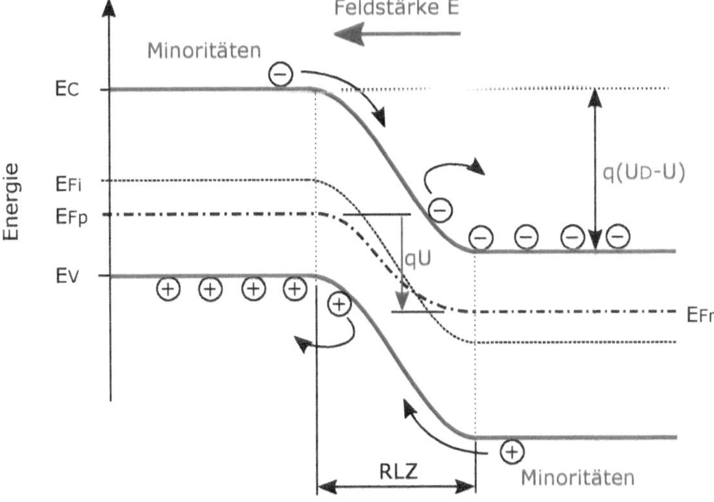

Bild 4.13 Bändermodell eines pn-Übergangs. a) Polung in Flussrichtung. b) Polung in Sperrrichtung. Zur Vereinfachung der Darstellung ist hier der Vakuumlevel weggelassen, da über den gesamten Bereich die Elektronenaffinität konstant ist.

Diese Ergebnisse sind Grundlage zur Herleitung der Shockley'schen Diodengleichung in Kapitel 5. Die exponentielle Abhängigkeit der Randkonzentrationen ist verantwortlich für den exponentiellen Verlauf der Diodenkennlinie.

Eine in Flussrichtung am pn-Übergang angelegte Spannung führt zu einer Schwächung des elektrischen Feldes in der Raumladungszone und damit zu einer Reduzierung ihrer Dicke. Daher wird der wirksame Driftstrom reduziert. Der resultierende Strom ist daher ein Diffusionsstrom.

Elektronen, welche die Potenzialbarriere überwunden haben, bewegen sich weiter in Richtung des Anodenkontakts. Da sie jedoch im p-Gebiet Minoritäten darstellen, werden sie auf ihrem Weg innerhalb weniger Mikrometer mit einem der zahlreichen Löcher rekombinieren. Entsprechendes gilt für Löcher als Minoritäten auf dem Weg zum Kathodenanschluss im n-Gebiet. Somit stellen sich in den verbleibenden neutralen Zonen der Anode und Kathode wieder die Gleichgewichtskonzentrationen von Elektronen bzw. Löchern ein.

4.5.1.3 Sperrrichtung

Wird die Diode in Sperrrichtung ($U < 0$) gepolt, dann vergrößert sich die Barrierenhöhe $q(U_\mathrm{D} - U)$. Das elektrische Feld in der Raumladungszone und ihre Ausdehnung vergrößern sich. Bild 4.13b zeigt das zugehörige Bändermodell. Ein Ladungstransport von Majoritäten über die Barriere findet nicht statt; die Diode sperrt den Stromfluss.

Dennoch fließt in der Diode der sogenannte *Sperrstrom*. Seine Ursache sind Minoritäten in den jeweiligen Gebieten. Kommt beispielsweise in der p-leitenden Zone ein Elektron (Minorität) in den Wirkungsbereich des elektrischen Feldes der Raumladungszone, so wird es von diesem beschleunigt und in das n-Gebiet transportiert. Hier gehört das Elektron zu den Majoritäten und fließt zum positiven Anschlusspol (in Sperrrichtung die Kathode). Gleiches kann Löchern im n-Gebiet widerfahren; auch sie können durch das elektrische Feld durch die Raumladungszone zur Anode transportiert werden. Aufgrund der nach dem Massenwirkungsgesetz nur sehr kleinen Minoritätenkonzentrationen in den jeweiligen Zonen ist der Sperrstrom aber nur sehr gering.

Eine in Sperrrichtung am pn-Übergang angelegte Spannung führt zu einer Erhöhung des elektrischen Feldes in der Raumladungszone und damit zu einer Vergrößerung ihrer Dicke. Der resultierende Sperrstrom ist daher ein Driftstrom der Minoritäten.

Überschreitet die Sperrspannung eine gewisse Grenze, dann kommt es zum *Lawinendurchbruch* der Diode (vgl. Bild 2.10). Durch das große elektrische Feld in der Raumladungszone erfahren die Ladungsträger eine hohe Beschleunigung. Aufgrund ihrer großen kinetischen Energie können sie bei einer Kollision weitere Ladungsträger aus ihrer Bindung schlagen. Diese zusätzlichen Ladungsträger werden ebenso beschleunigt und können ihrerseits weitere Atome ionisieren *(Lawineneffekt)*. Die Diode verliert somit abrupt ihre Sperrwirkung.

Tabelle 4.2 Austrittsarbeit verschiedener Metalle und von Nickelsilizid

Material	$q\phi_m$
Gold (Au)	5.1 eV
Aluminium (Al)	4.28 eV
Silber (Ag)	4.26 eV
Nickelsilizid (NiSi)	4.7 eV

Verwenden Sie das Online-Simulationstool *PN Junction Lab* unter *http://nanohub.org/tools/pnjunctionlab* zur Darstellung des Bänderdiagramms, der Ladungsdichten und der elektrischen Feldstärke in einem pn-Übergang mit verschiedenen Halbleitermaterialien und beliebigen Dotierungskonzentrationen.

4.5.2 Schottky-Übergang

Eine Kontaktstelle zwischen einem Halbleiter und einem Metall wird als *Schottky-Kontakt*[9] bezeichnet. Jedes Halbleiterbauelement wird im Bereich seiner Anschlusszonen mit einem Metall kontaktiert, wobei es hier auf eine niederohmige Verbindung ankommt.

Eine Schottky-Diode dagegen nutzt die Sperrwirkung der im Kontaktbereich entstehenden Raumladungszone aus und ermöglicht ein schnelleres Schaltverhalten als klassische pn-Halbleiterdioden. Für das Verständnis beider Anwendungen ist eine genaue Kenntnis des Bändermodells an einem Metall-Halbleiter-Übergang erforderlich.

Als Metalle kommen häufig Aluminium, Wolfram oder Gold zur Anwendung, aber auch metallische Verbindungen von Silizium, sogenannte Silizide wie beispielsweise Nickelsilizid (NiSi).

4.5.2.1 Thermisches Gleichgewicht

Bild 4.14a zeigt das Bändermodell eines Systems aus Metall und Halbleiter ohne Kontakt zueinander. Entsprechend der Vorgehensweise in Bild 4.12a dient auch hier der Vakuumlevel als Referenz. Der Halbleiter wird durch seine Elektronenaffinität $q\chi$ charakterisiert. Seine Austrittsarbeit ist in der Darstellung bestimmt durch die Summe aus dem Abstand des Fermi-Niveaus zum Leitungsband und der Elektronenaffinität: $q\phi_s = q\phi_n + q\chi$. Das Metall wird alleine durch seine Austrittsarbeit $q\phi_m$ bestimmt, welche auch hier durch die Differenz zwischen Fermi-Niveau und Vakuumlevel bestimmt ist. Tabelle 4.2 zeigt die Austrittsarbeit verschiedener Metalle.

Betrachten wir beide Materialien in einem System im thermischen Gleichgewicht, welches einen Ausgleich von Ladungsträgern und damit des Fermi-Niveaus zulässt, jedoch immer noch eine Lücke zwischen beiden Materialien besitzt (beispielsweise durch einen Isolator), erhalten wir Bild 4.14b. An der Oberfläche des Halbleiters entsteht eine Raumladungszone.

9 Walter Schottky (1886–1976), deutscher Physiker und Elektrotechniker, erforschte u. a. die Sperrschicht in Halbleitern, die für die Entwicklung von Gleichrichtern und Transistoren von Bedeutung war.

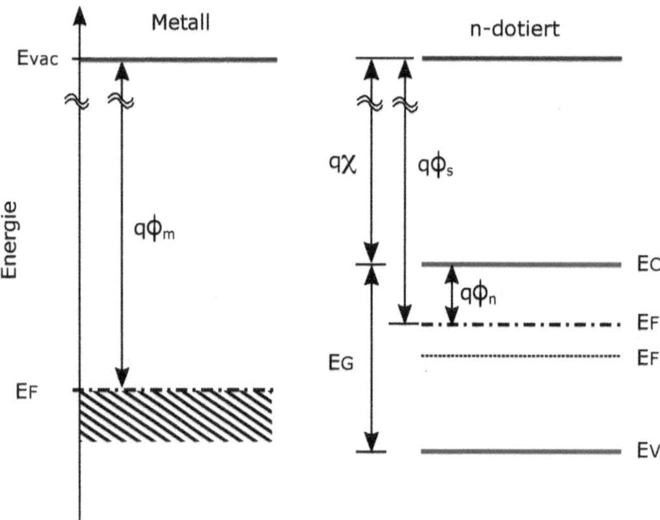

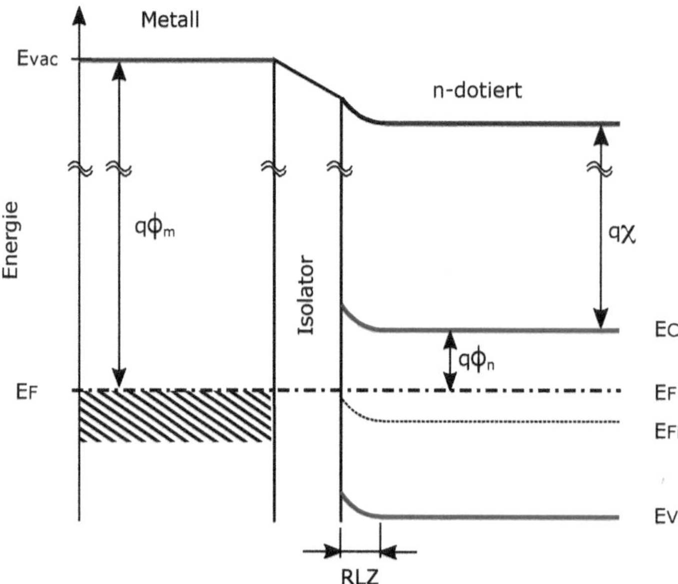

Bild 4.14 Bändermodell eines Schottky-Übergangs. a) Metall und Halbleiter getrennt. b) Beide Zonen im thermischen Gleichgewicht, getrennt durch einen Isolator (MIS: Metall-Isolator-Semiconductor). An der Oberfläche des Halbleiters bildet sich im Bereich der Bandverbiegung eine Raumladungszone (RLZ) aus.

Die Differenz der Austrittsarbeiten

$$q\phi_{\mathrm{ms}} = q\left(\phi_{\mathrm{m}} - \phi_{\mathrm{s}}\right) \tag{4.27}$$

bewirkt eine Potenzialdifferenz zwischen beiden Materialien, welche sich in einen Spannungsabfall über dem Isolator und über der Raumladungszone aufteilt. Diese Darstellung ist Grundlage für das Bändermodell im Kanalbereich eines MOS-Transistors, in dem eine metallische Gate-Elektrode über einen Isolator eine Bandverbiegung im Halbleiter und damit auf kapazitivem Weg einen leitfähigen Kanal erzeugen kann.

Bringt man Metall und Halbleiter in Kontakt (ohne die Zwischenschicht des Isolators), dann entsteht ein Bändermodell entsprechend Bild 4.15a. Die Differenz der Austrittsarbeiten bewirkt hier im thermischen Gleichgewicht die maximale Bandverbiegung an der Oberfläche des Halbleiters. Ähnlich der an einem pn-Übergang entstehenden Diffusionsspannung ist auch hier ein Spannungsabfall U_{D} über der Raumladungszone entstanden, die sich allerdings alleine über den Halbleiter erstreckt.

Nimmt man nun vereinfacht an, dass im Metall Zustände bis in Höhe des Fermi-Niveaus von Elektronen besetzt sind, so müssen diese für einen Transport in den Halbleiter eine Energie in Höhe der entstandenen Barriere

$$q\phi_{\mathrm{Bn0}} = q\left(\phi_{\mathrm{m}} - \chi\right) \tag{4.28}$$

aufnehmen, um das Leitungsband im Halbleiter zu erreichen. Diese Barriere wird die *intrinsische Barrierenhöhe* der Elektronen an der Schottky-Barriere genannt und erklärt die Sperrwirkung der Schottky-Diode. In umgekehrter Stromrichtung, also vom Halbleiter zum Metall, müssen Elektronen eine Energie entsprechend der Bandverbiegung qU_{D} aufnehmen.

In gleicher Weise sperrt der Schottky-Übergang auch den Fluss von Löchern aus dem Metall in das Valenzband des Halbleiters. Nimmt man hier vereinfacht an, dass im Metall oberhalb des Fermi-Niveaus alle Zustände unbesetzt sind, so müssen die Löcher die intrinsische Barrierenhöhe

$$q\phi_{\mathrm{Bp0}} = q\left(\chi + E_{\mathrm{G}} - \phi_{\mathrm{m}}\right) \tag{4.29}$$

für den Übergang in den Halbleiter überwinden. Es gilt also:

$$E_{\mathrm{G}} = q\left(\phi_{\mathrm{Bn0}} + \phi_{\mathrm{Bp0}}\right) \tag{4.30}$$

4.5.2.2 Flussrichtung

Bild 4.15b zeigt den Schottky-Übergang für eine in Flussrichtung angelegte Spannung. Hierbei reduziert sich der Spannungsabfall über der Raumladungszone. Die Energiebarriere für einen Elektronenübergang aus dem Halbleiter in das Metall verringert sich. Aufgrund der exponentiellen Abhängigkeit der Besetzung von Zuständen bezüglich der Energie entsprechend der Fermi-Verteilung steigt der Strom in der Schottky-Diode exponentiell an. Eine Rekombination der Ladungsträger im Metall ist nicht notwendig, da sie hier Majoritäten sind (im Gegensatz zu einer pn-Diode ist eine Schottky-Diode ein *Majoritätsträgerbauelement*). Dies begründet die schnelle Schaltgeschwindigkeit von Schottky-Dioden.

a) in Kontakt

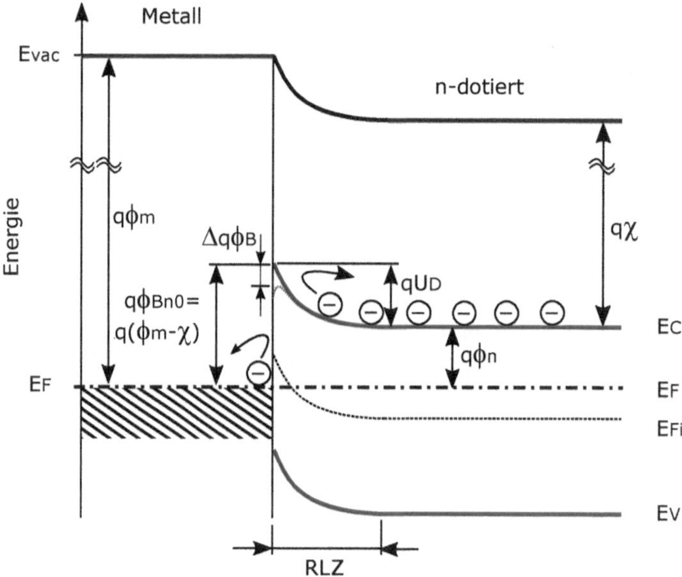

b) Flussrichtung

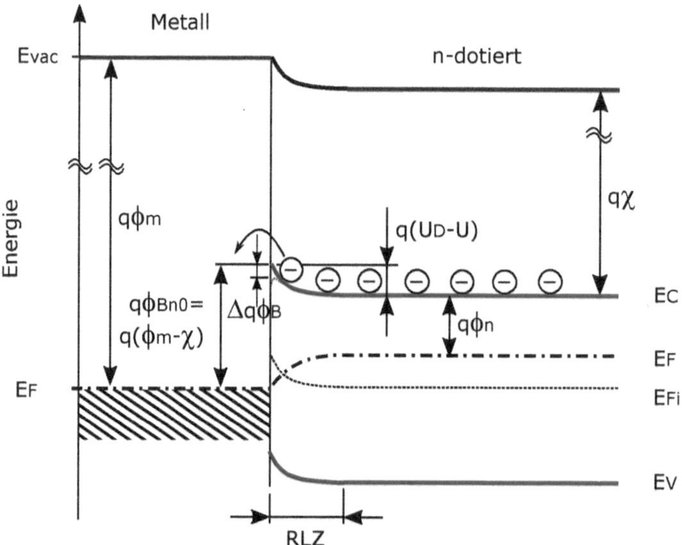

Bild 4.15 Bändermodell eines Schottky-Übergangs, Metall und Halbleiter befinden sich in Kontakt zueinander. a) thermisches Gleichgewicht, b) Polung in Flussrichtung

4.5.2.3 Sperrrichtung

Wird der Schottky-Übergang in Sperrrichtung gepolt, dann vergrößert sich die Ausdehnung der Raumladungszone. Die Barriere $q\phi_{\text{Bn0}}$ bleibt bestehen und verhindert einen Fluss von Ladungsträgern aus dem Metall zum Halbleiter. Der verbleibende Sperrstrom der Diode wird somit von dieser Barrierenhöhe bestimmt.

Wie in Abschnitt 2.4 am Beispiel eines pn-Übergangs erläutert, verringert sich auch am Schottky-Übergang mit steigender Dotierung des Halbleiters die Dicke der Raumladungszone. Dies macht man sich zunutze, wenn bei der Kontaktierung von Halbleiterbauelementen ein guter ohmscher Kontakt entstehen soll. Wird der Halbleiter hoch dotiert, so ist die Raumladungszone so dünn (wenige Nanometer), dass Ladungsträger diese durchtunneln können. Die Sperrwirkung des Schottky-Übergangs ist damit aufgehoben.

Für einen niederohmigen Kontakt zwischen einem Metall und einem Halbleiter ohne Sperrwirkung muss der Hableiter sehr hoch dotiert sein.

4.5.2.4 Effektive Barrierenhöhe

In der Realität kommt es durch den sogenannten *Image-Charge-Effect* zur Ausbildung einer *effektiven Barrierenhöhe.* Diese ist gegenüber der intrinsischen Höhe um $q\Delta\phi_{\text{B}}$ reduziert (engl. *Schottky barrier lowering effect*):

$$q\phi_{\text{Bn}} = q\left(\phi_{\text{Bn0}} - \Delta\phi_{\text{B}}\right) \tag{4.31}$$

In Bild 4.15 ist der Verlauf der Barriere unter Berücksichtigung dieses Effekts gestrichelt eingezeichnet. Das Maximum der Barriere tritt nicht mehr an der Grenzfläche selbst, sondern in einer Distanz von einigen Nanometern im Halbleiter auf. Der Betrag der Barrierenreduzierung lässt sich aus dem elektrischen Feld an der Grenzfläche berechnen:

$$\Delta\phi_{\text{B}} = \sqrt{\frac{q|\vec{E}|}{4\pi\varepsilon_{\text{s}}}} \tag{4.32}$$

wobei ε_{s} die Dielektrizitätskonstante des Halbleiters ist. Für eine genauere Erläuterung sei an dieser Stelle auf weiterführende Literatur verwiesen [9].

4.5.3 Heteroübergänge

Durch sogenannte *Epitaxie-Verfahren* lässt man in der Halbleitertechnologie dünne Schichten unterschiedlicher Halbleitermaterialien aufeinander aufwachsen. Es entstehen sogenannte *Heterostrukturen.* Unterscheidet sich die Gitterkonstante der unterschiedlichen Materialien, so kommt es im Bereich des Übergangs zu Versetzungen im Kristall. Ist die Gitterkonstante fast gleich, so ist ein nahezu einkristalliner Aufbau möglich, bei dem eine graduelle Änderung der Gitterkonstante zu einer Verzerrung der Kristallstruktur führt. Dies wiederum beeinflusst die effektive Masse der Ladungsträger, was man sich in der Nanoelektronik zunutze macht.

Bild 4.16 zeigt die Konstruktion des Bändermodells beispielhaft an einem Heteroübergang zwischen einem p-dotierten Halbleiter mit kleiner Bandlücke und einem n-dotierten Halbleiter

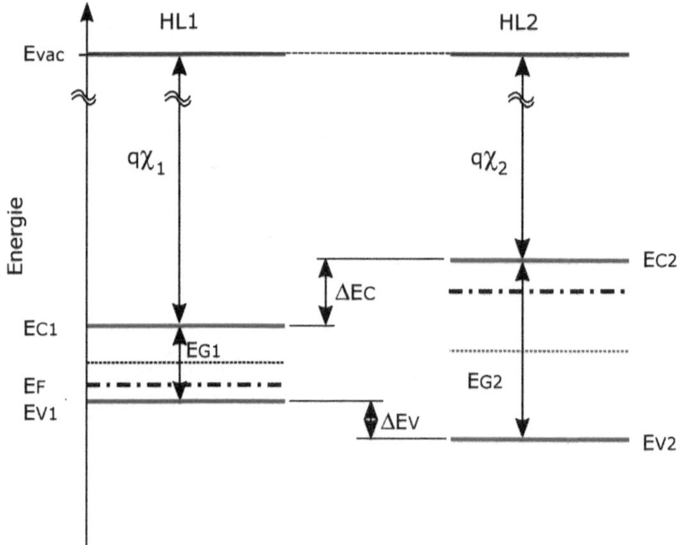

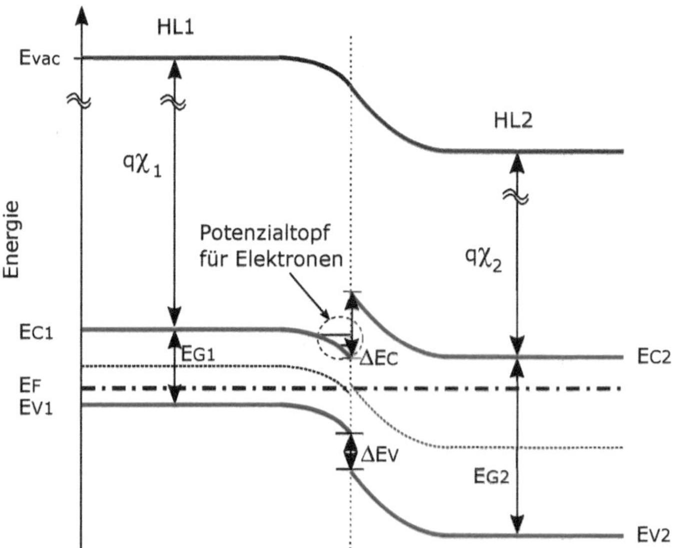

Bild 4.16 Bändermodell eines Heteroübergangs zwischen Halbleitermaterialien HL1 (p-dotiert) und HL2 (n-dotiert). a) Beide Materialien getrennt. b) Beide Zonen im thermischen Gleichgewicht in Kontakt. Im Grenzbereich bildet sich zu beiden Seiten eine Raumladungszone aus (Bereich der Bandverbiegung). In diesem Beispiel entsteht im Leitungsband ein Potenzialtopf für die Elektronen mit Ausbildung diskreter Energieniveaus.

mit großer Bandlücke. Zunächst erfolgt in Bild 4.16a wieder eine Gegenüberstellung beider Materialien ohne Kontakt zueinander. Der Vakuumlevel dient als Referenz.

Bringt man im thermischen Gleichgewicht beide Materialien miteinander in Kontakt, dann ergibt sich ein Ausgleich des Fermi-Niveaus (Bild 4.16b). Im Bereich der Grenzfläche findet ein Ladungstransport statt. Elektronen verlassen das Material HL2 mit der niedrigeren Austrittsarbeit und hinterlassen dort aufgrund positiv geladener Donatoren eine positive Raumladung. Im anderen Material sammelt sich eine negative Ladung aus Elektronen an der Grenzfläche, sodass hier die Bänder nach unten verbogen werden.

Der Verlauf des Vakuumlevels ist grundsätzlich stetig. Aufgrund der unterschiedlichen Bandparameter wie Elektonenaffinität und Bandlücke kommt es daher an dem metallurgischen Übergang zu Unstetigkeiten im Leitungs- und Valenzband. Im Beispiel nach Bild 4.16b ist an der Grenzfläche im Leitungsband von Material HL1 ein Potenzialtopf für Elektronen entstanden. Dies führt entsprechend Abschnitt 3.3 zu einer weiteren Aufspaltung des Leitungsbandes in diskrete Energien.

4.5.4 Allgemeine Vorgehensweise zur Konstruktion eines Bändermodells

Aufgrund der in den vorherigen Abschnitten aufgestellten Regeln lässt sich die allgemeine Vorgehensweise zur Konstruktion eines Bändermodells metallurgischer Übergänge in folgenden Schritten zusammenfassen:

Konstruktion eines Bändermodells:

a) Zunächst Anfertigen einer Skizze des Bändermodells für getrennte Materialien. *Hierbei ist der Vakuumlevel* E_{vac} *konstant* und daher über alle Materialien hinweg eine durchgezogene Linie. Die Leitungsbandunterkante E_{C} liegt um $q\chi$ darunter. Im Abstand der Bandlücke E_{G} davon befindet sich die Valenzbandoberkante E_{V}.

b) *Im thermischen Gleichgewicht ist das Fermi-Niveaus über alle Materialien hinweg ausgeglichen.* Daher wird erst mit einer durchgehenden Linie für E_{F} begonnen. Davon ausgehend wird in ausreichendem Abstand von der Grenzschicht (das heißt außerhalb der Raumladungszone) in Halbleitern das Leitungs- und Valenzband in gleichem Abstand wie in Schritt a) gezeichnet.

c) *Der Vakuumlevel ist grundsätzlich stetig.* Durch den Ausgleich des Fermi-Niveaus zeigt der Vakuumlevel eine Potenzialbarriere in Höhe der Differenz der Austrittsarbeiten beider Materialien. In Metallen ist die Austrittsarbeit bis zur Grenzschicht konstant; daher entsteht bei einem Schottky-Übergang die Barriere ausschließlich im Halbleiter.

d) *In einem Halbleitermaterial ist die Elektronenaffinität an jeder Stelle konstant.* Daher verbiegen sich Leitungs- und Valenzband parallel zum Verlauf des Vakuumlevels. Als Resultat sind die Bänder dem Halbleiter mit *geringerer Austrittsarbeit* zur Grenzfläche hin *nach oben*, im Halbleiter mit *größerer Austrittsarbeit nach unten* verbogen.

4.6 Fermi-Integral und Zustandsdichte

In Abschnitt 4.4.2 wurde die Konzentration freier Elektronen und Löcher im dotierten Halbleiter unter Verwendung der Boltzmann-Näherung und der intrinsischen Ladungsträgerkonzentration berechnet. Liegt das Fermi-Niveau nahe der Bandkanten oder ist sogar in das Leitungs- bzw. Valenzband verschoben, dann muss die Fermi-Verteilung verwendet werden.

Die Vorgehensweise illustriert Bild 4.17 am Beispiel eines Systems, in welchem sich die Ladungsträger in allen drei Raumrichtungen frei bewegen können. Zur Berechnung der Ladungsträgerkonzentration im Leitungsband ist die *Zustandsdichte* (engl. *density of states*, abgekürzt: *DOS*) $g_c(E)$ der zur Verfügung stehenden Zustände pro Energieintervall dE zu berechnen. Die Multiplikation mit der Fermi-Verteilung $f_n(E)$ ergibt die bei einer Energie E tatsächlich besetzten Zustände $n(E)$. Schließlich führt die Integration über das Leitungsband zur gesamten Ladungsträgerkonzentration n.

In gleicher Weise gelangt man zur Berechnung der Löcherkonzentration p unter Verwendung der Zustandsdichte $g_v(E)$ im Valenzband und der Fermi-Verteilung $f_p(E) = 1 - f_n(E)$ für die Löcher.

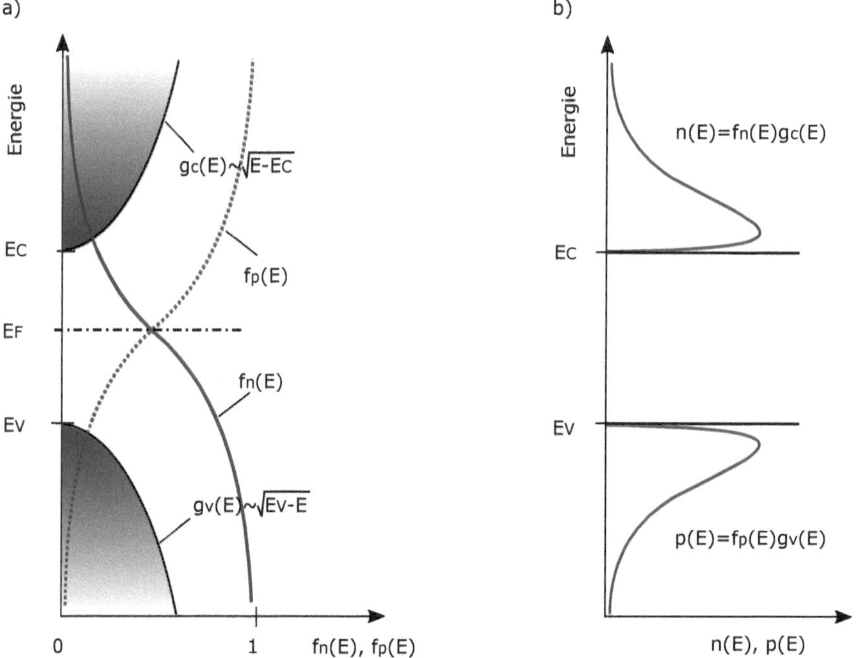

Bild 4.17 a) Fermi-Verteilungen $f_n(E)$, $f_p(E)$ und Zustandsdichten $g_{c3D}(E)$, $g_{v3D}(E)$ im Leitungs- bzw. Valenzband. b) Das Produkt aus Fermi-Verteilung und Zustandsdichte ergibt jeweils die Ladungsträgerkonzentration $n(E)$ bzw. $p(E)$.

4.6.1 Dreidimensionales System

Zunächst betrachten wir ein System, in welchem sich die Ladungsträger in allen drei Dimensionen frei bewegen können.

Der Abstand zur Leitungsbandunterkante entspricht der kinetischen Energie eines Elektrons:

$$E - E_{\mathrm{C}} = \frac{\hbar^2 k^2}{2 m_{\mathrm{n}}^*} \tag{4.33}$$

Zur kinetischen Energie können Wellenzahlen mit Komponenten in drei verschiedenen Bewegungsrichtungen im k-Raum beitragen:

$$k = \sqrt{\frac{2 m_{\mathrm{n}}^*}{\hbar^2}} \sqrt{E - E_{\mathrm{C}}} = \sqrt{k_x^2 + k_y^2 + k_z^2} \tag{4.34}$$

Wie in Abschnitt 4.1 erläutert, bilden freie Elektronen im Leitungsband in der Kristallstruktur durch Interferenz stehende Wellen aus. Mit kristallografischen Überlegungen lässt sich zeigen, dass die Zustandsdichte bezüglich der Wellenzahl k konstant ist:

$$g_{\mathrm{c3D}}(k) = \frac{2}{(2\pi)^3} \tag{4.35}$$

Für ein Intervall $\mathrm{d}k$ der Wellenzahl ist die Anzahl der Zustände gleich der Anzahl innerhalb einer Kugelschale mit dem Radius k und der Dicke $\mathrm{d}k$. Aus der Multiplikation der Zustandsdichte mit dem Volumen der Kugelschale erhält man:

$$g_{\mathrm{c3D}}(k) \cdot 4\pi k^2 \mathrm{d}k \tag{4.36}$$

Durch Berücksichtigung des Differenzialquotienten

$$\frac{\mathrm{d}E}{\mathrm{d}k} = \frac{\hbar^2 k}{m_{\mathrm{n}}^*} \tag{4.37}$$

und (4.34) erhalten wir die entsprechende Anzahl Zustände in einem Energieintervall $\mathrm{d}E$, welche gleich der Zustandsdichte $g_{\mathrm{c3D}}(E)$ bzgl. der Energie multipliziert mit $\mathrm{d}E$ ist:

$$\begin{aligned} g_{\mathrm{c3D}}(k) \cdot 4\pi k^2 \frac{\mathrm{d}k}{\mathrm{d}E} \mathrm{d}E \\ &= g_{\mathrm{c3D}}(k)\, 4\pi k^2 \frac{m_{\mathrm{n}}^*}{\hbar^2 k} \mathrm{d}E \\ &= g_{\mathrm{c3D}}(k)\, 2\pi k \frac{2 m_{\mathrm{n}}^*}{\hbar^2} \mathrm{d}E \\ &= g_{\mathrm{c3D}}(k)\, 2\pi \left(\frac{2 m_{\mathrm{n}}^*}{\hbar^2}\right)^{3/2} \sqrt{E - E_{\mathrm{C}}}\, \mathrm{d}E = g_{\mathrm{c3D}}(E)\, \mathrm{d}E \end{aligned} \tag{4.38}$$

Dieses Ergebnis müssen wir mit der Anzahl ν_{n} der Leitungsbandminima multiplizieren. Somit erhalten wir mit (4.35) schließlich für die Zustandsdichte bezüglich der Energie im Leitungsband:

$$g_{\mathrm{c3D}}(E) = \nu_{\mathrm{n}} \frac{2}{(2\pi)^3} 2\pi \left(\frac{2 m_{\mathrm{n}}^*}{\hbar^2}\right)^{3/2} \sqrt{E - E_{\mathrm{C}}} = \nu_{\mathrm{n}} \frac{\left(2 m_{\mathrm{n}}^*\right)^{3/2}}{2\pi^2 \hbar^3} \sqrt{E - E_{\mathrm{C}}} \tag{4.39}$$

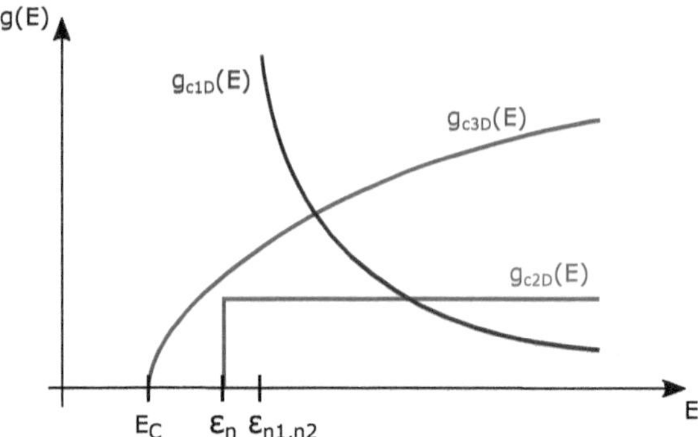

Bild 4.18 Darstellung der Zustandsdichte im Leitungsband in Abhängigkeit der Energie für ein 3D-, 2D- und 1D-System. Im dreidimensionalen System sind Zustände ab der Unterkante des Leitungsbands E_C vorhanden. Im 2D- und 1D-System existieren erst Zustände im Abstand ε_n bzw. $\varepsilon_{n1,n2}$ zu E_C.

Dieser Zusammenhang ist qualitativ in Bild 4.18 dargestellt.

Ein ähnliches Ergebnis lässt für die Zustandsdichte $g_{\mathrm{v3D}}(E)$ der Löcher im Valenzband ableiten:

$$g_{\mathrm{v3D}}(E) = \nu_{\mathrm{p}} \frac{\left(2m_{\mathrm{p}}^*\right)^{3/2}}{2\pi^2\hbar^3} \sqrt{E_{\mathrm{V}} - E} \tag{4.40}$$

Um schließlich die Anzahl besetzter Zustände bei einer Energie E im Leitungsband zu berechnen, muss die Zustandsdichte mit der Fermi-Verteilung (4.10) multipliziert werden. Diese Vorgehensweise illustriert Bild 4.17. Die gesamte Elektronenkonzentration im Leitungsband ergibt sich aus der Integration über die Energie:

$$n = \int_{E_{\mathrm{C}}}^{\infty} g_{\mathrm{c3D}}(E)\, f_{\mathrm{n}}(E)\, \mathrm{d}E = \nu_{\mathrm{n}} \frac{\left(2m_{\mathrm{n}}^*\right)^{3/2}}{2\pi^2\hbar^3} \int_{E_{\mathrm{C}}}^{\infty} \frac{\sqrt{E - E_{\mathrm{C}}}}{1 + \mathrm{e}^{(E-E_{\mathrm{F}})/(k_{\mathrm{B}}T)}} \mathrm{d}E \tag{4.41}$$

Durch Substitution von

$$\eta = \frac{E - E_{\mathrm{C}}}{k_{\mathrm{B}}T} \tag{4.42}$$

$$\eta_{\mathrm{F}} = \frac{E_{\mathrm{F}} - E_{\mathrm{C}}}{k_{\mathrm{B}}T} \tag{4.43}$$

erhalten wir:

$$n = \nu_{\mathrm{n}} \frac{\left(2m_{\mathrm{n}}^* k_{\mathrm{B}}T\right)^{3/2}}{2\pi^2\hbar^3} \int_0^{\infty} \frac{\sqrt{\eta}\mathrm{d}\eta}{1 + \mathrm{e}^{\eta - \eta_{\mathrm{F}}}} \tag{4.44}$$

Es lässt sich schreiben:

$$n = N_{\mathrm{c3D}} \cdot \mathscr{F}_{1/2}\left(\eta_{\mathrm{F}}\right) \tag{4.45}$$

wobei

$$N_{\mathrm{c3D}} = 2\nu_{\mathrm{n}} \left(\frac{m_{\mathrm{n}}^* k_{\mathrm{B}}T}{2\pi\hbar^2}\right)^{3/2} \tag{4.46}$$

die sogenannte *effektive Zustandsdichte* im Leitungsband darstellt. Das Integral

$$\mathcal{F}_{1/2}(\eta_\mathrm{F}) = \frac{2}{\sqrt{\pi}} \int_0^\infty \frac{\sqrt{\eta}\mathrm{d}\eta}{1+\mathrm{e}^{\eta-\eta_\mathrm{F}}} \tag{4.47}$$

wird *Fermi-Dirac-Integral* der Ordnung 1/2 genannt, für das allerdings nur eine numerische Berechnung möglich ist.

In analoger Weise lässt sich die effektive Zustandsdichte für Löcher im Valenzband bestimmen:

$$N_\mathrm{v3D} = 2\nu_\mathrm{p} \left(\frac{m_\mathrm{p}^* k_\mathrm{B} T}{2\pi\hbar^2} \right)^{3/2} \tag{4.48}$$

Die hier für den dreidimensionalen Fall mit N_c3D und N_v3D bezeichneten Parameter entsprechen den effektiven Zustandsdichten N_C bzw. N_V in Tabelle 4.1.

Betrachtet man den Fall der Boltzmann-Näherung, dann gilt $\eta - \eta_\mathrm{F} \gg 1$. Damit lässt sich das Fermi-Dirac-Integral vereinfachen zur *Gamma-Funktion*

$$\mathcal{F}_{1/2}(\eta_\mathrm{F}) \approx \frac{2}{\sqrt{\pi}} \int_0^\infty \sqrt{\eta}\, \mathrm{e}^{\eta_\mathrm{F}-\eta}\, \mathrm{d}\eta = \frac{2}{\pi} \Gamma\left(\frac{3}{2}\right) \mathrm{e}^{\eta_\mathrm{F}} = \mathrm{e}^{\eta_\mathrm{F}} \tag{4.49}$$

und wir erhalten schließlich

$$n = N_\mathrm{C} \exp\left(\frac{E_\mathrm{F} - E_\mathrm{C}}{k_\mathrm{B} T} \right) \tag{4.50}$$

für die Elektronenkonzentration im Leitungsband und

$$p = N_\mathrm{V} \exp\left(\frac{E_\mathrm{V} - E_\mathrm{F}}{k_\mathrm{B} T} \right) \tag{4.51}$$

für die Löcherkonzentration im Valenzband.

Das Produkt aus beiden muss im thermischen Gleichgewicht aufgrund des *Massenwirkungsgesetzes* (vgl. Abschnitt 2.3.3) gleich dem Quadrat der intrinsischen Ladungsträgerkonzentration sein:

$$n \cdot p = N_\mathrm{C} N_\mathrm{V} \exp\left(-\frac{E_\mathrm{C} - E_\mathrm{V}}{k_\mathrm{B} T} \right) = N_\mathrm{C} N_\mathrm{V} \exp\left(-\frac{E_\mathrm{G}}{k_\mathrm{B} T} \right) = n_\mathrm{i}^2 \tag{4.52}$$

Somit können wir die intrinsische Ladungsträgerkonzentration berechnen aus

$$n_\mathrm{i} = \sqrt{N_\mathrm{C} N_\mathrm{V}} \exp\left(-\frac{E_\mathrm{G}}{2 k_\mathrm{B} T} \right) \tag{4.53}$$

Betrachtet man einen intrinsischen Halbleiter, dann gilt $n = p$, und aus der Boltzmann-Näherung folgt:

$$N_\mathrm{C} \exp\left(\frac{E_\mathrm{Fi} - E_\mathrm{C}}{k_\mathrm{B} T} \right) = N_\mathrm{V} \exp\left(\frac{E_\mathrm{V} - E_\mathrm{Fi}}{k_\mathrm{B} T} \right) \tag{4.54}$$

Daraus lässt sich das intrinsische Fermi-Niveau berechnen:

$$E_\mathrm{Fi} = \frac{E_\mathrm{C} + E_\mathrm{V}}{2} + \frac{k_\mathrm{B} T}{2} \ln \frac{N_\mathrm{V}}{N_\mathrm{C}} \tag{4.55}$$

Sind die effektiven Zustandsdichten im Leitungs- und Valenzband gleich, so liegt E_{Fi} in der Bandmitte. Wie bereits in Abschnitt 4.4.1 erwähnt, ist das für Silizium nahezu der Fall: Mit den Bandparametern entsprechend Tabelle 4.1 ist E_{Fi} bei einer Temperatur von $T = 300$ K nur um ≈ 13 meV gegenüber der Bandmitte nach unten verschoben.

Verwenden Sie zur Simulation der Ladungsträgerkonzentrationen in verschiedenen Halbleitern das *Carrier Statistics Lab* auf *http://nanohub.org/tools/fermi.*

4.6.2 Zweidimensionales System

In Abschnitt 3.4 wurde erläutert, wie durch Quantum-Confinement in einer Richtung Elektronen nur noch eine Bewegung in zwei Dimensionen möglich ist. Ihr Energiespektrum lautet dann

$$E - E_{\mathrm{C}} = \varepsilon_n + \frac{\hbar^2}{2m_{\mathrm{n}}^*}\left(k_x^2 + k_y^2\right) \tag{4.56}$$

mit der Quantenzahl n des entsprechenden Subbands. Es lässt sich zeigen, dass die Zustandsdichte bzgl. der Energie in diesem Fall konstant ist:

$$g_{\mathrm{c2D}}(E) = \frac{m_{\mathrm{n}}^*}{\pi\hbar^2} \tag{4.57}$$

Bild 4.18 zeigt, dass diese konstante Zustandsdichte aber erst im Abstand ε_n zu E_{C} auftritt. Durch eine Berechnung wie im dreidimensionalen Fall ergibt sich für die Elektronendichte pro Flächeneinheit in einem Subband:

$$n_{\mathrm{2D}} = N_{\mathrm{c2D}}\,\mathscr{F}_0\left(\eta_{\mathrm{F}}\right) \tag{4.58}$$

wobei das Fermi-Dirac-Integral der Ordnung 0 analytisch geschlossen lösbar ist:

$$\mathscr{F}_0\left(\eta_{\mathrm{F}}\right) = \int_0^\infty \frac{\eta^0 \mathrm{d}\eta}{1 + \mathrm{e}^{\eta-\eta_{\mathrm{F}}}} = \ln\left(1 + \mathrm{e}^{\eta_{\mathrm{F}}}\right) \tag{4.59}$$

und die effektive Zustandsdichte lautet:

$$N_{\mathrm{c2D}} = \frac{m_{\mathrm{n}}^* k_{\mathrm{B}} T}{\pi\hbar^2} \tag{4.60}$$

Die Berechnung der Elektronendichte nach (4.58) ist für jedes Subband mit der jeweiligen effektiven Masse getrennt durchzuführen. Die Gesamtzahl an Elektronen ergibt sich dann durch Addition.

4.6.3 Eindimensionales System

Betrachten wir schließlich ein eindimensionales System wie in Abschnitt 3.4 am Beispiel eines Nanodrahts erläutert, dann erfolgt ein Quantum-Confinement in zwei Richtungen, jeweils mit einer Quantenzahl. Entsprechend lautet das Energiespektrum:

$$E - E_{\mathrm{C}} = \varepsilon_{n_1,n_2} + \frac{\hbar^2}{2m_{\mathrm{n}}^*}k_x^2 \tag{4.61}$$

In diesem Fall ist die Zustandsdichte gegeben durch (siehe Bild 4.18)

$$g_{\mathrm{c1D}}(E) = \frac{\sqrt{2m_\mathrm{n}^*}}{\pi\hbar} \frac{1}{\sqrt{E - E_\mathrm{C}}} \tag{4.62}$$

sodass wir für die Elektronendichte im entsprechenden Subband pro Längeneinheit in der Bewegungsrichtung erhalten:

$$n_{\mathrm{1D}} = N_{\mathrm{c1D}}\, \mathcal{F}_{-1/2}\left(\eta_\mathrm{F}\right) \tag{4.63}$$

Das Fermi-Dirac-Integral der Ordnung $-1/2$ ist wiederum nur numerisch lösbar:

$$\mathcal{F}_{-1/2}\left(\eta_\mathrm{F}\right) = \frac{1}{\sqrt{\pi}} \int_0^\infty \frac{\eta^{-1/2}\mathrm{d}\eta}{1 + \mathrm{e}^{\eta - \eta_\mathrm{F}}} \tag{4.64}$$

Die effektive Zustandsdichte lautet:

$$N_{\mathrm{c1D}} = \frac{1}{\hbar} \sqrt{\frac{2m_\mathrm{n}^* k_\mathrm{B} T}{\pi}} \tag{4.65}$$

Auch im eindimensionalen Fall muss die Berechnung der Elektronendichte nach (4.63) für jedes Subband mit der jeweiligen effektiven Masse getrennt durchgeführt werden, um anschließend durch Addition die Gesamtzahl der Elektronen zu bestimmen.

4.7 Wiederholungsfragen

1. Erläutern Sie die Ausbildung von Energiebändern auf Grundlage des Potenzialtopfs.
2. Was versteht man unter der „effektiven Masse“ von Ladungsträgern? Wozu wird sie verwendet?
3. Was versteht man unter der „ersten Brillouin-Zone“?
4. Warum unterscheidet man in Halbleitern zwischen „light holes“ und „heavy holes“?
5. Warum unterscheidet man in Silizium zwischen der „transversalen“ und der „longitudinalen effektiven Masse“ der Elektronen?
6. Wie kommt es im Halbleiter zur Generation oder Rekombination von Ladungsträgern?
7. Worin besteht der Unterschied zwischen direkten und indirekten Halbleitern? Für welche Anwendungen müssen direkte Halbleiter eingesetzt werden?
8. Was beschreibt die Fermi-Verteilungsfunktion?
9. Wie verschiebt sich das Fermi-Niveau in einem n-dotierten bzw. p-dotierten Halbleiter gegenüber dem intrinsischen Fermi-Niveau?
10. Wann ist die Boltzmann-Approximation für die Fermi-Verteilungsfunktion gültig?
11. Wodurch entsteht die Diffusionsspannung an einem pn-Übergang? Ist diese Spannung von außen messbar?
12. In welche Richtung zeigen die Feldlinien des elektrischen Feldes in der Raumladungszone eines pn-Übergangs für a) Flussrichtung, b) thermisches Gleichgewicht und c) Sperrrichtung?

13. Wodurch entsteht bei einem Schottky-Kontakt eine Bandverbiegung im Halbleiter?
14. Bei welcher Anwendung wird bei einem Metall-Halbleiterkontakt der Halbleiter sehr hoch dotiert?
15. Was versteht man unter „Subbändern“ und wodurch entstehen sie?
16. Was unterscheidet die Zustandsdichte im 3D-, 2D- und 1D-System?

4.8 Übungen

Übung 4.1

Konstruieren Sie maßstäblich das Bändermodell einer Silizium-Germanium-Struktur. Beide Materialien seien undotiert; somit kann das Fermi-Niveau jeweils ungefähr in der Bandmitte angenommen werden (Parameter der Bandstruktur: Tabelle 4.1).

a) Zeichnen Sie zunächst das Bändermodell, ohne dass die beiden Zonen sich in Kontakt befinden.

b) Zeichnen Sie das Bändermodell für einen Kontakt zwischen beiden Zonen im thermischen Gleichgewicht.

Übung 4.2

Konstruieren Sie maßstäblich das Bändermodell eines Schottky-Kontakts bei Raumtemperatur. Der Halbleiter sei Silizium mit einer Dotierungskonzentration (Donatoren) von $N_D = 10^{17}$ cm^{-3}. Als Metall wird Gold verwendet. Entnehmen Sie die Materialparameter den Tabellen 4.1 und 4.2.

a) Zeichnen Sie zunächst das Bändermodell, ohne dass die beiden Zonen sich in Kontakt befinden. Nehmen Sie zur Berechnung der Lage des Fermi-Niveaus im Halbleiter als Vereinfachung die Boltzmann-Statistik an.

b) Zeichnen Sie das Bändermodell für einen Kontakt zwischen beiden Zonen im thermischen Gleichgewicht.

c) Zeichnen Sie das Bändermodell für einen Kontakt zwischen beiden Zonen bei einer angelegten Spannung von $U = 0.3$ V in Flussrichtung.

4.9 Lösungen

Übung 4.1

a) Silizium: $E_G = 1.12$ eV, $q\chi = 4.05$ eV

Germanium: $E_G = 0.66$ eV, $q\chi = 4$ eV

Ohne Kontakt ist das Vakuumlevel in beiden Materialien gleich:

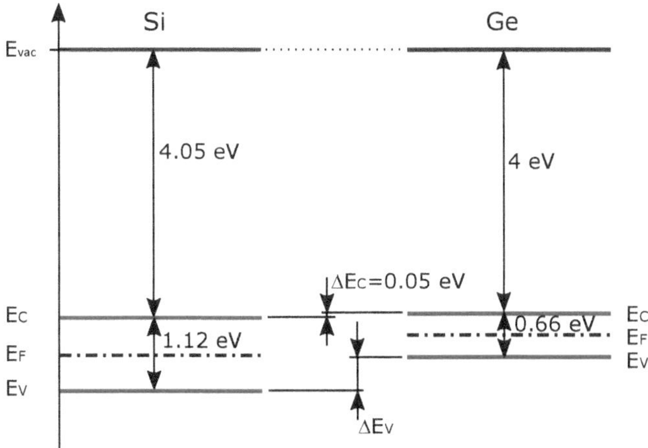

b) Im thermischen Gleichgewicht ist das Fermi-Niveau über beide Materialien ausgeglichen. Die Unstetigkeiten in Leitungs- und Valenzband bleiben gegenüber Aufgabenteil (a) unverändert. An der Kontaktstelle bildet sich eine Raumladungszone (RLZ) aus.

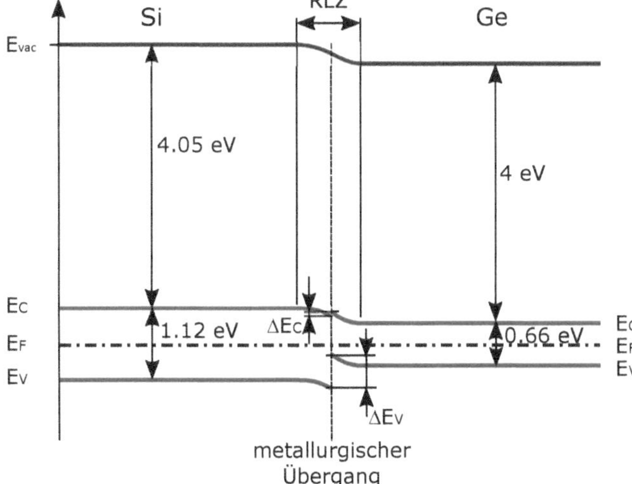

Übung 4.2

a) Die notwendigen Materialparameter nach Tabelle 4.1 und 4.2 lauten:

Gold: $q\Phi_m = 5.1$ eV

Silizium: $E_G = 1.12$ eV, $q\chi = 4.05$ eV, $n_i = 1.5 \cdot 10^{10}$ cm^{-3}

Bei Raumtemperatur ist die Majoritätenkonzentration gleich der Dotierung:

$$N_D \approx n = n_i \exp\left(\frac{E_F - E_{Fi}}{k_B T}\right) \quad \Rightarrow \quad E_F - E_{Fi} = k_B T \ln\left(\frac{N_D}{n_i}\right) \approx 0.41 \text{ eV}$$

E_{Fi} befindet sich ungefähr in der Bandmitte, daher:

$$E_C - E_F = \frac{E_G}{2} - (E_F - E_{Fi}) \approx 0.15 \text{ eV}$$

Ohne Kontakt ist das Vakuumlevel in beiden Materialien gleich und dient in der Skizze der Bandstruktur als Referenz:

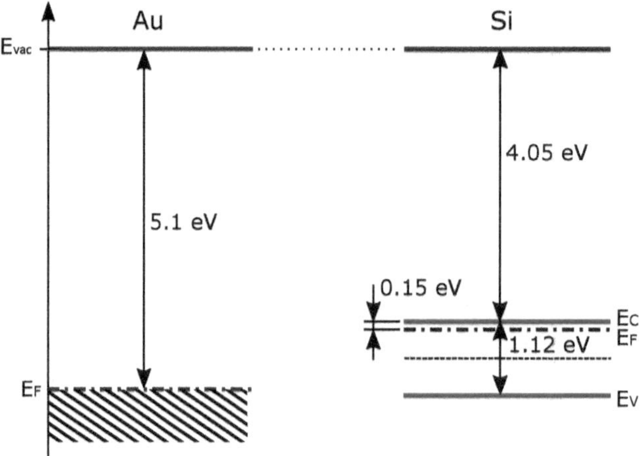

b) Im thermischen Gleichgewicht ist das Fermi-Niveau über beide Materialien ausgeglichen. An der Kontaktstelle dehnt sich eine Raumladungszone (RLZ) in den Halbleiter aus.

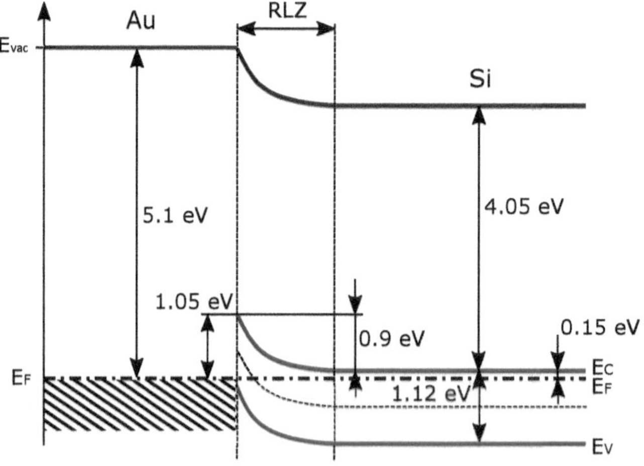

c) Bei angelegter Spannung U in Flussrichtung reduziert sich die Barrierenhöhe im Halbleiter um qU. Das Fermi-Niveau in beiden Materialien unterscheidet sich um qU. Die Dicke der Raumladungszone verringert sich.

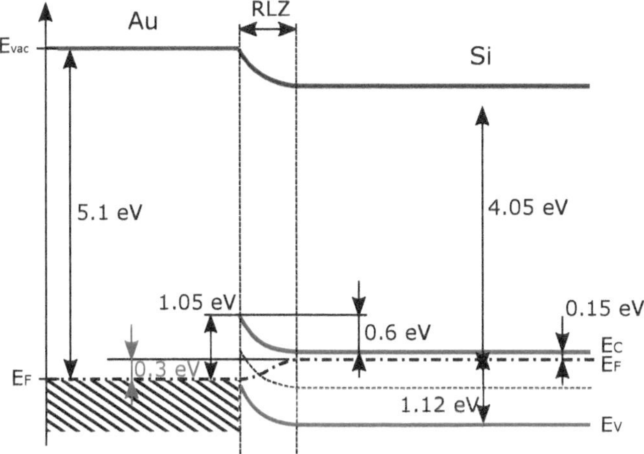

5 Ladungstransport in Halbleitern

In diesem Kapitel werden die wichtigsten Ladungstransportmechanismen erläutert, welche in Halbleiterbauelementen auftreten. Auf den Grundgleichungen zur Beschreibung dieser Effekte baut in den nachfolgenden Kapiteln die Berechnung von Strömen in Bauelementen auf.

Lernziele

Die Lernenden ...

- kennen die Ursache für Drift- und Diffusionsströme,
- kennen den Effekt der thermischen Emission,
- können die elektrische Leitfähigkeit von Halbleitern berechnen,
- kennen die Grundlagen zur Berechnung von Tunnelströmen.

5.1 Driftstrom

Befinden sich in einem Material freie Elektronen oder Löcher und wirkt ein elektrisches Feld E auf diese ein, dann kommt es zusätzlich zu ihrer thermischen Bewegung zur sogenannten *Drift* der Ladungsträger. Dieser Ladungstransport wird *Driftstrom* genannt. Bild 5.1 illustriert dies in einem Quader aus Halbleitermaterial. Der Gesamtstrom I_{drift} durch die Querschnittsfläche A setzt sich zusammen aus Elektronen- und Löcherstromanteil:

$$I_{\text{drift}} = (j_{\text{n,drift}} + j_{\text{p,drift}})A \tag{5.1}$$

Hierbei sind $j_{\text{n,drift}}$ und $j_{\text{p,drift}}$ die jeweiligen Stromdichten der Ladungsträger, die entsprechend der technischen Stromrichtung beide in Richtung des elektrischen Feldes zeigen.

Unter Verwendung der effektiven Masse m^* können wir die klassische Physik zur Berechnung der Beschleunigung eines Teilchens entlang des Orts x verwenden. Auf einen Ladungsträger wirkt die Kraft

$$F = q \cdot E = m^* \frac{\mathrm{d}^2 x}{\mathrm{d}t^2} \tag{5.2}$$

Bei der Bewegung im Kristall kommt es immer wieder zu Stoßprozessen (beispielsweise mit Phononen, an Versetzungen in der Kristallstruktur, Störstellen oder rauen Oberflächen), bei denen der Ladungsträger abgebremst wird. Im Mittel stellt sich eine *Driftgeschwindigkeit* v_d

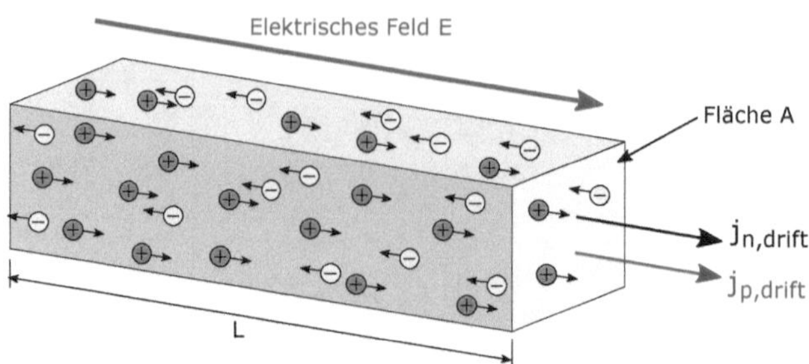

Bild 5.1 Ein Quader aus Halbleitermaterial mit freien Elektronen und Löchern. Das elektrische Feld *E* beschleunigt die Ladungsträger. Durch Stoßprozesse werden diese immer wieder abgebremst. Es stellt sich eine mittlere Driftgeschwindigkeit der Teilchen ein. Der Gesamtstrom durch die Fläche *A* setzt sich aus Elektronen- und Löcherstrom zusammen.

ein. Sie ergibt sich aus der zurückgelegten *mittleren freien Weglänge l*, welche das Teilchen innerhalb der mittleren Zeit τ zwischen zwei Stößen zurücklegt:

$$v_\mathrm{d} = \frac{l}{\tau} \tag{5.3}$$

Wir erhalten damit die mittlere Beschleunigung v_d/τ, mit deren Hilfe wir für die Kraft auch schreiben können:

$$F = qE = \frac{v_\mathrm{d}}{\tau}\, m^* \tag{5.4}$$

Umstellen nach der Driftgeschwindigkeit liefert:

$$v_\mathrm{d} = \frac{q}{m^*}\tau E = \mu E \tag{5.5}$$

Den Proportionalitätsfaktor zwischen elektrischer Feldstärke E und der Driftgeschwindigkeit v_d bezeichnen wir als die *Beweglichkeit* (engl. *mobility*) μ:

$$\mu = \frac{q}{m^*}\tau \tag{5.6}$$

Im Allgemeinen unterscheiden sich die Beweglichkeiten von Elektronen und Löchern. Beispielsweise ist in Silizium die Löcherbeweglichkeit μ_p nur ungefähr die Hälfte der Elektronenbeweglichkeit μ_n. Dies hat weitreichende Konsequenzen für elektronische Bauelemente. So lassen Transistoren auf Basis von Elektronenstrom (n-Kanal-MOSFETs, npn-Bipolartransistoren) einen höheren Strom zu und zeigen ein schnelleres Schaltverhalten im Vergleich zu den komplementären Typen auf Basis von Löcherstrom bei gleichen Abmessungen.

Treten mehrere unterschiedliche Stoßprozesse mit einer individuellen mittleren Zeit τ_i zwischen zwei Stößen auf, so müssen diese reziprok addiert werden:

$$\frac{1}{\tau} = \sum_i \frac{1}{\tau_i} \tag{5.7}$$

Dementsprechend lassen sich auch die Ladungsträgerbeweglichkeiten aufgrund unterschiedlicher Streuprozesse kombinieren *(Matthiesen-Regel)*:

$$\frac{1}{\mu} = \sum_i \frac{1}{\mu_i} \tag{5.8}$$

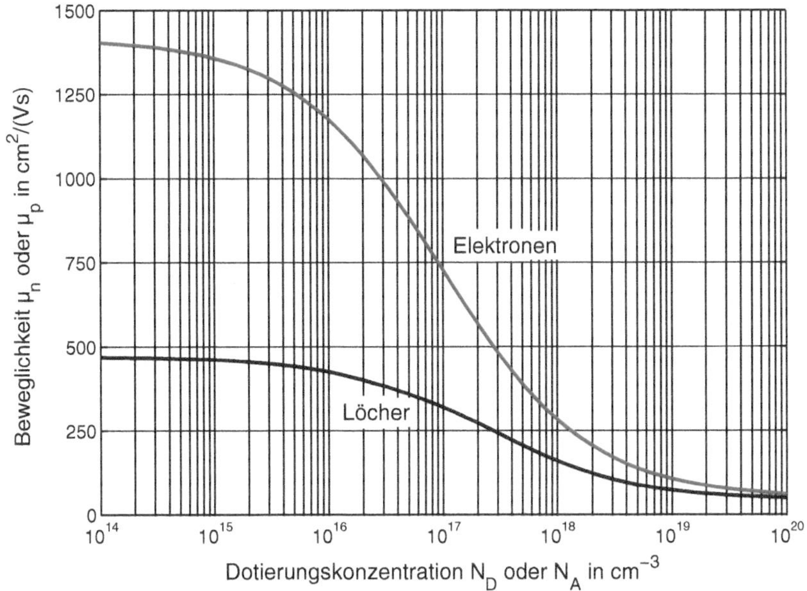

Bild 5.2 Elektronen- und Löcherbeweglichkeit in Silizium bei T = 300 K in Abhängigkeit von der Dotierungskonzentration

Mit steigender Dotierungskonzentration kommt es häufiger zu Stoßprozessen an Störstellen und die Beweglichkeit sinkt. Bild 5.2 zeigt die Beweglichkeiten in Silizium in Abhängigkeit von der Dotierung bei Raumtemperatur. Demnach betragen die maximalen Beweglichkeiten in intrinsischem Silizium $\mu_n = 1417\ \text{cm}^2/(\text{Vs})$ bzw. $\mu_p = 470\ \text{cm}^2/(\text{Vs})$.

Weiterhin kann die Beweglichkeit durch Effekte an Grenzflächen reduziert werden. Bei einem MOS-Feldeffekttransistor (vgl. Abschnitt 7.3) fließt der Strom entlang einer Grenzfläche zum Oxid. Hier hat deren Rauigkeit einen negativen Einfluss auf die Beweglichkeit, da es zu weiteren Stoßprozessen kommt (engl.: *surface roughness scattering*).

Das Ohm'sche Gesetz verknüpft den Strom durch den Querschnitt des Quaders mit dessen Widerstand R und der angelegten Spannung U:

$$I = \frac{U}{R} \tag{5.9}$$

Unter Verwendung der Stromdichte j und Feldstärke E lautet es:

$$j = \sigma \cdot E \tag{5.10}$$

Der Widerstand lässt sich aus der *spezifischen Leitfähigkeit* σ, der Länge L und der Querschnittsfläche A des Quaders nach Bild 5.1 berechnen:

$$R = \frac{L}{\sigma A} \tag{5.11}$$

Bild 5.3 zeigt qualitativ den Verlauf der spezifischen Leitfähigkeit σ im dotierten Halbleiter gegenüber dem reziproken Wert der Temperatur T. Es lassen sich drei Bereiche unterscheiden:

- Beginnend ab $T = 0$ K steigt aufgrund der zunehmenden Störstellenionisation die Leitfähigkeit zunächst an.
- Sind alle Dotierstoffatome ionisiert, bleibt σ nahezu konstant. Der normale Betriebsbereich von Halbleiterbauelementen befindet sich im Bereich dieses Plateaus. Allerdings kommt es mit steigender Temperatur verstärkt zu Gitterschwingungen und die hiermit verbundenen Streuprozesse mit Phononen nehmen zu. Die Beweglichkeit sinkt ungefähr gemäß

$$\mu_{\mathrm{n,p}} \sim T^{-3/2} \tag{5.12}$$

- Wird die Temperatur weiter erhöht, werden so viele zusätzliche Elektron-Loch-Paare generiert, dass deren Konzentration die Dotierungskonzentration übersteigt. Damit überwiegt die Eigenleitung. Die Leitfähigkeit steigt exponentiell an.

Die Stromdichte der Elektronen und Löcher lässt sich jeweils aus deren Konzentration und Driftgeschwindigkeit berechnen:

$$j_{\mathrm{n,drift}} = qnv_{\mathrm{d,n}} = qn\mu_{\mathrm{n}}E \qquad j_{\mathrm{p,drift}} = qpv_{\mathrm{d,p}} = qp\mu_{\mathrm{p}}E \tag{5.13}$$

Folglich ergibt sich für den Anteil der Elektronen bzw. Löcher an der spezifischen Leitfähigkeit

$$\sigma_{\mathrm{n}} = qn\mu_{\mathrm{n}} \qquad \sigma_{\mathrm{p}} = qp\mu_{\mathrm{p}} \tag{5.14}$$

und für die gesamte spezifische Leitfähigkeit des Halbleiters:

$$\sigma = \sigma_{\mathrm{n}} + \sigma_{\mathrm{p}} \tag{5.15}$$

Im intrinsischen Halbleiter gilt $n = p = n_{\mathrm{i}}$. Somit erhält man:

$$\sigma_{\mathrm{i}} = qn_{\mathrm{i}}\left(\mu_{\mathrm{n}} + \mu_{\mathrm{p}}\right) \tag{5.16}$$

Sind in einem n-dotierten Material alle Dotierstoffatome der Konzentration N_{D} ionisiert, so gilt $n \approx N_{\mathrm{D}}$, und die spezifische Leitfähigkeit lässt sich aus der Dotierungskonzentration berechnen. Aufgrund des Massenwirkungsgesetzes ist die Löcherkonzentration $p = n_{\mathrm{i}}^2/n$ um mehrere Größenordnungen kleiner. Somit tragen Löcher kaum zur Leitfähigkeit in einem n-Halbleiter bei und es gilt:

$$\sigma \approx \sigma_{\mathrm{n}} \approx qN_{\mathrm{D}}\mu_{\mathrm{n}} \tag{5.17}$$

Im Fall einer Dotierung mit Akzeptoren der Konzentration N_{A} dominieren entsprechend die Löcher den Stromfluss:

$$\sigma \approx \sigma_{\mathrm{p}} \approx qN_{\mathrm{A}}\mu_{\mathrm{p}} \tag{5.18}$$

Der in (5.5) aufgestellte lineare Zusammenhang zwischen elektrischem Feld und der Driftgeschwindigkeit der Ladungsträger gilt nur für kleine Feldstärken. Mit höherer Feldstärke strebt v_{d} einer *Driftsättigungsgeschwindigkeit* zu. Den Zusammenhang zeigt Bild 5.4. In Silizium beträgt die maximale Driftgeschwindigkeit für Elektronen ca. $1.07 \cdot 10^7$ cm/s. Für GaAs und Materialien mit ähnlicher Bandstruktur kann ab dem Überschreiten einer bestimmten Feldstärke eine negative differenzielle Beweglichkeit festgestellt werden. Die Driftgeschwindigkeit sinkt, obwohl die antreibende Feldstärke weiter erhöht wird. Bild 5.4 zeigt dies für Elektronen in GaAs. Grund dafür ist die Streuung von Elektronen höherer Energie in Nebenminima des Leitungsbandes (siehe Bild 4.3a), in welchem die Ladungsträger eine größere effektive Masse aufweisen.

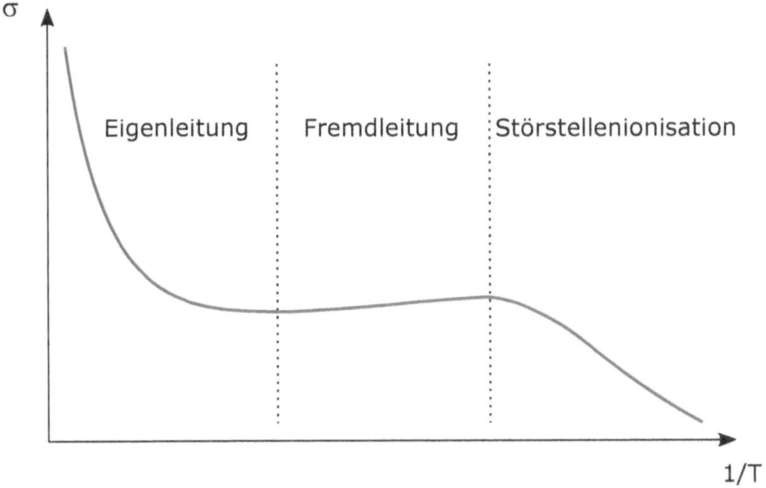

Bild 5.3 Qualitativer Verlauf der spezifischen Leitfähigkeit σ im dotierten Halbleiter gegenüber dem reziproken Wert der Temperatur T

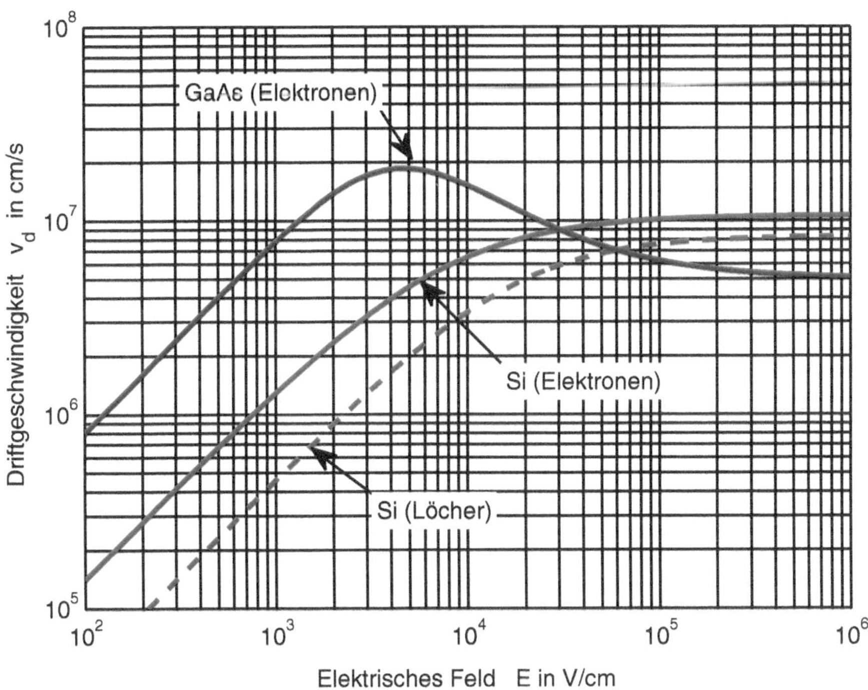

Bild 5.4 Feldabhängigkeit der Driftgeschwindigkeit für Elektronen und Löcher in Silizium und Elektronen in GaAs

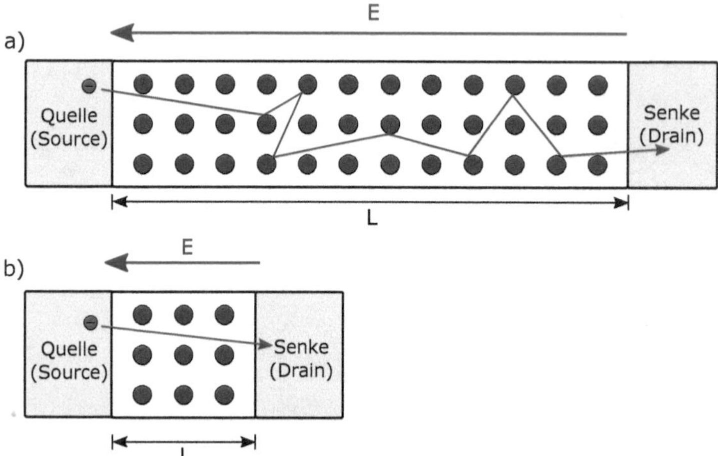

Bild 5.5 Schematische Darstellung der Bewegung eines Elektrons unter dem Einfluss eines elektrischen Feldes aus einer Quelle (Source) zu einer Senke (Drain). a) Im Festkörper der Länge L kommt es immer wieder zu Stoßprozessen. Es ergibt sich eine mittlere Driftgeschwindigkeit $v_d = \mu E$ des Elektrons, abhängig von der zurückgelegten mittleren freien Weglänge zwischen zwei Stößen. b) Ist die Länge L kürzer als die mittlere freie Weglänge, dann kann ein Elektron ohne Stoßprozess den Festkörper durchqueren. Der klassische Beweglichkeitsbegriff ist nicht mehr gültig.

Die gerichtete Bewegung von Ladungsträgern aufgrund der Einwirkung eines elektrischen Feldes wird als *Driftstrom* bezeichnet. Durch Stoßprozesse stellt sich eine mittlere *Driftgeschwindigkeit* der Teilchen ein. Die Proportionalitätskonstante zwischen elektrischem Feld und der Geschwindigkeit nennt man *Ladungsträgerbeweglichkeit.* Bei großen Feldstärken kommt es zu einer Sättigung der Driftgeschwindigkeit.

Die obige Ableitung des Beweglichkeitsbegriffs basiert auf dem Erreichen einer mittleren Driftgeschwindigkeit der Ladungsträger in einem ausgedehnten Festkörper. Wie in Bild 5.5a dargestellt, erfahren Elektronen auf dem Weg von ihrer Quelle zur Senke immer wieder Beschleunigungen und werden durch Stoßprozesse abgebremst. Diese lokalen Prozesse sind zur Bestimmung des Gesamtstroms einer Vielzahl von Elektronen durch einen Leiterquerschnitt ohne Bedeutung.

Ist die Distanz zwischen Quelle und Senke allerdings in der Größenordnung der mittleren freien Weglänge der Elektronen zwischen zwei Stößen, so spricht man von *quasiballistischem Transport.* Einige Elektronen erreichen die Senke, ohne einen Stoß zu erfahren. Der Beweglichkeitsbegriff verliert damit seine Gültigkeit.

Ist der Abstand zwischen Quelle und Senke so kurz, dass kaum mehr ein Elektron einem Stoßprozess ausgesetzt ist, bezeichnet man dies als *ballistischen Transport* (vgl. Bild 5.5b). Der Festkörper zwischen Quelle und Senke verliert seinen elektrischen Widerstand. Der Strom wird nur noch durch die Anzahl und die Anfangsgeschwindigkeit der Elektronen, mit denen diese aus der Quelle austreten, begrenzt. Mit der Reduzierung der Kanallänge von MOS-Feldeffekttransistoren in den Bereich von weniger als 40 nm hat man in der heutigen Nanoelektronik den quasiballistischen Transport erreicht.

5.2 Diffusionsstrom

Ist in einem Halbleiter die Elektronenkonzentration örtlich nicht konstant, so kommt es zur Diffusion der Ladungsträger. Unterstützt durch ihre thermische Bewegung ergibt sich ein Fluss von Teilchen aus dem Gebiet mit höherer Konzentration zum Gebiet mit niedrigerer Konzentration (vgl. Bild 5.6). Der Fluss der Ladungsträger aufgrund eines Konzentrationsgradienten wird als *Diffusionsstrom* bezeichnet. Entsprechendes gilt für die Diffusion von Löchern mit der Ladung $+q$ bei einem Konzentrationsgradienten dieser Teilchen. Die entsprechenden Diffusionsstromdichten für Elektronen bzw. Löcher lassen sich im Hinblick auf die technische Stromrichtung wie folgt schreiben:

$$j_{\mathrm{n,diff}} = qD_{\mathrm{n}}\frac{\partial n}{\partial x} \tag{5.19}$$

$$j_{\mathrm{p,diff}} = -qD_{\mathrm{p}}\frac{\partial p}{\partial x} \tag{5.20}$$

Hierbei wird der Proportionalitätsfaktor $D_{\mathrm{n,p}}$ als *Diffusionskonstante* bezeichnet. Sie ist proportional der Temperatur T und mit der Beweglichkeit der jeweiligen Ladungsträger verknüpft:

$$D_{\mathrm{n,p}} = \mu_{\mathrm{n,p}}\frac{kT}{q} \tag{5.21}$$

Dieser Zusammenhang zwischen Diffusionskonstante und Beweglichkeit wird als *Einstein-Beziehung*[1] bezeichnet.

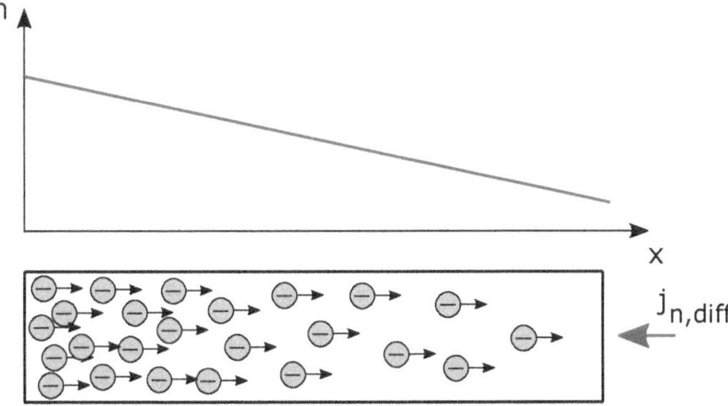

Bild 5.6 Schematische Darstellung des Diffusionsstroms: Elektronen diffundieren aufgrund des negativen Gradienten der Konzentration $n(x)$ entlang der x-Richtung. Es resultiert ein elektrischer Strom entgegen der x-Richtung (technische Stromrichtung).

[1] Benannt nach Albert Einstein (1879–1955). Er gilt als einer der bedeutendsten Physiker. Sein Hauptwerk, die Relativitätstheorie, machte ihn weltberühmt. Für Verdienste um die theoretische Physik und die Entdeckung des photoelektrischen Effekts erhielt er 1921 den Nobelpreis für Physik.

Es ist naheliegend, dass bei einer erhöhten Temperatur durch eine damit verstärkte thermische Bewegung der Ladungsträger auch der Diffusionsstrom ansteigt. Weiterhin wird die Diffusion durch Stoßprozesse behindert; dies spiegelt sich in der Beweglichkeit wider. Diese Beziehung gilt bei nicht zu tiefen Temperaturen und nicht zu großen Ladungsträgerkonzentrationen (keine Entartung des Halbleiters).

Die gerichtete Bewegung von Ladungsträgern aufgrund eines Konzentrationsgradienten wird als *Diffusionsstrom* bezeichnet. Die *Diffusionskonstante* verknüpft den Konzentrationsgradienten mit der Diffusionsstromdichte. Sie ist proportional zur Temperatur des Kristalls und der Ladungsträgerbeweglichkeit.

5.3 Kontinuitätsgleichungen

Der Gesamtstrom im Halbleiter setzt sich aus Drift- und Diffusionsstrom zusammen. Mit (5.13), (5.19) und (5.20) ergibt sich für die Gesamtstromdichte der jeweiligen Ladungsträger:

$$j_{\mathrm{n}}(x) = q\mu_{\mathrm{n}}E(x) + qD_{\mathrm{n}}\frac{\partial n}{\partial x} \tag{5.22}$$

$$j_{\mathrm{p}}(x) = q\mu_{\mathrm{p}}E(x) - qD_{\mathrm{p}}\frac{\partial p}{\partial x} \tag{5.23}$$

und für die Gesamtstromdichte aller Ladungsträger:

$$j(x) = j_{\mathrm{n}}(x) + j_{\mathrm{p}}(x) \tag{5.24}$$

Verknüpft man die Stromdichten mit der Generations- und Rekombinationsrate, erhält man die *Kontinuitätsgleichungen*. Sie stellen die Gesamtbilanz für die zeitliche Änderung der Ladungsträgerkonzentrationen dar und lauten in ihrer eindimensionalen Form:

$$\frac{\partial n}{\partial t} = \frac{1}{q}\frac{\partial j_{\mathrm{n}}}{\partial x} + (G-R)_{\mathrm{n}} \tag{5.25}$$

$$\frac{\partial p}{\partial t} = -\frac{1}{q}\frac{\partial j_{\mathrm{p}}}{\partial x} + (G-R)_{\mathrm{p}} \tag{5.26}$$

Demnach können zeitliche Änderungen der örtlichen Ladungsträgerkonzentrationen erfolgen durch

- eine Differenz zwischen hin- und wegfließendem Strom ($\partial j_{\mathrm{n/p}}/\partial x \neq 0$) oder
- der Generation und Rekombination von Ladungsträgern.

Im stationären Fall gilt $\partial n/\partial t = \partial p/\partial t = 0$. Daher ist hierbei eine Änderung der Elektronen- oder Löcherstromdichten immer mit einer Generation oder Rekombination von Ladungsträgern verbunden.

5.4 Tunnelstrom

Im Zuge der Skalierung von Oxiden in MOS-Feldeffekttransistoren bis in den Bereich eines Nanometers gewann die Betrachtung der Tunnelströme durch Barrieren zunehmend an Bedeutung. Neue Bauelementkonzepte verwenden gezielt den Tunneleffekt. Nachfolgend werden unterschiedliche Tunnelprozesse beschrieben und Grundlagen zur quantitativen Abschätzung des Tunnelstroms abgeleitet.

In Abschnitt 3.6 haben wir das Tunneln von Elektronen durch Barrieren grundlegend betrachtet. Nachfolgend beziehen wir uns weiterhin nur auf Elektronen; die gleichen Prozesse sind aber auch für das Tunneln von Löchern möglich. Wir nehmen an, dass die Tunnelbarriere in der (y,z)-Ebene aufgespannt sei und eine Zone A von einer Zone B trenne. Der Tunnelprozess finde in x-Richtung statt.

5.4.1 Tunneln durch Potenzialbarrieren

Bild 5.7a zeigt schematisch verschiedene Tunnelprozesse anhand des Bändermodells zweier n-dotierter Halbleitergebiete, welche durch einen Isolator mit großer Bandlücke getrennt sind. Die Ladungsträger im Leitungs- oder Valenzband des Halbleiters können den Isolator sowohl in einem einzigen Tunnelprozess vollständig durchtunneln (direkt), oder sie nutzen einen oder mehrere sogenannter *Fallenzustände* (engl. *traps*), welche sich in der Bandlücke des Isolators befinden, quasi als Zwischenstationen und verbinden mehrere Tunnelprozesse. Bei diesem *Trap-Assisted-Tunneling* (abgekürzt: *TAT*) ist die jeweilige Tunnellänge kürzer; daher kann mit größerer Wahrscheinlichkeit nacheinander die gesamte Barriere durchdrungen werden als mit einem einzigen Tunnelprozess durch die gesamte Dicke des Isolators. Fallenzustände entstehen teilweise unerwünscht im Herstellungsprozess von Oxiden oder durch Degradation im Betrieb. Unterscheidet sich die Energie eines Fallenzustands von der Energie des betracheten Elektrons, dann muss die Energiedifferenz an ein weiteres beteiligtes Teilchen, z. B. ein Phonon abgegeben oder von diesem aufgenommen werden. Der Tunnelprozess wird also von einem Phonon unterstützt; man spricht daher vom *Phonon-Assisted-Tunneling* (abgekürzt: PAT).

Eine Variante bei hohen Feldstärken im Isolator zeigt Bild 5.7b. Beim *Fowler-Nordheim-Tunneln*[2] durchtunneln die Ladungsträger nicht die gesamte Dicke des Isolators, sondern erreichen aufgrund des hohen Gradienten bereits nach kürzerer Distanz das Leitungsband des Isolators. In diesem fließen die Elektronen dann weiter, bis sie auf das Leitungsband des Halbleiters zurückfallen. Dieser Prozess kann auch in Kombination mit TAT und PAT auftreten.

[2] Benannt nach Ralph Howard Fowler (1889–1944) und Lothar Nordheim (1899–1985).

a)

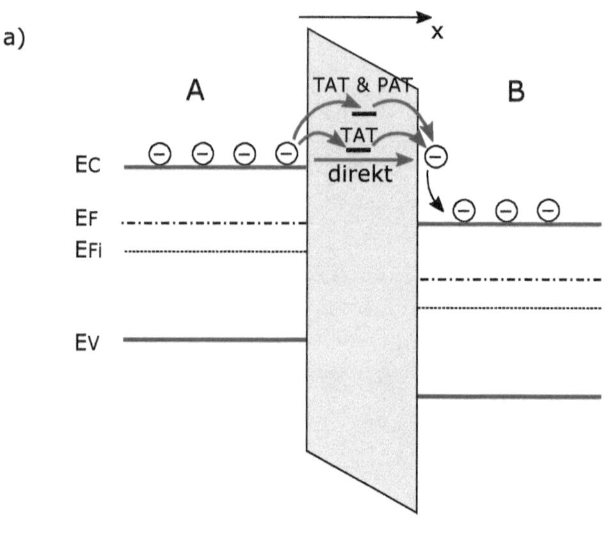

b)

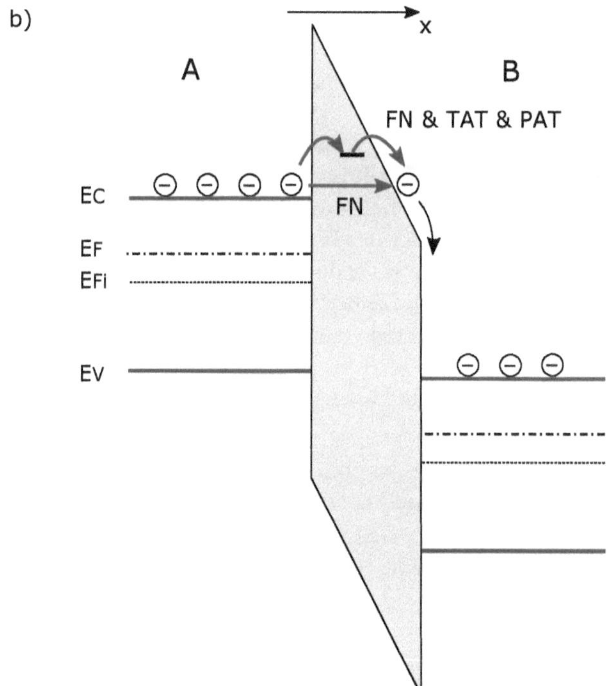

Bild 5.7 Bändermodell einer Struktur Halbleiter-Isolator-Halbleiter mit Darstellung von Tunnelprozessen in x-Richtung von Zone A durch die Potenzialbarriere in Zone B. a) Der Isolator wird in einem Tunnelprozess vollständig (direkt) durchtunnelt oder evtl. durch Unterstützung von Fallenzuständen im Isolator (*TAT: Trap-Assisted-Tunneling*). Unterscheidet sich die Energie der Fallenzustände von der Energie des Elektrons, so kann die fehlende Energie z. B. durch ein Phonon geliefert werden (*PAT: Phonon-Assisted-Tunneling*). b) Aufgrund einer hohen Feldstärke im Isolator wird nur ein Teil der Barriere durchtunnelt (*FN: Fowler-Nordheim-Tunneln*), evtl. in Kombination mit TAT und PAT.

5.4.2 Band-zu-Band-Tunneln

Beim *Band-zu-Band-Tunneln* (aus dem Englischen abgekürzt: BTB oder B2B) verlassen Elektronen beispielsweise das Leitungsband, durchtunneln die Bandlücke des Halbleiters und erreichen das Valenzband. Auch hierbei ist eine Unterstützung durch Fallenzustände (TAT) in der Bandlücke und Phononen (PAT) möglich. Bild 5.8 zeigt mögliche B2B-Tunnelprozesse am Beispiel eines pn-Übergangs.

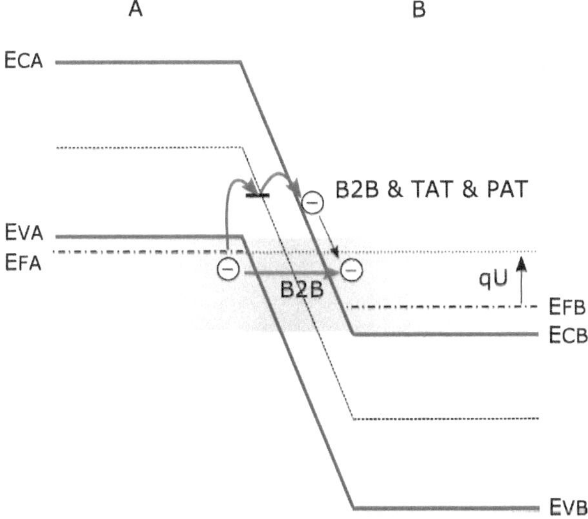

Bild 5.8 Bändermodell eines pn-Übergangs mit Band-zu-Band-Tunneln (B2B). Ein Tunneln ist für Ladungsträger möglich, deren Energie sich im Bereich der Überlappung von Valenzband der Zone *A* mit dem Leitungsband der Zone *B* befinden (farblich markiert). Der Tunnelprozess kann durch Fallenzustände in der Bandlücke und Phononen unterstützt werden (B2B & TAT & PAT).

Damit die Tunnelwahrscheinlichkeit hoch ist, muss die Bandverbiegung am pn-Übergang sehr groß sein, damit sich eine kurze Tunneldistanz im Bereich von wenigen Nanometern ergibt. Als weitere Voraussetzung muss für das Tunneln eines Elektrons im Zielgebiet auch ein erlaubter Zustand vorhanden sein; dies ist in Bild 5.8 durch die farblich markierte Überlappung von Valenz- und Leitungsband der beiden Halbleiterzonen gegeben. Beide Bedingungen lassen sich durch sehr hohe Dotierung ($> 10^{19}$ cm^{-3}) erreichen und sind Grundlage der *Esaki-Tunneldiode*, welche in Abschnitt 7.1.2 erläutert wird.

Aber auch durch elektrostatische Einflussnahme auf niedrig dotierte Zonen lässt sich eine Überlappung der Bänder und damit ein Band-zu-Band-Tunneln erreichen. Dies macht man sich in einem neuartigen Transistorkonzept zunutze: der *Tunnel-FET* basiert auf diesem Tunnelprozess als zentrales Ladungstransportprinzip. Dieses Bauelement wird in Abschnitt 10.6 erläutert.

5.4.3 Veränderung von Zustandsgrößen

Betrachtet man die Energie eines Elektrons vor und nach dem Tunnelprozess, dann spricht man von *elastischem Tunneln,* wenn sich die Energie des Elektrons nicht ändert. Man spricht dagegen von *inelastischem Tunneln,* wenn das Elektron beim Tunnelprozess durch Interaktion mit anderen Teilchen Energie gewinnt oder verliert.

Bezüglich einer notwendigen Änderung der Wellenzahl k eines Elektrons unterscheiden wir zwischen dem *direkten* und dem *indirekten* Tunnelprozess [15].

Beim *direkten Tunnelprozess* bleibt die Wellenzahl k des Elektrons unverändert. Dies verlangt, dass das Elektron ohne Änderung seines Impulses $p = \hbar k$ die Barriere durchdringt. Dies ist nur möglich, wenn entsprechend der Bandstrukturen der Materialien A und B bei gleicher Wellenzahl k jeweils ein erlaubter Zustand für die Energie E des Elektrons vorhanden ist. Bild 5.9a illustriert dies am Beispiel eines B2B-Tunnelprozesses. Direktes Tunneln ist in direkten Halbleitermaterialien wie z. B. GaAs möglich (vgl. Abschnitt 4.1), denn hierbei liegen das Leitungsbandminimum und das Valenzbandmaximum bei gleicher Wellenzahl k.

Ein besonderes Merkmal von Strömen aufgrund des direkten Tunnelprozesses ist ihre weitgehende Temperaturunabhängigkeit (ein geringer Temperatureinfluss ist aber dennoch über die Fermi-Verteilung der Ladungsträger sowie die Temperaturabhängigkeit von Materialparametern wie z. B. der Bandlücke und der effektiven Masse der Ladungsträger gegeben.)

Für das B2B-Tunneln in einem indirekten Halbleiter ist wie in Bild 5.9b dargestellt für das Tunneln von Zone A in Zone B eine Änderung der Wellenzahl k notwendig. Es muss ein Tunnelprozess in Wechselwirkung mit anderen Teilchen wie z. B. Phononen ablaufen. Man spricht hier vom *indirekten Tunneln.* Beim *Phonon-Assisted-Tunneling* (PAT) führt die Übertragung des Impulses eines Phonons auf das Elektron zu einer entsprechenden Änderung seiner Wellenzahl k. Damit ist aber auch eine Übertragung von Energie zwischen dem Phonon und dem Elektron verbunden. Es gilt der Impuls- und Energieerhaltungssatz. Nur wenn der Gesamtimpuls und die Gesamtenergie des Elektrons und des Phonons vor dem Tunnelprozess den Zustandsgrößen nach dem Durchdringen der Barriere entsprechen, ist ein Tunneln möglich.

Im Allgemeinen ist die Wahrscheinlichkeit für das Auftreten eines indirekten Tunnelprozesses um mehrere Größenordnungen geringer als für direktes Tunneln (falls dieses möglich ist), denn es muss ein bzgl. Impuls und Energie „passendes“ Phonon zur Verfügung stehen. Dies erklärt auch eine stärkere Temperaturabhängigkeit von Strömen aufgrund indirekter Tunnelprozesse.

a)

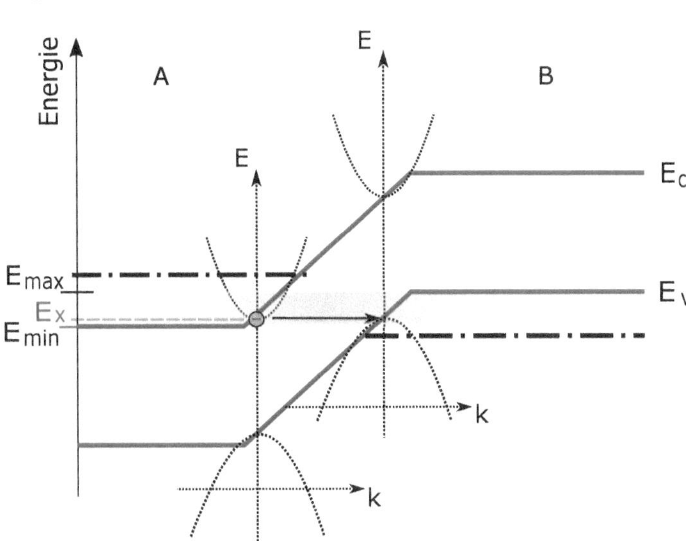

b)

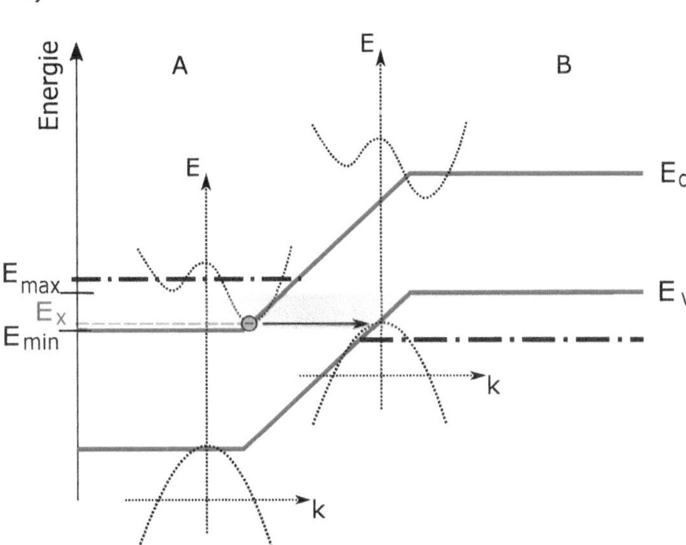

Bild 5.9 Unterscheidung eines direketen und indirekten Tunnelprozesses am Beispiel vom B2B-Tunneln eines Elektrons mit der Energie E_x aus dem Leitungsband eines n-dotierten Gebiets in das Valenzband eines p-dotierten Gebiets. An den klassischen Umkehrpunkten ist jeweils der E-k-Zusammenhang entsprechend der Bandstruktur gestrichelt überlagert. a) *Direktes Tunneln:* die Wellenzahl k im Minimum bleibt konstant. b) *Indirektes Tunneln:* die Wellenzahl k muss sich ändern.

5.4.4 Tunnelstromberechnung

Die Landauer-Transmissionstheorie[3] [16] verknüpft den quantenmechanischen Tunneleffekt mit klassischen Betrachtungen eines Ladungsträgers in der Bandstruktur. Mit dieser Theorie lässt sich der Tunnelstrom auf analytische Weise berechnen.

Wir setzen uns zunächst zum Ziel, für ein Elektronen mit einer bestimmten Energie E_x in x-Richtung die resultierende Tunnelstromdichte zu berechnen. Im Anschluss wird das Ergebnis über alle Energien E_x, für die ein Tunneln möglich ist, aufsummiert.

Zur quantitativen Betrachtung der Tunnelstromdichte muss nicht nur die Tunnelwahrscheinlichkeit bei der Energie E_x bekannt sein. Es muss auch ermittelt werden, wie viele Elektronen bei dieser Energie für einen Tunnelprozess zur Verfügung stehen. Dies ergibt sich aus der Zustandsdichte bei der Energie E_x und deren Besetzung entsprechend der Fermi-Verteilung.

Weiterhin ist es notwendig, die Gesamtenergie eines Elektrons in ihre Komponenten bzgl. der Raumrichtungen zu zerlegen. Da wir annehmen, der Tunnelprozess finde in x-Richtung statt (vgl. Bild 5.10), lässt sich die gesamte Energie eines Elektrons wie folgt zerlegen:

$$E = E_x + E_\rho \tag{5.27}$$

Die Energie der longitudinalen Welle (d. h. in Richtung x des Tunnelprozesses) beträgt E_x. Die transversale Energie (senkrecht zur Richtung des Tunnelprozesses) beträgt E_ρ und setzt sich aus den Wellenzahlen in der (y, z)-Ebene zusammen:

$$E_\rho = \frac{\hbar^2 k_\rho^2}{2m_n^*} = \frac{\hbar^2 \left(k_y^2 + k_z^2\right)}{2m_n^*} \tag{5.28}$$

Hierbei sei angemerkt, dass die effektiven Massen bzgl. der verschiedenen Richtungen unterschiedlich sein können (siehe Abschnitt 4.2). Zur Vereinfachung wird hier die gleiche effektive Masse m_n^* angenommen.

Ist das Fermi-Niveau in den Zonen A und B gleich, muss die resultierende Netto-Stromdichte gleich null sein. Daher muss die Tunnelwahrscheinlichkeit $\mathbf{T}(E_x)$ bei der Energie E_x für ein Tunneln von Zone A nach B oder umgekehrt gleich sein. Ist das Fermi-Niveau in beiden Zonen unterschiedlich, so ergibt sich die resultierende Stromrichtung aus der jeweils unterschiedlichen Besetzung von Zuständen bei der Energie E_x. Die resultierende Netto-Stromdichte ist daher:

$$J_{\text{tun}} = J_{\text{tun}}^{A \to B} - J_{\text{tun}}^{B \to A} \tag{5.29}$$

Wie viele Ladungsträger für einen Tunnelprozess bei der Energie E_x bzw. der Wellenzahl k_x zur Verfügung stehen, hängt von der Zustandsdichte ab. Entsprechend Abschnitt 4.6.1 ist diese für ein dreidimensionales System im k-Raum konstant:

$$g_{\text{c3D}}(k) = \frac{1}{4\pi^3} \tag{5.30}$$

Diesen Sachverhalt verdeutlich Bild 5.10. Die Oberfläche des Ellipsoids stellt für einen indirekten Halbleiter wie z. B. Silizium alle möglichen Wellenzahlen k mit der gleichen Gesamtenergie E dar. Der eingezeichnete Kreis mit dem Radius k_ρ repräsentiert alle Wellenzahlen mit der

[3] Rolf William Landauer (1927 – 1999), deutsch-amerikanischer Physiker.

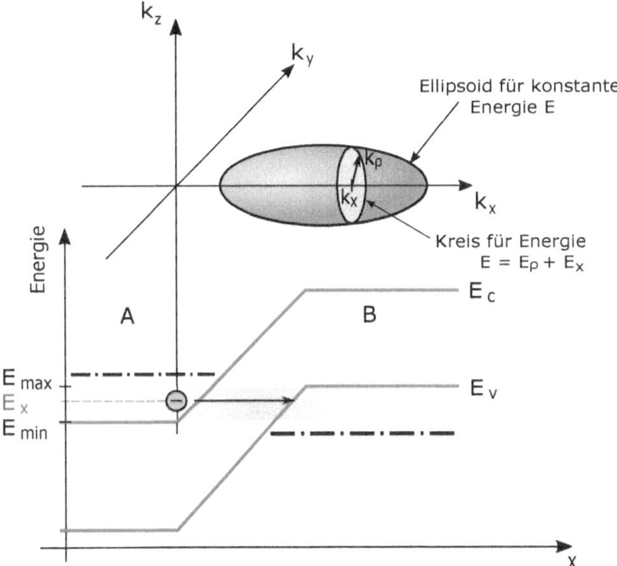

Bild 5.10 Darstellung eines B2B-Tunnelprozesses eines Elektrons mit der Energie E_x im Bändermodell und die zugehörige Zerlegung der Wellenzahl im k-Raum. Der Kreis symboliert mögliche Zustände mit konstanter Wellenzahl k_x und Gesamtenergie E bei unterschiedlicher Richtung der Wellenzahl k_ρ.

Komponente k_x (entsprechend der Energie E_x) mit der gleichen Gesamtenergie E. Daher ist die Anzahl der Zustände auf dem Kreis mit dem Umfang $2\pi k_\rho$ gegeben durch:

$$2\pi k_\rho g_{c3D}(k) = \frac{k_\rho}{2\pi^2} \tag{5.31}$$

Die für einen Tunnelprozess von Zone A in Zone B zur Verfügung stehenden Ladungsträger in diesen Zuständen ergibt sich nach Multiplikation mit der Fermi-Verteilung $f_{n,A}(E)$. Allerdings muss für das Stattfinden des Prozesses bei gleicher Energie E auch ein freier Zustand in Zone B vorhanden sein. Die Wahrscheinlichkeit dafür beschreibt die Fermi-Verteilung $f_{p,B}(E) = (1 - f_{n,B}(E))$ für die Löcher in der Zone B. Entsprechendes gilt für die Ladungsträger, welche für einen Tunnelprozess aus Zone B zur Verfügung stehen, und für freie Zustände in Zone A.

Multipliziert man die Zustandsdichte der zur Verfügung stehenden Ladungsträger mit der Elementarladung q, mit der Tunnelwahrscheinlichkeit $\mathbf{T}(E_x)$ und der Geschwindigkeit v_x für den Ladungstransport, und integriert man über alle möglichen Wellenzahlen $k_\rho = 0\ldots\infty$ unter Berücksichtigung der Werte der Fermi-Verteilungen bei der zugehörigen Gesamtenergie $E = E_\rho + E_x$, so resultiert für die Stromdichten je Intervall $\mathrm{d}k_x$:

$$\frac{\mathrm{d}J_{\mathrm{tun}}^{A\to B}}{\mathrm{d}k_x} = \frac{q}{2\pi^2} \cdot \mathbf{T}(E_x) \cdot v_x \cdot \int_0^\infty f_{n,A}(E) \cdot \left(1 - f_{n,B}(E)\right) k_\rho \mathrm{d}k_\rho \tag{5.32}$$

$$\frac{\mathrm{d}J_{\mathrm{tun}}^{B\to A}}{\mathrm{d}k_x} = \frac{q}{2\pi^2} \cdot \mathbf{T}(E_x) \cdot v_x \cdot \int_0^\infty f_{n,B}(E) \cdot \left(1 - f_{n,A}(E)\right) k_\rho \mathrm{d}k_\rho \tag{5.33}$$

Für die Geschwindigkeit lässt sich schreiben:

$$p_\mathrm{x} = m_\mathrm{n}^* v_\mathrm{x} = \hbar k_\mathrm{x} \tag{5.34}$$

und für die Energie in x-Richtung:

$$E_\mathrm{x} = E_\mathrm{C} + \frac{\hbar^2 k_\mathrm{x}^2}{2m_\mathrm{n}^*} = E_\mathrm{C} + \frac{m_\mathrm{n}^* v_\mathrm{x}^2}{2} \tag{5.35}$$

Daraus folgt:

$$\frac{\mathrm{d}E_\mathrm{x}}{\mathrm{d}k_\mathrm{x}} = \frac{\hbar^2 k_\mathrm{x}}{m_\mathrm{n}^*} = v_\mathrm{x}\hbar \qquad \Rightarrow \quad v_\mathrm{x}\mathrm{d}k_\mathrm{x} = \frac{1}{\hbar}\cdot \mathrm{d}E_\mathrm{x} \tag{5.36}$$

Weiterhin kann man aus der transversale Energie ableiten:

$$E_\rho = \frac{\hbar^2 k_\rho^2}{2m_\mathrm{n}^*} \qquad \Rightarrow \quad \mathrm{d}E_\rho = \frac{\hbar^2 k_\rho}{m_\mathrm{n}^*}\cdot \mathrm{d}k_\rho \tag{5.37}$$

Setzt man die Zusammenhänge aus (5.36) und (5.37) in die Gleichungen (5.32) und (5.33) ein, so resultiert:

$$\mathrm{d}J_\mathrm{tun}^{A\to B} = \frac{q m_\mathrm{n}^*}{2\pi^2\hbar^3}\cdot \mathbf{T}(E_\mathrm{x})\cdot \int_0^\infty f_\mathrm{n,A}(E)\cdot\left(1 - f_\mathrm{n,B}(E)\right)\mathrm{d}E_\rho \mathrm{d}E_\mathrm{x} \tag{5.38}$$

$$\mathrm{d}J_\mathrm{tun}^{B\to A} = \frac{q m_\mathrm{n}^*}{2\pi^2\hbar^3}\cdot \mathbf{T}(E_\mathrm{x})\cdot \int_0^\infty f_\mathrm{n,B}(E)\cdot\left(1 - f_\mathrm{n,A}(E)\right)\mathrm{d}E_\rho \mathrm{d}E_\mathrm{x} \tag{5.39}$$

Die Integration über das Intervall für die Energie E_x, in dem ein Tunneln möglich ist, ergibt die Stromdichten:

$$J_\mathrm{tun}^{A\to B} = \frac{q m_\mathrm{n}^*}{2\pi^2\hbar^3}\cdot \int_{E_\mathrm{min}}^{E_\mathrm{max}} \mathbf{T}(E_\mathrm{x})\cdot \int_0^\infty f_\mathrm{n,A}(E)\cdot\left(1 - f_\mathrm{n,B}(E)\right)\mathrm{d}E_\rho \mathrm{d}E_\mathrm{x} \tag{5.40}$$

$$J_\mathrm{tun}^{B\to A} = \frac{q m_\mathrm{n}^*}{2\pi^2\hbar^3}\cdot \int_{E_\mathrm{min}}^{E_\mathrm{max}} \mathbf{T}(E_\mathrm{x})\cdot \int_0^\infty f_\mathrm{n,B}(E)\cdot\left(1 - f_\mathrm{n,A}(E)\right)\mathrm{d}E_\rho \mathrm{d}E_\mathrm{x} \tag{5.41}$$

Aus der Differenz dieser beiden Gleichungen resultiert entsprechend (5.29) die Nettostromdichte:

$$J_\mathrm{tun} = \frac{q m_\mathrm{n}^*}{2\pi^2\hbar^3}\cdot \int_{E_\mathrm{min}}^{E_\mathrm{max}} \mathbf{T}(E_\mathrm{x})\cdot \int_0^\infty \left(f_\mathrm{n,A}(E) - f_\mathrm{n,B}(E)\right)\mathrm{d}E_\rho \mathrm{d}E_\mathrm{x} \tag{5.42}$$

Wir verwenden die Abkürzung

$$\mathcal{N}(E_\mathrm{x}) = \int_0^\infty \left(f_\mathrm{n,A}(E) - f_\mathrm{n,B}(E)\right)\mathrm{d}E_\rho \tag{5.43}$$

für die sog. *Supply-Function.* Sie beschreibt, wie viele Ladungsträger bei der Energie E_x aufgrund unteschiedlicher Fermi-Niveaus $E_\mathrm{F,A}$ bzw. $E_\mathrm{F,B}$ in den beiden Zonen netto für einen Tunnelprozess zur Verfügung stehen. Hierbei ist zu beachten, dass für jede betrachtete Energie E_x alle möglichen Zustände in der Ebene (y, z) „aufsummiert“ werden (Integrationsgrenzen für E_ρ von 0 bis ∞), die ein Elektron für den Tunnelprozess zur Verfügung stellen können, dabei aber gleichzeitig die jeweilige Besetzungswahrscheinlichkeit entsprechend der Gesamtenergie $E = E_x + E_\rho$ beachtet werden muss. Entsprechend (4.10) lautet die Fermi-Verteilung für die Elektronen in der Zone A daher:

$$f_{n,A}(E) = \frac{1}{1+\exp\left(\frac{E-E_{F,A}}{k_B T}\right)} = \frac{1}{1+\exp\left(\frac{E_x+E_\rho-E_{F,A}}{k_B T}\right)} \tag{5.44}$$

Schreibt man entsprechend die Fermi-Verteilung in Zone B, so ergibt sich aus (5.43) nach Integration:

$$\mathcal{N}(E_x) = \int_0^\infty \left(f_{n,A}(E) - f_{n,B}(E)\right) \mathrm{d}E_\rho = kT \ln\left(\frac{1+\exp\left(-\frac{E_x-E_{F,A}}{kT}\right)}{1+\exp\left(-\frac{E_x-E_{F,B}}{kT}\right)}\right) \tag{5.45}$$

Mit Hilfe der Supply-Function ergibt sich schließlich die Tunnelstromdichte nach der sog. *Tsu-Esaki-Formel* [17] [18]:

$$J_{tun} = \frac{q m_n^*}{2\pi^2 \hbar^3} \cdot \int_{E_{min}}^{E_{max}} \mathbf{T}(E_x) \cdot \mathcal{N}(E_x) \mathrm{d}E_x. \tag{5.46}$$

In der Literatur ist dieser Ausdruck die Grundlage für die Berechnung von Strömen in unterschiedlichen Bauelementen, in denen Tunnelströme eine besondere Bedeutung haben und evtl. sogar das Klemmenstromverhalten dominieren. Hierzu zählen in klassischer Halbleitertechnologie z. B. die Esaki-Tunneldiode (Abschnitt 7.1.2), die resonante Tunneldiode (Abschnitt 7.1.3) und die Schottky-Diode (Abschnitt 7.1.4).

Für neuere Bauelementkonzepte wie z. B. dem Schottky-Barrier-MOSFET (Abschnitt 10.4) und dem Tunnel-FET (Abschnitt 10.6) ist die analytische Beschreibung der Ströme mithilfe der Tsu-Esaki-Formel die Basis für eine Ableitung vom Stromgleichungen, mit deren Hilfe sich das Anwendungspotenzial dieser neuartigen Bauelemente in einer Schaltungssimulation abschätzen lässt.

5.5 Wiederholungsfragen

1. Nennen und erläutern Sie die zwei grundlegenden Transportmechanismen für freie Ladungsträger in Halbleitern.
2. Nennen Sie die Ursache für einen Driftstrom oder Diffusionsstrom freier Ladungsträger. Über welche Proportionalitätskonstanten ist der Strom mit der jeweiligen Ursache verknüpft?
3. Welche physikalischen Effekte bzw. Größen beeinflussen die Beweglichkeit freier Ladungsträger?
4. Erläutern Sie die Abhängigkeit der elektrischen Leitfähigkeit eines dotierten Halbleiters von der Temperatur.
5. Was versteht man unter „ballistischem Ladungstransport“? Wann tritt er auf?
6. Unter welcher Bedingung können Ladungsträger einen Isolator durchdringen?
7. Erläutern Sie den „Fowler-Nordheim-Tunnelprozess“ anhand einer Skizze eines Bändermodells.

8. Was versteht man unter „Trap-Assisted-Tunneling"?
9. Was versteht man unter „Phonon-Assisted-Tunneling"?
10. Erläutern Sie den „Band-zu-Band-Tunnelprozess" anhand einer Skizze im Bändermodell.
11. Erläutern Sie den Unterschied zwischen einem „inelastischen" und „elastischen" Tunnelprozess.
12. Erläutern Sie den Unterschied zwischen einem „direkten" und „indirekten" Tunnelprozess.
13. Was versteht man bei der Berechnung des Tunnelstroms unter der „Supply-Function" ?

5.6 Übungen

Übung 5.1

Gegeben sei ein homogen p-dotierter Siliziumquader mit Kontaktflächen an beiden Stirnseiten. Die Maße des Quaders betragen $b = 5$ mm, $h = 300$ µm und $l = 14$ mm. An den Kontakten (Fläche $h \cdot b$) wird eine Spannung von $U = 6$ V angelegt. Bei Raumtemperatur ($T = 300$ K) fließt in der Längsrichtung des Quaders ein Strom von $I = 45$ mA.

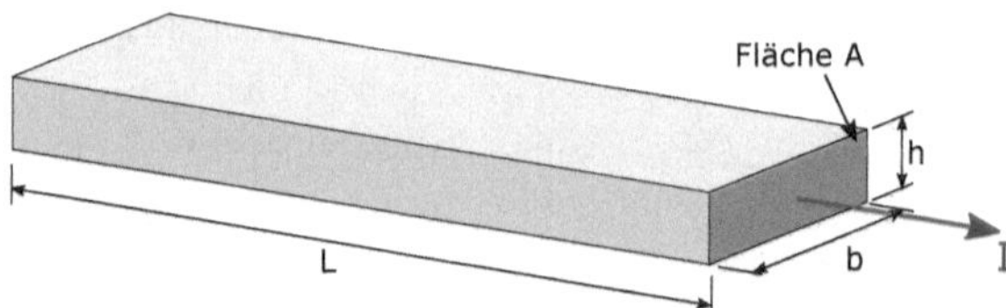

Es gilt: $\mu_n = 1350\ \text{cm}^2/(\text{Vs})$, $\mu_p = 480\ \text{cm}^2/(\text{Vs})$, $N_A \approx p \gg n$.

a) Berechnen Sie die Leitfähigkeit σ des Materials.
b) Bestimmen Sie die Driftstromdichte j und die Driftgeschwindigkeiten von Elektronen und Löchern.
c) Bestimmen Sie die Dotierstoffdichte N_A unter Vernachlässigung der Minoritätsladungsträgerdichte.

Übung 5.2

Eine Widerstandsbahn in einem Schaltkreis habe einen Querschnitt von 1 µm^2 und werde mit Donatoren in der Konzentration $N_D = 10^{17}\ \text{cm}^{-3}$ dotiert. Die Beweglichkeiten von Elektronen und Löchern betragen $\mu_n = 1100\ \text{cm}^2/(\text{Vs})$ bzw. $\mu_p = 750\ \text{cm}^2/(\text{Vs})$. Wie lang muss die Bahn sein, damit sich bei Raumtemperatur ein Widerstand von $R = 50\ \text{k}\Omega$ ergibt?

5.7 Lösungen

Übung 5.1

a)

$$R = \frac{U}{I} = 133.3\,\Omega = \frac{l}{h \cdot b \cdot \sigma}$$

$$\Rightarrow \sigma = \frac{l}{h \cdot b \cdot R} = 0.7\ (\Omega\text{cm})^{-1}$$

b)

$$j = \frac{I}{h \cdot b} = 3 \cdot 10^4\ \text{A/m}^2 = 3\ \text{A/cm}^2$$

Das Feld $E = U/l$ ist Ursache für den Driftstrom. Für die Ladungsträgerdriftgeschwindigkeiten $v_\text{D} = \mu E$ resultiert:

$$v_\text{D,n} = \mu_\text{n} \cdot \frac{U}{l} \approx 5786\ \text{cm/s}$$

$$v_\text{D,p} = \mu_\text{p} \cdot \frac{U}{l} \approx 2057\ \text{cm/s}$$

c) Bei Raumtemperatur sind alle Dotierstoffatome ionisiert. Die Fremdleitung mit Löchern überwiegt:

$$\sigma \approx \sigma_\text{p} = q \cdot \mu_\text{p} \cdot p$$

Mit $N_\text{A} \approx p$ folgt:

$$N_\text{A} \approx \frac{\sigma}{q\mu_\text{p}} = 9.1 \cdot 10^{15}\ \text{cm}^{-3}$$

Übung 5.2

Halbleiter ist n-leitend. Bei Raumtemperatur gilt daher:

$$\sigma \approx \sigma_\text{n} \approx q\mu_\text{n} N_\text{D} = 1.602 \cdot 10^{-19}\text{As} \cdot 1100\ \text{cm}^2/(\text{Vs}) \cdot 10^{17}\ \text{cm}^{-3} = 17.6\ (\Omega\text{cm})^{-1}$$

Aus

$$R = \frac{l}{\sigma A}$$

folgt:

$$l = \sigma A R = 17.6\ (\Omega\text{cm})^{-1} \cdot \left(10^{-4}\ \text{cm}\right)^2 \cdot 50\ \text{k}\Omega = 0.0088\ \text{cm} = 88\ \mu\text{m}$$

6 Grundlagen der Halbleitertechnologie

In diesem Kapitel werden die wichtigsten Prozessschritte der Halbleitertechnologie beschrieben. Damit soll das Verständnis für die Herstellung der in den nachfolgenden Kapiteln beschriebenen Bauelementstrukturen unterstützt werden. Wir konzentrieren uns auf Silizium, das bei Weitem meistverwendete Halbleitermaterial zur Herstellung integrierter Schaltkreise und diskreter Bauelemente. Germanium und III-V-Verbindungshalbleiter finden weitaus weniger Verwendung, Letztere sind aber als direkte Halbleiter für optoelektronische Strahlungsbauelemente notwendig.

Die folgenden Darstellungen beschränken sich auf die wesentlichen Grundlagen typischer Prozesse am Beispiel der Silizium-Planartechnologie. Für einen tiefer gehenden Einblick und spezielle Prozesse auf Basis anderer Halbleiter sei an dieser Stelle auf weiterführende Literatur wie beispielsweise [2, 4] verwiesen.

Lernziele

Die Lernenden ...

- kennen die Prozesstechnik zur Herstellung von einkristallinen Wafern,
- kennen die Grundlagen der chemischen Schichtabscheidung aus der Gasphase und mittels der thermischen Oxidation
- kennen Prozessschritte zur Metallisierung,
- kennen Grundprozesse und Grenzen der Lithografie,
- kennen isotrope und anisotrope Ätzverfahren,
- kennen Prozesse wie Diffusion und Implantation zur gezielten Dotierung von Halbleitern,
- kennen die grundlegenden Prozessschritte einer CMOS-Technologie.

6.1 Silizium-Planartechnologie

Grundlage der *Silizium-Planartechnologie* ist die Verwendung einkristalliner Siliziumwafer als Substrat. Ein Wafer (engl. für „Scheibe" oder „Oblate") beinhaltet einige hundert Mikrochips. Auf der Oberfläche des Wafers erfolgt die Herstellung aller Komponenten einer Schaltung gleichzeitig. Hierfür wird schrittweise die Oberfläche mit den folgenden Prozessschritten mehrfach bearbeitet:

- Schichtabscheidung,
- Strukturübertragung durch Fotolithografie,
- Strukturierung von Schichten durch Ätzprozesse,
- Dotierung ausgewählter Bereiche,
- Metallisierung der Kontaktzonen und Verbindungsleitungen.

Bild 6.1 zeigt beispielhaft den Prozessablauf zum lokalen Einbringen von Dotierstoff an ausgewählten Stellen der Oberfläche.

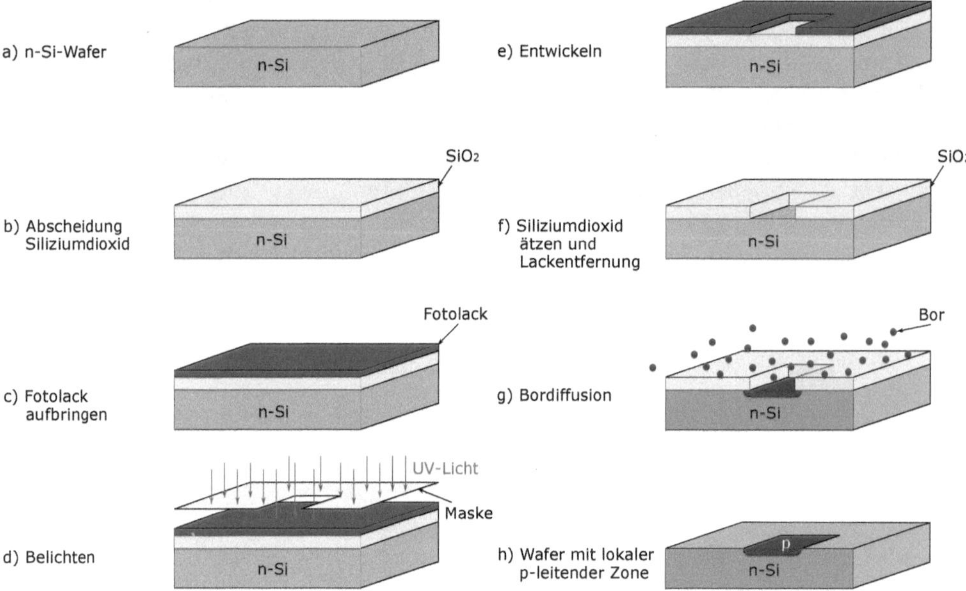

Bild 6.1 Beispiel für einen typischen Prozesslauf in der Silizium-Planartechnologie: a) Ausgangsmaterial ist ein n-dotierter Siliziumwafer. b) Ganzflächige Abscheidung von Siliziumdioxid. c) Aufbringen von Fotolack. d) Belichten des Fotolacks mit UV-Licht durch eine Maske. e) Entwickeln des Fotolacks. f) Beim Ätzen des Siliziumdioxids dient der Fotolack als Ätzmaske, anschließend wird der Fotolack entfernt. g) Einbringen von Bor im Diffusionsofen; die strukturierte Schicht aus Siliziumdioxid dient hierbei als Maske. h) Nach Ätzen der Siliziumdioxidschicht verbleibt der n-leitende Siliziumwafer mit einer lokal p-dotierten Zone.

Die Durchführung der Prozessierung gemeinsam für alle Bauelemente auf einem Wafer sowie die Zusammenfassung mehrerer Wafer zur gemeinsamen Bearbeitung in einem Prozessschritt legt die hohen Herstellungskosten auf vergleichsweise geringe Kosten eines einzelnen integrierten Schaltkreises um. Ohne dieses effiziente Herstellungsverfahren wäre die Nutzung der Mikroelektronik in der Konsumgüterelektronik überhaupt nicht möglich.

Neben den Kosten zur Prozessierung eines Wafers fallen hohe Kosten zur Herstellung der fotolithografischen Masken an. Um diese fixen Kosten nach Umlegung auf jeden einzelnen Chip in einem vertretbaren Rahmen zu halten, müssen diese Masken für eine Vielzahl von Wafern verwendet werden. Eine Fertigung eines anwendungsspezifischen Schaltkreises ASIC: *(Application Specific Integrated Circuit)* lohnt sich daher nur bei ausreichend hoher Stückzahl von einigen Hunderttausend oder Millionen. Neuste, extrem kostenintensive Technologien werden daher zunächst für Speicherbausteine mit sehr hoher Stückzahl entwickelt, dann für Standard-Mikroprozessoren verwendet. Ältere Technologien eignen sich dagegen aufgrund reduzierter Kosten zur Herstellung von ASICs mit geringerer Stückzahl.

Eine Fertigung im Reinraum mit extrem hoher Prozessstabilität ist unabdingbar. Bei jedem Prozessschritt können lokale Defekte auftreten und den betroffenen Chip unbrauchbar machen. Um die Ausbeute an funktionsfähigen Schaltkreisen zu maximieren und damit die Kosten gering zu halten, beschränkt man sich auf so wenige Prozessschritte wie nötig. Sie orientieren sich an der Herstellung des für die Performance wichtigsten Bauelements, also beispielsweise dem Transistor. Andere Komponenten wie passive Bauelemente werden in der Regel mit den gleichen Schritten zeitgleich hergestellt und benötigen im Idealfall keine zusätzlichen Prozesse.

Nach Abschluss der Prozessierung eines Wafers erfolgt das Testen der einzelnen Schaltkreise noch im Waferverbund. Hierzu werden die Chips mithilfe von Messspitzen kontaktiert. Funktionsuntüchtige Elemente werden farblich markiert. Erst danach erfolgt das Zersägen des Wafers in einzelne Chips. Dadurch wird sichergestellt, dass im danach folgenden kostenintensiven Schritt nur funktionstüchtige Schaltkreise in ein Gehäuse eingebaut werden.

6.2 Herstellung einkristalliner Wafer

Mikroelektronische Bauelemente verlangen Halbleitermaterialien extrem hoher Reinheit. Verunreinigungen reduzieren die Lebensdauer der Minoritäten und Beweglichkeit der Ladungsträger. Insbesondere Bipolartransistoren und optische Bauelemente stellen hohe Anforderungen an die Kristallqualität. Dagegen kann für MOS-Transistoren prinzipiell auch polykristallines Material verwendet werden, wenn auch mit Abstrichen in der Leistungsfähigkeit.

Zur Herstellung wird aus der Schmelze des hochreinen Halbleiters durch Eintauchen eines *Impfkristalls* als Keim für die Kristallisation ein monokristalliner Stab gezogen *(Tiegelziehen nach Czochralski*[1]*)*. Alternativ kann in einem Reaktor unter Hochvakuum oder Schutzgasatmosphäre ein polykristalliner Siliziumstab durch eine ihn umgebende Induktionsspule zonenweise geschmolzen werden. Die Kristallisation beim Abkühlen entlang des Stabs erfolgt auch hier nach Vorgabe eines Impfkristalls *(Zonenziehverfahren)*. Etwaige Verunreinigungen werden in der geschmolzenen Zone „vorangeschoben" und treten daher im Einkristall nur in geringerer Konzentration als beim Tiegelziehen auf.

Anschließend erfolgt das Zersägen in die einzelnen Scheiben. Die Oberfläche wird geläppt und mit einer chemisch-mechanischen Politur behandelt (CMP, engl. *chemical mechanical polishing*), damit die erforderliche Oberflächenrauigkeit in der Größenordnung weniger Nanometer erreicht wird. Wafer haben eine Dicke von ca. einem halben Millimeter und einen Durchmesser von bis zu 300 mm (12 Zoll) in der Großserienfertigung. Ein Übergang zu 450 mm (18 Zoll) Durchmesser ist absehbar.

[1] Jan Czochralski (1885–1953), polnischer Chemiker.

6.3 Chemische Depositionsverfahren

Durch Zuführung eines Prozessgases in einen Reaktor, in dem die Wafer erhitzt werden, kann an der Oberfläche eine homogene Schicht abgeschieden werden. Bei den chemischen Depositionsverfahren findet hierbei eine chemische Reaktion statt. Die Herausforderung besteht in der Abscheidung von defektfreien, homogenen und spannungsfreien Schichten hoher Reinheit bei möglichst geringer Prozesstemperatur. Typische Schichtdicken liegen im Bereich von Nanometern bis Mikrometern.

6.3.1 CVD-Prozesse

Die Schichtabscheidung aus der Gasphase (engl. *chemical vapor depostion*, CVD) ist der am häufigsten in der Planartechnik verwendete Prozess, um auf der Oberfläche des Wafers *ganzflächig* Materialien in dünnen Schichten aufzubringen. Hierzu wird das Substrat in einem Reaktor erhitzt, um eine chemische Reaktion zu ermöglichen. Das aufzubringende Material wird in einer gasförmigen Verbindung zugeführt. Die abgeschiedene Schichtdicke ist eine Funktion der Zeit.

In der Silizium-Planartechnologie werden CVD-Prozesse insbesondere zur Abscheidung von Siliziumdioxid (SiO_2), Siliziumnitrid (Si_3N_4) und Silizium verwendet. Beispielsweise kann durch Zuführung von Silan und Sauerstoff eine Schicht Siliziumdioxid abgeschieden werden:

$$SiH_4 + O_2 \longrightarrow SiO_2 + 2H_2 \tag{6.1}$$

Den prinzipiellen Aufbau zweier Varianten von Reaktoren zeigt Bild 6.2. Beim *Low-Pressure-CVD-Verfahren* (LPCVD) werden mehrere Wafer zur gleichzeitigen Bearbeitung auf einem Träger in einen Ofen eingebracht. Die Wafer werden je nach Prozess auf mehrere hundert Grad aufgeheizt. Das Reaktionsgas wird über einen Einlass zugeführt und am anderen Ende der Röhre abgepumpt. Vorteilhaft hierbei ist ein relativ großer Durchsatz.

Beim *Plasma-Enhanced-CVD-Verfahren* (PECVD) liegen die Wafer in einem Reaktor nebeneinander auf einer beheizten Platte. Gegenüber ist eine zweite Platte angebracht. Eine Hochfrequenzgasentladung zwischen diesen beiden Elektroden ionisiert das zugeführte Reaktionsgas, das an der Siliziumoberfläche reagiert. Das Plasma erlaubt eine reduzierte Prozesstemperatur im Vergleich zum LPCVD-Verfahren. Dies ist vorteilhaft, weil durch zu hohe Prozesstemperaturen Strukturen vorheriger Prozessschritte beeinflusst werden. Daher wird PECVD insbesondere zur Abscheidung von Zwischenschichten oder zur abschließenden Passivierung auf eine Metallisierung mit Aluminium eingesetzt. Der Durchsatz ist allerdings geringer und der Aufwand höher als bei LPCVD.

Die sorgfältige Wahl von Reaktionsdruck und Temperatur erlaubt die gleichmäßige Beschichtung auch unebener Strukturen auf der Waferoberfläche mit vertikalen und horizontalen Flächen. Als Beispiel sei mit Bild 6.3 die Beschichtung eines zuvor in die Waferoberfläche geätzten Grabens gezeigt. Nacheinander werden ein Dielektrikum und Polysilizium abgeschieden und der Graben gefüllt. Damit ist eine „vergrabene“ Kapazität entstanden. Diese benötigt nur wenig Chipfläche im Vergleich zu einer planaren Ausführung. Diese sogenannten *Trench-Capacitors* sind die Voraussetzung für das Erreichung von hohen Speicherkapazitäten je Chip mit der DRAM-Technologie, welche wir in Abschnitt 8.3.1 betrachten.

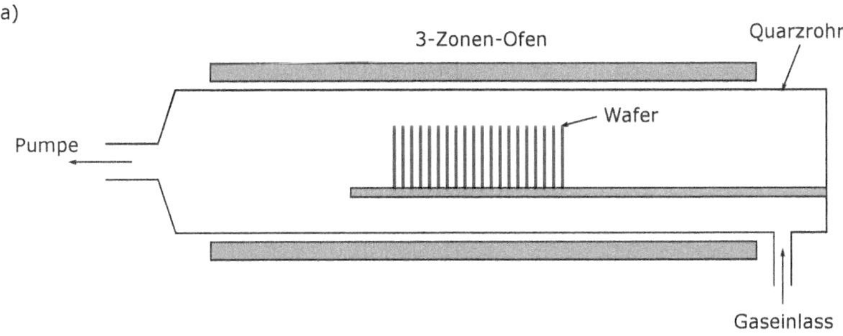

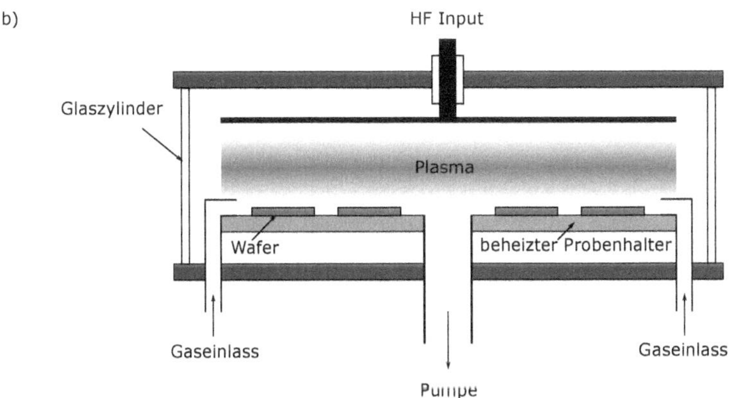

Bild 6.2 Prinzipieller Aufbau von Anlagen zur Schichtabscheidung durch chemische Depositionsverfahren: a) LPCVD, b) PECVD

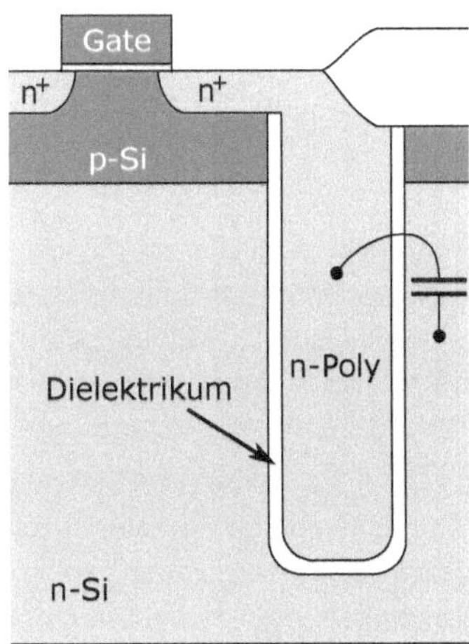

Bild 6.3 Prinzipieller Aufbau eines Trench-Capacitors zusammen mit einem MOSFET zur Ansteuerung in einer DRAM-Technologie

6.3.2 Epitaxie

Wird ein Halbleiter auf monokristallinem Substrat abgeschieden, dann kann die Kristallstruktur in der neuen Schicht „weiterwachsen". Man spricht hierbei von *Epitaxie.* Eine hohe Prozesstemperatur ist dafür notwendig; bei der Siliziumepitaxie ca. 1100 °C. In einem Reaktor wird zunächst die Oberfläche des Wafers durch Zuführung eines Prozessgases etwas zurückgeätzt, um eine hochreine, perfekte Oberfläche, frei von Verunreinigungen und Oxiden, zu erhalten. Im folgenden Schritt setzt durch Zuführung von beispielsweise Silan das einkristalline Schichtwachstum ein. Die relativ hohe Prozesstemperatur hat allerdings Einfluss auf bereits gefertigte Bauelementstrukturen und führt beispielsweise zur Diffusion von Dotierstoffen. Dadurch werden deren Konzentrationsprofile verändert und Verunreinigungen können sich in der Epitaxieschicht ablagern.

Unterscheidet sich die Gitterkonstante verschiedener Halbleiter nur minimal, so können diese mit Fortsetzung der Kristallstruktur aufeinander abgeschieden werden. Man spricht dann von *Heteroepitaxie.* Die Abscheidung einer Vielzahl extrem dünner Schichten von wechselndem Halbleitermaterial ist die Grundlage zur Herstellung leistungsstarker Halbleiterlaser. Aber dieser Prozess wird auch zur Herstellung von *Heterostrukturen* wie beispielsweise der resonanten Tunneldiode (siehe Abschnitt 7.1.3), verspannten Siliziumstrukturen (Abschnitt 9.1.4) oder neuartigen Bauelementkonzepten wie dem Tunnel-FET (Abschnitt 10.6) benötigt.

6.4 Physikalische Depositionsverfahren

Physikalische Depositionsverfahren werden zum Aufbringen von Metallschichten verwendet. Hierbei breiten sich einzelne Atome des Metalls in einem Reaktor aus und schlagen sich ganzflächig als Schicht auf der Waferoberfläche nieder. Auch hier besteht die Herausforderung in der Abscheidung defektfreier Schichten mit einer Dicke im Bereich von einigen Nanometern bis wenige Mikrometer. Die Schicht kann anschließend mithilfe der Fotolithografie und Trockenätzverfahren strukturiert werden.

6.4.1 Aufdampfen

Im Hochvakuum lassen sich Metalle thermisch verdampfen, einzelne Atome verteilen sich im Rezipienten und schlagen sich als Schicht ganzflächig auf dem Wafer nieder. Als Metall kommt häufig Aluminium zum Einsatz. Den Aufbau der Aufdampfanlage zeigt schematisch Bild 6.4a. Typische Schichtdicken liegen im Bereich von einigen hundert Nanometern bis Mikrometern.

Problematisch bei diesem Prozess ist die Bedeckung vertikaler Strukturen, denn im Hochvakuum kommt es nur selten zur Streuung der Atome durch Stöße. Es erfolgt eine gerichtete Bewegung der Atome auf die Oberfläche, was auch durch einen Schattenwurf unter Verwendung entsprechender Masken zur Strukturierung der Schicht vorteilhaft genutzt werden kann. Die schlechte Kantenbedeckung macht eine Realisierung von Verdrahtungsebenen schwierig, da es an diesen Stellen zu Ausfällen durch Elektromigration kommen kann.

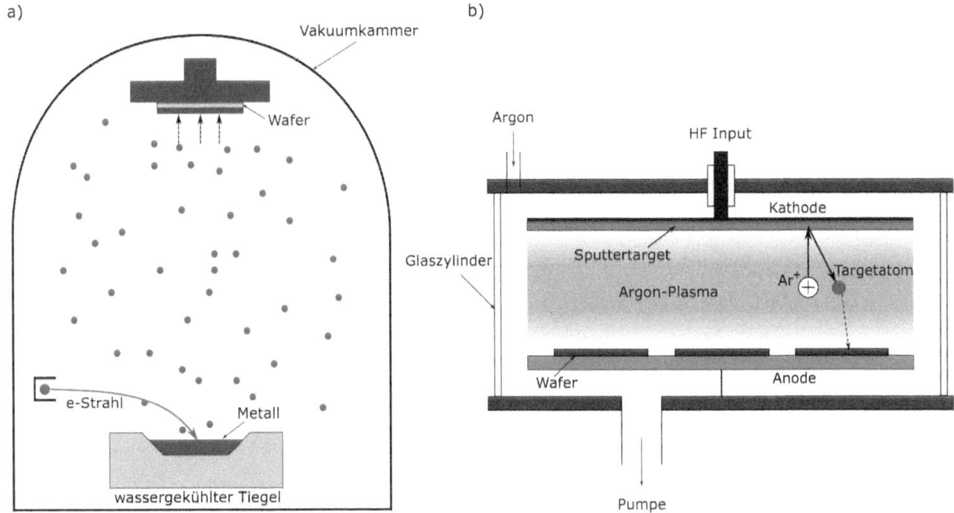

Bild 6.4 a) Prinzipieller Aufbau einer Anlage zum Aufdampfen von Metall. Das Material wird durch Beschuss mit einem Elektronenstrahl lokal verdampft, breitet sich im Hochvakuum aus und schlägt sich unter anderem auf dem gegenüber angebrachten Wafer nieder. b) Sputter-Anlage: Argon wird durch ein hochfrequentes Wechselfeld ionisiert. Positiv geladene Argon-Ionen werden zur Kathode beschleunigt und schlagen dort einzelne Atome aus dem Verbund. Diese breiten sich aus schlagen sich auf den Wafern nieder, die gegenüber auf der Anode angebracht sind.

6.4.2 Sputtern

Beim *Sputtern* oder der *Kathodenzerstäubung* wird in einem Reaktor ein Edelgas (z. B. Argon) ionisiert (vgl. Bild 6.4b). Die Ionen treffen mit hoher kinetischer Energie auf das sogenannte *Sputtertarget* auf, welches aus dem aufzutragenden Material besteht. Bei dieser Kollision werden einzelne Atome aus dem Verbund herausgeschlagen. Diese breiten sich in dem Rezipienten aus und lagern sich unter anderem auch auf der Oberfläche der gegenüber dem Target angeordneten Wafer ab.

Im Vergleich zum Aufdampfen ist beim Sputtern der Gasdruck im Reaktor höher, sodass es zur Kollision der Atome und damit Vermeidung einer gerichteten Bewegung kommt. Daher ist die Bedeckung vertikaler Kanten wesentlich besser als beim Aufdampfen. Daher ist Sputtern der Hauptprozess zur Realisierung konformer metallischer Schichten auch bei unregelmäßiger Oberfläche.

Auch Dielektrika lassen sich durch Sputtern zerstäuben und als Schicht auf einen Wafer auftragen, allerdings im Vergleich zur Beschichtung im CVD-Verfahren von wesentlich geringerer Qualität.

6.4.3 Materialien zur Metallisierung

Metalle werden in der Technologie insbesondere bei der Kontaktierung von Halbleiterzonen und zur Verdrahtung zwischen integrierten Bauelementen verwendet. Je nach Anwendung sind unterschiedliche Metalle von Vorteil.

6.4.3.1 Aluminium

Zur Verdrahtung auf dem Chip wird oft Aluminium verwendet, ein Element der 3. Hauptgruppe. Diffundiert allerdings Aluminium im Bereich einer Kontaktierung von Halbleiterbauelementen in die Siliziumoberfläche ein, wirkt es hier als Akzeptor. Um dies zu vermeiden, werden bei der Kontaktierung noch Zwischenschichten als Diffusionssperren aufgebracht (Titan, Nickel oder Palladium).

6.4.3.2 Kupfer-Metallisierung

In Hochleistungsprozessoren kommt inzwischen Kupfer als Material für die Verdrahtungslagen zur Anwendung, da es einen geringeren spezifischen Widerstand als Aluminium aufweist und daher im Zusammenhang mit dem Kapazitätsbelag der Leitungen kürzere Laufzeiten erlaubt ($\rho_{Al} = 2.7\ \mu\Omega$cm bzw. $\rho_{Cu} = 1.7\ \mu\Omega$cm).

Die Kupferdeposition unterscheidet sich zwar nicht wesentlich von den oben genannten Verfahren. Nach Abscheidung einer dünnen Schicht kann qualitativ hochwertiges Kupfer auch elektrolytisch oder chemisch aufgebracht werden. Jedoch ergeben sich folgende Besonderheiten:

- Kupfer diffundiert in Siliziumdioxid und Silizium und verschlechtert deren Eigenschaften. Außerdem oxidiert Kupfer schon bei Raumtemperatur in der Umgebungsluft (Aluminium bildet nur eine dünne Oxidschicht an der Oberfläche). Daher müssen die Kupferleitbahnen vollständig mit Diffusionsbarrieren gekapselt werden. Hierfür kommen Tantalnitrid, Tantal, Titannitrid oder Siliziumnitrid (als Dielektrikum) zur Anwendung.
- Trockenätzverfahren, wie wir sie in Abschnitt 6.6.2 betrachten werden, sind zur Strukturierung von Kupfer ungeeignet. Stattdessen erfolgt zunächst eine Abscheidung von Siliziumdioxid, in das die zu fertigende Kupferstruktur geätzt wird. Nach Abscheidung der Diffusionsbarriere mit CVD erfolgt die konforme Abscheidung des Kupfers. Nach Einebnen der Oberfläche mit CMP bleiben die Kupferleitbahnen in den zuvor geätzten Gräben des Oxids übrig.

6.5 Lithografie

Mit der *Lithografie* werden zuvor aufgebrachte Schichten strukturiert. Bild 6.1c–e zeigt die Prozessschritte. Zunächst wird die zu strukturierende Schicht auf dem Siliziumwafer abgeschieden. Die Oberfläche wird mit einem organischen Lack beschichtet. Nach der Bestrahlung des Lacks durch eine Maske folgt der Entwicklungsprozess. Dabei wird im *Positiv-Verfahren* der bestrahlte Lack entfernt, der nicht bestrahlte Lack gibt damit die mit der Maske vorgegebene Struktur des Layouts wieder. Beim *Negativ-Verfahren* ist es umgekehrt; der nicht bestrahlte

Lack löst sich im Entwicklerbad auf, während der bestrahlte Teil erhalten bleibt. Der strukturierte Lack kann nun seinerseits als Maske dienen. Beispielsweise schützt er in einem nachfolgenden Ätzschritt Bereiche der Oberfläche, sodass eine Strukturierung einer darunterliegenden Schicht erfolgen kann. In Bild 6.1f wird auf diese Weise eine Siliziumdioxidschicht strukturiert.

6.5.1 Fotolithografie

Bei der *Fotolithografie* oder auch *optischen Lithografie* wird ein aufgebrachter Fotolack durch eine Maske belichtet. Die Maske besteht aus einem durchsichtigen Trägerglas mit einer entsprechend dem zu übertragenden Layout strukturierten Chromschicht. Zur Erzielung einer hohen Strukturauflösung sind Beugungseffekte durch eine möglichst kurze Wellenlänge der Strahlung zu minimieren. Man verwendet kurzwelliges UV-Licht. Man unterscheidet drei grundlegende Belichtungsverfahren (vgl. Bild 6.5):

a) *Kontaktbelichtung*

Wird die Chromschicht der Maske direkt mit dem Fotolack in Kontakt gebracht, erfolgt bei der Belichtung eine optimale Strukturübertragung. Es können Auflösungen im Submikrometerbereich erreicht werden. Nachteilig ist die schnelle Verunreinigung der Maske durch den direkten Kontakt mit dem Fotolack oder die Beschädigung dieser Schicht durch die Maske. Das Verfahren eignet sich daher nur für die Fertigung einzelner Wafer im Forschungsbereich, aber nicht für die Großserie.

b) *Proximity-Belichtung*

Um die Nachteile der Kontaktbelichtung zu umgehen, wird durch Abstandshalter ein Abstand von einigen Mikrometern zwischen Maske und Fotolack realisiert. Nachteilig dabei ist aber die verringerte Auflösung durch Beugungseffekte beim Schattenwurf, sodass nur Auflösungen im Bereich von Mikrometern erreicht werden. Das Verfahren wurde für diese Größenordnungen in der Großserie eingesetzt.

c) *Projektionsbelichtung*

Hierbei wird durch eine Optik die Maskenstruktur auf den Fotolack projiziert. Dadurch sind Maske und Wafer räumlich weiter voneinander getrennt und deren Beschädigung wird vermieden. Zusätzlich kann auch noch eine Strukturverkleinerung im Maßstand von bis zu 10:1 erreicht werden. Beim sogenannten *Step-and-Repeat-Belichungsverfahren* wird nacheinander immer nur ein kleiner Teilbereich des Wafers belichtet. Nach einem Verschieben des Wafers wird vor erneuter Belichtung zunächst die Maske zum Wafer automatisch justiert, sodass auch über einen großen Durchmesser in den einzelnen Belichtungsfeldern Justierfehler reduziert werden können.

Die Projektionsbelichtung im Step-and-Repeat-Verfahren ist Standard für die Großserie. Beugungseffekte des Lichts an der Maskenstruktur begrenzen auch hier die Auflösung. Weiterhin ist eine große numerische Apertur der Optik notwendig, welche von deren Öffnungswinkel abhängt. Eine größere numerische Apertur bedeutet aber gleichzeitig eine Verringerung der Tiefenschärfe bei der Abbildung. Die erreichbare Auflösungsgrenze lag lange im Bereich der Wellenlänge der Strahlung.

Bild 6.6 zeigt die historische Verkleinerung der Strukturgröße im Vergleich zur Wellenlänge der verwendeten Strahlungsquelle. Die Wellenlänge wurde in mehreren Schritten von 436 nm auf

a)

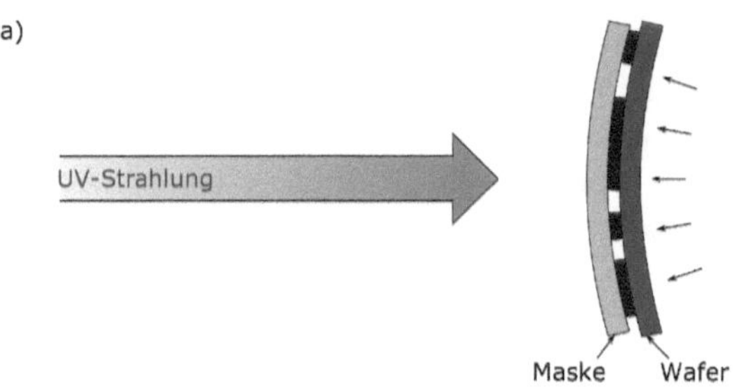

b)

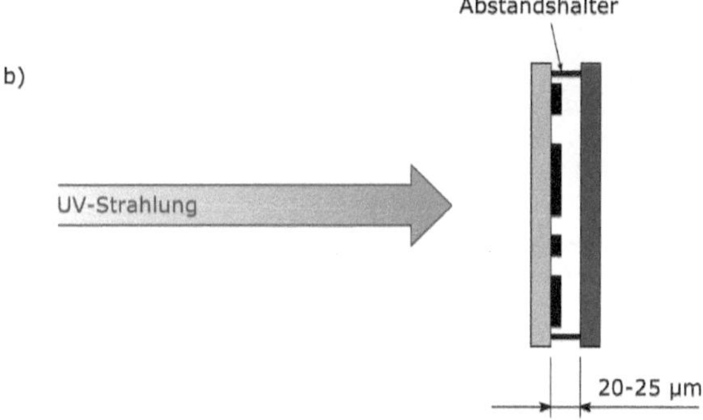

c)

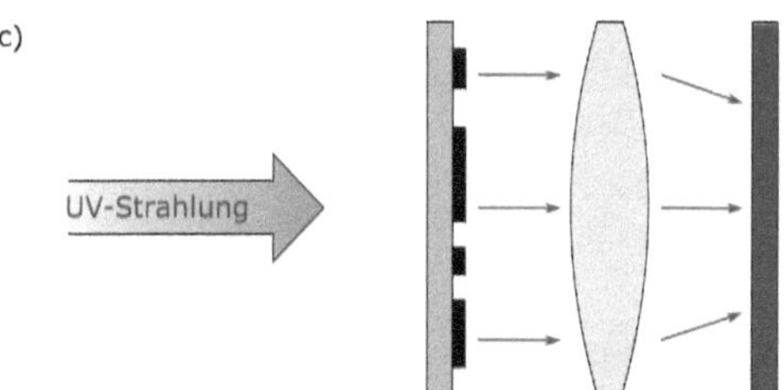

Bild 6.5 Belichtungsverfahren der Fotolithografie. a) Kontaktbelichtung: Maske und Wafer werden aufeinandergepresst für optimale Auflösung. b) Proximity-Belichtung: Zur Vermeidung von Beschädigungen der Maske und des Fotolacks verbleibt ein geringer Abstand, der allerdings die erreichbare Auflösung verringert. c) Projektionsbelichtung: Die Maske wird über eine Optik (evtl. verkleinert) auf den Fotolack abgebildet.

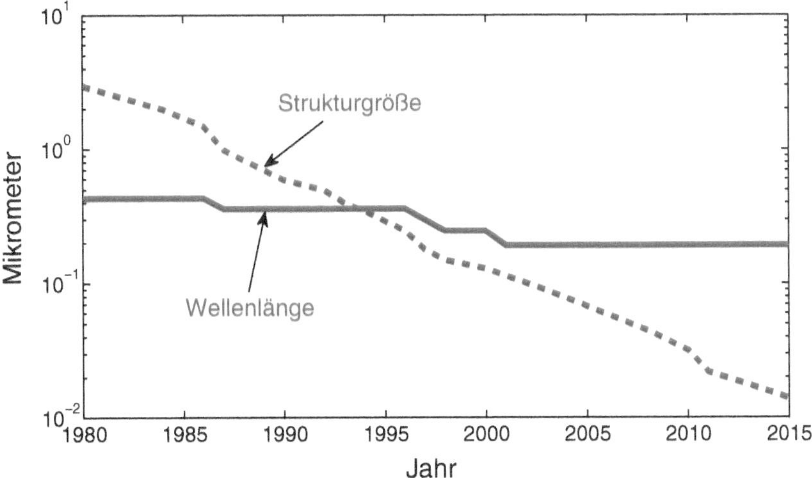

Bild 6.6 Verkleinerung der Strukturgröße im Vergleich zur Wellenlänge in der Fotolithografie über die vergangenen Jahrzehnte

365 nm, 248 nm, bis zuletzt in den *Deep-UV*-Bereich mit 193 nm reduziert. Für eine ausreichende Transmission bei diesen kurzen Wellenlängen müssen die Maske und die Optik aus Quarzglas bzw. Calziumfluorid bestehen. Seit Mitte der Neunzigerjahre werden Strukturgrößen gefertigt, welche kleiner als die Wellenlänge der Strahlung sind. Dies wurde beispielsweise durch folgende Maßnahmen ermöglicht:

- *Phasenschiebermaske:*

  Anstelle einfacher Chromschichten auf der Maske kommen zusätzliche Absorberschichten zum Einsatz. Diese lassen einen Teil der Strahlung durch, bewirken aber dabei eine 180°-Phasendrehung. Damit ist durch Interferenz ein Beugungsbild mit erhöhtem Kontrast und höherer Auflösung möglich. Es ist eine aufwendige vorherige Berechnung der Maskenstruktur aus dem für die belichtete Schicht gewünschtem Layout in einem Rechner notwendig.

- *Immersionslithografie:*

  Die numerische Apertur einer Optik kann vergrößert werden, wenn ein Medium mit größerem Brechungsindex zwischen Linse und Fotolack eingebracht wird. Hierfür verwendet man beispielsweise Wasser, welches bei einer Wellenlänge von 193 nm einen Brechungsindex von ca. 1.47 aufweist. Anstatt die komplette Waferoberfläche mit Wasser zu benetzten, wird nur lokal ein Wasserreservoir mit der Optik mitgeführt.

Durch diese Maßnahmen ist es möglich, Strukturgrößen bis hinab zu einer Auflösung von 38 nm in Großserie herzustellen.

6.5.2 Elektronenstrahllithografie

Zur Realisierung von Strukturgrößen im Bereich weniger Nanometer kann der Lack auch mit einem fokussierten Elektronenstrahl beschrieben werden. Nachteilig ist dabei, dass es sich um ein sequenzielles Verfahren handelt. Jede einzelne Struktur auf einem Chip muss nacheinander geschrieben werden. Der extrem hohe Zeitaufwand verbietet eine Verwendung zur Strukturierung in der Großserie.

Die Elektronenstrahllithografie ist sehr gut zur Anfertigung von Masken geeignet, welche damit in perfekter Qualität hergestellt dann für die Belichtung einer Vielzahl von Wafern eingesetzt werden können. Weiterhin ist das Verfahren sehr gut für die direkte Strukturierung im Labormaßstab geeignet, um Schaltkreise in geringer Stückzahl für die Forschung herzustellen. Der kostenintensive Umweg über die Herstellung von Masken entfällt damit.

6.5.3 Röntgenlithografie

Eine weitere Reduzierung der Strukturgröße ist durch den Übergang zu Röntgenstrahlung mit einer Wellenlänge von 12 bis 15 nm erfolgreich umgesetzt worden. Hierfür ist allerdings keine Linsenoptik mehr möglich; es erfolgt eine Abbildungsoptik über ein Spiegelsystem mit reflektierenden Masken. Die Technik wurde im Jahr 2020 unter dem Begriff *extreme UV* (EUV) eingeführt und erlaubt eine Auflösung von ca. 20 nm.

6.6 Ätzprozesse

Schichten, welche mit CVD-Verfahren oder physikalischen Depositionsverfahren ganzflächig aufgebracht wurden, müssen häufig in einem anschließenden Schritt strukturiert werden. Als Ätzmaske kann oft Fotolack dienen, welcher zuvor in einem Lithografieschritt strukturiert wurde. Die nicht durch den Lack geschützte Schicht wird einem Ätzprozess ausgesetzt und abgetragen. Man unterscheidet zwischen *isotropen* und *anisotropen Ätzprozessen.* Bild 6.7 verdeutlicht die Unterschiede. Ist ein Prozess isotrop, dann erfolgt das Ätzen in jede Richtung mit gleicher Geschwindigkeit; es kommt zur Unterätzung der Ätzmaske. Beim anisotropen Ätzprozess erfolgt der Materialabtrag bevorzugt in eine Richtung; das Abbild der Maske wird ideal in die zu strukturierende Schicht übertragen. Ein anisotroper Ätzprozess ist daher Voraussetzung zur Realisierung kleiner Strukturen mit hoher Integrationsdichte.

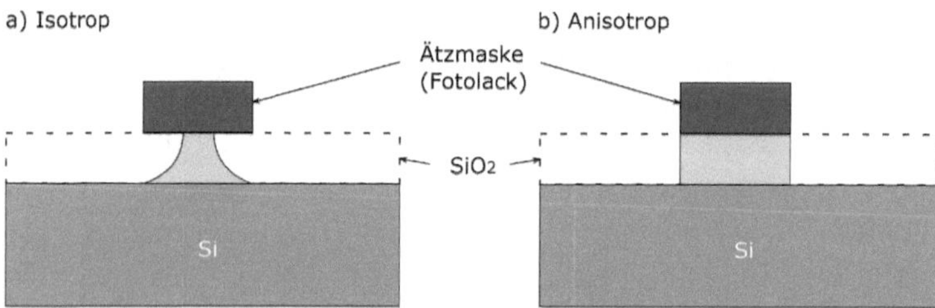

Bild 6.7 Ätzen von Siliziumdioxid mit Fotolack als Ätzmaske: a) isotrop, b) anisotrop

6.6.1 Nasschemisches Ätzen

Für das nasschemische Ätzen der Materialien in der Siliziumtechnologie gibt es Ätzlösungen, welche eine hohe Selektivität aufweisen. Die Verfahren sind in der Regel isotrop und haben daher bei der Realisierung von kleinen Strukturen ihre Grenze.

Einen Sonderfall stellt die anisotrope Ätzung eines Siliziumkristalls in Alkalilauge wie beispielsweise Kaliumhydroxid (KOH) dar. Die Ätzrate in (100)- und (110)-Ebenen des Kristalls ist wesentlich höher als in der (111)-Ebene. Daher bilden sich im Ätzprozess (111)-Ebenen aus. Diese Technik kommt häufig in der Mikromechanik zur Anwendung.

6.6.2 Trockenätzen

Im Trockenätzprozess befinden sich die Wafer in einem Reaktor, in den ein Prozessgas zugeführt wird. Zwischen gegenüberliegenden Elektroden wird durch ein angelegtes hochfrequentes Wechselfeld ein Plasma erzeugt. Bild 6.8 skizziert mögliche Realisierungen einer Trockenätzanlage.

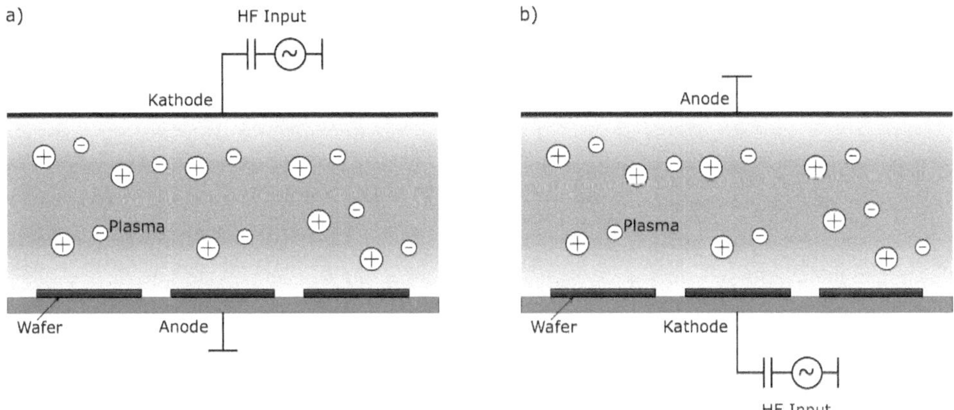

Bild 6.8 Prinzipieller Aufbau von Anlagen zum Trockenätzen mit zwei gegenüberliegenden Elektroden. a) Beim Plasmaätzen ist die Waferauflage geerdet. Die freien Elektronen im Plasma laden die Elektrode, über welche die Wechselspannung eingespeist wird, negativ auf. Die nichtionisierten Moleküle reagieren chemisch mit der Waferoberfläche und haben dabei keine Vorzugsrichtung (isotroper Ätzprozess). b) Beim reaktiven Ionenätzen (RIE) wird die hochfrequente Wechselspannung über die Waferauflage eingespeist; diese lädt sich negativ auf. Die Potenzialdifferenz führt zu einer gerichteten Bewegung der ionisierten Moleküle senkrecht zur Waferoberfläche. Daher kommt es zu einem anisotropen Ätzprozess.

6.6.2.1 Plasmaätzen

Beim Plasmaätzen (vgl. Bild 6.8a) werden die freien Elektronen im Plasma durch eine positive Spannung im Wechselfeld in Richtung der oberen Elektrode bewegt und können diese bei Umkehrung der Polarität nicht mehr verlassen. Sie laden die Elektrode gegenüber der Waferauflage negativ auf. Die Oberfläche des Wafers wird von aggressiven, nichtionisierten Radikalen des Reaktionsgases angegriffen. Der Ätzprozess erfolgt durch chemische Reaktion und weist daher eine hohe Selektivität auf. Da keine gerichtete Bewegung der Teilchen erfolgt, ist der Prozess isotrop. Daher ist der Prozess zur Realisierung feiner Strukturen ungeeignet. Er wird hauptsächlich zur Entfernung von Fotolackschichten verwendet. Dies geschieht im Sauerstoffplasma; man spricht in diesem Zusammenhang vom *Veraschen* des Fotolacks.

6.6.2.2 Reaktives Ionenätzen

Wenn es um das anisotrope Ätzen von Schichten geht, wird meist das *reaktive Ionenätzen* (RIE) angewendet. Bild 6.8b zeigt den Aufbau. Die HF-Spannung wird über die Waferauflage eingespeist, diese lädt sich daher negativ auf. Durch die enstehende Potenzialdifferenz werden Ionen des Reaktionsgases in gerichteter Bewegung auf den Wafer gelenkt. Auf der Oberfläche kommt es einerseits zum chemischen Lösen der Schicht. Andererseits kann bei zu hoher kinetischer Energie der Ionen auch ein physikalischer Abtrag erfolgen; dies reduziert die Selektivität des Ätzprozesses.

Die gerichtete Bewegung der Ionen und ein geringer Prozessdruck mit großer mittlerer freier Weglänge der Ionen führt zum anisotropen Ätzprofil, was die Herstellung steiler vertikaler Kanten und das Ätzen von Gräben erlaubt. RIE ist daher die Voraussetzung zur Herstellung eines *Trench-Capacitors*, wie er in Bild 6.3 gezeigt wurde. Wird der Prozessdruck erhöht, kommt es zu mehr Stößen zwischen den Teilchen. Der Prozess wird mehr und mehr isotrop.

RIE wird zum Ätzen von Oxiden, Halbleitern und Metallen angewendet.

6.6.2.3 Sputter-Ätzen

Wird ein Edelgas wie beispielsweise Argon im Reaktor ionisiert, dann kommt es bei der gerichteten Bewegung der Ionen auf die Waferoberfläche alleine zu einem physikalischen Abtrag von Material. Aufgrund des fehlenden chemischen Prozesses ist die Selektivität äußerst gering. Ist der Prozessdruck niedrig, ist der Prozess anisotrop. Es erfolgt ein gleichmäßiger Materialabtrag in vertikaler Richtung.

6.7 Thermische Oxidation

Werden Siliziumwafer unter Sauerstoffatmosphäre erhitzt, dann bildet sich an der Oberfläche Siliziumdioxid (SiO_2). In der Prozesstechnik werden die Scheiben in einem Quarzrohr auf eine Temperatur von 900...1200 °C erhitzt. Man unterscheidet zwei Arten der Oxidation. Bei der *trockenen Oxidation* wird Sauerstoff zugeführt:

$$Si + O_2 \longrightarrow SiO_2 \tag{6.2}$$

Dabei entstehen Oxidschichten hoher Qualität, welche hohen Durchbruchspannungen standhalten. Gateoxide für MOS-Transistoren oder Tunneloxide werden auf diese Weise hergestellt. Die Aufwachsrate ist mit 20 nm/h bei 900 °C bis 150 nm/h bei 1200 °C recht langsam.

Im Vergleich dazu zeigt die *feuchte Oxidation* höhere Aufwachsraten mit 100...700 nm/h. Hierbei wird Wasserdampf zugeführt:

$$Si + 2H_2O \longrightarrow SiO_2 + 2H_2 \tag{6.3}$$

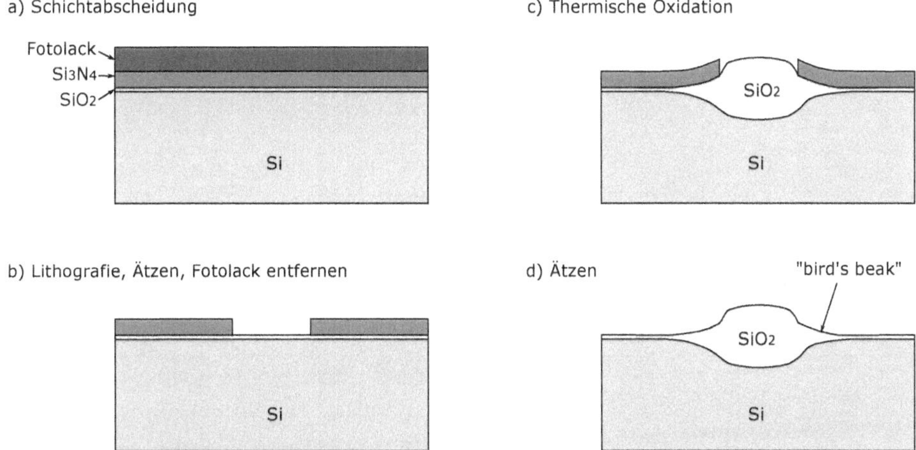

Bild 6.9 Prozessschritte für *LOCOS (Local-Oxidation-of-Silicon)*: a) Abscheidung von Siliziumdioxid, Siliziumnitrid und Aufbringen von Fotolack. b) Belichtung, Entwickeln des Fotolacks, Ätzen von Siliziumnitrid, Lack entfernen. c) Thermische Oxidation der Siliziumoberfläche. d) Entfernen des Siliziumnitrids, welches als Oxidationsmaske diente.

Die Qualität des Oxids ist allerdings geringer. Das Verfahren findet Verwendung, wenn es auf die Herstellung von Oxiden mit einer Schichtdicke bis in den Bereich von Mikrometern ankommt; beispielsweise als Feldoxid oder Maskierung für nachfolgende Prozessschritte wie der Dotierung durch Diffusion (vgl. Abschnitt 6.8.1).

Beiden Oxidationsprozessen ist gemeinsam, dass beim Aufwachsen der Oxidschicht Silizium „verbraucht" wird; das heißt, die Oxidschicht wächst in die Oberfläche hinein. Je Mikrometer Oxiddicke wächst dieses zu ca. 0.45 µm in die Siliziumoberfläche hinein.

Bild 6.9 verdeutlicht dies in Zusammenhang mit dem *LOCOS-Prozess (Local-Oxidation-of-Silicon)*. Hierbei wird zunächst mittels CVD eine Schicht Si_3N_4 ganzflächig abgeschieden. Diese wird durch einen Fotolithografieschritt strukturiert. Im geöffneten Fenster der als Oxidationsmaske dienenden Siliziumnitridschicht kann danach eine lokale Oxidation der Siliziumoberfläche erfolgen. Dabei wächst das Oxid in die Oberfäche des Wafers hinein und breitet sich auch zur Seite unter das Siliziumnitrid aus. Die dabei im Vergleich zum verbrauchten Silizium anwachsende Schichtdicke des Oxids hebt die Siliziumnitrid-Maske an. Es kommt zur charakteristischen Ausbildung einer Struktur, welche mit *Vogelschnabel* (engl. *bird's beak*) bezeichnet wird.

Der LOCOS-Prozess war in der CMOS-Technologie der Standardprozess zur Abdeckung der nicht aktiven Gebiete auf dem Chip und damit dielektrischen Isolation der aktiven Bauelemente voneinander. Die laterale Ausdehnung des Oxids in der Größenordnung der aufgewachsenen Schichtdicke mindert allerdings erheblich die erreichbare Integrationsdichte, sodass dieses Verfahren in der Submikrometer-Technologie nicht mehr verwendet wurde.

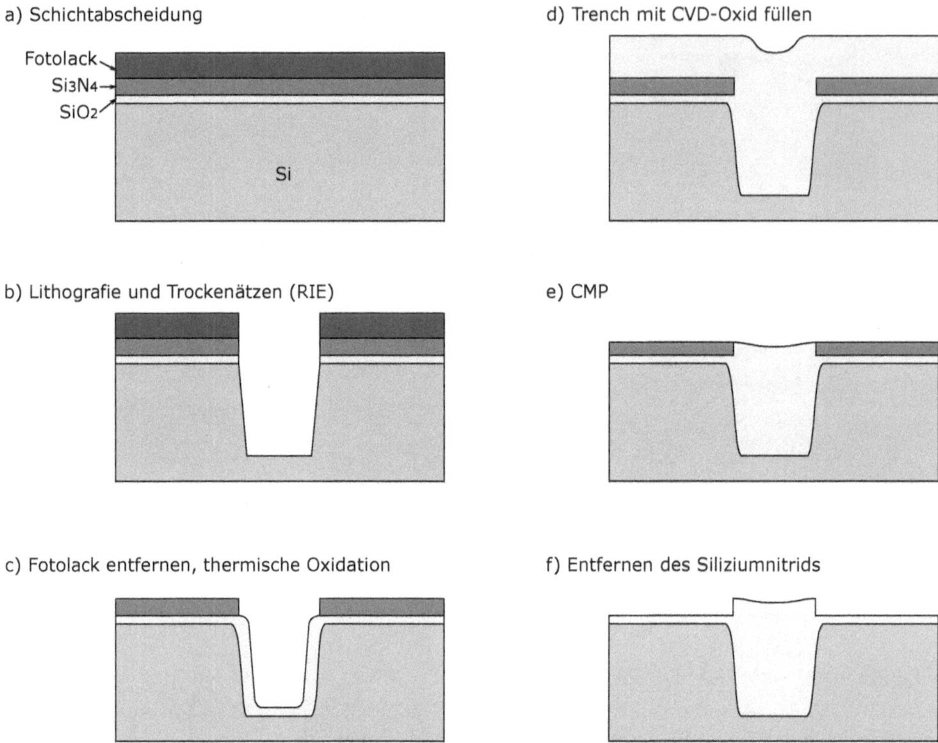

Bild 6.10 Prozessschritte für STI *(Shallow-Trench-Isolation)*: a) Abscheidung von Siliziumdioxid, Siliziumnitrid und Aufbringen von Fotolack. b) Belichtung, Entwickeln des Fotolacks, Ätzen eines Grabens mit RIE. c) Lack entfernen, thermische Oxidation der Siliziumoberfläche im Graben. d) Aufbringen von Siliziumdioxid mit CVD-Prozess. e) CMP (chemisch-mechanisches Polieren) der Oberfläche. f) Entfernen des Siliziumnitrids, was als Schutzschicht diente.

Eine weitaus höhere Dichte kann mithilfe der *Shallow-Trench-Isolation* (STI) erzielt werden. Bild 6.10 verdeutlicht die Prozessschritte. Nach Abscheidung einer Schicht Siliziumnitrid und Siliziumdioxid erfolgt zunächst deren Strukturierung mittels Fotolithografie. Im damit geöffneten Fenster wird im reaktiven Ionenätzverfahren (RIE) ein vertikaler Graben *(Trench)* in die Oberfläche geätzt. Anschließend erfolgt zunächst eine thermische Oxidation der Innenseite des Grabens. Danach wird der Graben vollständig verfüllt, indem mit CVD weitere Dielektrika wie beispielsweise zusätzlich Siliziumdioxid aufgebracht werden. Abschließend erfolgt eine Einebnung der Oberfläche durch CMP (chemisch-mechanisches Polieren) und das Entfernen des Siliziumnitrids in einem weiteren Ätzschritt. Es ist eine bis zu mehreren Mikrometern tief in die Oberfläche hineinragende Isolationsschicht aus SiO_2 entstanden, welche nur eine minimale Chipfläche benötigt.

6.8 Dotierung

Die Funktion aller mikroelektronischen Bauelemente basiert auf einer örtlich begrenzten Dotierung des Halbleiters mit exakt vorgegebener Dotierungskonzentration. Nachfolgend werden die zwei grundlegenden Verfahren zum Einbringen der Dotierstoffe beschrieben.

6.8.1 Diffusion

Bei der *Diffusion* wird in einem Diffusionsofen der Wafer auf eine Temperatur von ca. 1000 °C erhitzt. Die Dotierstoffe werden gasförmig zugeführt und dringen in die Oberfläche des Wafers ein. Der Konzentrationsgradient bewirkt ihre Diffusion in die obere Schicht des Halbleiters bis zu einer Tiefe von einigen Mikrometern. Die Tiefe richtet sich nach der Dauer und Temperatur des Prozesses. Bild 6.11a verdeutlicht das Konzentrationsprofil in Abhängigkeit von der Diffusionsdauer. Erfolgt die Diffusion aus einer *unerschöpflichen Quelle*, dann ist die Dotierungskonzentration an der Oberfläche des Wafers immer konstant und mit der maximalen Löslichkeit des Dotierstoffs im Festkörper gegeben. Diffundiert dagegen ein bereits eingebrachter Dotierstoff weiter in das Substrat hinein (ohne weitere Zufuhr an der Oberfläche), dann bleibt die Gesamtzahl der Fremdatome gleich. Die Konzentration an der Oberfläche sinkt daher ab. Man spricht hierbei von Diffusion aus einer *erschöpflichen Quelle*.

Soll der Dotierstoff nur in einen Teil der Waferoberfläche eingebracht werden, dann wird der verbleibende Teil zuvor mit einer *Diffusionsmaske* abgedeckt. In der Siliziumtechnologie kann hierfür zuvor eine Schicht Siliziumdioxid aufgebracht werden, welche mittels Fotolithografie strukturiert wird.

Nachteilig bei der Dotierung durch Diffusion ist die hohe Prozesstemperatur, welche auch einen Einfluss auf bereits zuvor gefertigte Dotierungsprofile im Wafer hat. Auch bei diesen Dotierstoffen verändert sich das Dotierstoffprofil durch weitere Diffusion. Weiterhin ist die maximale Dotierstoffkonzentration grundsätzlich an der Waferoberfläche zu finden.

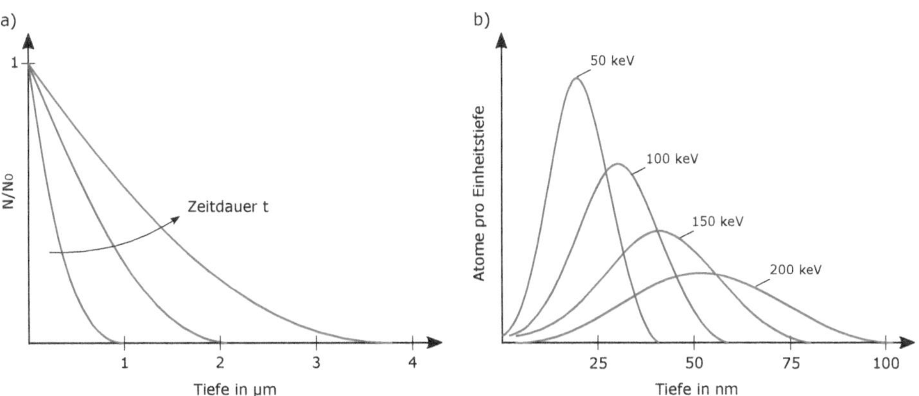

Bild 6.11 a) Dotierstoffkonzentration N im Verhältnis zur maximalen Löslichkeit des Dotierstoffs N_0 über der Eindringtiefe in das Substrat bei der Diffusion aus einer unerschöpflichen Quelle. b) Profil der Dotierstoffverteilung bei Ionenimplantation mit unterschiedlicher Energie.

6.8.2 Ionenimplantation

Die *Ionenimplantation* stellt den am meisten verwendeten Prozess zur gezielten Dotierung dar. Hierbei wird der Dotierstoff ionisiert, in einem elektromagnetischem Feld als Ionenstrahl fokussiert und schließlich nach Beschleunigung innerhalb eines elektrischen Feldes mit einer bestimmten kinetischen Energie auf den Wafer geschossen. Der Ionenstrahl wird dabei so abgelenkt, dass er die vollständige Fläche des Wafers gleichmäßig überstreicht. Aus der Messung des Stroms, welcher mit dem Ionenstrahl transportiert wird, kann man die Anzahl der innerhalb eines Zeitraums implantierten Ionen und über die Fläche auch die *Implantationsdosis* ermitteln. Sie gibt die Anzahl implantierter Dotierstoffe pro Flächeneinheit an.

Die kinetische Energie der Ionen bestimmt deren Eindringtiefe. Nach mehrfacher Kollision und Streuung kommen die Dotierstoffatome in *Zwischengitterplätzen* im Kristall zur Ruhe. Dabei wird die Kristallstruktur beschädigt. Aus diesem Grund muss nach der Implantation ein Ausheilen des Kristalls bei ca. 900 °C erfolgen, damit die Kristallstruktur sich wieder regeneriert und dabei die Dotierstoffatome in Gitterplätze eingebaut und damit aktiviert werden.

Bild 6.11b zeigt die Dotierstoffkonzentration in Abhängigkeit von der Eindringtiefe für verschiedene Energien. Das Profil lässt sich durch eine Gauß-Verteilungsfunktion beschreiben, wobei mit höherer Energie das Maximum in größerer Tiefe liegt, aber gleichzeitig die Verteilungsfunktion sich verbreitert.

Der große Vorteil in der Ionenimplantation gegenüber der Dotierung durch Diffusion liegt in der niedrigeren Prozesstemperatur. Nur zum Ausheilen muss der Wafer erhitzt werden. Weiterhin ist die Maskierung der Implantation sehr einfach möglich: Ein mittels Fotolithografie strukturierter Fotolack reicht hierfür aus. Eine vorherige Abscheidung und Strukturierung von Siliziumdioxid wie bei der Dotierung durch Diffusion ist daher nicht notwendig. Ein weiterer Vorteil ist eine größere Flexibilität bei der Erstellung individueller Dotierstoffprofile, auch beispielsweise durch mehrfache Implantation mit unterschiedlichen Energien, da die maximale Konzentration nicht an der Oberfläche liegt.

6.9 CMOS-Prozess

Die Integration von Feldeffekttransistoren beider komplementärer Typen (n-Kanal und p-Kanal) auf einem Substrat ist die Basis der *CMOS-Schaltungstechnik (Complementary MOS)*, welche in Kapitel 8 erläutert wird. Nachfolgend soll auf Grundlage der zuvor beschriebenen technologischen Schritte der Herstellungsprozess eines Silizium-CMOS-Schaltkreises erläutert werden.

Wir beschränken uns hierbei auf die einfachste Form mit der Integration von n-Kanal-MOSFETs direkt im p-leitenden Substrat. Für p-Kanal-Transistoren wird der Leitfähigkeitstyp in einem begrenzten Bereich auf n-leitend abgeändert. Für die Funktionsweise des MOS-Feldeffekttransistors sei an dieser Stelle auf Abschnitt 7.3 verwiesen.

Bild 6.12 zeigt die Prozessschritte. Es ist jeweils der Siliziumwafer im Querschnitt mit einer Darstellung des Layouts der zugehörigen Maske für die lokale Strukturierung illustriert.

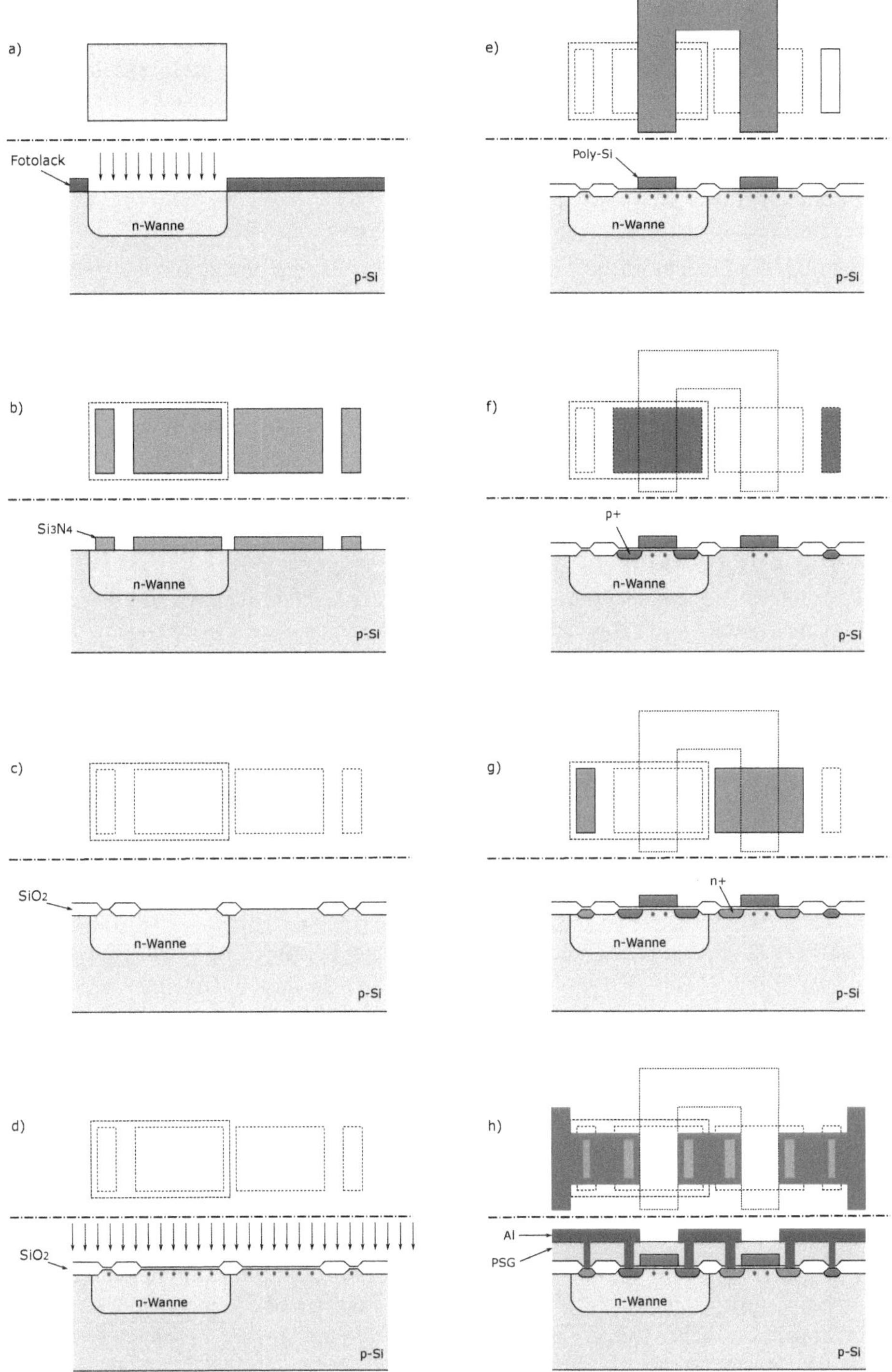

Bild 6.12 Prozessschritte eines n-Wannen-CMOS-Prozesses, jeweils im Layout und Querschnitt

a) Ausgangsmaterial ist ein p-leitendes Substrat. Nach Aufbringen von Fotolack wird dieser mit dem gezeigten Layout der Maske belichtet und entwickelt. Im geöffneten Fenster wird mittels Ionenimplantation Phosphor eingebracht. Der Fotolack dient als Maske für die Implantation. Nach dem Entfernen des Fotolacks und Ausheilen des Kristalls ist eine lokal n-dotierte Wanne entstanden.

b) Im CVD-Prozess wird ganzflächig Siliziumnitrid abgeschieden. Mit einem Fotolithografieschritt und anschließendem Ätzen bleiben nur noch die *Aktivgebiete* (Bereiche, an denen im weiteren Verlauf aktive Bauelemente realisiert werden) abgedeckt.

c) Mit dem LOCOS-Prozess wächst ein dickes Feldoxid (ca. 1 μm) an den nicht abgedeckten Stellen auf. Das Siliziumnitrid wird im Ätzprozess entfernt.

d) Herstellung des wenige Nanometer dünnen Gateoxids durch thermische Oxidation. Es dient gleichzeitig als Streuoxid für die nachfolgende Ionenimplantation, mit welcher die Schwellspannung der Transistoren eingestellt wird (vgl. Abschnitt 7.3.2.3). Die Implantation schießt Dotierstoffe in die Gebiete, welche später die Kanalregion der Transistoren sind. Im Bereich des dickeren Feldoxids können die Ionen das Substrat nicht erreichen.

e) Ganzflächige Abscheidung von polykristallinem Silizium im CVD-Prozess. Anschließend fotolithografische Strukturierung der Gate-Elektroden; hier im beispielhaften Layout mit einer Verbindung zwischen den beiden Transistoren.

f) Implantation von Bor zur Realisierung der Source/Drain-Gebiete der p-Kanal-Transistoren. Die Maskierung erfolgt mit Fotolack und der Gate-Elektrode. Damit wird erreicht, dass die p-dotierten Bereiche *selbstjustiert* zur Kante der Gate-Elektrode hergestellt werden. Dies reduziert Kapazitäten im Überlappungsbereich (vgl. Abschnitt 9.1.2). Die Implantation der Dotierstoffe in das Polysilizium erhöht dessen Leitfähigkeit. Gleichzeitig erfolgt eine Implantation von Bor in den Bereich der Kontaktierung des Substrats. Hierdurch wird an dieser Stelle ein Schottky-Kontakt vermieden.

g) Implantation von Phosphor zur Realisierung der Source/Drain-Gebiete der n-Kanal-Transistoren. Wie im vorherigen Schritt erfolgt die Maskierung durch Fotolack und selbstjustiert durch das Gate. Im Bereich der Kontaktierung der n-Wanne wird gleichzeitig eine hoch dotierte Zone hergestellt, um hier einen Schottky-Kontakt zu vermeiden.

h) Ganzflächige Abscheidung von mit Phosphor dotiertem Silicatglas im CVD-Prozess *(PSG: Phosphorsilicatglas)*. Dieses zeigt einen auf ca. 900 °C reduzierten Schmelzpunkt und erlaubt so ein Einebnen der Oberfläche im sogenannten *Reflow-Prozess*. Anschließend werden durch einen Lithografieschritt die Kontaktlöcher zu den Source/Drain-Gebieten und zu den Subtratgebieten geöffnet. Danach erfolgt eine ganzflächige Abscheidung von Aluminium durch Aufdampfen oder Sputtern. Ein weiterer Lithografieschritt strukturiert die Verbindungsleitungen.

Die in Bild 6.12 realisierte Verschaltung der beiden Transistoren entspricht einem CMOS-Inverter (vgl. Abschnitt 8.1.1). Bild 6.13 zeigt die Zuordnung zwischen den Elementen im Querschnitt und den MOS-Transistoren im Schaltbild.

Der hier dargestellte CMOS-Prozess stellt die einfachste Art der Integration beider komplementärer Transistortypen in einem gemeinsamem Substrat dar. Mit fortschreitender Steigerung der Integrationsdichte wurde eine Vielzahl von Änderungen vorgenommen, welche in Abschnitt 9.1 erläutert werden.

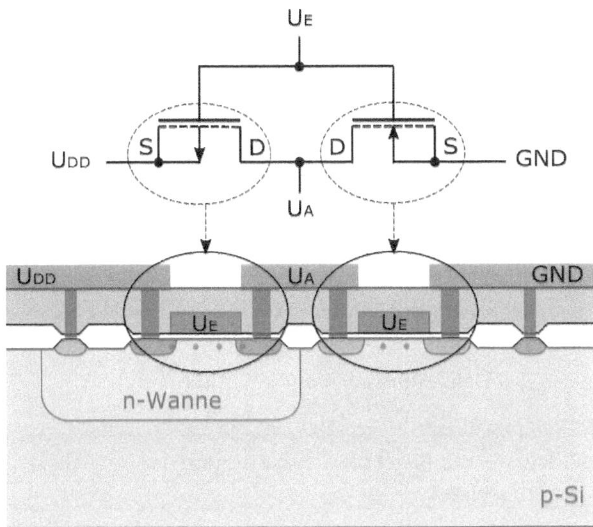

Bild 6.13 Kennzeichnung der MOS-Transistoren eines CMOS-Inverters im Querschnitt

6.10 Wiederholungsfragen

1. Was versteht man unter „Silizium-Planartechnologie"?
2. Nennen Sie Verfahren zur ganzflächigen Schichtabscheidung und skizzieren Sie den prinzipiellen Aufbau der Anlagen.
3. Was versteht man unter einem „Trench-Capacitor"?
4. Was versteht man unter „Epitaxie"?
5. Nennen Sie zwei Verfahren zur Schichtabscheidung von Metallen. Skizzieren Sie den Aufbau der Anlagen.
6. Welche Materialien verwendet man in der Regel für metallische Verbindungen in der Siliziumtechnologie? Welche Vor- bzw. Nachteile haben diese?
7. Erläutern Sie den Ablauf bei einer Strukturierung mittels Fotolithografie.
8. Nennen Sie drei verschiedene Verfahren zur Belichtung des Wafers und nennen Sie jeweils die Vor- und Nachteile.
9. Warum hat die Wellenlänge des bei der Fotolithografie verwendeten Lichts einen Einfluss auf die kleinste realisierbare Strukturgröße?
10. Nennen Sie zwei gebräuchliche Verfahren, welche eine Herstellung von Strukturgrößen kleiner als die Wellenlänge der verwendeten Strahlungsquelle erlauben.
11. Erläutern Sie die Vor- und Nachteile der Elektronenstrahllithografie. Wo wird sie vorzugsweise eingesetzt und warum?
12. Was versteht man unter „EUV"?
13. Erläutern Sie den Unterschied zwischen isotropem und anisotropem Ätzen. Nennen Sie jeweils einen Ätzprozess.

14. Erläutern Sie drei verschiedene Verfahren zum Trockenätzen und deren Anwendungsgebiete.
15. Was ist der Unterschied zwischen trockener und feuchter Oxidation?
16. Erläutern Sie die Prozessschritte zur Herstellung von Isolationsgebieten nach dem LOCOS-Verfahren und als STI. Beschreiben Sie Vor- und Nachteile beider Strukturen.
17. Nennen und erläutern Sie die zwei grundlegenden Verfahren zur Dotierung von Halbleitern in der Planartechnologie.
18. Skizzieren Sie das Konzentrationsprofil der Dotierstoffe für die beiden Verfahren zur Dotierung von Halbleitern in der Planartechnologie. Mit welchen Prozessgrößen kann jeweils Einfluss auf die Verteilung genommen werden?
19. Was versteht man unter „Ausheilen" des Halbleiters nach der Ionenimplantation?
20. Erläutern und skizzieren sie die Prozessschritte einer CMOS-Technologie.
21. Warum erfolgt in einem CMOS-Prozess in der Regel die Strukturierung der Gate-Elektrode vor der Herstellung der Source/Drain-Gebiete?

7 Klassische Bauelemente der Mikroelektronik

Die in den vorherigen Kapiteln eingeführten Grundlagen der Halbleiterphysik und Techologie werden in diesem Kapitel zur Erläuterung der Funktion klassischer Bauelemente der Mikroelektronik angewendet. Meist kann auf spezielle Quanteneffekte wie Confinement oder Tunneleffekt verzichtet werden, sodass eine klassische Betrachtungsweise der Ladungsträger als Partikel mit einer effektiven Masse ausreicht. In Verbindung mit dem Bändermodell wird die Bauelementfunktion erläutert und werden Wege zur quantitativen Berechnung des elektrischen Verhaltens abgeleitet.

Lernziele

Die Lernenden ...

- kennen die Funktionsweise und Struktur von Halbleiterdioden verschiedener Bauart, Bipolartransistoren und MOS-Feldeffekttransistoren,
- können unter Verwendung klassischer Grundgleichungen das Gleichspannungsverhalten dieser Bauelemente berechnen,
- kennen Ursachen für kapazitive Effekte in Halbleiterbauelementen,
- kennen Kleinsignalersatzschaltbilder für Diode, Bipolartransistor und MOSFET,
- kennen die grundlegende Funktionsweise optoelektronischer Bauelemente.

7.1 Diodenstrukturen

Die pn-Diode ist die grundlegende Struktur vieler Halbleiterbauelemente. Die genaue Kenntnis der Vorgänge am pn-Übergang ist für das Verständnis komplexerer Bauelemente wie beispielsweise dem Bipolartransistor essenziell. Aber auch als parasitäre Elemente treten Diodenstrukturen auf. In integrierten Schaltkreisen erfolgt die Isolation der Bauelemente voneinander durch die Sperrwirkung von Barrieren wie pn-Übergängen oder Oxidschichten. Die Bauelemente werden in der Regel mit metallischen Leitbahnen kontaktiert, sodass zwangsläufig ein Metall-Halbleiter-Kontakt entsteht.

Im folgenden Abschnitt betrachten wir daher zunächst ausführlich Diodenstrukturen wie einen pn-Halbleiterübergang oder einen Schottky-Übergang. Wir leiten eine Beschreibung des Gleichstromverhaltens ab, welche wir dann um kapazitive Effekte zur Entwicklung eines Kleinsignalmodells ergänzen.

7.1.1 pn-Diode

In den folgenden Abschnitten wird zunächst der Stromfluss in einer klassischen pn-Halbleiterdiode in verschiedenen Betriebszuständen betrachtet. Anschließend wird daraus das dynamische Verhalten der Diode abgeleitet.

7.1.1.1 Schwache Injektion

In Abschnitt 4.5.1.2 wurden bereits die Grundlagen zur Berechnung der Ladungsträgerkonzentrationen an einem pn-Übergang gelegt. Nachfolgend greifen wir auf die Gleichungen (4.21), (4.22) zur Berechnung der Gleichgewichtskonzentrationen in den neutralen Zonen zurück. Mit (4.25) und (4.26) sind die Minoritätenkonzentrationen an den jeweiligen Grenzen zur Raumladungszone gegeben. Für die folgenden Betrachtungen ist wesentlich, dass die Konzentration der injizierten Minoritäten auch an der Grenze der Raumladungszone immer noch um Größenordnungen geringer als die Majoritätenkonzentration ist. Nur dann sind die Beziehungen gültig, welche wir zur Stromberechnung voraussetzen. Wir sprechen hierbei von dem Betriebsbereich der *schwachen Injektion*.

Bild 7.1 zeigt den Verlauf der Minoritätenkonzentration in den jeweiligen neutralen Zonen des Halbleiters (d. h. außerhalb der Raumladungszone). Aufgrund des Löcherüberschusses im p-dotierten Gebiet und der in Flussrichtung reduzierten elektrischen Feldstärke in der Raumladungszone können Löcher die Potenzialbarriere überwinden und in das n-dotiere Gebiet gelangen. Ursache für den Strom ist das Konzentrationsgefälle der Ladungsträger; es fließt also ein Diffusionsstrom. Die Löcher werden im n-Gebiet zu Minoriäten. Der über die Barriere transportierte Überschuss an Löchern bewirkt eine Rekombination der Ladungsträger. Daher nimmt die Löcherkonzentration im n-Gebiet $p_n(x)$ mit steigender Entfernung zur Raumladungszone ab, bis schließlich die Gleichgewichtskonzentration p_{n0} erreicht ist:

$$p_n(x) = \left(p_n(0) - p_{n0}\right) e^{-x/L_p} + p_{n0} \tag{7.1}$$

Charakteristisch für diesen exponentiellen Verlauf der Minoritätenkonzentration ist die *Diffusionslänge* L_p der Löcher im n-Gebiet. Sie gibt an, welche mittlere Strecke ein Loch zurücklegt, bevor es rekombiniert, und ergibt sich aus dem Schnittpunkt der Tangente an $p_n(x)$ an der Stelle $x = 0$ mit der Gleichgewichtskonzentration p_{n0} der Löcher im n-Gebiet.

Gleiches gilt für die Diffusion von Elektronen in das p-dotierte Gebiet, welche hier als Minoritäten innerhalb der mittleren Diffusionslänge L_n rekombinieren und schließlich die Gleichgewichtskonzentration n_{p0} erreichen.

Die Diffusionslängen hängen von der Lebensdauer der Minoritäten und deren Diffusionskonstanten ab:

$$L_n = \sqrt{D_n \tau_n} \qquad L_p = \sqrt{D_p \tau_p} \tag{7.2}$$

Die jeweiligen Diffusionsströme der Ladungsträger lassen sich auf einfache Art an den Grenzen der Raumladungszone bestimmen; und zwar der Elektronenstrom an der Grenze im p-Gebiet, der Löcherstrom an der Grenze im n-Gebiet:

$$j_n(0) = j_{n,\text{diff}}(0) = q D_n \left.\frac{\partial n}{\partial x}\right|_{x=0} = \frac{q D_n}{L_n} \left(n_p(0) - n_{p0}\right) \tag{7.3}$$

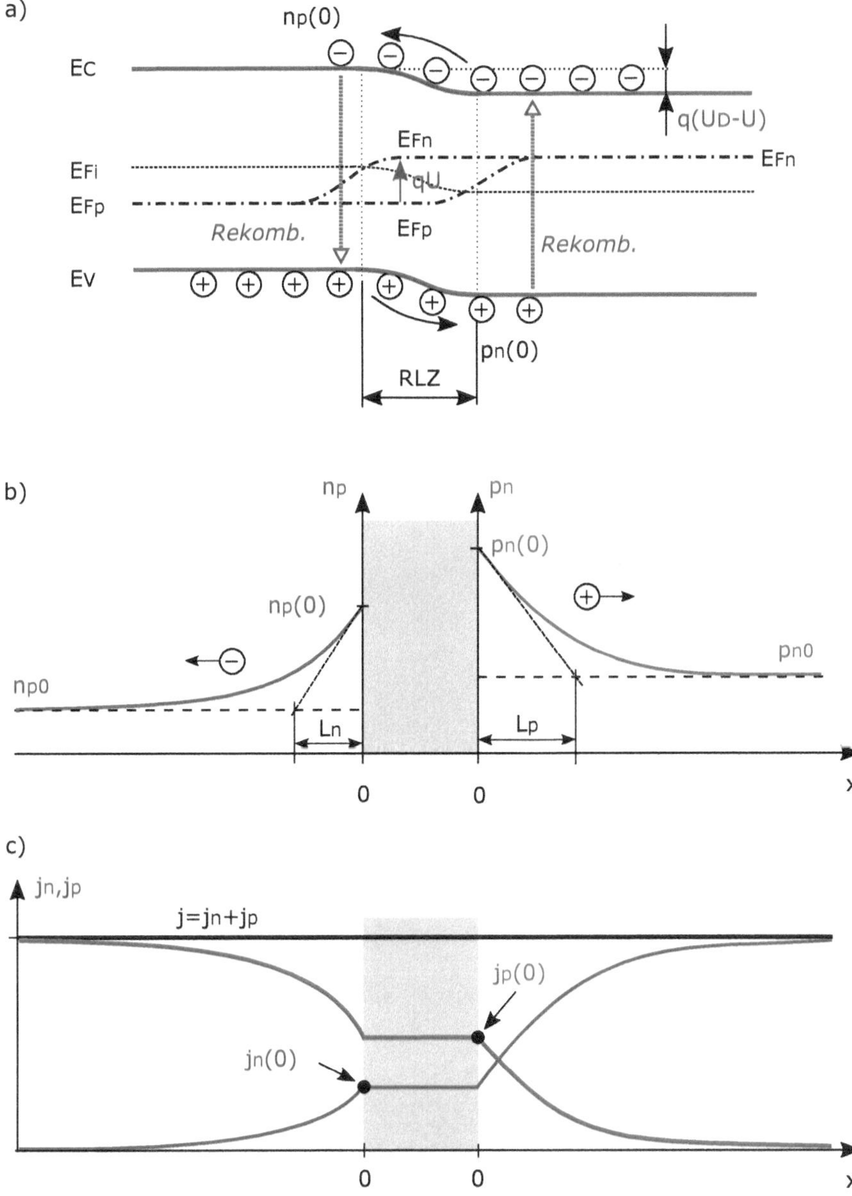

Bild 7.1 a) Darstellung des Bändermodells eines pn-Übergangs in Flussrichtung und b) Verlauf der Minoritätenkonzentrationen $p_n(x)$ und $n_p(x)$ in den neutralen Zonen. Die Grenze zur Raumladungszone ist jeweils für $x = 0$ angenommen. c) Verlauf der Elektronen- und Löcherstromdichten

$$j_\mathrm{p}(0) = j_\mathrm{p,diff}(0) = -qD_\mathrm{p}\left.\frac{\partial p}{\partial x}\right|_{x=0} = \frac{qD_\mathrm{p}}{L_\mathrm{p}}\left(p_\mathrm{n}(0) - p_\mathrm{n0}\right) \tag{7.4}$$

Unter Verwendung der Randkonzentrationen nach (4.25) und (4.26)

$$n_\mathrm{p}(0) = n_\mathrm{p0}\,\exp\left(\frac{U}{u_\mathrm{th}}\right) \tag{7.5}$$

$$p_\mathrm{n}(0) = p_\mathrm{n0}\,\exp\left(\frac{U}{u_\mathrm{th}}\right) \tag{7.6}$$

und der Gleichgewichtskonzentrationen $n_\mathrm{p0} = n_\mathrm{i}^2/N_\mathrm{A}$ bzw. $p_\mathrm{n0} = n_\mathrm{i}^2/N_\mathrm{D}$ lässt sich schreiben:

$$j_\mathrm{n}(0) = \frac{qD_\mathrm{n}}{L_\mathrm{n}} n_\mathrm{p0}\left(\exp\left(\frac{U}{u_\mathrm{th}}\right) - 1\right) = \frac{qn_\mathrm{i}^2 D_\mathrm{n}}{L_\mathrm{n} N_\mathrm{A}}\left(\exp\left(\frac{U}{u_\mathrm{th}}\right) - 1\right) \tag{7.7}$$

$$j_\mathrm{p}(0) = \frac{qD_\mathrm{p}}{L_\mathrm{p}} p_\mathrm{n0}\left(\exp\left(\frac{U}{u_\mathrm{th}}\right) - 1\right) = \frac{qn_\mathrm{i}^2 D_\mathrm{p}}{L_\mathrm{p} N_\mathrm{D}}\left(\exp\left(\frac{U}{u_\mathrm{th}}\right) - 1\right) \tag{7.8}$$

In größerer Distanz von der Raumladungszone nimmt der Gradient der jeweiligen Minoritätenkonzentation und damit der Diffusionsstrom ab. Da der Gesamtstrom im Bauelement aber an jeder Stelle x konstant sein muss, steigt mit Abnahme des Minoritätenstroms jeweils der Majoritätenstrom an. Dies verdeutlicht Bild 7.1c.

Unter der Annahme, dass innerhalb der Raumladungszone keine Generation oder Rekombination von Ladungsträgern stattfindet, sind die Stromdichten von Elektronen und Löchern an beiden Begrenzungen der Raumladungszone gleich.

Die Gesamtstromdichte ergibt sich aus der Addition der beiden Teilstromdichten. Ist der Querschnitt im gesamten Bauelement konstant, so ist damit auch die Stromdichte für alle x konstant und gegeben durch

$$j = j_\mathrm{n}(x) + j_\mathrm{p}(x) = j_\mathrm{n}(0) + j_\mathrm{p}(0) = \mathrm{const.} \tag{7.9}$$

Für eine Querschnittfläche A ergibt sich schließlich die *Shockley'sche Diodengleichung*:

$$I = I_\mathrm{s}\left(\exp\left(\frac{U}{u_\mathrm{th}}\right) - 1\right) \tag{7.10}$$

mit dem *Sperrstrom* oder *Sättigungsstrom* der Diode:

$$I_\mathrm{s} = qAn_\mathrm{i}^2\left(\frac{D_\mathrm{n}}{L_\mathrm{n} N_\mathrm{A}} + \frac{D_\mathrm{p}}{L_\mathrm{p} N_\mathrm{D}}\right) \tag{7.11}$$

Entsprechend ihrer jeweiligen Beiträge definieren wir auch die Sättigungsströme der Elektronen und Löcher am pn-Übergang mit $I_\mathrm{s} = I_\mathrm{s,n} + I_\mathrm{s,p}$:

$$I_\mathrm{s,n} = qAn_\mathrm{i}^2 \frac{D_\mathrm{n}}{L_\mathrm{n} N_\mathrm{A}} \tag{7.12}$$

$$I_\mathrm{s,p} = qAn_\mathrm{i}^2 \frac{D_\mathrm{p}}{L_\mathrm{p} N_\mathrm{D}} \tag{7.13}$$

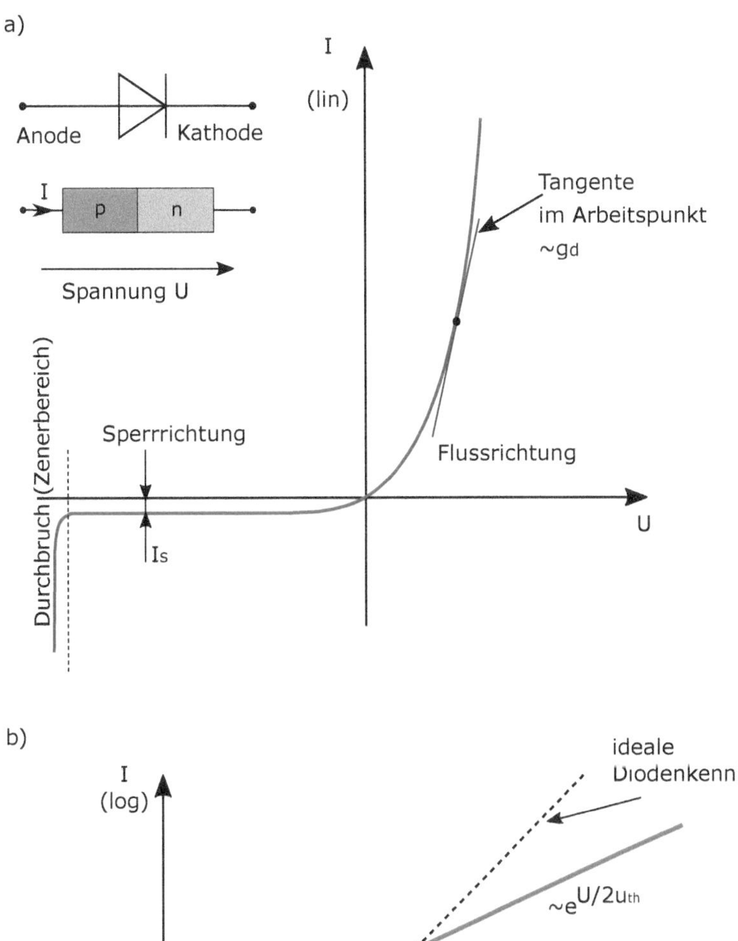

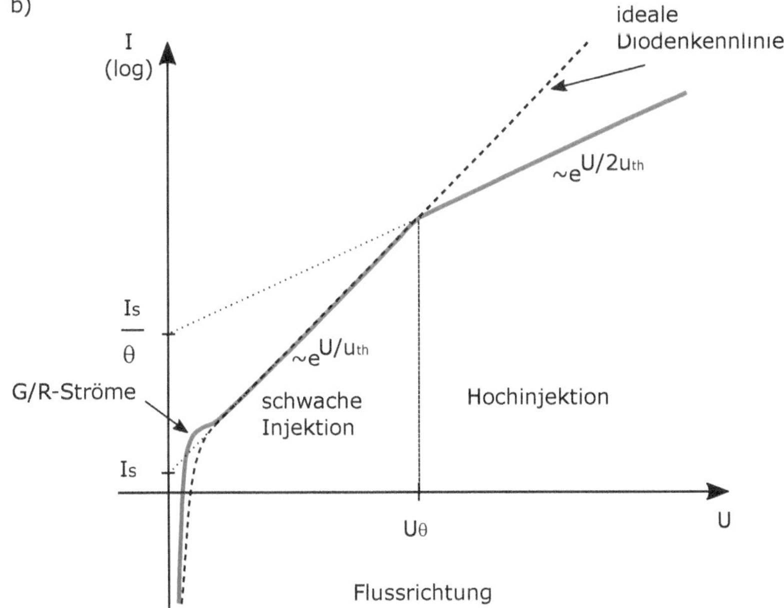

Bild 7.2 Darstellung der Diodenkennlinie im a) linearen und b) logarithmierten Maßstab. Die Steigung der Tangente im Arbeitspunkt bestimmt den Kleinsignalleitwert g_d der Diode.

Die *Diffusionsspannung* U_{D}, welche die Höhe der Potenzialbarriere im thermischen Gleichgewicht bestimmt, hängt gemäß (4.19) von der Bandlücke des Halbleiters ab. Eine Spannung in Flussrichtung kann in der Theorie maximal $U = U_{\mathrm{D}}$ erreichen; das Verschwinden der Potenzialbarriere entspricht dann einem Kurzschluss. Für Silizium beträgt die Diffusionsspannung bei Raumtemperatur $U_{\mathrm{D}} \approx 0.8\ldots0.9$ V, je nach Dotierungskonzentration. Im Vergleich dazu weist Germanium aufgrund seiner geringeren Bandlücke eine höhere Eigenleitungsdichte von $n_{\mathrm{i}} \approx 2.4 \cdot 10^{13}\ \mathrm{cm}^{-3}$ auf (vgl. Tabelle 4.1). Daraus resultiert bei gleichem Strom eine im Verhältnis zur Siliziumdiode geringere Spannung im Durchlassbereich von ca. $0.2\ldots0.3$ V.

Die Kennlinie der pn-Diode zeigt Bild 7.2 im linearen und logarithmierten Maßstab. Die Schockley'sche Diodengleichung beschreibt das elektrische Verhalten entsprechend der im logarithmischen Maßstab als ideal eingezeichneten Kennlinie. Für kleine Spannungen zeigt sich real ein größerer Strom aufgrund zusätzlicher Generation und Rekombination von Ladungsträgern in der Raumladungszone, welche wir vernachlässigt haben. Die Abweichungen für große Ströme betrachten wir im nachfolgenden Abschnitt.

7.1.1.2 Hohe Injektion

In der logarithmierten Darstellung von Bild 7.2 ist der Betriebsbereich der schwachen Injektion, welcher sich mithilfe der bisher abgeleiteten idealisierten Kennlinie beschreiben lässt, eingezeichnet. Kommt die Konzentration der injizierten Minoritäten in die Größenordnung der Majoritäten, dann verliert die Beschreibung mit (4.25), (4.26) ihre Gültigkeit.

Betrachten wir den Fall $N_{\mathrm{D}} \ll N_{\mathrm{A}}$, dann dominieren in der Stromgleichung die vom p-Gebiet in das n-Gebiet injizierten Löcher den Stromfluss ($I_{\mathrm{s,n}} \ll I_{\mathrm{s,p}}$) und wir können schreiben:

$$I \approx qA\frac{D_{\mathrm{p}}}{L_{\mathrm{p}}}\left(p_{\mathrm{n}}(0) - p_{\mathrm{n0}}\right) \tag{7.14}$$

Eine erforderliche Ladungsneutralität führt im Bereich der hohen Injektion zu einem schwächeren Anstieg der Minoritätenkonzentration an der Raumladungszone:

$$p_{\mathrm{n,h}}(0) = n_{\mathrm{i}}\,\exp\left(\frac{U}{2u_{\mathrm{th}}}\right) = \frac{p_{\mathrm{n}}(0)}{\theta} \tag{7.15}$$

Wir stellen einen schwächeren Anstieg der Exponentialfunktion durch den Term $2u_{\mathrm{th}}$ fest. Für den Parameter θ gilt

$$\theta = \frac{n_{\mathrm{i}}}{N_{\mathrm{D}}} \tag{7.16}$$

Mit (7.13) lautet die Kennliniengleichung einer Diode im Bereich der hohen Injektion:

$$I_{\mathrm{h}} \approx \frac{I_{\mathrm{s,p}}}{\theta}\left(\exp\left(\frac{U}{2u_{\mathrm{th}}}\right) - 1\right) \approx I_{\mathrm{s,h}}\exp\left(\frac{U}{2u_{\mathrm{th}}}\right) \tag{7.17}$$

wobei wir hier den Term -1 in der Klammer vernachlässigt haben (in hoher Injektion gilt $U \gg u_{\mathrm{th}}$). Aufgrund von $I_{\mathrm{s}} \approx I_{\mathrm{s,p}}$ für den betrachteten Fall können wir den Sättigungsstrom in hoher Injektion definieren als

$$I_{\mathrm{s,h}} \approx \frac{I_{\mathrm{s}}}{\theta} \tag{7.18}$$

Die logarithmische Darstellung in Bild 7.2 zeigt den Schnittpunkt der Kennlinien mit der vertikalen Achse für schwache und hohe Injektion an den Stellen I_{s} bzw. $I_{\mathrm{s,h}}$. Der Beginn der Hochinjektion wird damit bei Spannungen $U > U_{\theta}$ erreicht.

7.1.1.3 Sperrverhalten

Bild 7.3 zeigt das Bändermodell und den Verlauf der Minoritätenkonzentrationen bei Betrieb der Diode in Sperrrichtung. Aufgrund des elektrischen Feldes in der Raumladungszone werden Minoritäten an den Grenzen zur Raumladungszone in das jeweils gegenüberliegende Gebiet beschleunigt. Die Minoritätenkonzentrationen sinken daher zur Raumladungszone hin auf null ab. Die Gradienten an der Stelle $x = 0$ sind proportional zum Sperrstrom am pn-Übergang.

Die Shockley'sche Diodengleichung beschreibt hierbei einen idealisierten Verlauf. Der Durchbruch in Sperrrichtung ist nicht enthalten und kann auf zwei Effekte zurückgeführt werden.

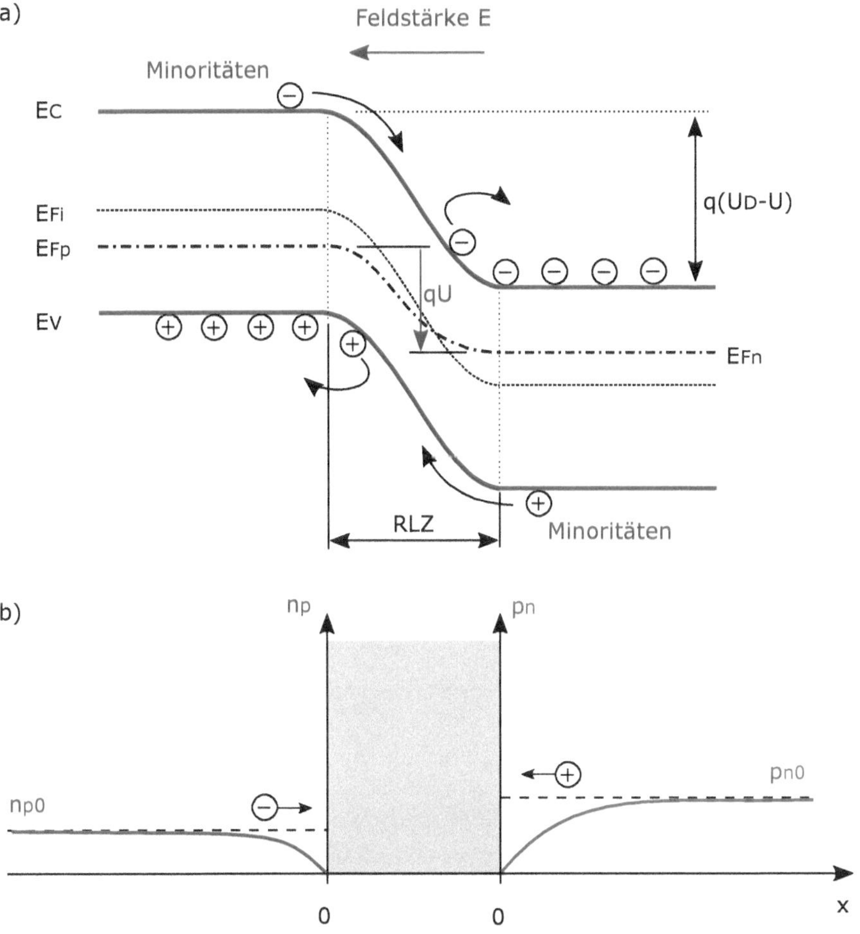

Bild 7.3 a) Darstellung des Bändermodells eines pn-Übergangs in Sperrrichtung und b) Verlauf der Minoritätenkonzentrationen $p_n(x)$ und $n_p(x)$ in den neutralen Zonen

Zener-Effekt

Kommt es im Sperrbetrieb zu einer Überlappung von Valenzband im p-dotierten Gebiet mit dem Leitungsband im n-Gebiet und ist aufgrund einer hohen Dotierungskonzentration die

Dicke der Raumladungszone im Bereich weniger Nanometer, dann kann es entsprechend der Darstellung in Bild 5.8 zu Band-zu-Band-Tunneln von Ladungsträgern durch die Barriere kommen. Beim Erreichen dieser Bedingung steigt der Strom in der Kennlinie daher steil an. Dieser Effekt ist die Grundlage für die Funktion einer *Zener-Diode*, wie sie zur Spannungsstabilisierung eingesetzt wird. Die Zener-Spannung kann im Herstellungsprozess über die Dotierungskonzentrationen der Halbleiterzonen eingestellt werden.

Lawinendurchbruch

Im Sperrbereich einer pn-Diode bilden Minoritäten beider Halbleiterzonen, welche in den Wirkungsbereichs des elektrischen Feldes der Raumladungszone kommen, den Sperrstrom (vgl. Bild 7.3). Mit Erhöhung der Spannung im Sperrbetrieb erhöht sich auch die elektrische Feldstärke in der Raumladungszone. Erreicht diese eine kritische *Durchbruchfeldstärke*, so kommt es beim Durchqueren der Minoritäten in der Raumladungszone zur *Stoßionisation*. Die Ladungsträger habe eine so große kinetische Energie aufgenommen, dass sie bei Kollision weitere Ladungsträger aus ihrer Bindung schlagen können. Nach der Stoßionisation werden die betreffenden Ladungsträger beide beschleunigt und können wiederum jeweils eine Stoßionisation auslösen. Es kommt zu einem lawinenartigen Anstieg des Stroms in Sperrrichtung, welcher den Durchbruch der Diode auslöst. Dieser Effekt ist verbunden mit der Durchbruchspannung von beispielsweise Gleichrichterdioden.

7.1.1.4 Sperrschichtkapazität

In Abschnitt 2.4.2 wurde die Poisson-Gleichung an einem pn-Übergang analytisch gelöst und schließlich mit (2.7) ein Ausdruck zur Berechnung der Ausdehnung der Raumladungszone berechnet. Die Ausweitung in die dotierten Gebiete ist von der Diffusionsspannung U_D und der von außen an den Kontakten angelegten Spannung U abhängig. Je größer die Spannung im Sperrbetrieb gewählt wird, desto höher ist die Potenzialbarriere und desto dicker ist die Raumladungszone.

Wird die Spannung über der Raumladungszone um ΔU verändert, dann müssen Ladungsträger der Menge ΔQ zu- oder abfließen, um die Raumladungszone zu verkleinern bzw. bei Ausweitung diese von Ladungsträgern zu befreien. Dies entspricht dem Verhalten einer Kapazität:

$$C_\mathrm{j} = \frac{\mathrm{d}Q}{\mathrm{d}U} \tag{7.19}$$

Man spricht in diesem Zusammenhang von einer *Sperrschichtkapazität* (engl. *junction capacitance*). Vereinfacht lässt sich diese unter Verwendung der Gleichung eines Plattenkondensators berechnen:

$$C_\mathrm{j} = \frac{\varepsilon_\mathrm{s} A}{d_\mathrm{RLZ}} = A \cdot \sqrt{\frac{q\varepsilon_\mathrm{s} N_\mathrm{A} N_\mathrm{D}}{2(U_\mathrm{D} - U)(N_\mathrm{A} + N_\mathrm{D})}} \tag{7.20}$$

wobei als Plattenabstand die Dicke der Raumladungszone nach (2.7) eingesetzt wurde. Parameter A ist die Querschnittsfläche des pn-Übergangs. Da die Raumladungszone sich überwiegend in das schwächer dotierte Halbleitergebiet ausdehnt, wird die Kapazität von der niedrigeren Dotierungskonzentration dominiert. Für $N_\mathrm{D} \gg N_\mathrm{A}$ erhält man somit:

$$C_\mathrm{j} \approx A \cdot \sqrt{\frac{q\varepsilon_\mathrm{s} N_\mathrm{A}}{2(U_\mathrm{D} - U)}} \tag{7.21}$$

Mit steigender Spannung U verringert sich die Ausdehnung der Raumladungszone und vergrößert sich die Sperrschichtkapazität. Demnach ist in Flussrichtung die Sperrschichtkapazität größer als in Sperrrichtung. Allerdings dominiert in diesem Fall ein weiterer kapazitiver Effekt das Verhalten, welches in Sperrrichtung nicht in Erscheinung tritt.

7.1.1.5 Diffusionskapazität

Die *Diffusionskapazität* bestimmt das kapazitive Verhalten eines pn-Übergangs in Flussrichtung und ergibt sich aus der Ladungsmenge ΔQ, welche bei einer Spannungsänderung ΔU zu- oder abfließen muss, um die Minoritätenkonzentration anzupassen. Bild 7.4 verdeutlicht den Sachverhalt am Verlauf der Löcherkonzentration im n-dotierten Gebiet.

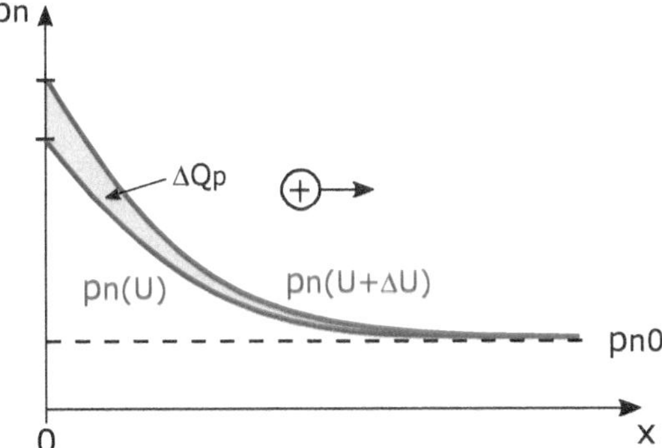

Bild 7.4 Verlauf der Minoritätenkonzentration an der Grenze zur Raumladungszone im n-dotierten Gebiet eines pn-Übergangs in Flussrichtung. Bei Änderung der Spannung um ΔU ändert sich der Funktionsverlauf. Die dargestellte Fläche entspricht der Ladung ΔQ_p, welche zu- oder abfließen muss.

Die Diffusionskapazität der Löcher ergibt sich aus

$$C_{\mathrm{diff,p}} = \frac{\mathrm{d}Q_\mathrm{p}}{\mathrm{d}U} = \frac{\mathrm{d}Q_\mathrm{p}}{\mathrm{d}I_\mathrm{p}} \cdot \frac{\mathrm{d}I_\mathrm{p}}{\mathrm{d}U} = \tau_{\mathrm{F,p}} \cdot \frac{\mathrm{d}I_\mathrm{p}}{\mathrm{d}U} \tag{7.22}$$

Der Differenzialquotient $\mathrm{d}I_\mathrm{p}/\mathrm{d}U = g_{\mathrm{d,p}}$ ist der Kleinsignalleitwert des Löcherstroms im Arbeitspunkt, der im folgenden Abschnitt im Rahmen der Erläuterung des Kleinsignalersatzschaltbildes bestimmt wird. Der Faktor $\tau_{\mathrm{F,p}}$ bezeichnet die *Transitzeit* der Löcher. Wir können sie ermitteln aus der Zeit, die bei gegebenem Stromfluss I_p an Löchern benötigt wird, um die Überschussladung Q_p an Minoritäten komplett zu erneuern:

$$Q_\mathrm{p} = \tau_{\mathrm{F,p}} I_\mathrm{p} = \tau_{\mathrm{F,p}} q A D_\mathrm{p} \frac{p_\mathrm{n}(0) - p_{\mathrm{n0}}}{L_\mathrm{p}} \tag{7.23}$$

wobei wir hier den Löcherstrom I_p mithilfe der Beziehung (7.4) beschrieben haben. Die gesamte Überschussladung ist gemäß (7.1) gegeben mit

$$\begin{aligned} Q_\mathrm{p} &= \int_0^\infty q A \left(p_\mathrm{n}(0) - p_{\mathrm{n0}}\right) \mathrm{e}^{-x/L_\mathrm{p}} \mathrm{d}x \\ &= -q A L_\mathrm{p} \left(p_\mathrm{n}(0) - p_{\mathrm{n0}}\right) \mathrm{e}^{-x/L_\mathrm{p}} \Big|_0^\infty = q A L_\mathrm{p} \left(p_\mathrm{n}(0) - p_{\mathrm{n0}}\right) \end{aligned} \tag{7.24}$$

Setzen wir die beiden Ausdrücke für Q_p gleich, erhalten wir:

$$\tau_{F,p} = \frac{L_p^2}{D_p} \tag{7.25}$$

Damit ist für eine Diffusionslänge nach (7.2) die Transitzeit gleich der Lebensdauer der Löcher: $\tau_{F,p} = \tau_p$.

Analog zu (7.22) lässt sich auch die Diffusionskapazität $C_{diff,n}$ der Elektronen aus ihrer Transitzeit $\tau_{F,n}$ und des Kleinsignalleitwerts $g_{d,n}$ bestimmen.

Die pn-Halbleiterdiode ist ein Minoritätsträgerbauelement. Ihre Funktion wird durch Diffusion und Rekombination von Minoritätsträgern bestimmt. Die Schaltgeschwindigkeit hängt damit in hohem Maße von der Lebensdauer der Minoritäten ab.

7.1.1.6 Kleinsignalersatzschaltbild

Der Kleinsignalleitwert einer pn-Diode ergibt sich aus der Tangentensteigung der Kennlinie im Arbeitspunkt (vgl. Bild 7.2). Für einen Betrieb in schwacher Injektion folgt aus (7.10)

$$g_d = \frac{dI}{dU} = \frac{d}{dU} I_s \left(\exp\left(\frac{U}{u_{th}}\right) - 1 \right)$$

$$= \frac{I_s}{u_{th}} \exp\left(\frac{U}{u_{th}}\right) = \frac{I + I_s}{u_{th}} \approx \frac{I}{u_{th}} \tag{7.26}$$

Das Kleinsignalersatzschaltbild einer pn-Diode zeigt Bild 7.5. Parallel zum Kleinsignalleitwert sind die im vorherigen Abschnitt beschriebene Sperrschicht- und Diffusionskapazität geschaltet, welche auch vom Arbeitspunkt abhängig sind. Zusätzlich ist noch ein Widerstand R_B in Reihe ergänzt, welcher den ohmschen Widerstand der Bahngebiete zwischen Raumladungszone und den Kontakten sowie einen eventuellen Widerstand der Kontakte selbst in einem Element zusammenfasst.

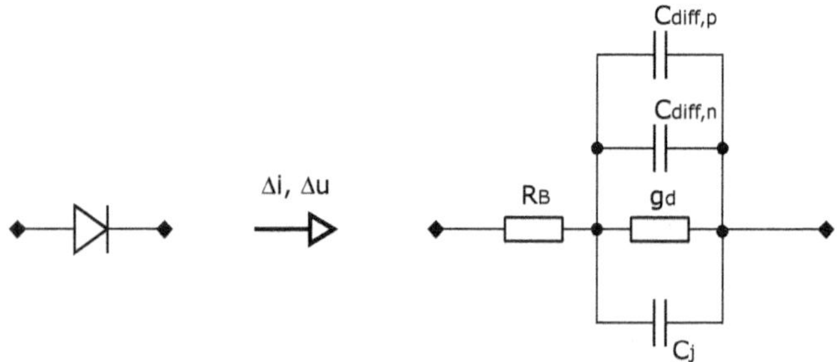

Bild 7.5 Kleinsignalersatzschaltbild einer pn-Halbleiterdiode

Verwenden Sie das Online-Simulationstool *PN Junction Lab* unter *http://nanohub.org/tools/pnjunctionlab* zur Darstellung des Bänderdiagramms und der Kennlinien von pn-Dioden mit verschiedenen Halbleitermaterialien und beliebigen Dotierungskonzentrationen.

7.1.2 Esaki-Tunneldiode

In Abschnitt 7.1.1.3 über das Sperrverhalten einer pn-Halbleiterdiode haben wir für eine hohe Dotierungskonzentration und entsprechend dünne Raumladungszone einen möglichen Tunnelstrom durch die Sperrschicht betrachtet *(Zener-Effekt)*. Für genügend große Sperrspannung kommt es zu einer Überlappung zwischen Valenzband im p-dotierten Gebiet und dem Leitungsband im n-Gebiet.

Bei der sogenannten *Esaki-Tunneldiode*[1] sind die Dotierungskonzentrationen in beiden Gebieten so hoch, dass das Fermi-Niveau im Valenz- bzw. Leitungsband liegt *(entarteter Halbleiter*, vgl. Abschnitt 4.4.2*)*. Bild 7.6a zeigt die Kennlinie und das Schaltbild. Bild 7.6b–d verdeutlicht das Bändermodell in den nachfolgend beschriebenen Betriebsbereichen:

- *Thermisches Gleichgewicht:*

  Wie in Bild 7.6b gezeigt, überlappt im thermischen Gleichgewicht das Valenzband des p-dotierten Bereichs mit dem Leitungsband des n-dotierten Halbleiters. Daher kann es bereits für eine Spannung von $U \approx 0$ zu einem Band-zu-Band-Tunneln von Ladungsträgern kommen.

- *Sperrrichtung:* $U < 0$

  In Sperrrichtung vergrößert sich der Überlappungsbereich der Bänder. Daher verhindert der Tunnelprozess hier eine Sperrwirkung der Diode. Daraus resultiert im Sperrbereich der Kennlinie ein starker Stromanstieg (Bild 7.6a).

- *Flussrichtung:* $U < U_\mathrm{P}$

  Wird die Spannung U in Flussrichtung gepolt (vgl. Bändermodell Bild 7.6c), dann führt der Band-zu-Band-Tunnelprozess ebenfalls zunächst zu einem steilen Stromanstieg, bis ein Maximum des Stroms bei der Spannung U_P (für engl. *peak*) erreicht wird.

- *Flussrichtung:* $U_\mathrm{P} < U < U_\mathrm{V}$

  Steigt die Spannung weiter, so verringert sich der Überlappungsbereich der Bänder und der Strom sinkt. Wird der in Bild 7.6d gezeigte Zustand des Bändermodells erreicht, kann kein Tunnelstrom mehr fließen und es wird für U_V (für engl. *valley*) ein Minimum in der Strom-Spannungs-Kennlinie erreicht. Im Intervall $U_\mathrm{P} < U < U_\mathrm{V}$ zeigt die Kennlinie einen negativen differenziellen Leitwert $g_\mathrm{d} < 0$.

- *Flussrichtung:* $U_\mathrm{P} < U < U_\mathrm{V}$

  Für genügend große Spannung verhält sich die Esaki-Tunneldiode wie eine klassische pn-Halbleiterdiode. Ladungsträger können zunehmend die Barriere durch thermische Emission überqueren und es ergibt sich der exponentielle Anstieg des Diffusionsstroms.

Der negativ differenzielle Leitwert im Intervall $U_\mathrm{P} < U < U_\mathrm{V}$ ist der für die Anwendung einer Tunneldiode interessante Bereich. Liegt der Arbeitspunkt in diesem Intervall und betrachtet man das Kleinsignalverhalten, dann kann dieser Effekt zum Ausgleich von Verlustwiderständen in einem Schwingkreis genutzt werden. Daher kommen Tunneldioden insbesondere in der Hochfrequenztechnik zur Entdämpfung von Schwingkreisen zur Anwendung. Da der Tunnelprozess keine Trägheit aufweist, sind Schaltfrequenzen von bis zu mehreren 100 GHz möglich.

[1] Leo Esaki (geb. 1925), japanischer Physiker, erfand 1957 die nach ihm benannte Tunneldiode. Er erhielt 1973 zusammen mit Ivar Giaever und Brian David Josephson den Physik-Nobelpreis für experimentelle Entdeckungen bzgl. Tunnelprozessen in Halb- und Supraleitern.

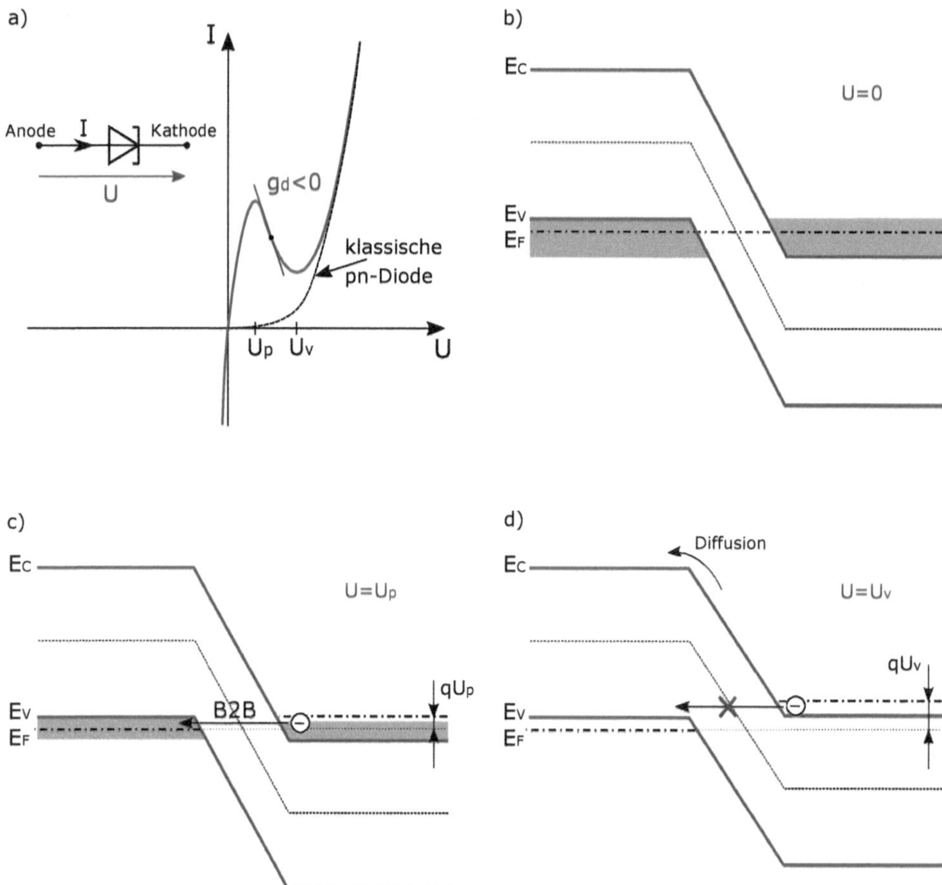

Bild 7.6 a) Kennlinie und Schaltbild einer Esaki-Tunneldiode. Bändermodell einer Esaki-Tunneldiode in verschiedenen Betriebszuständen: b) Thermisches Gleichgewicht. c) Spannung $U = U_p$ in Flussrichtung: maximaler Tunnelstrom. d) Minimaler Strom in Flussrichtung für $U = U_V$. Wie bei einer gewöhnlichen pn-Halbleiterdiode nimmt der Diffusionsstrom über die Barriere mit steigender Spannung U exponentiell zu. In b) und c) kommt es zur Überlappung des Valenzbands des p-dotierten Bereichs mit dem Leitungsband des n-dotierten Bereichs (farblich markiert). Hier kann es zum Band-zu-Band-Tunneln von Ladungsträgern kommen. In d) ergibt sich keine Überlappung; ein Tunneln von Ladungsträgern ist daher nicht möglich.

7.1.3 Resonante Tunneldiode

Die *resonante Tunneldiode* (RTD) stellt gegenüber der Esaki-Tunneldiode eine Verbesserung hinsichtlich eines ausgeprägteren Bereichs mit negativ differenziellem Leitwert dar. Bild 7.7 illustriert den prinzipiellen Aufbau mit dem Bändermodell und zeigt die Kennlinie. Die RTD besteht aus mehreren dünnen Schichten von Halbleitermaterialien *(Heterostruktur)* mit unterschiedlicher Bandlücke und ist symmetrisch aufgebaut. Zur Erläuterung der Funktionsweise reicht nachfolgend die Betrachtung des Leitungsbandes und Fermi-Niveaus aus.

Zentral entsteht ein schmaler Potenzialtopf für die Elektronen, in welchem sich durch Quantum-Confinement das Leitungsband in Eigenenergien auffächert (vgl. Abschnitt 3.3). In Bild 7.7 ist die niedrigste Eigenenergie mit ε_1 bezeichnet. Sie liegt im thermischen Gleichgewicht höher als das Fermi-Niveau in den Anschlusszonen. Zu beiden Seiten ist der Topf durch Potenzialbarrieren begrenzt, welche nur eine Dicke von wenigen Nanometern haben und so ein Tunneln von Ladungsträgern ermöglichen. Diese Barrieren werden durch die Verwendung eines Materials mit größerer Bandlücke als im Topf und in den Anschlusszonen realisiert. Das Prinzip der RTD basiert darauf, dass nur Ladungsträger mit der Energie ε_1 in den Potenzialtopf tunneln können; für Elektronen mit anderer Energie ist kein erlaubter Zustand vorhanden. Die Wellenfunktion eines Elektrons muss also *in Resonanz* mit dem Potenzialtopf sein. Die Anschlusszonen sind so hoch dotiert, dass E_F im Leitungsband liegt.

Folgende Betriebszustände lassen sich unterscheiden:

- *Thermisches Gleichgewicht:*

  Befinden sich beide Anschlusszonen auf gleichem Potenzial, dann gilt $\varepsilon_1 > E_F$. In den Anschlusszonen sind daher nur wenige Zustände mit der Energie ε_1 besetzt (Bild 7.7c).

- $0 < U < U_p$:

  Wird eine Spannung $U < U_p$ zwischen beiden Kontakten angelegt, dann können Elektronen der Energie ε_1 in den Potenzialtopf tunneln. Mit steigender Spannung verschiebt sich die Eigenenergie gegenüber E_F nach unten. Aufgrund der Fermi-Verteilung erhöht sich daher die Anzahl der Elektronen, welche den Potenzialtopf erreichen können. Diese verlassen den Topf auf der anderen Seite, indem sie durch diese zweite Barriere tunneln, denn in der zweiten Anschlusszone liegt die Energie ε_1 im Leitungsband (Bild 7.7d). Der Strom steigt exponentiell an und erreicht ein Maximum (Peak).

- $U_p < U < U_v$:

  Eine weitere Erhöhung der Spannung verschiebt die Energie ε_1 gegenüber E_F nach unten, bis sie unterhalb der Unterkante des Leitungsbandes der linken Anschlusszone liegt. Ist dieser Zustand erreicht, finden keine Elektronen aus dem Leitungsband einen erlaubten Zustand im Topf. In diesem Intervall zeigt sich in der Kennlinie ein negativ differenzieller Leitwert. Der Strom erreicht ein Minimum (Valley) bei der Spannung $U = U_v$ (Bild 7.7e). Hierbei sind alle Elektronen des Leitungsbandes in Bezug auf den Topf *außer Resonanz*.

- $U > U_v$:

  Überschreitet die Spannung den Wert U_v, dann kommt es zu einem weiteren Stromanstieg, verursacht durch thermische Emission von Ladungsträgern über die Potenzialbarriere oder durch Besetzung einer weiteren höheren Eigenenergie ε_2 (im Bild 7.7 nicht eingezeichnet).

Aufgrund des symmetrischen Aufbaus zeigt die RTD im Gegensatz zur Esaki-Tunneldiode eine punktsymmetrische Kennlinie. Eine Optimierung des Verhaltens bezüglich des negativen differenziellen Leitwerts ist durch die Wahl der Materialien und deren Schichtdicken möglich.

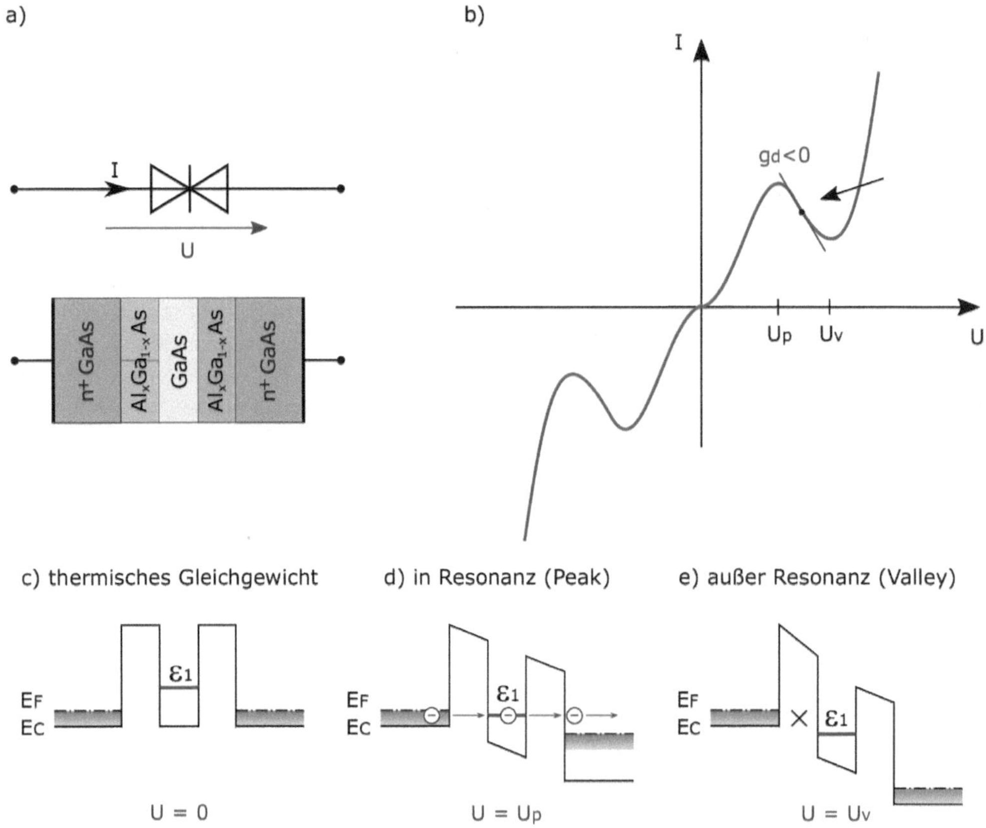

Bild 7.7 a) Schaltbild, Aufbau und b) Kennlinie einer RTD. Bändermodell c) im thermischen Gleichgewicht, d) in Resonanz, e) außer Resonanz.

Verwenden Sie das Online-Simulationstool *Resonant Tunneling Diode Simulation with NEGF* unter *http://nanohub.org/tools/rtdnegf* zur Erstellung einer RTD mit unterschiedlichen Schichtdicken und Dotierungskonzentrationen, Simulation der Kennlinie und Auswertung des Bänderdiagramms in verschiedenen Betriebszuständen.

7.1.4 Schottky-Diode

An einem Schottky-Übergang sind zwei Mechanismen für den Stromfluss zu unterscheiden: der Transport von Ladungsträgern durch thermische Emission über die Barriere oder ein Tunneln durch die Barriere.

7.1.4.1 Thermischer Emissionsstrom

In Abschnitt 4.5.2 wurden die Betriebszustände einer Schottky-Barriere anhand des Bändermodells erläutert. Nachfolgend wird die Stromgleichung einer Schottky-Diode abgeleitet.

Bild 7.8 zeigt das Schaltsymbol des Bauelements sowie den Aufbau und das Bändermodell für eine Realisierung mit n-leitendem Halbleitermaterial.

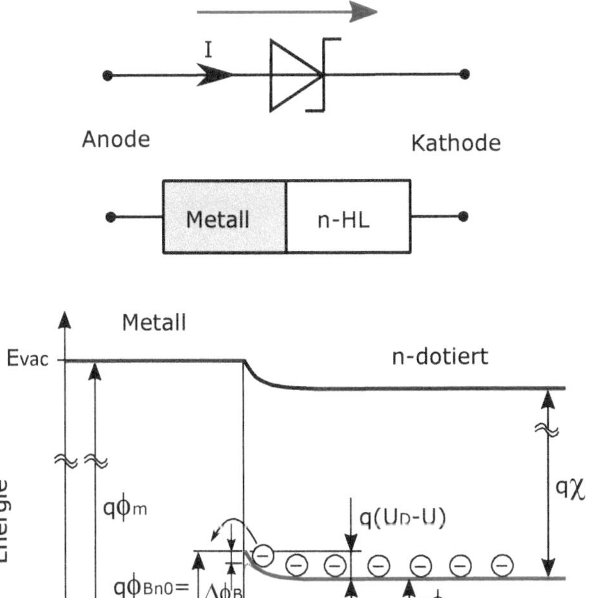

Bild 7.8 Aufbau, Schaltsymbol und Bändermodell eines Schottky-Übergangs bei Polung in Flussrichtung

Für einen Stromfluss müssen die Ladungsträger durch *thermische Emission* die Schottky-Barriere überwinden. Prinzipiell können Elektronen sowohl vom Metall in den Halbleiter als auch umgekehrt die Barriere überwinden. Für den Übergang vom Metall in den Halbleiter ist die Barrierenhöhe vereinfacht durch ihre intrinsische Höhe $q\phi_{\mathrm{Bn0}}$ mit (4.28) gegeben:

$$q\phi_{\mathrm{Bn0}} = q(\phi_{\mathrm{m}} - \chi) \tag{7.27}$$

Die zugehörige Stromdichte beträgt dann

$$j_{\mathrm{m}\to\mathrm{s}}^{\mathrm{th}} = R^* T^2 \exp\left(-\frac{q\phi_{\mathrm{Bn0}}}{k_{\mathrm{B}} T}\right) \tag{7.28}$$

Hierbei ist R^* die effektive *Richardson-Konstante*[2], welche sich mit der Beziehung

$$R^* = \frac{m_{n,p}}{m_0} R \tag{7.29}$$

aus der effektiven Masse der Ladungsträger im Kristall und der Richardson-Konstanten

$$R = \frac{4\pi q m_0 k_B^2}{h^3} \approx 120\,\mathrm{A/(cm^2K^2)} \tag{7.30}$$

eines freien Elektrons berechnen lässt. Für eine genauere Betrachtung verweisen wir auf weiterführende Literatur wie beispielsweise [9].

Für die Emission von Ladungsträgern aus dem Halbleiter in das Metall ist die Barrierenhöhe von der angelegten Spannung U abhängig:

$$j_{s\to m}^{th} = R^* T^2 \exp\left(-\frac{q\left(\phi_{Bn0} - U\right)}{k_B T}\right) \tag{7.31}$$

Im thermischen Gleichgewicht mit $U = 0$ halten sich die Ströme beider Richtungen die Waage, denn der Gesamtstrom ist null. Bei positiv angelegter Spannung reduziert sich dagegen die Barrierenhöhe um den Betrag qU für die Ladungsträger aus dem Halbleiter.

Aus der Nettobilanz der beiden Stromdichten ergibt sich nach Multiplikation mit der Querschnittsfläche A für den Gesamtstrom in einer Schottky-Diode:

$$I^{th} = A\left(j_{s\to m}^{th} - j_{m\to s}^{th}\right) = AR^* T^2 \exp\left(-\frac{q\phi_{Bn0}}{k_B T}\right)\left(\exp\left(\frac{U}{u_{th}}\right) - 1\right) \tag{7.32}$$

Der Ausdruck ist ähnlich der Shockley'schen Diodengleichung (7.10) an einem pn-Übergang. Entsprechend nennen wir den Vorfaktor

$$I_s^{th} = AR^* T^2 \exp\left(-\frac{q\phi_{Bn0}}{k_B T}\right) \tag{7.33}$$

den *Sättigungsstrom* oder auch *Sperrstrom* der Schottky-Diode.

Berücksichtigen wir zusätzlich den Effekt der Barrierenreduzierung nach Abschnitt 4.5.2.4, dann verwenden wir in den obigen Gleichungen statt ϕ_{Bn0} die effektive Barrierenhöhe ϕ_{Bn} nach (4.31), wobei diese dann wegen des Einflusses des elektrischen Feldes an der Grenzfläche eine zusätzliche Arbeitspunktabhängigkeit bedeutet.

Die Schottky-Diode ist ein Majoritätsträgerbauelement. Ihre Funktion wird nicht durch Diffusion und Rekombination von Minoritätsträgern bestimmt. Dies begründet die höhere Schaltgeschwindigkeit von Schottky-Dioden im Vergleich zu pn-Halbleiterdioden.

[2] Owen Willans Richardson (1879–1959), englischer Physiker, erläuterte 1901 den glühelektrischen Effekt durch die Richardson-Gleichung, wofür er 1928 den Nobelpreis für Physik erhielt.

7.1.4.2 Tunnelstrom

Ist der Halbleiter im Bereich des Schottky-Übergangs sehr hoch dotiert (> 10^{19} cm^{-3}), dann wird die Raumladungszone im Bereich der Bandverbiegung sehr dünn (wenige Nanometer). Dies hat zur Folge, dass Ladungsträger die Barriere durchtunneln können. Damit geht die Gleichrichterwirkung der Schottky-Diode verloren, es entsteht ein ohmscher Kontakt zwischen Metall und Halbleiter. Dies ist wichtig bei jeglicher Kontaktierung von Halbleiterbauelementen mit metallischen Verbindungsleitungen. Im Bereich der Kontaktstelle muss eine hohe Dotierung vorgesehen werden, damit keine parasitären Schottky-Dioden das Bauelementverhalten beeinflussen.

Im Folgenden soll am Beispiel einer Schottky-Barriere die prinzipielle Vorgehensweise zur Berechnung von Tunnelströmen erläutert werden. Zentral ist die Bestimmung der *Tunnelwahrscheinlichkeit*, die wir bereits in Abschnitt 3.6 eingeführt hatten.

Wir beziehen uns auf Bild 7.9 für den Berechnungsansatz und betrachten eine metallische Zone mit Fermi-Niveau E_{Fm} und einen n-dotierten Halbleiter mit Fermi-Niveau E_{Fs}. Aufgrund der dünnen Raumladungszone sei ein Ladungsträgeraustausch durch einen Tunnelprozess möglich mit einer von der Ladungsträgerenergie ε abhängigen Wahrscheinlichkeit $\mathbf{T}(\varepsilon)$.

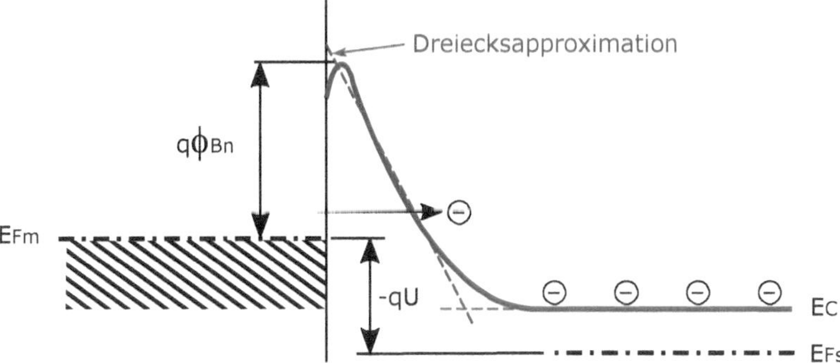

Bild 7.9 Ausschnitt des Bändermodells eines Schottky-Übergangs mit Darstellung des Tunnelstroms und Approximation der Barriere durch ein Dreiecksprofil. Es gilt $U < 0$ (Sperrrichtung).

Für jede Energie ist die Stromdichte aufgrund des Tunnelns von Elektronen aus dem Metall in den Halbleiter proportional zu dem Produkt aus $\mathbf{T}(\varepsilon)$ mit dem Wert der Fermi-Verteilung $f_{\text{m}}(\varepsilon)$ der besetzten Zustände im Metall und der Wahrscheinlichkeit $(1 - f_{\text{s}}(\varepsilon))$ für einen unbesetzten Zustand im Halbleiter. Die Integration erfolgt über den Energiebereich $E_{\text{C}} < \varepsilon < E_{\text{Fm}} + q\phi_{\text{Bn}}$:

$$j_{\text{m}\to\text{s}}^{\text{tun}} = \frac{R^* T^2}{k_{\text{B}} T} \int_{E_{\text{C}}}^{E_{\text{Fm}}+q\phi_{\text{Bn}}} \mathbf{T}(\varepsilon) f_{\text{m}}(\varepsilon) \left(1 - f_{\text{s}}(\varepsilon)\right) \mathrm{d}\varepsilon \tag{7.34}$$

mit den Fermi-Verteilungsfunktionen

$$f_{\text{m}}(\varepsilon) = \frac{1}{1 + \exp\left(\frac{\varepsilon - E_{\text{Fm}}}{k_{\text{B}} T}\right)} \tag{7.35}$$

$$f_{\text{s}}(\varepsilon) = \frac{1}{1 + \exp\left(\frac{\varepsilon - E_{\text{Fm}} - qU}{k_{\text{B}} T}\right)} \tag{7.36}$$

In umgekehrter Richtung lautet die Stromdichte:

$$j_{\mathrm{s}\to\mathrm{m}}^{\mathrm{tun}} = \frac{R^* T^2}{k_\mathrm{B} T} \int_{E_\mathrm{C}}^{E_\mathrm{Fm}+q\phi_\mathrm{Bn}} \mathbf{T}(\varepsilon) f_\mathrm{s}(\varepsilon)\left(1 - f_\mathrm{m}(\varepsilon)\right) \mathrm{d}\varepsilon \tag{7.37}$$

Damit erhält man für die Nettobilanz des Tunnelstroms vom Metall in den Halbleiter, also von der Anode zur Kathode der Schottky-Diode mit der Querschnittsfläche A:

$$I^\mathrm{tun} = A\left(j_{\mathrm{s}\to\mathrm{m}}^{\mathrm{tun}} - j_{\mathrm{m}\to\mathrm{s}}^{\mathrm{tun}}\right) = \frac{AR^* T^2}{k_\mathrm{B} T} \int_{E_\mathrm{C}}^{E_\mathrm{Fm}+q\phi_\mathrm{Bn}} \mathbf{T}(\varepsilon)\left(f_\mathrm{s}(\varepsilon) - f_\mathrm{m}(\varepsilon)\right) \mathrm{d}\varepsilon \tag{7.38}$$

Treibende Kraft für den resultierenden Strom ist die Differenz der Fermi-Verteilungsfunktionen in den beiden Zonen.

Verwendet man die Boltzmann-Approximation, dann lässt sich schreiben:

$$\begin{aligned} I^\mathrm{tun} &= \frac{AR^* T^2}{k_\mathrm{B} T} \int_{E_\mathrm{C}}^{E_\mathrm{Fm}+q\phi_\mathrm{Bn}} \mathbf{T}(\varepsilon)\left(\mathrm{e}^{-\frac{\varepsilon - E_\mathrm{Fm} - qU}{k_\mathrm{B} T}} - \mathrm{e}^{-\frac{\varepsilon - E_\mathrm{Fm}}{k_\mathrm{B} T}}\right) \mathrm{d}\varepsilon \\ &= \frac{AR^* T^2}{k_\mathrm{B} T}\left(\mathrm{e}^{\frac{qU}{k_\mathrm{B} T}} - 1\right) \int_{E_\mathrm{C}}^{E_\mathrm{Fm}+q\phi_\mathrm{Bn}} \mathbf{T}(\varepsilon)\mathrm{e}^{-\frac{\varepsilon - E_\mathrm{Fm}}{k_\mathrm{B} T}} \mathrm{d}\varepsilon \\ &= I_\mathrm{s}^\mathrm{tun}\left(\exp\left(\frac{U}{u_\mathrm{th}}\right) - 1\right) \end{aligned} \tag{7.39}$$

Der Tunnelstrom durch die Barriere zeigt also eine ähnliche Strom-Spannungs-Charakteristik wie der thermische Emissionsstrom nach (7.32).

Der Verlauf der Bandverbiegung in Bild 7.9 ist näherungsweise dreieckig. Für diese Form einer Barriere haben wir in Abschnitt 3.6 mit der *Wentzel-Kramers-Brillouin-Approximation* eine analytisch geschlossene Lösung für die Tunnelwahrscheinlichkeit $\mathbf{T}(\varepsilon)$ abgeleitet. Approximieren wir den Verlauf des Leitungsbandes durch eine Dreieckbarriere mit der mittleren Feldstärke $|\vec{E}|$, dann können wir mit (3.41) schreiben:

$$\begin{aligned} I_\mathrm{s}^\mathrm{tun} &= \frac{AR^* T^2}{k_\mathrm{B} T} \int_{E_\mathrm{C}}^{E_\mathrm{Fm}+q\phi_\mathrm{Bn}} \mathbf{T}(\varepsilon)\mathrm{e}^{-\frac{\varepsilon - E_\mathrm{Fm}}{k_\mathrm{B} T}} \mathrm{d}\varepsilon \\ &\approx \int_{E_\mathrm{C}}^{E_\mathrm{Fm}+q\phi_\mathrm{Bn}} \exp\left(-\frac{4\sqrt{2m^*}\left(q\phi_\mathrm{Bn} - \varepsilon\right)^{3/2}}{3q\hbar|\vec{E}|}\right) \cdot \mathrm{e}^{-\frac{\varepsilon - E_\mathrm{Fm}}{k_\mathrm{B} T}} \mathrm{d}\varepsilon \end{aligned} \tag{7.40}$$

Wird der Halbleiter sehr hoch dotiert, dann ist die Raumladungszone am Schottky-Übergang sehr dünn und $\mathbf{T}(\varepsilon) \approx 1$. Es ist ein niederohmiger Kontakt entstanden. Für eine genauere physikalische Betrachtung verweisen wir auf weiterführende Literatur wie beispielsweise [9].

7.2 Bipolartransistor

Der erste technologisch realisierte elektronische Schalter in einem Festkörper war der *Bipolartransistor*[3]. Er besteht aus zwei entgegengesetzt gepolten pn-Diodenstrukturen.

Bild 7.10 zeigt das Schaltbild und den prinzipiellen Aufbau eines Bipolartransistors mit pnp-Schichtfolge. Die drei Zonen mit den Dotierungskonzentrationen N_E, N_B bzw. N_C werden kontaktiert und bilden die Anschlüsse Emitter, Basis und Kollektor.

Das Schaltbild zeigt zwischen Basis und Emitter einen Pfeil, welcher entsprechend dem Symbol einer Diode vom p- zum n-dotierten Gebiet zeigt.

7.2.1 Funktionsweise in eindimensionaler Näherung

Wir unterscheiden drei Betriebszustände des Bipolartransistors:

- *Aktiv-normaler Betrieb* oder *linearer Betriebsbereich:*

  In diesem Fall ist der pn-Übergang zwischen Basis und Emitter in Flussrichtung, der Übergang zwischen Basis und Kollektor in Sperrrichtung gepolt. Dieser Zustand ist grundlegend zur Verwendung des Bipolartransistors in analogen Verstärkerschaltungen.
- *Sättigungsbetrieb:*

  Hierbei ist zusätzlich zum Basis-Emitter-Übergang auch der Basis-Kollektor-Übergang in Flussrichtung gepolt, dieser allerdings nur mit geringer Spannung ($|U_{BC}| \approx 0.5$ V). Dies tritt in der Regel auf, wenn der Transistor als elektronischer Schalter eingesetzt wird.
- *Inversbetrieb* oder *Rückwärtsbetrieb:*

  Dieser Betrieb ergibt sich, wenn Emitter und Kollektor vertauscht werden.

Zur Ableitung der Stromgleichung des Bauelements betrachten wir zunächst den Betrieb im *aktiv-normalen Betrieb.* Für diesen Arbeitsbereich zeigt Bild 7.10 den Verlauf der Minoritätenkonzentrationen in den neutralen Zonen und das Bändermodell.

In Emitter und Kollektor entspricht das Bändermodell dem Verlauf in einem in Flußrichtung (vgl. Bild 7.1) bzw. Sperrrichtung (vgl. Bild 7.3) gepolten pn-Übergang. Die Minoritätenkonzentration $n_E(0)$ im Emitter an der Grenze zur Raumladungszone ist aufgrund der Spannung $U_{EB} > 0$ gegenüber der Gleichgewichtskonzentration $n_{E0} = n_i^2 / N_E$ erhöht. Es fließt ein Diffusionsstrom von Elektronen aus der Basis in den Emitter. Angelehnt an (7.11) lässt sich für diesen Strom bei einer Querschnittsfläche A schreiben:

$$I_{B \to E} = qAn_i^2 \frac{D_E}{L_E N_E} \left(\exp\left(\frac{U_{EB}}{u_{th}} \right) - 1 \right) \tag{7.41}$$

wobei beim pnp-Transistor D_E für die Diffusionskonstante und L_E für die Diffusionslänge der Minoritäten im Emitter stehen. Beim hier betrachteten pnp-Transistor gilt also: $D_E = D_n$, $L_E = L_n$ und N_E ist die Akzeptorkonzentration im Emitter. Der mit (7.41) beschriebene Strom muss vom Basisanschluss geliefert werden.

[3] Der Bipolartransistor wurde im Jahre 1947 in den Bell Laboratories (USA) erfunden. William B. Shockley (1910–1989), Walter Brattain (1902–1987) und John Bardeen (1908–1991) erhielten aufgrund der Entdeckung des Transistoreffekts im Jahr 1956 den Nobelpreis für Physik.

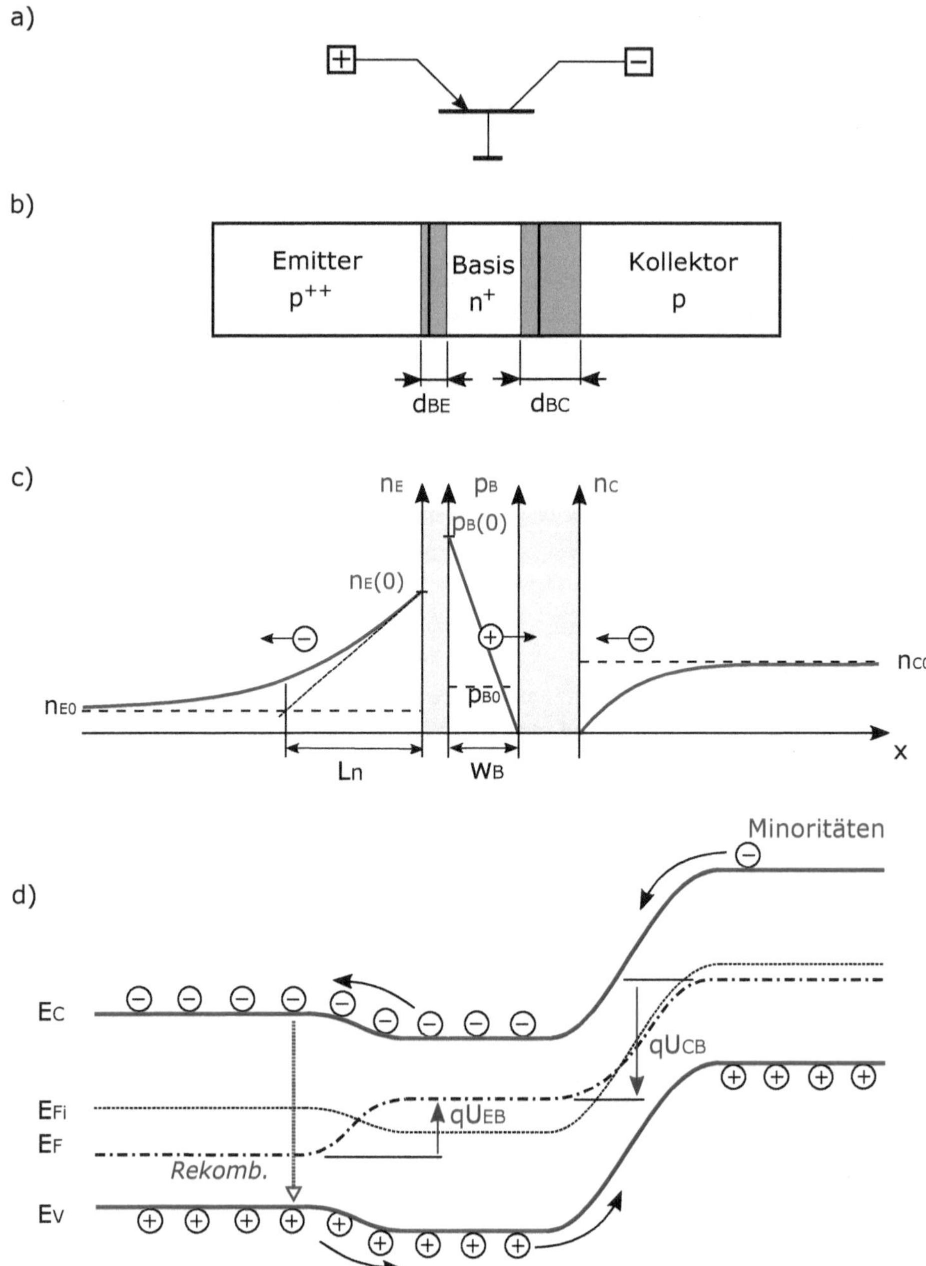

Bild 7.10 pnp-Bipolartransistor im aktiv-normalen Betrieb: a) Beschaltung, b) Aufbau und Ausbildung der Raumladungszonen, c) Verlauf der Minoritätenkonzentrationen, d) Bändermodell

Die *neutrale Basiszone* der Weite w_B ist der Abstand der beiden metallurgischen pn-Übergänge abzüglich des Anteils der jeweils in die Basis ausgeweiteten Raumladungszonen. Auch in diesem Bereich ist die Randkonzentration $p_B(0) = n_i^2/N_B$ der Minoritäten an der Grenze zur Emitter-Basis-Raumladungszone aufgrund von $U_{EB} > 0$ erhöht:

$$p_B(0) = p_{B0} \exp\left(\frac{U_{EB}}{u_{th}}\right) \tag{7.42}$$

Der pn-Übergang zum Kollektor befindet sich im betrachteten aktiven Betriebsbereich in Sperrrichtung. Daher ist hier die Minoritätenkonzentration $p_B = 0$.

Diese beiden Randbedingungen bestimmen den Diffusionstrom in der Basiszone. Die Ladungsträger, welche vom Emitter in die Basis injiziert werden, diffundieren in der Basis in Richtung Kollektor. Voraussetzung für eine möglichst große Stromverstärkung im Transistor ist, dass die Minoritäten in der Basiszone vor Erreichen der Basis-Kollektor-Raumladungszone nicht rekombinieren. Hierzu muss die Weite der neutralen Basis viel kürzer als die Diffusionslänge der Minoritäten in der Basis sein; es muss also gelten: $w_B \ll L_B$. Dies ist der grundlegende Unterschied zwischen einem Bipolartransistor und zwei entgegengesetzt zusammengeschalteter pn-Dioden. Die Basisweite wird im Herstellungsprozess so kurz wie möglich realisiert und liegt nur im Bereich von einem Zehntelmikrometer. Die Minoritäten, welche ohne vorherige Rekombination die Basis-Kollektor-Raumladungszone erreichen, durchqueren aufgrund des elektrischen Feldes die Sperrschicht und fließen dann als Majoritäten durch die Kollektorzone zum Kollektoranschluss.

Kann in der Basiszone die Rekombination aufgrund von $w_B \ll L_B$ vernachlässigt werden, dann hat die Minoritätenkonzentration wie in Bild 7.10c gezeigt näherungsweise einen dreieckförmigen Verlauf. Der zugehörige Diffusionsstrom beträgt dann:

$$I_{E\to B} = qAn_i^2 \frac{D_B}{w_B N_B}\left(\exp\left(\frac{U_{EB}}{u_{th}}\right) - 1\right) \tag{7.43}$$

Man beachte, dass hier nicht die Diffusionslänge L_B, sondern die Basisweite w_B den Gradienten bestimmt.

Die Minoritätenladung in der Basis ist entsprechend dem Dreieckprofil gegeben mit

$$Q_B = \frac{1}{2} qAp_B(0)\, w_B \tag{7.44}$$

Beschreiben wir entsprechend (7.24) den Emitter-zu-Basis-Strom mithilfe der *Transitzeit* τ_F, welche die Minoritäten zum Durchqueren der Basis benötigen:

$$I_{E\to B} = \frac{Q_B}{\tau_F} = qA\frac{p_B(0)\, w_B}{2\tau_F} \tag{7.45}$$

dann erhalten wir nach Gleichsetzen mit (7.43) für die Basistransitzeit:

$$\tau_F = \frac{w_B^2}{2D_B} \tag{7.46}$$

Gehen Minoritäten in der Basis durch Rekombination vor Erreichen des Kollektors verloren, dann müssen die dabei „verbrauchten" Majoritätsträger vom Basisanschluss nachgeliefert werden. Dieser zusätzliche Anteil am Basisstrom kann aus der Menge der in der Basis vorhandenen Minoritätsträger und ihrer mittleren Lebensdauer τ_B abgeschätzt werden:

$$I_{BB} = \frac{Q_B}{\tau_B} = qA\frac{p_B(0)\,w_B}{2\tau_B} \tag{7.47}$$

Setzt man den Strom ins Verhältnis zum Emitter-Basis-Injektionsstrom nach (7.45), erhalten wir:

$$\frac{I_{BB}}{I_{E\to B}} = \frac{\tau_F}{\tau_B} \tag{7.48}$$

Ist die Lebensdauer τ_B der Minoritäten in der Basiszone viel größer als deren Transitzeit τ_F, dann ist der Rekombinationsstrom gegenüber dem zum Kollektor transportierten Strom vernachlässigbar. Dies entspricht der oben genannten Bedingung $w_B \ll L_B$.

Einen weiteren Stromanteil im Transistor liefern noch die Minoritäten im Kollektor, welche am gesperrten Basis-Kollektor-Übergang einen Sperrstrom $I_{C\to B}$ hervorrufen. Dieser ist jedoch in der Regel vernachlässigbar.

Der Bipolartransistor ist ein Minoritätsträgerbauelement. Seine Funktion wird durch Diffusion und Rekombination von Minoritätsträgern bestimmt. Seine Stromverstärkung hängt in hohem Maße von der Lebensdauer der Minoritäten ab.

7.2.2 Early-Effekt

Wird die Sperrspannung über einem pn-Übergang vergrößert, dann dehnt sich dessen Raumladungszone weiter aus. Entsprechend der Betrachtungen in Abschnitt 2.4 erfolgt die Erweiterung der Raumladungszone zum größten Teil in das niedriger dotierte Gebiet.

Im aktiv-normalen Betrieb eines Bipolartransistors ist dessen pn-Übergang zwischen Basis und Kollektor in Sperrichtung betrieben. Wird die Kollektor-Basis-Spannung vergrößert, dann resultiert aus der Ausweitung der Raumladungszone in die Basiszone eine Verkürzung der verbleibenden neutralen Basisweite w_B um eine Länge d_B. Entsprechend Bild 7.10c führt dies zu einem steileren Verlauf des Minoritätenprofils in der Basis und damit gemäß (7.43) zu einem Anstieg des Stroms $I_{E\to B}$:

$$I_{E\to B} = qAn_i^2\frac{D_B}{(w_B - d_B)N_B}\left(\exp\left(\frac{U_{EB}}{u_{th}}\right) - 1\right) \tag{7.49}$$

Dieser unerwünschte Effekt wird *Early-Effekt* genannt und kann durch technologische Maßnahmen reduziert werden:

Zur Reduzierung des Early-Effekts sollte die Dotierungskonzentration im Kollektor niedriger als in der Basis sein. Hierdurch wird eine bevorzugte Ausdehnung der Basis-Kollektor-Raumladungszone in die Kollektorzone hinein erreicht, sodass im aktiv-normalen Betrieb der Kollektorstrom nahezu unabhängig von der Kollektor-Basis-Spannung ist.

Mit $d_B \ll w_B$ können wir annähern:

$$I_{E\to B} = qAn_i^2 \frac{D_B}{w_B(1 - d_B/w_B)N_B}\left(\exp\left(\frac{U_{EB}}{u_{th}}\right) - 1\right)$$
$$\approx qAn_i^2 \frac{D_B}{w_B N_B}\left(\exp\left(\frac{U_{EB}}{u_{th}}\right) - 1\right)\left(1 + \frac{d_B}{w_B}\right)$$
$$\approx qAn_i^2 \frac{D_B}{w_B N_B}\left(\exp\left(\frac{U_{EB}}{u_{th}}\right) - 1\right)\left(1 + \frac{|U_{CB}|}{V_A}\right) \quad (7.50)$$

Hierbei ist V_A die *Early-Spannung* des Transistors. Sie lässt sich aus dem Ausgangskennlinienfeld, welches wir im nächsten Abschnitt betrachten, grafisch bestimmen.

7.2.3 Stromgleichungen und Kennlinien

Zusammengefasst berechnen sich die Beträge der Klemmenströme im Transistor wie folgt:

$$I_E = I_{E\to B} + I_{B\to E} \quad (7.51)$$

$$I_B = I_{B\to E} + I_{BB} + I_{C\to B} \approx I_{B\to E} \quad (7.52)$$

$$I_C = I_{E\to B} - I_{BB} + I_{C\to B} \approx I_{E\to B} \quad (7.53)$$

Die angegebenen Näherungen gelten für die Vernachlässigung der Basisrekombination und des Kollektor-Basis-Sperrstroms.

Mit den Gleichungen (7.41) und (7.43) kann die maximal erreichbare *Stromverstärkung in Emitterschaltung* berechnet werden:

$$\beta_{max} = \frac{I_C}{I_B} \approx \frac{I_{E\to B}}{I_{B\to E}} = \frac{D_B L_E N_E}{D_E w_B N_B} \quad (7.54)$$

Die maximale *Stromverstärkung in Basisschaltung* ist gegeben mit

$$\alpha_{max} = \frac{I_C}{I_E} \approx \frac{I_{E\to B}}{I_{E\to B} + I_{B\to E}} = \frac{\frac{D_B}{w_B N_B}}{\frac{D_B}{w_B N_B} + \frac{D_E}{L_E N_E}} \approx 1 \quad (7.55)$$

Es ergibt sich folgende Schlussfolgerung:

Für eine große Stromverstärkung eines Bipolartransistors sollte die Dotierungskonzentration im Emitter größer als in der Basis sein. Die Weite der neutralen Basiszone sollte viel kürzer als die Diffusionslänge der Minoritäten sein.

Die Stromverstärkung ist für verschiedene Arbeitspunkte nicht konstant. Den prinzipiellen Verlauf von β gegenüber dem Kollektorstrom und die Ursache für die Variation verdeutlicht Bild 7.11 mit der Eingangs- und Übertragungskennlinie des Transistors.

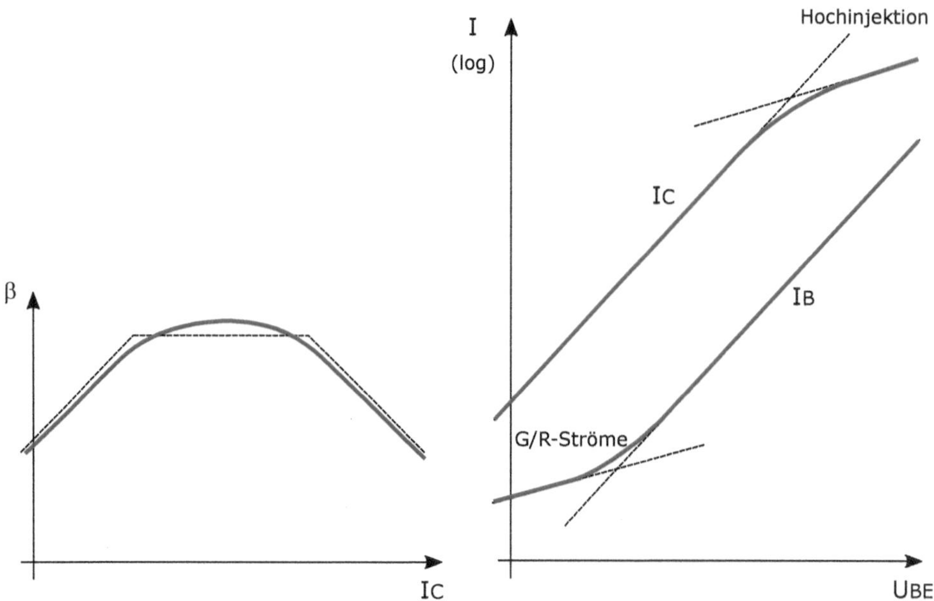

Bild 7.11 a) Verlauf der Stromverstärkung β gegenüber dem Kollektorstrom. b) Ein nichtidealer Verlauf der Eingangskennlinie $I_B(U_{BE})$ und der Übertragungskennlinie $I_C(U_{BE})$ sind die Ursache für das Absinken von β.

Für kleine Emitter-Basis-Spannung bewirken zusätzliche Generation-/Rekombinationsströme ein Absinken der Stromverstärkung. Für große Steuerspannung U_{EB} setzt für den Strom $I_{E\to B}$ die Hochinjektion ein (vgl. Abschnitt 7.1.1.2), verbunden mit einem schwächeren Anstieg. Dies lässt für großen Kollektorstrom die Stromverstärkung absinken.

Für die Stromgleichungen im pnp-Bipolartransistor lässt sich zusammenfassend schreiben:

$$I_C = I_{Cs}\left(\exp\left(\frac{U_{EB}}{u_{th}}\right)-1\right)\left(1+\frac{|U_{CB}|}{V_A}\right) \approx I_{Cs}\left(\exp\left(\frac{U_{EB}}{u_{th}}\right)-1\right)\left(1+\frac{|U_{CE}|}{V_A}\right) \quad (7.56)$$

mit dem Sättigungsstrom

$$I_{Cs} = qAn_i^2\frac{D_B}{w_B N_B} \quad (7.57)$$

und dem Basisstrom bzw. Emitterstrom

$$I_B = \frac{I_C}{\beta} \quad (7.58)$$

$$I_E = I_C + I_B \quad (7.59)$$

Da wir hier nur die Beträge der Klemmenströme betrachten, ist für einen npn-Bipolartransistor lediglich die Spannung U_{BE} anstelle von U_{EB} einzusetzen. Die Größen L_E, D_E, D_B sind die Parameter der Minoritäten in den jeweiligen Gebieten.

Bild 7.12 zeigt das Ausgangskennlinienfeld eines npn-Bipolartransistors in Emitterschaltung. Hierin können wir die unterschiedlichen Betriebsbereiche im *Vorwärtsbetrieb* unterscheiden:

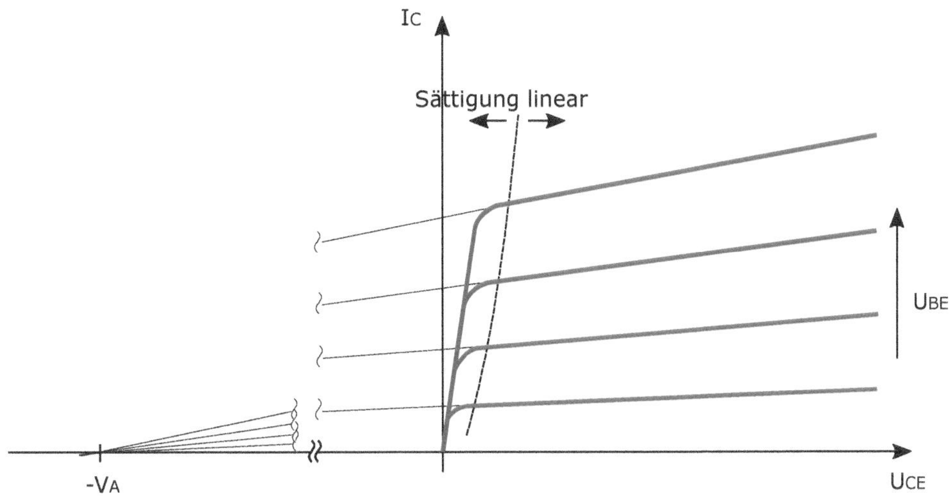

Bild 7.12 Ausgangskennlinienfeld eines npn-Bipolartransistors in Emitterschaltung

- Im *aktiv-normalen* oder *linearen Betriebsbereich* besteht über (7.58) ein linearer Zusammenhang zwischen Kollektor- und Basisstrom.
- Wird die Kollektor-Emitter-Spannung so klein, dass der pn-Übergang zwischen Basis und Kollektor in Flussrichtung gepolt wird, lässt der Transistoreffekt nach und die Kennlinien knicken nach unten zum Ursprung ab. Dies ist der *Sättigungsbereich* des Transistors.

Der Early-Effekt zeigt sich in einem leichten Anstieg der Kennlinien im linearen Bereich. Legt man hier Geraden an die Kennlinien an und verlängert diese, dann schneiden sie sich in nahezu einem Punkt auf der Achse U_{BE}. Dieser Schnittpunkt entspricht vom Betrag her ungefähr der in (7.50) eingeführten Early-Spannung V_{A}.

Verwenden Sie das Online-Simulationstool *BJT Lab* unter *http://nanohub.org/tools/bjt* zur Simulation eines Bipolartransistors zur Darstellung des Bänderdiagramms und der Kennlinien.

7.2.4 Ebers-Moll-Modell

Im vorherigen Abschnitt hatten wir den sogenannten *Vorwärtsbetrieb* des Bipolartransistors vorausgesetzt. Dabei werden die Ladungsträger von der Emitterzone in die Basis injiziert. Trotz des gleichen Leitfähigkeitstyps von Emitter und Kollektor waren die Zonen eindeutig festgelegt. Für eine große Stromverstärkung sollte die Dotierungskonzentration im Emitter größer als in der Basis sein; im Kollektor dagegen geringer, um den Early-Effekt gering zu halten.

Vertauscht man Emitter und Kollektor, dann werden Ladungsträger vom Kollektor in die Basiszone injiziert. Mann spricht dann vom *Inversbetrieb* oder *Rückwärtsbetrieb*. Für die genannten Effekte sind die Größenverhältnisse der Dotierungskonzentrationen zwar nachteilig. Die prinzipielle Funktionsweise des Bipolartransistors ist aber dennoch gegeben, wenn auch mit niedriger Stromverstärkung und starkem Einfluss des Early-Effekts.

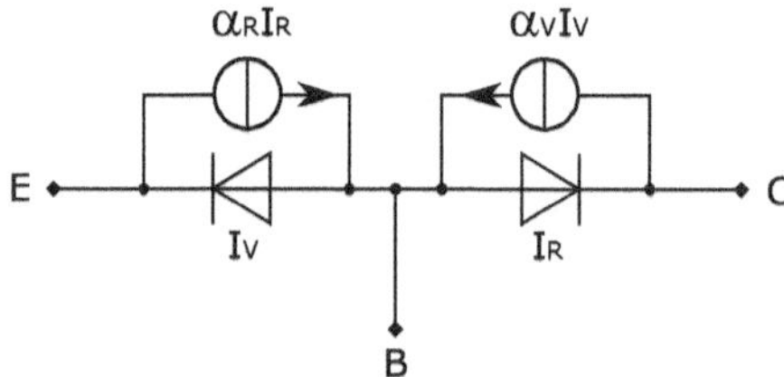

Bild 7.13 Ebers-Moll-Modell für einen npn-Bipolartransistor

Für eine vollständige Beschreibung des Bipolartransistors in einem Ersatzschaltbild muss der Inversbetrieb berücksichtigt werden. Dies leistet das *Ebers-Moll-Modell*[4], welches in Bild 7.13 dargestellt ist. Im Vorwärtsbetrieb wird der Emitterstrom durch eine Diode mit klassischer exponentieller Kennlinie beschrieben:

$$I_V = I_{E\to B} + I_{B\to E} = I_{Vs}\left(\exp\left(\frac{U_{BE}}{u_{th}}\right) - 1\right) \quad \text{mit} \quad I_{Vs} = qAn_i^2\left(\frac{D_B}{w_B N_B} + \frac{D_E}{L_E N_E}\right) \tag{7.60}$$

Der Anteil des Emitterstroms, welcher nicht vom Basisanschluss, sondern vom Kollektorknoten zufließt, wird durch eine vom Emitterstrom gesteuerte Stromquelle implementiert. Der Proportionalitätsfaktor ist durch die Stromverstärkung in Basisschaltung nach (7.55) gegeben:

$$\alpha_V = \frac{I_C}{I_E} = \frac{\frac{D_B}{w_B N_B}}{\frac{D_B}{w_B N_B} + \frac{D_E}{L_E N_E}} \tag{7.61}$$

Für den Rückwärtsbetrieb wird in gleicher Weise eine Diode zwischen Basis und Kollektor geschaltet:

$$I_R = I_{C\to B} + I_{B\to C} = I_{Rs}\left(\exp\left(\frac{U_{BC}}{u_{th}}\right) - 1\right) \quad \text{mit} \quad I_{Rs} = qAn_i^2\left(\frac{D_B}{w_B N_B} + \frac{D_C}{L_C N_C}\right) \tag{7.62}$$

wobei D_C und L_C die Diffusionskonstante bzw. die Diffusionslänge der Minoritäten im Kollektor sind.

Der Parameter der gesteuerten Stromquelle zwischen Basis und Emitter folgt aus der Stromverstärkung in Basisschaltung im Rückwärtsbetrieb:

$$\alpha_R = \frac{\frac{D_B}{w_B N_B}}{\frac{D_B}{w_B N_B} + \frac{D_C}{L_C N_C}} \tag{7.63}$$

Mit dem Ebers-Moll-Modell ergibt sich somit eine vollständige Beschreibung des Bipolartransistors für jegliche Betriebszustände und Polarität der angelegten Spannungen.

Es sei an dieser Stelle angemerkt, dass die oben beschriebenen Stromgleichungen eine homogene Dotierungskonzentration in der Basiszone voraussetzen. Dies ist allerdings aufgrund der Technologieschritte zur Dotierung eines Halbleiters (Diffusion, Ionenimplantation) in der Regel nicht gegeben. Ein Dotierstoffprofil bewirkt ein elektrisches Feld in der Basiszone,

[4] Benannt nach den US-amerikanischen Elektroingenieuren Jewell James Ebers (1921–1959) und John Lewis Moll (1921–2011).

welches einen zusätzlichen Drifteffekt auf den Ladungstransport ausübt. Dieser Effekt wird im *Gummel-Poon-Modell*[5] berücksichtigt, für das hier auf weiterführende Literatur verwiesen wird [9]. Das Modell ist die Grundlage zur Beschreibung des Bipolartransistors in Schaltungssimulatoren wie SPICE.

7.2.5 Kleinsignalersatzschaltbild

Bild 7.14 zeigt das Kleinsignalersatzschaltbild eines npn-Bipolartransistors für den aktiv-normalen Betriebsbereich. Der Transistor verhält sich wie eine von der Basis-Emitter-Spannung gesteuerte Stromquelle.

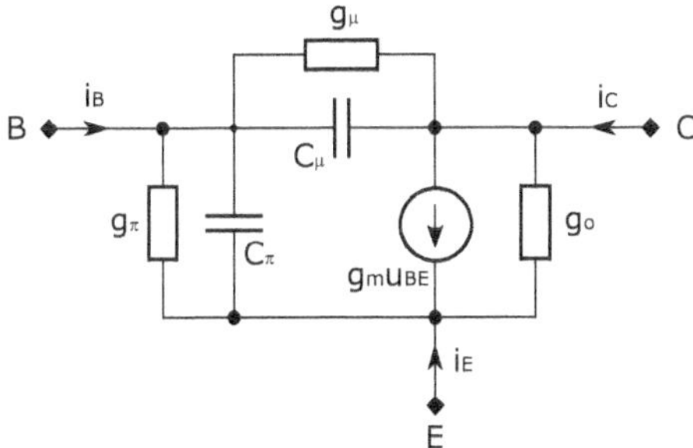

Bild 7.14 Kleinsignalersatzschaltbild eines npn-Bipolartransistors im aktiv-normalen Betrieb

Die Änderung des Kollektorstroms aufgrund einer Änderung der Basis-Emitter-Spannung bezeichnet man als die *Steilheit* oder *Transkonduktanz* des Bipolartransistors im Arbeitspunkt:

$$g_{\mathrm{m}} = \frac{\mathrm{d}I_{\mathrm{C}}}{\mathrm{d}U_{\mathrm{BE}}} = \frac{\mathrm{d}}{\mathrm{d}U_{\mathrm{BE}}} I_{\mathrm{Cs}} \left(\exp\left(\frac{U_{\mathrm{BE}}}{u_{\mathrm{th}}} \right) - 1 \right) \approx \frac{I_{\mathrm{C}}}{u_{\mathrm{th}}} \tag{7.64}$$

Der wirksame Kleinsignalleitwert g_π zwischen Basis und Emitter ergibt sich aus

$$g_\pi = \frac{\mathrm{d}I_{\mathrm{B}}}{\mathrm{d}U_{\mathrm{BE}}} = \frac{\mathrm{d}}{\mathrm{d}U_{\mathrm{BE}}} \frac{I_{\mathrm{C}}}{\beta} \approx \frac{g_{\mathrm{m}}}{\beta} \tag{7.65}$$

Aufgrund des Early-Effekts verhält sich der Transistor nicht wie eine ideale gesteuerte Stromquelle, sondern diese zeigt einen Innenwiderstand. Der zugehörige *Ausgangsleitwert* des Transistors errechnet sich aus

$$g_{\mathrm{o}} = \frac{\mathrm{d}I_{\mathrm{C}}}{\mathrm{d}U_{\mathrm{CE}}} = \frac{\mathrm{d}}{\mathrm{d}U_{\mathrm{CE}}} I_{\mathrm{Cs}} \left(\exp\left(\frac{U_{\mathrm{BE}}}{u_{\mathrm{th}}} \right) - 1 \right) \left(1 + \frac{|U_{\mathrm{CE}}|}{V_{\mathrm{A}}} \right) \approx \frac{I_{\mathrm{C}}}{V_{\mathrm{A}}} \tag{7.66}$$

und wird vom Early-Effekt bestimmt. Der Rückwirkungsleitwert

$$g_\mu = g_{\mathrm{o}} / \beta \tag{7.67}$$

zwischen Kollektor und Basis ist in der Regel vernachlässigbar.

[5] Benannt nach Hermann Gummel (geb. 1923), deutscher Physiker, und H. C. Poon.

Typische Werte für die Stromvertärkung liegen im Bereich $\beta = 50\ldots200$. Die Early-Spannung V_A liegt in der Größenordnung von 100 V und ist damit mehr als drei Größenordnungen größer als die Temperaturspannung u_{th}. Es gilt daher folgender Größenvergleich, welcher bei der Vereinfachung von Kleinsignalersatzschaltbildern hilfreich ist:

$$g_m \gg g_\pi \gg g_o \gg g_\mu \tag{7.68}$$

Im dynamischen Fall treten die in den Abschnitten 7.1.1.4 und 7.1.1.5 diskutierten kapazitiven Effekte an einem pn-Übergang in Erscheinung. Wir beschränken uns nachfolgend auf den *quasistatischen Fall*; das heißt, die im Transistor gespeicherten Ladungen können den angelegten Spannungen folgen. Eine Berechnung der Ladungen ist daher durch eine Gleichspannungsanalyse möglich.

Im hier betrachteten aktiv-normalen Betrieb ist die Basis-Emitter-Sperrschicht in Flussrichtung geschaltet, daher bestimmt hier die Diffusionskapazität das dynamische Verhalten. Berücksichtigen wir, dass für eine große Stromverstärkung die Dotierungskonzentration im Emitter viel höher ist als in der Basis (daher ist die Minoritätenkonzentration im Emitter viel kleiner als in der Basis), dominiert die Diffusionskapazität aufgrund der Minoritäten in der Basiszone. Entsprechend (7.22) können wir schreiben:

$$C_\pi = \frac{dQ_B}{dU_{BE}} = \frac{dQ_B}{dI_C} \cdot \frac{dI_C}{dU_{BE}} = g_m \tau_F \tag{7.69}$$

wobei wir die Basistransitzeit mit (7.46) berechnet haben zu $\tau_F = w_B^2/(2D_B)$.

Der Basis-Kollektor-Übergang ist dagegen in Sperrrichtung gepolt, sodass hier die Sperrschichtkapazität dominant ist. Sie kann für $N_C \ll N_B$ (was für die Reduzierung des Early-Effekts angestrebt wird) nach Abschnitt 7.1.1.4 berechnet werden aus

$$C_\mu \approx A \cdot \sqrt{\frac{q\varepsilon_s N_C}{2(U_{D,BC} - U_{BC})}} \tag{7.70}$$

wobei hier $U_{BC} < 0$ gilt (Sperrpolung) und $U_{D,BC}$ die Diffusionsspannung des Basis-Kollektor-Übergangs darstellt.

Die quasistatische Analyse verliert ihre Gültigkeit, wenn die Schaltzeiten des Transistors in die Größenordnung der Transitzeit der Ladungsträger nach (7.46) kommen. Dies ist für Frequenzen höher als die zugehörige Transitfrequenz $f_T = 1/(2\tau_F)$ der Fall. Nimmt man eine Basisweite von $w_B = 0.1$ µm und die Diffusionskonstante der Minoritäten in der Basiszone $D_B = 18\ \mathrm{cm}^2/(\mathrm{Vs})$ an, dann resultiert eine Transitfrequenz von $f_T = 180$ GHz.

7.2.6 Strukturbezogenes Ersatzschaltbild im SBC-Prozess

Die in Bild 7.10 gezeigte eindimensionale Struktur eines Bipolartransistors ist stark vereinfacht. Bild 7.15 zeigt den Querschnitt eines integrierten npn-Bipolartransistors im *Standard-Buried-Collector(SBC)-Prozess* mit Darstellung der parasitären Elemente im Querschnitt. Die Struktur stellt die typische Realisierung in einer planaren Technologie dar, bei der alle Zonen an der Oberfläche des Substrats kontaktiert werden.

a)

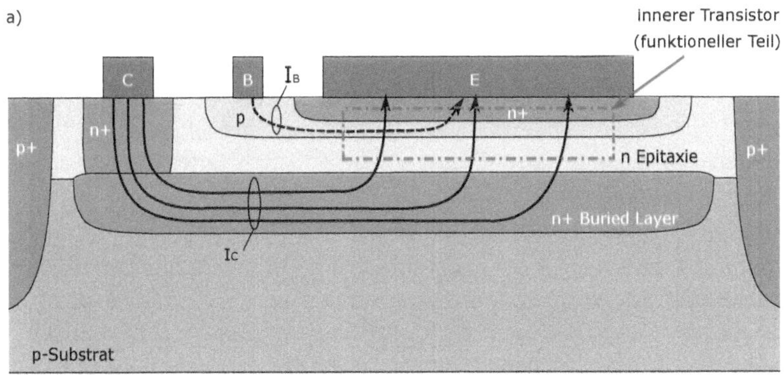

b)

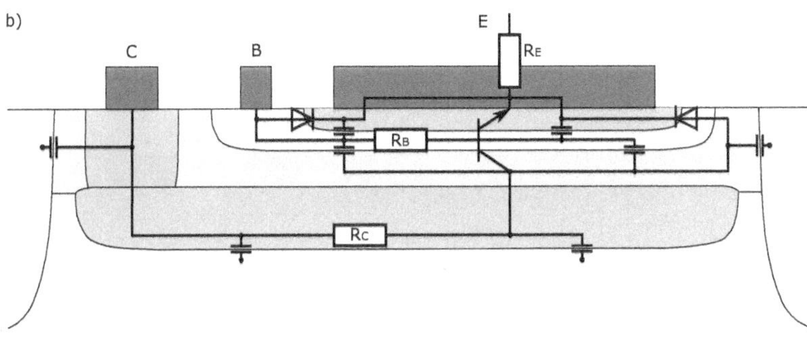

Bild 7.15 a) Querschnitt durch einen npn-Bipolartransistor im Standard-Buried-Collector-Prozess. Die Pfade des Basis- bzw. Kollektorstroms sind eingezeichnet. Der hochdotierte *Buried-Layer* reduziert den Bahnwiderstand der Kollektorzone. Der markierte Bereich zeigt den *inneren Transistor* oder *funktionellen Teil*. Der außerhalb liegende Bereich stellt den *äußeren Transistor* oder *parasitären Teil* dar. b) Strukturorientiertes Ersatzschaltbild mit Darstellung parasitärer Elemente im Querschnitt

Der *funktionelle Teil*, auch *innerer Transistor* genannt, stellt die npn-Schichtfolge entsprechend der Grundstruktur eines Bipolartransistors dar. Der *parasitäre Teil*, auch *äußerer Transistor* genannt, entsteht durch die notwendige Kontaktierung der Zonen im Planarprozess und die Isolation des Bauelements von weiteren integrierten Elementen.

Der Emitter ist am höchsten, der Kollektor (die Epitaxieschicht) am geringsten dotiert. Der kleinste parasitäre Widerstand entsteht im Kontaktbereich der Emitterzone. Die Basisdiffusionszone umschließt den Emitter und wird seitlich kontaktiert. Die Zuführung des Basisstroms vom Kontakt muss daher den Basisbahnwiderstand R_B überwinden.

Der Kollektorstrom muss ebenfalls zu einem Kontakt an der Oberfläche geführt werden. Die niedrige Dotierungskonzentration des Kollektors würde zu einem hohen Bahnwiderstand führen, an dem dann aufgrund des relativ hohen Kollektorstroms ein erheblicher Spannungsabfall entsteht. Um dies zu vermeiden, wird der *Buried-Layer*, eine hochdotierte Schicht, vor Herstellung des Transistors in der Epitaxieschicht an der Oberfläche des Substrats eindiffundiert.

Damit ist ein niederohmiger Pfad für den Kollektorstrom geschaffen, und der Kollektorbahnwiderstand wird reduziert.

An den Rändern der Basiszone ergibt sich das parasitäre Verhalten einer Diode. Die laterale Basisweite an der Oberfläche wird durch die Lithografie bestimmt und ist daher größer als die Basisweite im inneren Transistor. Die vom Emitter in die Basis injizierten Ladungsträger rekombinieren hier daher zum größten Teil.

Ergänzt wird das strukturbezogene Ersatzschaltbild durch kapazitive Elemente. Im aktiv-normalen Betrieb ergibt sich zwischen Basis und Emitter das Verhalten einer Diffusionskapazität, zwischen Basis und Kollektor wirkt eine Sperrschichtkapazität. Der Transistor ist durch vertikale hoch p-dotierte Bereiche, welche bis zum Substrat hineinragen, von weiteren integrierten Elementen elektrisch isoliert. Daher wirkt auch entlang dieses gesperrten pn-Übergangs, welcher den Transistor umgibt, eine Sperrschichtkapazität.

Eine vollständige Beschreibung des integrierten Bipolartransistors in Schaltungssimulatoren wie SPICE verwenden ein ähnliches Ersatzschaltbild. Um alle parasitären Elemente zu berücksichtigen, werden daher eine Vielzahl Modellparameter benötigt.

7.3 MOS-Feldeffekttransistor

Das Konzept des für die Mikroelektronik wichtigsten Schaltelements, des Feldeffekttransistors, wurde bereits 20 Jahre vor der Erfindung des Bipolartransistors von Julius Lilienfeld[6] vorgestellt, konnte seinerzeit aber technologisch noch nicht realisiert werden. Erst im Jahr 1960 wurde die Idee in den Bell Labs (USA) verwirklicht. Der MOSFET (aus dem Englischen: Metal-Oxide-Semiconductor-Field-Effect-Transistor) ist der wichtigste Feldeffekttransistor. Er ist Grundelement der mit Jack Kilby und Robert Noyce[7] begonnenen integrierten Schaltungstechnik.

In den nachfolgenden Abschnitten werden die Effekte, die das elektrische Verhalten von MOS-Transistoren mit Kanalabmessungen im Bereich von mehreren Mikrometern beeinflussen, erläutert und Kennlinien abgeleitet. Hierbei ist noch eine klassische Beschreibung der Bauelementfunktion möglich. Wir beschränken uns dabei auf einen n-Kanal-MOSFET; das heißt, im eingeschalteten Zustand fließt ein Strom in einem Kanal aus Elektronen. Die Betrachtungen können auf p-Kanal-MOSFETs mit Löchern als Ladungsträger übertragen werden, indem alle Dotierstofftypen vertauscht sowie Ströme und Spannungen in den Gleichungen mit einem negativen Vorzeichen versehen werden.

[6] Julius Lilienfeld (1882–1963), US-amerikanischer Physiker österreichisch-ungarischer Herkunft, erfand 1925 das Prinzip des Feldeffekttransistors. Zur Realisierung fehlte derzeit noch das reine Halbleitermaterial.

[7] Jack Kilby (1923–2005), US-amerikanischer Ingenieur bei Texas Instruments, und Robert Noyce (1927–1990), US-amerikanischer Physiker bei Fairchild Semiconductor, realisierten im Jahr 1958 bzw. 1959 auf unterschiedliche Weise die ersten integrierten Schaltungen. Jack Kilby erhielt für diese Errungenschaft im Jahr 2000 den Nobelpreis für Physik (da der Nobelpreis nicht posthum verliehen wird, blieb Robert Noyce diese Ehre verwehrt.)

7.3.1 Prinzipielle Funktionsweise

Bild 7.16 zeigt den prinzipiellen Querschnitt eines n-Kanal-MOSFET in verschiedenen Betriebszuständen. Der Transistor besitzt an der Oberfläche eines Halbleitermaterials *(Substrat* oder *Bulk)* mit einer Grunddotierung N_b (Akzeptoren) zwei eindiffundierte n-leitende Zonen mit hoher Dotierungskonzentration N_C. Diese Zonen sind je nach Polarität der angelegten Spannung *Source* (englisch für *Quelle* der Ladungsträger) und *Drain* (für *Senke* der Ladungsträger). Beim hier betrachteten n-Kanal-MOSFET liegt dementsprechend Source auf niedrigerem Potenzial als Drain.

Der Bulk-Anschluss muss so beschaltet sein, dass in diesem kein Strom von Source oder Drain abfließt; die pn-Übergänge zwischen Source-Bulk und Drain-Bulk müssen daher grundsätzlich in Sperrrichtung gepolt sein oder haben eine Spannungsdifferenz von null.

Bei der Integration von p- und n-Kanal-Transistoren in einem gemeinsamen p-leitenden Substrat *(CMOS: Complementary MOS)* wird eine n-leitende Wanne in die Oberfläche des Substrats eindiffundiert oder implantiert, in welcher anschließend p-Kanal-MOSFETs realisiert werden können. Die n-Wanne stellt dann das Substrat der p-MOSFETs dar und muss entsprechend kontaktiert werden. Häufig werden für beide Transistortypen Wannen mit definierter Dotierung eindiffundiert, die eine Optimierung der jeweiligen Substratdotierung unabhängig von der Grunddotierung im Wafer erlauben.

In integrierten Schaltungen wird häufig wie folgt vorgegangen:

Der Bulk-Anschluss eines n-MOSFET (p-Substrat oder p-Wanne) wird auf das niedrigste Potenzial (Masse), der Bulk-Anschluss eines p-MOSFET (n-Wanne) auf das höchste Potenzial (Versorgungsspannung) einer Schaltung gelegt.

Zwischen Source und Drain befindet sich an der Oberfläche die Kanalzone, welche durch ein dünnes Dielektrikum von der Steuerelektrode *Gate* (englisch für *Tor*) isoliert ist. Diese Isolation ist die Grundlage der im Gegensatz zum Bipolartransistor leistungslosen Steuerung des MOSFET im statischen Fall. Die Gate-Elektrode besteht aus Metall oder hochdotiertem Halbleiter.

Wir unterscheiden folgende Betriebszustände:

a) *Ausgeschaltet*

Aufgrund der Polarität der angelegten Potenziale ist der pn-Übergang zwischen Drain und Substrat in Sperrrichtung betrieben (vgl. Bild 7.16a). Es fließt daher kein Strom zwischen Drain und Source (bis auf Leckströme durch den gesperrten pn-Übergang).

b) *Linearer Arbeitsbereich*

Wird an die Gate-Elektrode ein positives Potenzial angelegt, dann wirkt dies elektrostatisch auf den Kanalbereich. Es entsteht eine negative Gegenladung nahe der Oberfläche des Substrats. Zunächst bildet sich bei kleiner Spannung am Gate eine Raumladungszone aus. Überschreitet die Spannung die sogenannte *Schwellspannung* V_T (aus dem Englischen: *threshold*), dann entsteht zusätzlich an der Oberfläche ein Kanal aus freien Elektronen (vgl. Bild 7.16b). Damit ist der Leitfähigkeitstyp des p-leitenden Substrats an der Oberfläche invertiert; man spricht daher vom *Inversionskanal*. Er erlaubt einen Stromfluss zwischen Source und Drain; der Transistor ist eingeschaltet.

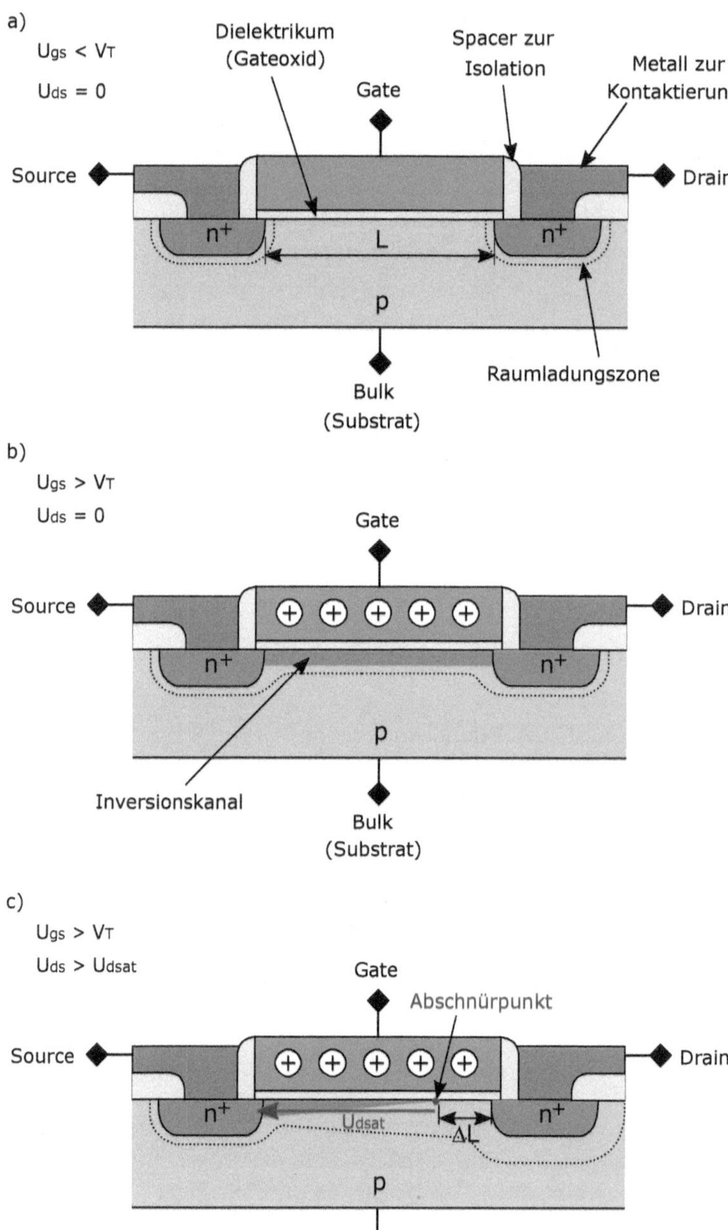

Bild 7.16 Struktur eines n-Kanal-MOSFET. a) Ausgeschaltet, b) eingeschaltet im linearen Betriebsbereich, c) eingeschaltet im Sättigungsbetrieb

Ist die Spannungsdifferenz U_{ds} zwischen Drain und Source klein gegenüber der Differenz zum Gate-Potenzial, dann ist der entstandene Inversionskanal entlang der Oberfläche von Source zu Drain an jeder Stelle ungefähr gleich „dick", das heißt, die Elektronenkonzentration pro Flächeneinheit des Gates ist überall nahezu gleich. Das Bauelement verhält sich ähnlich einem Widerstand, dessen Leitfähigkeit über die Gate-Elektrode gesteuert werden kann. Man nennt diesen Betriebsbereich *linearer Arbeitsbereich* oder *Widerstandsbereich.*

Der MOSFET ist ein Majoritätsträgerbauelement. Seine Funktion wird durch Driftstrom von Majoritätsträgern in einem Kanal mit invertiertem Leitfähigkeitstyp bestimmt.

c) *Sättigungsbetrieb*

Steigt die Spannung U_{ds} an, so ist die Spannung U_{gs} zwischen Gate und Source größer als die Spannung U_{gd} zwischen Gate und Drain. Entlang des Kanals sinkt die Potenzialdifferenz zwischen dem Gate und der Oberfläche des Halbleiters. Daher fällt die Elektronenkonzentration im Inversionskanal zum Drain hin ab. Dies ist in Bild 7.16c durch eine Verjüngung des Kanalquerschnitts dargestellt.

Unterschreitet die Spannung zwischen Gate und Drain die Schwellspannung, gilt also $U_{gd} = U_{gs} - U_{ds} < V_T$, dann wird der Kanal am drainseitigen Ende abgeschnürt; der Transistor befindet sich im *Sättigungsbetrieb.* Daraus definiert man zur Unterscheidung zwischen linearem und Sättigungsbetrieb die *Sättigungsspannung* U_{dsat} als Grenze:

$$U_{dsat} = U_{gs} - V_T \tag{7.71}$$

Dies ist die einfachste Definitionsgleichung zur Sättigungsspannung. Sie nimmt an, dass der Abschnürpunkt am Drain-Ende des Kanals liegt und an dieser Stelle die Inversionsladungsträgerdichte gegen null geht.

Mit steigender Spannung U_{ds} verschiebt sich der Abschnürpunkt, der weiterhin durch eine Spannungsdifferenz von U_{dsat} gegenüber Source definiert ist, weiter vom Drain-Ende weg.

Die verbleibende Spannungsdifferenz $U_{ds} - U_{dsat}$ fällt in der sogenannten *Hochfeldzone* ab. Um den Kanalstrom aufrechtzuerhalten, müsste die Ladungsträgergeschwindigkeit in diesem Bereich mit verschwindend geringer Inversionsladungsträgerkonzentration gegen unendlich gehen. Entsprechend der Darstellung in Abschnitt 5.1 können die Ladungsträger aber maximal die Driftsättigungsgeschwindigkeit erreichen. Diese wird in Silizium für eine Feldstärke von ca. 10^5 V/cm mit $v_{max} = 10^7$ cm/s erreicht (vgl. Bild 5.4). Tatsächlich ist es so, dass im Abschnürpunkt die Inversionsladungsträgerdichte gerade noch so groß ist, dass der Kanalstrom mit der Driftsättigungsgeschwindigkeit der Ladungsträger noch aufrechterhalten werden kann. Mit dieser Geschwindigkeit bewegen sich die Teilchen mit konstanter Konzentration (bei dennoch steigender Feldstärke) zum Drain hin.

Neben der Transportgleichung für den Drift- und Diffusionsstrom ist die Poisson-Gleichung die zentrale Differenzialgleichung zur Beschreibung der elektrischen Funktion eines MOS-Transistors:

$$\Delta\Phi(x, y, z) = -\frac{\varrho(x, y, z)}{\varepsilon} \tag{7.72}$$

Aus der Potenziallösung $\Phi(x, y, z)$ kann die Schwellspannung V_T berechnet werden. Weiterhin bestimmt sie im eingeschalteten Zustand die Inversionsladungsträgerkonzentration und damit den Stromfluss in einem Kanal zwischen den Anschlüssen Source und Drain. Schließlich ergibt sich aus der Poisson-Gleichung die Höhe der Potenzialbarriere, welche die Sperrwirkung im ausgeschalteten Zustand bewirkt und den Ladungsfluss bis auf Leckströme begrenzt.

7.3.2 Schwellspannung

Ein zentraler Parameter zur Beschreibung des Stroms in einem MOS-Transistor ist die *Schwellspannung* V_T.

Die *Schwellspannung* V_T ist die minimale Spannung zwischen Gate und Source, damit ein leitfähiger Inversionskanal Source und Drain verbindet. Der genaue Wert hängt von der gewählten Methode zu ihrer messtechnischen Bestimmung und den dabei zugrunde gelegten Stromgleichungen ab. Unterschiedliche Verfahren führen daher zu leicht unterschiedlichen Werten der Schwellspannung.

Eine Methode zur Extraktion der Schwellspannung aus den gemessenen Transistorkennlinien wird in Abschnitt 7.3.4.4 vorgestellt.

Eine weithin genutzte physikalische Definition der Schwellspannung legt sie als die Spannung zwischen der Gate- und Source-Elektrode fest, bei der die Konzentration der Inversionsladungsträger an der Substratoberfläche unterhalb des Gateoxids die Substratdotierungskonzentration N_b erreicht. Bild 7.17 verdeutlicht diese Definition der Schwellspannung anhand des Bändermodells entlang eines Schnitts in der Kanalmitte vom Gate, welches hier als metallisch angenommen wird, zum Substrat für den Fall $U_{sb} = U_{ds} = 0$. Das Fermi-Niveau ist daher im gesamten Substrat, inklusive der Source/Drain-Diffusionszonen, ausgeglichen.

Es sei bereits hier angemerkt, dass die in diesem Abschnitt verwendete Definition der Schwellspannung bei Strukturen eines MOS-Transistors, wie wir sie in Kapitel 9 betrachten werden, an ihre Grenzen stößt. In Nanostruktur-MOSFETs wird die Dotierung des Kanalbereichs häufig sehr niedrig gewählt oder sogar ein intrinsischer Kanal verwendet. Damit ist das Bändermodell entsprechend Bild 7.17b für die starke Inversion nicht mehr verwendbar, da dann $\phi_f \approx 0$ gilt.

Zur Defintion der Schwellspannung in Nanostruktur-MOSFETs werden häufig andere Kritierien herangezogen, so beispielsweise die Gate-Source-Spannung, bei der ein zuvor festgelegter Kanalstrom pro Kanalweite erreicht wird. Diese Betrachtung hat keinen Bezug mehr zum Bändermodell, sondern orientiert sich alleine an der gemessenen Strom-Spannungs-Charakteristik des Bauelements.

7.3.2.1 Flachbandzustand

Wir betrachten zunächst in Bild 7.17a den sogenannten *Flachbandzustand*. In diesem Fall liegt zwischen Gate und Source die *Flachbandspannung* V_{fb} an, welche eine im thermischen Gleichgewicht auftretende Bandverbiegung an der Oberfläche des Halbleiters ausgleicht:

$$V_{fb} = \phi_{ms} - \frac{Q'_{ox} + Q'_{ss}}{C'_{ox}} \tag{7.73}$$

a) Flachbandzustand

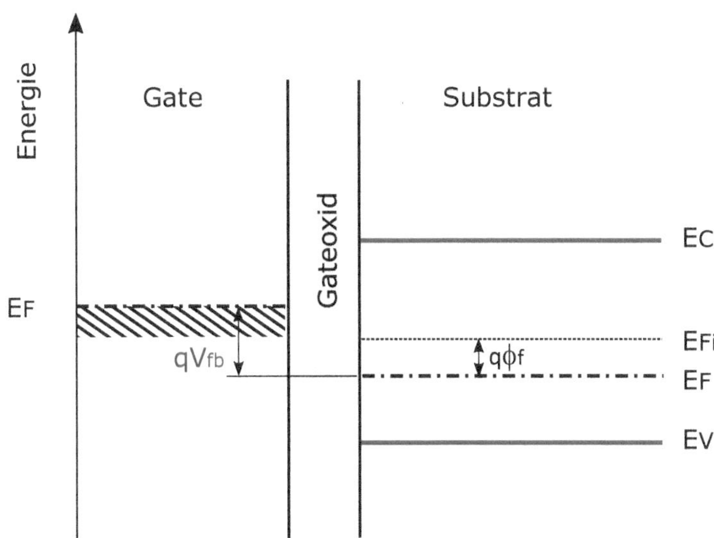

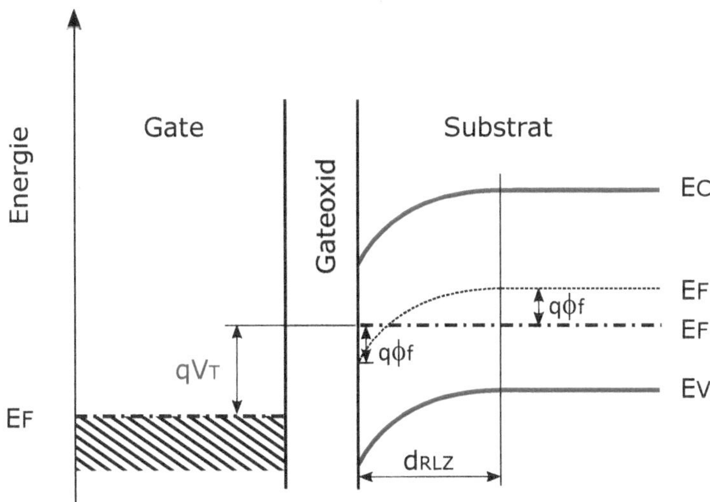

Bild 7.17 Bändermodell in der Kanalmitte eines n-Kanal-MOSFET: a) im Flachbandzustand mit $U_{gs} = V_{fb}$, b) am Einschaltpunkt mit $U_{gs} = V_T$

Hierbei ergibt sich $\phi_{ms} = \phi_m - \phi_s$ aus der Differenz der Austrittsarbeiten zwischen Gate-Material und dem Halbleiter. Die Gateoxidkapazität pro Flächeneinheit berechnet sich aus der Dielektrizitätskonstante ε_{ox} des Isolators und dessen Dicke t_{ox}:

$$C'_{ox} = \frac{\varepsilon_{ox}}{t_{ox}} \tag{7.74}$$

Die Oxiddicke t_{ox} beträgt wenige Nanometer. Der Parameter Q'_{ox} beschreibt die Ladungsdichte von positiven Ionen im Oxid bezogen auf die Gatefläche. Diese entstehen im Herstellungsprozess beispielsweise durch Verunreinigungen. Der Parameter $Q'_{ss} = qN_{ss}$ errechnet sich aus der Flächendichte N_{ss} von Oberflächenzuständen (engl. *surface states*), welche aus offenen Bindungen des Halbleiters an der Grenzfläche zum Oxid resultieren. In der Siliziumtechnologie beträgt $N_{ss} \approx 10^{10} \ldots 10^{12}\,\text{cm}^{-2}$.

Die *Flachbandspannung* V_{fb} ist die Spannung, welche zwischen Gate und Source angelegt werden muss, damit an der Grenzfläche zum Gateoxid eine Bandverbiegung im Halbleiter ausgeglichen wird.

7.3.2.2 Starke Inversion

Erhöhen wir nun die Gate-Source-Spannung, verbiegen sich die Bänder im Halbleiter zur Oberfläche hin nach unten. Erreicht man die Schwellspannung $U_{gs} = V_{T0}$, dann ergibt sich das in Bild 7.17b gezeigte Bändermodell. An der Oberfläche liegt bis zum Schnittpunkt zwischen E_F und E_{Fi} das Fermi-Niveau oberhalb des intrinsischen Niveaus. In diesem Bereich ist der Leitfähigkeitstyp invertiert und der Inversionskanal entstanden. Die gegenüber dem Flachbandfall um $V_{T0} - V_{fb}$ veränderte Spannungsdifferenz zwischen Gate und Source teilt sich in einen Spannungsabfall U_{ox} über dem Oxid und über der Raumladungszone im Bereich der Bandverbiegung im Halbleiter auf. Diese Potenzialdifferenz zwischen der Oberfläche und dem Substrat bezeichnen wir als das auf Source bezogene *Oberflächenpotenzial* ψ_{ss}:

$$V_{T0} - V_{fb} = U_{ox} + \psi_{ss} \tag{7.75}$$

Die Schwellspannung kann daher aus

$$V_{T0} = V_{fb} + U_{ox} + \psi_{ss} \tag{7.76}$$

berechnet werden.

Die Löcherkonzentration im Substrat beträgt nach der Boltzmann-Statistik:

$$p = n_i\,e^{\frac{E_{Fi}-E_F}{k_B T}} = n_i\,e^{\frac{q\phi_f}{k_B T}} \approx N_b \tag{7.77}$$

Dabei ist $q\phi_f$ der Abstand zwischen dem Fermi-Niveau E_F und dem intrinsischen Fermi-Niveau E_{Fi} tief im Substrat:

$$q\phi_f \approx k_B T \ln\left(\frac{N_b}{n_i}\right) \tag{7.78}$$

Die Elektronenkonzentration an der Oberfläche des Inversionskanals lässt sich aus dem intrinsischen Fermi-Niveau $E_{Fi,s}$ an dieser Stelle errechnen:

$$n_{inv} = n_i\,e^{\frac{E_F-E_{Fi,s}}{k_B T}} \tag{7.79}$$

Nach obiger Definition der Schwellspannung muss n_{inv} gleich der Konzentration von Löchern im Substrat sein. Daher muss der Abstand zwischen E_{F} und $E_{\text{Fi,s}}$ an der Oberfläche ebenfalls $q\phi_{\text{f}}$ wie im Substrat betragen. Wir erhalten damit für die gesamte Bandverbiegung zwischen Oberfläche und dem Substrat:

$$2q\phi_{\text{f}} = 2k_{\text{B}}T\ln\left(\frac{N_{\text{b}}}{n_{\text{i}}}\right) \tag{7.80}$$

Das mit der Bandverbiegung verbundene Oberflächenpotenzial ist damit

$$\psi_{\text{ss}} = 2\phi_{\text{f}} = 2u_{\text{th}}\ln\left(\frac{N_{\text{b}}}{n_{\text{i}}}\right) \tag{7.81}$$

Die flächenbezogene Ladungsdichte Q'_{b} in der Raumladungszone an der Oberfläche des Halbleiters ergibt sich für große Kanalabmessungen aus der eindimensionalen Lösung der Poisson-Gleichung nach Abschnitt 2.4.2. Berücksichtigt man bei der Berechnung der Dicke der Raumladungszone d_{RLZ} nach (2.7), dass die Spannung $2\phi_{\text{f}}$ allein über dem p-dotierten Substrat mit negativ ionisierten Akzeptoren abfällt, erhält man bei homogener Substratdotierung:

$$Q'_{\text{b}} = -qN_{\text{b}}d_{\text{RLZ}} = -qN_{\text{b}}\sqrt{\frac{2\varepsilon_{\text{s}}}{qN_{\text{b}}}\cdot 2\phi_{\text{f}}} = -\sqrt{2\varepsilon_{\text{s}}qN_{\text{b}}\cdot 2\phi_{\text{f}}} \tag{7.82}$$

Unter Einführung eines sogenannten *Substratfaktors* γ lautet der Betrag dieser Ladungsdichte:

$$\left|Q'_{\text{b}}\right| = \gamma C'_{\text{ox}}\sqrt{2\phi_{\text{f}}} \quad \text{mit} \quad \gamma = \frac{1}{C'_{\text{ox}}}\sqrt{2\varepsilon_{\text{s}}qN_{\text{b}}} \tag{7.83}$$

Für ein p-dotiertes Substrat, wie wir hier im Falle eines n-Kanal MOSFET betrachten, gilt aufgrund der negativ ionisierten Akzeptoren $Q'_{\text{b}} < 0$ (für p-Kanal-MOSFETs gilt $Q'_{\text{b}} > 0$).

Diese Substratladungsdichte bewirkt eine entsprechende Gegenladung in der Gate-Elektrode. Aus den Gesetzen der Elektrostatik folgt daraus ein Spannungsabfall über dem Dielektrikum von

$$U_{\text{ox}} = -\frac{Q'_{\text{b}}}{C'_{\text{ox}}} \tag{7.84}$$

Hierbei vernachlässigen wir die bereits vorhandenen Inversionsladungsträger an der Oberfläche gegenüber der Raumladung. Mit diesen Überlegungen lässt sich der Ausdruck (7.76) für die Schwellspannung bei $U_{\text{sb}} = 0$ schreiben als

$$V_{\text{T0}} = V_{\text{fb}} + 2\phi_{\text{f}} - \frac{Q'_{\text{b}}}{C'_{\text{ox}}} = V_{\text{fb}} + 2\phi_{\text{f}} + \gamma\sqrt{2\phi_{\text{f}}} \tag{7.85}$$

Da beim n-Kanal-MOSFET $Q'_{\text{b}} < 0$ gilt, steigt mit wachsender Dotierung die Schwellspannung an.

7.3.2.3 Schwellspannungsimplantation

Implantiert man eine Dosis S (Anzahl pro Flächeneinheit) von Dotierstoffatomen in den Bereich der Raumladungszone unter dem Gate, so bewirkt die damit verbundene zusätzliche Ladung $\pm qS$ eine entsprechende Verschiebung der Schwellspannung:

$$V_{\text{T0,imp}} = V_{\text{T0}} \mp \frac{qS}{C'_{\text{ox}}} \tag{7.86}$$

Zusätzliche Donatoren (Ladungsdichte $qS > 0$) bewirken eine Verringerung, zusätzliche Akzeptoren (Ladungsdichte $qS < 0$) eine Erhöhung der Schwellspannung. Dies gilt gleichermaßen für den n- und p-Kanal-MOSFET.

Die Schwellspannung im MOSFET hängt von der Dotierungskonzentration des Substrats im Kanalbereich ab. Im Herstellungsprozess kann durch gezielte Veränderung der Nettodotierung, beispielsweise durch Beschuss des Wafers mit zusätzlichen Dotierstoffatomen, auf die Schwellspannung Einfluss genommen werden *(Schwellspannungsimplantation)*.

7.3.2.4 Substrateffekt

In der obigen Betrachtung haben wir $U_{sb} = 0$ angenommen. Ist der Bulk-Anschluss gegenüber Source und Drain negativ vorgespannt, dann ergibt sich zusätzlich ein Unterschied in Höhe von qU_{sb} zwischen dem Fermi-Niveau an der Oberfläche und im Substrat. Daraus folgt eine zusätzliche Ausdehnung der Raumladungszone. Das Oberflächenpotenzial gegenüber dem Substrat ist daher

$$\psi_s = 2\phi_f + U_{sb} = 2u_{th} \ln\left(\frac{N_b}{n_i}\right) + U_{sb} \tag{7.87}$$

Die Flächenladungsdichte im Substrat beträgt jetzt

$$|Q'_b| = \gamma C'_{ox} \sqrt{2\phi_f + U_{sb}} \tag{7.88}$$

und die Schwellspannung (welche immer noch bezüglich der Gate-Source-Spannung festgelegt ist) lässt sich damit schreiben als

$$V_T = V_{fb} + 2\phi_f + \gamma\sqrt{2\phi_f + U_{sb}} = V_{T0} + \gamma\left(\sqrt{2\phi_f + U_{sb}} - \sqrt{2\phi_f}\right) \tag{7.89}$$

Die Verschiebung der Schwellspannung V_T aufgrund einer Spannung zwischen Source und Bulk gegenüber V_{T0} nach (7.85) wird als *Substrateffekt* bezeichnet.

7.3.2.5 Transistortypen

In Abhängigkeit von der Polarität der Schwellspannung lassen sich MOS-Transistoren neben der Unterscheidung zwischen n- und p-Kanal-Typen in weitere Klassen unterteilen. Ist der Transistor für eine Spannung $U_{gs} = 0$ ausgeschaltet, so wird er als *selbstsperrend* bezeichnet (engl. *enhancement type*). Ist der Kanal dagegen für eine Spannung $U_{gs} = 0$ bereits eingeschaltet, sodass zum Ausschalten durch Anlegen eines entsprechenden Gate-Potenzials der Inversionskanal verschwinden muss, so spricht man von einem *selbstleitenden* Transistor (engl. *depletion type*).

Bild 7.18 zeigt eine Übersicht der vier unterschiedlichen MOS-Transistortypen und deren Schaltbilder. Für die CMOS-Digitalschaltungstechnik kommen nur Enhancement-Typen zum Einsatz. Hierzu sind vereinfachte Schaltbilder gebräuchlich, die auf eine Darstellung des Bulk-Anschlusses verzichten. Hierbei wird vorausgesetzt, dass dieser Anschluss auf ein geeignetes Potenzial gelegt wird (beispielsweise für n-Kanal auf niedrigstes Potenzial, p-Kanal auf höchstes Potenzial der Schaltung).

vereinfachte Schaltbilder:

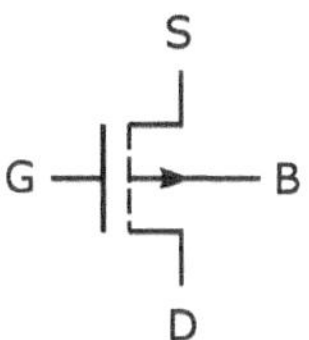

p-Kanal-Enhancement-MOSFET
(selbstsperrend)
Es gilt: $V_T < 0$
Off: $U_{gs} > V_T$ On: $U_{gs} < V_T$

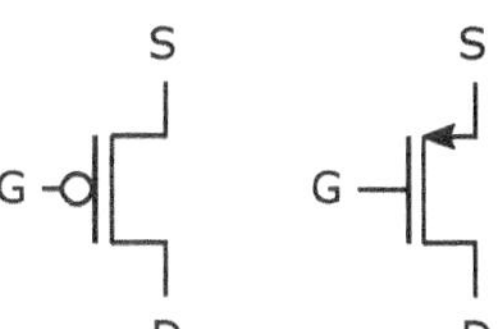

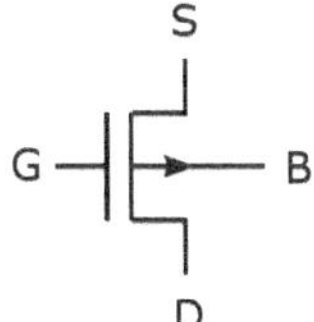

p-Kanal-Depletion-MOSFET
(selbstleitend)
Es gilt: $V_T > 0$
Off: $U_{gs} > V_T$ On: $U_{gs} < V_T$

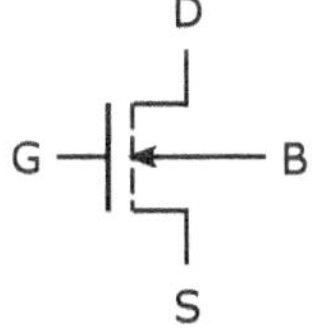

n-Kanal-Enhancement-MOSFET
(selbstsperrend)
Es gilt: $V_T > 0$
Off: $U_{gs} < V_T$ On: $U_{gs} > V_T$

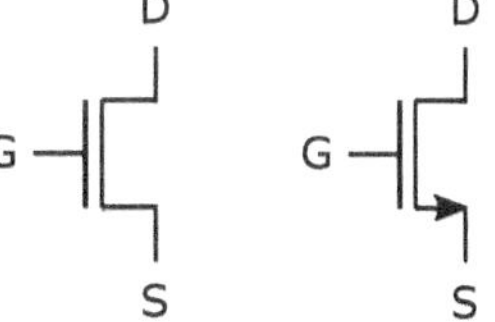

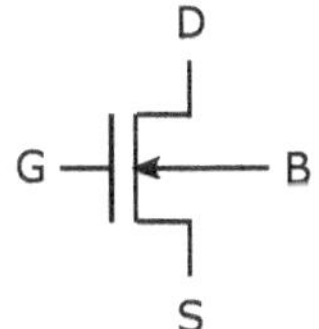

n-Kanal-Depletion-MOSFET
(selbstleitend)
Es gilt: $V_T < 0$
Off: $U_{gs} < V_T$ On: $U_{gs} > V_T$

Bild 7.18 Übersicht der verschiedenen Typen von MOS-Transistoren und gebräuchliche vereinfachte Schaltbilder für die digitale CMOS-Schaltungstechnik

Ein integrierter MOSFET ist in der Regel symmetrisch aufgebaut, das heißt, prinzipiell sind Source und Drain vertauschbar. Eine Zuordnung ergibt sich erst aus den Potenzialen der Beschaltung. Im p-Kanal-Transistor liegt der Source-Knoten immer auf höherem Potenzial als Drain. Source dient hier als Quelle der positiven Ladungsträger im Kanal. Im n-Kanal-Transistor ist es umgekehrt. Hier liegt die Quelle der Elektronen, der Source-Anschluss, auf niedrigerem Potenzial als ihre Senke, das Drain.

In den nachfolgenden Stromgleichungen kommt der Steuerspannung U_{gs}, also der Spannungsdifferenz zwischen Gate- und Source-Anschluss, eine besondere Bedeutung zu. Daher ist vor Anwendung der Stromgleichungen zunächst immer eine Schaltungsanalyse zur Identifikation des Source- bzw. Drain-Knotens notwendig.

7.3.3 MOS-Kapazität

Die Schichtfolge Metall-Oxid-Halbleiter wird *MOS-Kapazität* genannt. Sie zeigt ein kapazitives Verhalten, welches von der angelegten Spannung und der Frequenz abhängt. Dieser Zusammenhang kann mit einer sogenannten *CV-Messung* (engl. *current-voltage*, CV) erfasst werden.

Bild 7.19a zeigt den schematisch den Messaufbau. Zwischen Gate und Bulk-Anschluss wird der Gleichspannung U_{gb} eine Wechselspannung u_{ac} überlagert. Aus dem gemessenen Wechselstrom i_{ac} lässt sich dann die Kapazität zwischen Gate und Bulk errechnen. Bild 7.19b zeigt idealisiert den Verlauf der Kapazität. Aus dem Messergebnis können Technologen verschiedene Materialeigenschaften extrahieren.

Für einen p-leitenden Halbleiter in der MOS-Kapazität lassen sich bei steigender Gate-Bulk-Spannung U_{gb} folgende Bereiche unterscheiden (siehe hierzu auch das Bändermodell in Bild 7.17):

a)

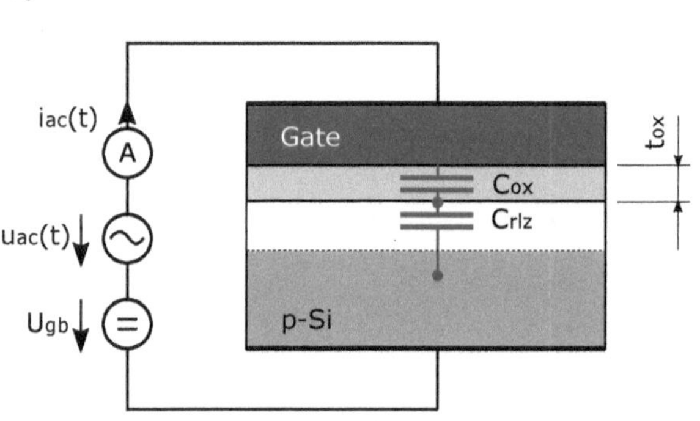

b)

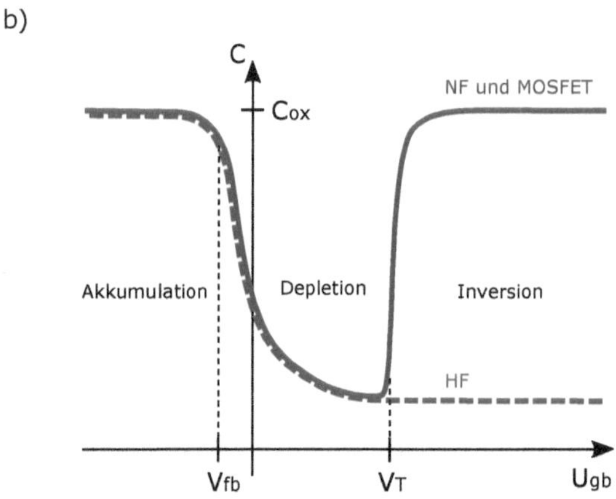

Bild 7.19 a) Messaufbau zur Ermittlung der CV-Charakteristik einer MOS-Kapazität mit p-leitendem Substrat. b) Idealisierter Verlauf der ermittelten Kapazität für hohe Frequenz (gestrichelt) bzw. niedrige Frequenz oder einen MOSFET

a) *Akkumulation*

Ist die angelegte Spannung kleiner als die Flachbandspannung, gilt also $U_{gb} < V_{fb}$, dann werden die Bänder im Halbleiter zur Oberfläche hin nach oben verbogen und die Löcherkonzentration steigt. Es werden Löcher an der Oberfläche „akkumuliert", man spricht von einem *Akkumulationskanal.* Die wirksame Kapazität zwischen Gate und Bulk ist gleich der Oxidkapazität $C_{ox} = C'_{ox} W L$.

b) *Depletion*

Wird die Flachbandspannung überschritten, dann bildet sich an der Halbleiteroberfläche eine Raumladungszone aus, welche frei von beweglichen Ladungsträgern ist (Verarmungszone, engl. *depletion region*). Die wirksame Kapazität ergibt sich jetzt aus der Reihenschaltung der Oxidkapazität C_{ox} und der Kapazität der Raumladungszone C_{rlz}. Die gemessene Kapazität nimmt daher mit steigender Ausweitung der Raumladungszone ab.

c) *Inversion*

Überschreitet die Gate-Bulk-Spannung die Schwellspannung V_T, dann bildet sich an der Halbleiteroberfläche ein Inversionskanal aus. Eine Reduzierung der Inversionsladungsträgerkonzentration ist nur durch Rekombination der Elektronen möglich. Daher bestimmt die Minoritätenlebensdauer die Geschwindigkeit, mit der die Konzentration einer angelegten Spannung folgen kann. In Abhängigkeit von der Frequenz sind daher zwei Fälle zu unterscheiden:

- Niedrige Frequenz ($f < 1$ kHz):

  Ist die Frequenz so niedrig, dass die Ladungsträgerkonzentration im Inversionskanal der angelegten Spannung folgen kann, dann entspricht die wirksame Kapazität der Oxidkapazität C_{ox}. Die CV-Kurve steigt daher bei Erreichen der Schwellspannung sprunghaft an.

- Hohe Frequenz ($f > 1$ MHz):

  Ist die Frequenz so hoch, dass die Inversionsladungsträgerkonzentration einer Spannungsänderung nicht folgen kann, dann wirkt auch in Inversion die Reihenschaltung aus C_{ox} und der Kapazität der Raumladungszone C_{rlz}. Die Kapazität steigt daher bei Überschreiten der Schwellspannung nicht an.

Führt man diese Messungen an einem MOSFET durch, dann kann bei einer Spannungsänderung die überschüssige Inversionsladung im Kanal über das Drain abfließen. Daher zeigt sich für jegliche Frequenz ein Verhalten entsprechend dem einer MOS-Kapazität bei niedriger Frequenz.

Verwenden Sie zur Simulation einer MOS-Kapazität für unterschiedliche Materialparameter und Frequenzen das Online-Simulationstool *MOSCap* unter *http://nanohub.org/tools/moscap.*

7.3.4 Vereinfachtes Strommodell

Nachfolgend soll das vereinfachte Strommodell nach *Shichman-Hodges* abgeleitet werden. Dieses ist im Netzwerksimulator SPICE als das MOS-Modell LEVEL 1 implementiert. Es ist allerdings nur zur Beschreibung von Transistoren mit einer Kanallänge von mehreren Mikrometern geeignet. Wir beschränken uns auf n-Kanal-MOSFETs vom Enhancement-Typ (Anreicherungs-Typ). Eine vereinfachte Beschreibung von Depletion-Mode-Transistoren (Verarmungs-Typ) kann durch die Verwendung der gleichen Stromgleichungen in Verbindung mit einer geänderten Polarität der Schwellspannung erreicht werden.

7.3.4.1 Gradual-Channel-Approximation

Im Bereich $U_{\mathrm{gs}} > V_{\mathrm{T}}$ steigt das Oberflächenpotenzial nach (7.87) nur noch geringfügig an, denn eine geringe Vergrößerung der Bandverbiegung bewirkt gemäß (7.79) einen exponentiellen Anstieg des Betrags der Inversionsladungsträgerdichte Q_{i}', bezogen auf die Gatefläche (wobei für einen n-Kanal-MOSFET $Q_{\mathrm{i}}' < 0$ gilt). Am Source-Ende des Kanals entspricht der damit verursachte zusätzliche Spannungsabfall über dem Oxid in Höhe von $-Q_{\mathrm{i,s}}'/C_{\mathrm{ox}}'$ dann der Spannungsdifferenz $U_{\mathrm{gs}} - V_{\mathrm{T}}$, welche im Englischen auch als *Gate-Voltage-Overdrive* bezeichnet wird. Demnach können wir für die Inversionsflächenladungsdichte am Source-Ende schreiben:

$$Q_{\mathrm{i,s}}' = -C_{\mathrm{ox}}'\left(U_{\mathrm{gs}} - V_{\mathrm{T}}\right) \tag{7.90}$$

Gilt $U_{\mathrm{ds}} > 0$, dann nimmt die Potenzialdifferenz zwischen Gate und Kanalbereich und daher auch die Flächenladungsdichte entlang des Kanals ab. Bezeichnen wir an einer Stelle y im Kanal die zugehörige Spannung gegenüber Source mit $U(y)$, dann resultiert für die Anzahl der Inversionsladungsträger pro Gatefläche:

$$Q_{\mathrm{i}}'(y) = -C_{\mathrm{ox}}'\left(U_{\mathrm{gs}} - V_{\mathrm{T}} - U(y)\right) \tag{7.91}$$

Hierbei vernachlässigt man einen Einfluss der elektrischen Feldstärkekomponente entlang der Stromflussrichtung. Weiterhin nehmen wir an, dass der Transistor sich im linearen Betriebsbereich befindet, also $U_{\mathrm{ds}} < U_{\mathrm{dsat}}$ gilt. Diese Näherung wird als *Gradual-Channel-Approximation* bezeichnet.

Unterteilt man, wie in Bild 7.20 illustriert, den Inversionskanal in einzelne Volumenelemente der Dicke $\mathrm{d}y$ mit einem Widerstand $\mathrm{d}R$, dann kann nach den Gesetzmäßigkeiten eines Ladungstransports durch Drift (vgl. Abschnitt 5.1) für jedes der Elemente ein infinitesimal kleiner Spannungsabfall $\mathrm{d}U$ zugeordnet werden:

$$\mathrm{d}U = I_{\mathrm{ds}}\mathrm{d}R = -\frac{I_{\mathrm{ds}}\mathrm{d}y}{\mu_{\mathrm{n}} W Q_{\mathrm{i}}'(y)} \tag{7.92}$$

Mit (7.91) erhalten wir:

$$-\mu_{\mathrm{n}} W Q_{\mathrm{i}}'(y)\mathrm{d}U = \mu_{\mathrm{n}} W C_{\mathrm{ox}}'\left(U_{\mathrm{gs}} - V_{\mathrm{T}} - U(y)\right)\mathrm{d}U = I_{\mathrm{ds}}\mathrm{d}y \tag{7.93}$$

Berücksichtigt man, dass bei der Integration entlang des Kanals

$$\mu_{\mathrm{n}} W C_{\mathrm{ox}}' \int_0^{U_{\mathrm{ds}}} \left(U_{\mathrm{gs}} - V_{\mathrm{T}} - U(y)\right)\mathrm{d}U = \int_0^{\mathrm{L}} I_{\mathrm{ds}}\mathrm{d}y \tag{7.94}$$

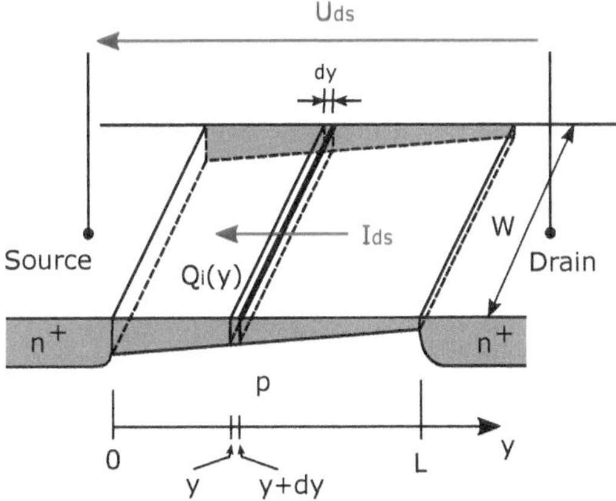

Bild 7.20 Darstellung eines Volumenelements der Dicke d*y* im Inversionskanal eines MOSFET im linearen Betriebsbereich zur Ableitung der *Gradual-Channel-Approximation*

der Strom I_{ds} an jeder Stelle y konstant sein muss, dann erhält man:

$$I_{ds} = \mu_n C'_{ox} \frac{W}{L} \left(U_{gs} - V_T - \frac{1}{2} U_{ds} \right) U_{ds} \tag{7.95}$$

Diese Gleichung beschreibt das elektrische Verhalten des MOSFET im linearen Betriebsbereich.

Betreiben wir den Transistor an der Grenze zum Sättigungsbetrieb, dann gilt entsprechend (7.71) für $U_{ds} = U_{dsat} = U_{gs} - V_T$. Die Inversionsladungsträgerdichte nach (7.91) ist damit im Abschnürpunkt am Drain-Ende des Kanals $Q'_i(L) = 0$. Aus (7.95) erhalten wir den Strom

$$I_{dsat} = \mu_n C'_{ox} \frac{W}{L} \left(U_{gs} - V_T - \frac{1}{2} U_{dsat} \right) U_{dsat} = \mu_n C'_{ox} \frac{W}{2L} \left(U_{gs} - V_T \right)^2 \tag{7.96}$$

Der Transistor kann nun als eine von der Spannung U_{gs} gesteuerte Stromquelle betrachtet werden.

7.3.4.2 Kanallängenmodulation

Erhöhen wir die Spannung $U_{ds} > U_{dsat}$ weiter, so entfernt sich der Abschnürpunkt des Kanals vom Drain-Ende. In Bild 7.16c wird der Abstand mit ΔL bezeichnet. Die oben beschriebene Lösung der Stromgleichung kann jetzt auf den linearen Bereich des Kanals, das heißt von Source bis hin zum Abschnürpunkt, übertragen werden. Jedoch müssen die Integrationsgrenzen in (7.94) angepasst werden: Es erfolgt eine Integration bis zur Position $y = L - \Delta L$ bzw. bis zur Spannung $U(y) = U_{dsat}$ im Abschnürpunkt:

$$I_{dsat} = \mu_n C'_{ox} \frac{W}{L - \Delta L} \left(U_{gs} - V_T - \frac{1}{2} U_{dsat} \right) U_{dsat} = \mu_n C'_{ox} \frac{W}{2(L - \Delta L)} \left(U_{gs} - V_T \right)^2 \tag{7.97}$$

Die Kanallängenverkürzung bewirkt einen Anstieg des Stroms in Sättigung und damit bei einer Betrachtung des Transistors als Stromquelle einen nicht idealen Innenwiderstand. Dieser Effekt wird auch als *Kanallängenmodulation* bezeichnet.

Die Kanallängenverkürzung ΔL im Sättigungsbetrieb hängt von der zweidimensionalen Poisson-Gleichung am Drain-Ende des Kanals ab. Vereinfacht nimmt man im hier betrachteten Strommodell nach Shichman-Hodges eine zu $U_{ds} - U_{dsat}$ proportionale Kanallängenverkürzung an und nutzt folgende Näherung für $\Delta L \ll L$:

$$
\begin{aligned}
I_{dsat} &= \mu_n C'_{ox} \frac{W}{2L(1-\Delta L/L)} (U_{gs} - V_T)^2 \\
&\approx \mu_n C'_{ox} \frac{W}{2L} (U_{gs} - V_T)^2 (1 + \Delta L/L) \\
&\approx \mu_n C'_{ox} \frac{W}{2L} (U_{gs} - V_T)^2 (1 + \lambda (U_{ds} - U_{dsat}))
\end{aligned}
\tag{7.98}
$$

Hierbei ist λ ein von der Kanallänge abhängiger Fittingparameter, welcher den nahezu linearen Anstieg des Stroms im Sättigungsbetrieb beschreibt. Die Kanallängenverkürzung ist in erster Näherung von der gesamten Kanallänge L unabhängig, sodass der Term $\Delta L/L$ für große Kanallängen sehr klein wird und daher der Stromanstieg in Sättigung kaum in Erscheinung tritt. Entsprechend wird mit sinkender Kanallänge der Einfluss immer größer und ist für Transistoren mit Kanalabmessungen im Bereich weniger Mikrometer nicht mehr vernachlässigbar.

In der digitalen Schaltungstechnik ist man bestrebt, den einzelnen Transistor so klein wie möglich zu realisieren, sodass man eine maximale Integrationsdichte und auch Schaltgeschwindigkeit erhält. Daher entspricht die Kanallänge L in der Regel der kleinsten realisierbaren Strukturgröße, während die Kanalweite W der notwendigen Treiberleistung einer Stufe angepasst wird.

In der analogen Schaltungstechnik ist ein gutes Sättigungsverhalten entsprechend einer nahezu idealen Stromquelle mit möglichst großem Innenwiderstand wichtig. Für Anwendungen wie beispielsweise Stromspiegel oder Verstärker ist dies unumgänglich. Daher wird hier oft nicht die kleinste in einer Technologie realisierbare Kanallänge gewählt.

7.3.4.3 Kennlinien

Zusammengefasst ergibt sich die folgende Definition der Stromgleichung eines n-Kanal-MOSFET, welche den linearen und Sättigungsbetrieb für $U_{gs} \geq V_T$ abdeckt:

$$
I_{ds} = \begin{cases} \mu_n C'_{ox} \frac{W}{L} \left(U_{gs} - V_T - \frac{1}{2} U_{ds}\right) U_{ds} & \text{für} \quad 0 \leq U_{ds} \leq U_{dsat} \\ \mu_n C'_{ox} \frac{W}{2L} (U_{gs} - V_T)^2 (1 + \lambda (U_{ds} - U_{dsat})) & \text{für} \quad U_{dsat} < U_{ds} \end{cases}
\tag{7.99}
$$

Die Stromgleichungen eines p-Kanal-MOSFET ergeben sich aus den Kennlinien nach (7.99) eines n-Kanal-MOSFET, indem für alle Ströme und Spannungen (inklusive der Schwellspannung V_T) das Vorzeichen geändert wird.

Damit lauten die Stromgleichungen für einen p-Kanal-MOSFET:

$$
I_{sd} = \begin{cases} \mu_p C'_{ox} \frac{W}{L} \left(U_{sg} + V_T - \frac{1}{2} U_{sd}\right) U_{sd} & \text{für} \quad 0 \leq U_{sd} \leq U_{ssat} \\ \mu_p C'_{ox} \frac{W}{2L} (U_{sg} + V_T)^2 (1 + \lambda (U_{sd} - U_{ssat})) & \text{für} \quad U_{ssat} < U_{sd} \end{cases}
\tag{7.100}
$$

mit $U_{ssat} = U_{sd} + V_T$.

Bild 7.21 zeigt die Transfer- und Ausgangskennlinien eines n-Kanal-MOSFET. In der Ausgangskennlinie zeigt sich für kleine Spannung U_{ds} ein nahezu linearer Verlauf; der Transistor verhält sich wie ein von der Spannung U_{gs} gesteuerter Widerstand. Im Sättigungsbetrieb ist aufgrund der Kanallängenmodulation ein leichter Anstieg zu sehen. Durch diese stückweise Beschreibung sind die Ableitungen der Stromkennlinie $I_{\text{ds}}(U_{\text{ds}})$ an der Stelle U_{dsat} unstetig. Dies führt in numerischen Schaltungssimulatoren zu Konvergenzproblemen. Zur Vermeidung bedient man sich analytischer Funktionen, die den Übergang zwischen Linear- und Sättigungsbereich nachträglich glätten und einen vernachlässigbaren Einfluss auf die Stromgleichungen außerhalb des Übergangsbereichs haben.

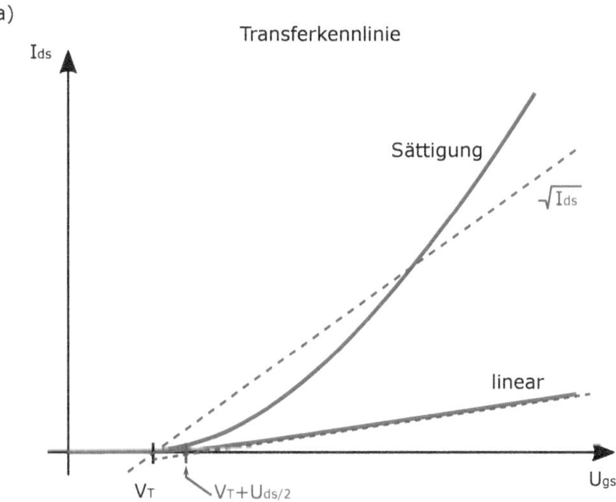

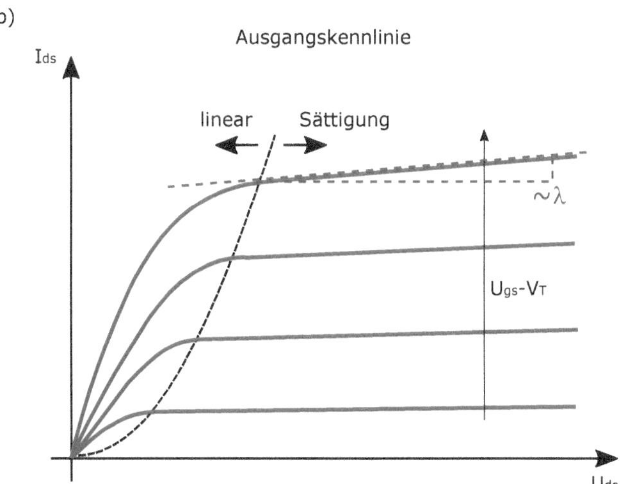

Bild 7.21 Idealisierter Verlauf der a) Transfer- und b) Ausgangskennlinie eines n-Kanal-MOSFET. Tangenten zur Extraktion der Schwellspannung und zur Verdeutlichung der Kanallängenmodulation sind gestrichelt eingezeichnet.

7.3.4.4 Extraktion der Schwellspannung

Aus dem einfachen Strommodell nach (7.99) lässt sich eine Methode zur Extraktion der Schwellspannung aus Messdaten ableiten (vgl. Bild 7.21). Setzt man die Stromgleichung für den linearen Betriebsbereich null, so erhält man:

$$U_{gs0} - V_T - \frac{U_{ds}}{2} = 0 \quad \Rightarrow \quad U_{gs0} = V_T + \frac{U_{ds}}{2} \tag{7.101}$$

Legt man an eine gemessene Transferkennlinie eine Tangente, so schneidet diese die Spannungsachse an der Stelle U_{gs0}. Aus diesem Wert kann die Schwellspannung bestimmt werden:

$$V_T = U_{gs0} - \frac{U_{ds}}{2} \tag{7.102}$$

Berechnet man für den Sättigungsbetrieb $\sqrt{I_{ds}}$, dann schneidet diese Funktion die Spannungsachse U_{gs} an der Stelle V_T:

$$\sqrt{I_{ds}} \sim \left(U_{gs0} - V_T\right) = 0 \quad \Rightarrow \quad V_T = U_{gs0} \tag{7.103}$$

Zur Extraktion der Schwellspannung aus Messungen im Sättigungsbereich kann daher durch Anlegen einer Tangente an eine Darstellung der Messwerte für $\sqrt{I_{ds}}$ aus dem Schnittpunkt mit der Spannungsachse die Schwellspannung direkt abgelesen werden.

Verwenden Sie das Online-Simulationstool *MOSFET Simulation* unter *http://nanohub.org/tools/mosfetsat* zur Simulation der Kennlinien eines MOSFET mit Möglichkeit zur Änderung der Geometrie und Materialparameter.

7.3.5 Kleinsignalverhalten

Zur Beschreibung des Kleinsignalverhaltens eines MOSFET werden nachfolgend aus den Kennlinien im Arbeitspunkt die entsprechenden Leitwerte durch Linearisierung berechnet. Aus einer Ladungsbilanz an den Anschlussknoten werden kapazitive Elemente ermittelt.

7.3.5.1 Kleinsignalleitwerte

In einem gewählten Arbeitspunkt lassen sich durch Differenziation der Kennliniengleichungen nach (7.99) die Kleinsignalleitwerte ermitteln. Sie repräsentieren die Tangentensteigung der Kennlinien im Arbeitspunkt (vgl. Bild 7.22).

Im linearen Arbeitsbereich gilt die Stromgleichung:

$$I_{ds} = \mu_n C'_{ox} \frac{W}{L} \left(U_{gs} - V_T - \frac{U_{ds}}{2}\right) U_{ds} \tag{7.104}$$

Damit resultiert für die sogenannte *Steilheit* oder auch *Transkonduktanz* des MOSFET:

$$g_m = \frac{dI_{ds}}{dU_{gs}} = \mu_n C'_{ox} \frac{W}{L} U_{ds} \tag{7.105}$$

a)

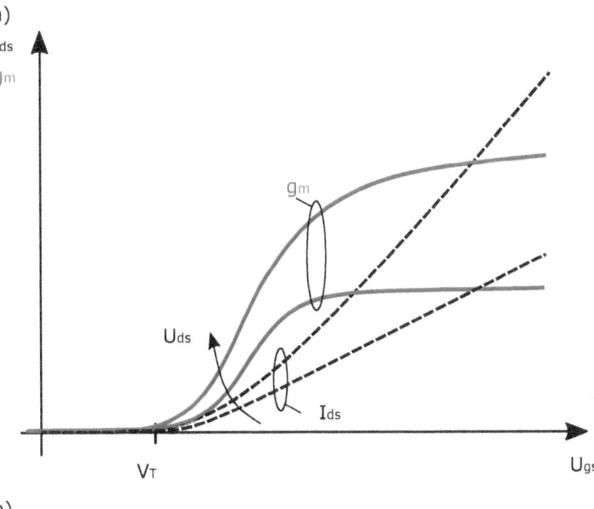

b)

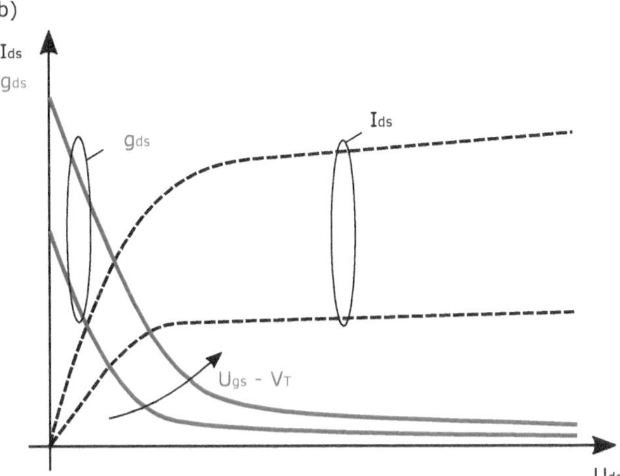

Bild 7.22 a) Verlauf der Steilheit g_m in Abhängigkeit von U_{gs} für verschiedene Drain-Source-Spannungen. (b) Ausgangsleitwert g_{ds} in Abhängigkeit von U_{ds} für verschiedene Gate-Source-Spannungen. Die zugehörigen Transfer- bzw. Ausgangskennlinien sind gestrichelt eingezeichnet.

Der Ausgangsleitwert ist gegeben durch

$$g_{ds} = \frac{dI_{ds}}{dU_{ds}} = \mu_n C'_{ox} \frac{W}{L} \left(U_{gs} - V_T - U_{ds} \right) \tag{7.106}$$

Befindet sich der MOSFET mit $U_{ds} > U_{dsat} = U_{gs} - V_T$ im Sättigungsbetrieb, dann gilt die Stromgleichung

$$I_{ds} = \mu_n C'_{ox} \frac{W}{2L} \left(U_{gs} - V_T \right)^2 (1 + \lambda (U_{ds} - U_{dsat})) \tag{7.107}$$

Man erhält:

$$g_m = \mu_n C'_{ox} \frac{W}{L} \left(U_{gs} - V_T \right) (1 + \lambda (U_{ds} - U_{dsat})) = \frac{2 I_{ds}}{U_{gs} - V_T} \tag{7.108}$$

$$g_{\rm ds} = \mu_{\rm n} C'_{\rm ox} \frac{W}{2L} \left(U_{\rm gs} - V_{\rm T}\right)^2 \lambda \approx \lambda I_{\rm ds} \qquad (7.109)$$

Vergleicht man das Ergebnis von (7.108) mit der Steilheit eines Bipolartransistors nach (7.64), dann zeigt sich, dass bei gleichem Strom die Steilheit eines MOSFET grundsätzlich immer kleiner ist. Beim Bipolartransistor erfolgt eine Division des Kollektorstroms durch die Temperaturspannung $u_{\rm th}$ (ca. 26 mV bei T = 300 K). Für den MOSFET erfolgt eine Division des Kanalstroms durch $U_{\rm gs} - V_{\rm T}$, wobei diese Differenz für einen ausreichenden Kanalstrom viel größer als $u_{\rm th}$ ist. Da die Spannungsverstärkung in einer Transistorschaltung proportional zur Steilheit $g_{\rm m}$ ist, hat dies Konsequenzen für das Schaltungsdesign:

Innerhalb einer Transistorstufe ist für einen gegebenen Strom die erreichbare Spannungsverstärkung mit einem MOSFET geringer als mit einem Bipolartransistor. Als Folge werden in MOS-Schaltungstechnik mehr Verstärkerstufen benötigt als in Bipolartechnologie, um eine vergleichbare Gesamtverstärkung zu erzielen.

Der Ausgangsleitwert $g_{\rm ds}$ des MOSFET in Sättigung nach (7.109) hängt vom Parameter λ ab, welcher die Kanallängenmodulation beschreibt. Wie bereits in Abschnitt 7.3.4.2 erwähnt, steigt λ mit sinkender Kanallänge und der Ausgangsleitwert verschlechtert sich.

7.3.5.2 Kapazitive Effekte

Das dynamische Verhalten eines MOSFET wird durch die im Bauelement gespeicherten Ladungen und deren Zu- oder Abfluss bestimmt. Diese Ladungen und kapazitiven Ladeströme können den Gate-, Source-, Drain- oder Bulk-Anschlüssen zugeordnet werden. Bild 7.23a verdeutlicht schematisch diesen Zusammenhang.

Man unterscheidet zwischen extrinsischen und intrinsischen Kapazitäten. Bild 7.23b zeigt eine Übersicht im Bauelementquerschnitt. Extrinsische Kapazitäten bilden beispielsweise die Raumladungskapazitäten $C_{\rm js}$ und $C_{\rm jd}$ der pn-Übergänge zwischen Source bzw. Drain und dem Substrat. Auch strukturbedingte Streukapazitäten zwischen der Gate-Elektrode und den Source/Drain-Gebieten ($C_{\rm x}$) sowie die fertigungstechnisch nicht zu vermeidenden Überlappungen an der Oberfläche ($C_{\rm o}$) führen zu extrinsischen Kapazitäten.

Intrinsische Kapazitäten entstehen durch die Ladungsspeicherung im Kanalbereich selbst und die entsprechende Gegenladung auf dem Gate.

Aufgrund des Gesetzes zur Ladungserhaltung muss gelten:

$$Q_{\rm g} + Q_{\rm s} + Q_{\rm d} + Q_{\rm b} = 0 \qquad (7.110)$$

Nach der Kirchhoff'schen Knotengleichung muss die Summe der zeitlich veränderlichen Ströme in jedem Knoten gleich null sein (in einen Knoten hineinfließende Ströme positiv definiert):

$$i_{\rm g}(t) + i_{\rm s}(t) + i_{\rm d}(t) + i_{\rm b}(t) = 0 \qquad (7.111)$$

wobei die Ströme sich aus einem Transportstrom und einem Ladestrom zusammensetzen.

Für die Ströme in Source bzw. Drain kann man schreiben:

$$i_{\rm s}(t) = -I_{\rm ds} + \frac{{\rm d}Q_{\rm s}}{{\rm d}t} \qquad (7.112)$$

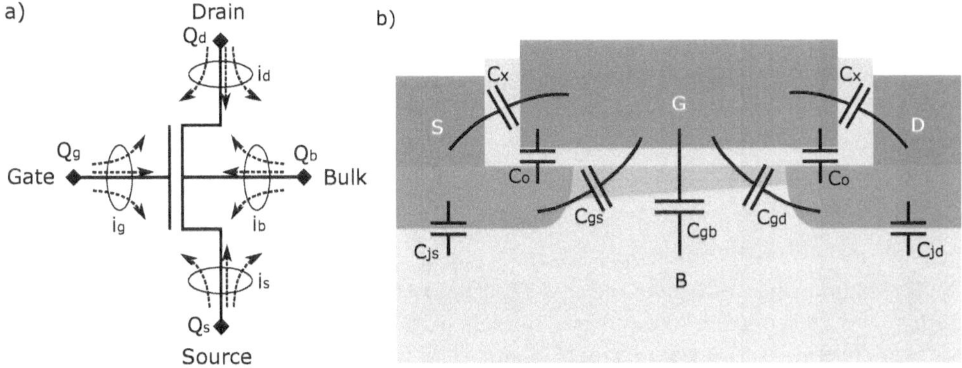

Bild 7.23 a) Schematische Darstellung der Ladungen und transienten Ströme in einem MOSFET. b) Kapazitäten im Querschnitt eines MOSFET. C_{gs}, C_{gd} und C_{gb} sind intrinsisch, C_{js}, C_{jd}, C_o und C_x sind extrinsisch.

$$i_d(t) = I_{ds} + \frac{dQ_d}{dt} \tag{7.113}$$

In das Gate fließt nur ein Ladestrom. Gleiches gilt für den Bulk-Anschluss, wenn man Leckströme vernachlässigt:

$$i_g(t) = \frac{dQ_g}{dt} \tag{7.114}$$

$$i_b(t) = \frac{dQ_b}{dt} \tag{7.115}$$

Die Ladungen Q_s und Q_d sind zwar nicht bekannt, ihre Summe ist aber durch die Inversionsladung im Kanal gegeben, welche über die Ladungsbilanzgleichung (7.110) mit der Gate- und Bulk-Ladung verknüpft ist:

$$Q_i = Q_s + Q_d = -Q_g - Q_b \tag{7.116}$$

Mithilfe der Bestimmung der Gate-Ladung in einem Arbeitspunkt und ihrer zeitlichen Ableitung bezüglich der Knotenspannungen lassen sich Ausdrücke für die intrinsischen Kapazitäten bestimmen.

Wir betrachten nachfolgend den *quasistatischen Fall*, das heißt, die Änderung der Knotenspannungen erfolgt so langsam, dass die gespeicherte Ladungsmenge folgen kann. Die Ladungen können daher aus einer Gleichspannungsanalyse ermittelt werden. Diese Näherung ist für die meisten Fälle im Schaltungsdesign ausreichend, verliert aber ihre Gültigkeit bei sehr hohen Betriebsfrequenzen.

Eine Abschätzung, bis zu welchem Frequenzbereich eine quasistatische Betrachtung ausreichend ist, liefert die *Transitzeit*. Sie gibt die mittlere Zeit an, die Ladungsträger zum Durchqueren des Kanalbereichs benötigen. Nimmt man in der Driftzone des Kanals eine mittlere elektrische Feldstärke von $E_y = U_{ds}/L$ und mittlere Geschwindigkeit der Ladungsträger $v_d = \mu E_y$ an, lässt sich daraus deren Transitzeit τ_F berechnen:

$$v_d \tau_F = L \qquad \Rightarrow \quad \tau_F = \frac{L}{v_d} = \frac{L^2}{\mu U_{ds}} \tag{7.117}$$

Eine Verkürzung der Kanallänge L wirkt sich quadratisch auf die Reduzierung der Transitzeit aus. Dies ist ein Grund für die mit der Skalierung des MOSFET fortschreitende Erhöhung der möglichen Schaltfrequenz. Für eine Kanallänge von $L = 1\ \mu\text{m}$, eine Beweglichkeit $\mu = 1000\ \text{cm}^2/(\text{Vs})$ und eine Drain-Source-Spannung von $U_{\text{ds}} = 1$ V resultiert $\tau_{\text{F}} = 10$ ps. Für die zugehörige Transitfrequenz $f_{\text{T}} = 1/(2\tau_{\text{F}})$ ergibt sich 50 GHz. Für das Bauelement wäre also eine quasistatische Betrachtung bis in den unteren GHz-Bereich ausreichend.

7.3.5.3 Meyer-Modell

Die im Volumen des Transistors verteilte Kapazität zwischen Gate und Kanal wird im Modell nach John E. Meyer in drei konzentrierte, bezüglich des MOSFET intrinsische Kapazitäten aufgeteilt: Gate-Source (C_{gs}), Gate-Drain (C_{gd}) und Gate-Bulk (C_{gb}). Sie sind definiert als die zeitliche Ableitung der gesamten Gate-Ladung Q_{g} hinsichtlich der Spannung zwischen Gate und Source, Drain bzw. Bulk:

$$C_{\text{gs}} = \frac{\partial Q_{\text{g}}}{\partial U_{\text{gs}}} \tag{7.118}$$

$$C_{\text{gd}} = \frac{\partial Q_{\text{g}}}{\partial U_{\text{gd}}} \tag{7.119}$$

$$C_{\text{gb}} = \frac{\partial Q_{\text{g}}}{\partial U_{\text{gb}}} \tag{7.120}$$

Wir betrachten zunächst den Betrieb in starker Inversion. Die Gate-Ladung ergibt sich aus der Inversionsladung im Kanal und der Raumladung im Substrat:

$$Q_{\text{g}} = -(Q_{\text{i}} + Q_{\text{b}}) = -W\int_0^L Q_{\text{i}}'(y)\text{d}y - W\int_0^L Q_{\text{b}}'(y)\text{d}y \tag{7.121}$$

wobei die Flächenladungsdichte Q_{i}' mit (7.91) gegeben ist. Für die Raumladung Q_{b}' nehmen wir vereinfacht an, sie sei konstant entlang des Kanals und gegeben durch (7.88).

Für den linearen Arbeitsbereich des Transistors ergibt die Integration den folgenden Ausdruck:

$$Q_{\text{g}} = \frac{2}{3} WLC_{\text{ox}}' \left[\frac{(U_{\text{gd}} - V_{\text{T}})^3 - (U_{\text{gs}} - V_{\text{T}})^3}{(U_{\text{gd}} - V_{\text{T}})^2 - (U_{\text{gs}} - V_{\text{T}})^2}\right] - WLQ_{\text{b}}' \tag{7.122}$$

Differenziert man das Ergebnis bezüglich U_{gs}, U_{gd} bzw. U_{gb}, ergibt sich

$$C_{\text{gs}} = \frac{\partial Q_{\text{g}}}{\partial U_{\text{gs}}} = \frac{2}{3} WLC_{\text{ox}}' \left[1 - \frac{(U_{\text{gd}} - V_{\text{T}})^2}{(U_{\text{gd}} + U_{\text{gs}} - 2V_{\text{T}})^2}\right] \tag{7.123}$$

$$C_{\text{gd}} = \frac{\partial Q_{\text{g}}}{\partial U_{\text{gd}}} = \frac{2}{3} WLC_{\text{ox}}' \left[1 - \frac{(U_{\text{gs}} - V_{\text{T}})^2}{(U_{\text{gd}} + U_{\text{gs}} - 2V_{\text{T}})^2}\right] \tag{7.124}$$

$$C_{\text{gb}} = \frac{\partial Q_{\text{g}}}{\partial U_{\text{gb}}} = 0 \tag{7.125}$$

Wird der MOSFET in starker Inversion betrieben, dann gilt $C_{gb} = 0$. Die Raumladungszone im Substrat wird vom Inversionskanal quasi elektrostatisch abgeschirmt.

Für den Sättigungsbetrieb kann U_{ds} durch die Sättigungsspannung $U_{dsat} = U_{gs} - V_T$ nach (7.71) ersetzt werden. Damit resultiert für die Gate-Ladung:

$$Q_g = \frac{2}{3} WLC'_{ox} \left(U_{gs} - V_T\right) - WLQ'_b \tag{7.126}$$

und für die Kapazitäten:

$$C_{gs} = \frac{\partial Q_g}{\partial U_{gs}} = \frac{2}{3} WLC'_{ox} \tag{7.127}$$

$$C_{gd} = \frac{\partial Q_g}{\partial U_{gd}} = 0 \tag{7.128}$$

$$C_{gb} = \frac{\partial Q_g}{\partial U_{gb}} = 0 \tag{7.129}$$

Es zeigt sich, dass in Sättigung die Kapazitäten unabhängig vom Drain-Potenzial sind. Dies ist dadurch zu erklären, dass der Drain-Anschluss durch den abgeschnürten Kanal quasi vom Kanalbereich abgekoppelt ist. Wird das Drain-Potenzial verändert, bleibt der Zustand im intrinsischen Bauelement unverändert.

Ist der Transistor ausgeschaltet, dann können keine kapazitiven Ladeströme von Source und Drain in den Kanalbereich zufließen. Es gilt:

$$C_{gs} = C_{gd} = 0 \tag{7.130}$$

Für die Kapazität zwischen Gate und Substrat ergibt sich das Verhalten der MOS-Kapazität entsprechend Abschnitt 7.3.3, welche in Akkumulation einen Maximalwert von

$$C_{gb} = WLC'_{ox} \tag{7.131}$$

erreicht.

Bild 7.24 zeigt den Verlauf der intrinsischen Kapazitäten relativ zur maximalen Gate-Kapazität $C_{ox} = WLC'_{ox}$ in Abhängigkeit von der Spannung U_{gs}. Mit steigender Gate-Source-Spannung befindet sich der Transistor nach Überschreiten der Schwellspannung zunächst im Sättigungsbetrieb mit $C_{gs}/C_{ox} = 2/3$. Erreicht der Transistor den linearen Betriebsbereich, dann sinkt C_{gs}, gleichzeitig steigt C_{gd}. Beide Kapazitäten nähern sich einem Wert von $C_{ox}/2$, welcher für eine konstante Inversionsladungsträgerdichte entlang des Kanals bei $U_{ds} = 0$ erreicht wird.

Das Meyer-Modell ist für eine Kleinsignalanalyse in vielen Fällen ausreichend. Allerdings vernachlässigt es das nicht reziproke Verhalten der Kapazitäten im MOSFET. So gilt beispielsweise bei näherer Betrachtung der Ladungsbilanz im Bauelement:

$$C_{gs} = \frac{\partial Q_g}{\partial U_s} \neq \frac{\partial Q_s}{\partial U_g} = C_{sg} \tag{7.132}$$

Im Meyer-Modell wird $C_{gs} = C_{sg}$ vorausgesetzt; das heißt, die Änderung der Gate-Ladung durch eine Variation des Gate- oder des Source-Potenzials seien identisch. Diese Ungenauigkeit führt in Transientensimulationen zu einem Fehler in der Ladungsbilanz, der mit fortschreitender Simulationszeit ansteigt.

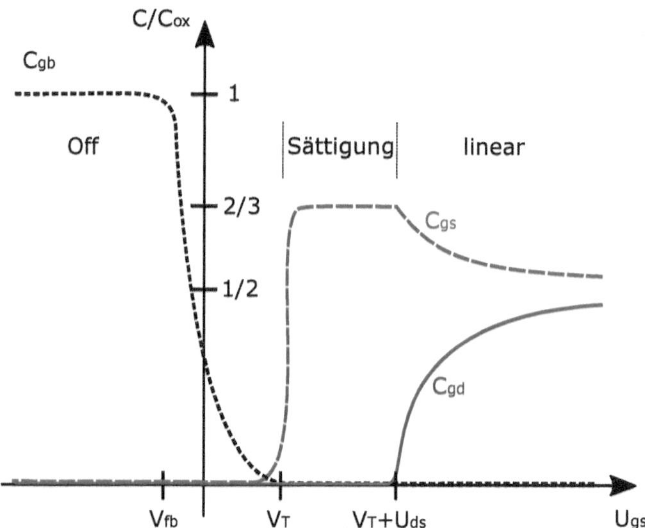

Bild 7.24 Intrinsische Kapazitäten C_{gs}, C_{gd} und C_{gb} im MOSFET relativ zur maximalen Gate-Kapazität $C_{ox} = WLC'_{ox}$ in Abhängigkeit von der Steuerspannung U_{gs}

Aus diesem Grund ist das Meyer-Modell zur Simulation von beispielsweise DRAMs oder Switched-Capacitor-Schaltungen ungeeignet. In Schaltungssimulatoren kommen stattdessen sogenannte ladungsbasierte Kapazitätsmodelle zur Anwendung. Hierbei werden die den Knoten Gate, Source, Drain und Bulk zugeordneten Ladungen unter Beachtung der Ladungsbilanz berechnet. In einer Kleinsignalanalyse werden daraus die entsprechenden Kapazitäten durch Linearisierung ermittelt. In einer Transientensimulation erfolgt die Bestimmung der Ladeströme durch numerische Berechnung des Differenzialquotienten $\mathrm{d}Q/\mathrm{d}t$ zu jedem Zeitschritt.

7.3.5.4 Kleinsignalersatzschaltbild

Bild 7.25 zeigt das quasistatische Kleinsignalersatzschaltbild eines MOSFET, basierend auf dem Meyer-Kapazitätsmodell. Die Aufteilung in intrinsische und extrinsische Elemente ist dargestellt.

Im intrinsischen Teil finden sich die Kleinsignalleitwerte g_m und g_{ds} nach Abschnitt 7.3.5.1. Im extrinsischen Teil stellen die Widerstände R_s und R_d die Bahnwiderstände der Source- bzw. Drain-Zone als konzentrierte Elemente dar. Sie hängen von der Dotierungskonzentration und Dicke der Diffusionsgebiete ab, deren Kontaktierung und berücksichtigen die Verengung des Stromflusses beim Eintritt in den Inversionskanal. Für eine genauere Betrachtung sei an dieser Stelle auf Abschnitt 9.2.3.4 verwiesen. Zusammen mit dem Kleinsignalleitwerten g_s und g_d der pn-Übergänge zwischen Source bzw. Drain und dem Substrat nach (7.26) resultiert das Kleinsignalverhalten des MOSFET im Gleichspannungsfall.

Für die Beschreibung des Frequenzverhaltens wird der intrinsische Teil um die Kapazitäten C_{gs}, C_{gd} und C_{gb} erweitert, beispielsweise entsprechend dem Meyer-Modell nach Abschnitt 7.3.5.3. Die extrinsischen Kapazitäten C_o für die Überlappung zwischen Gate und den

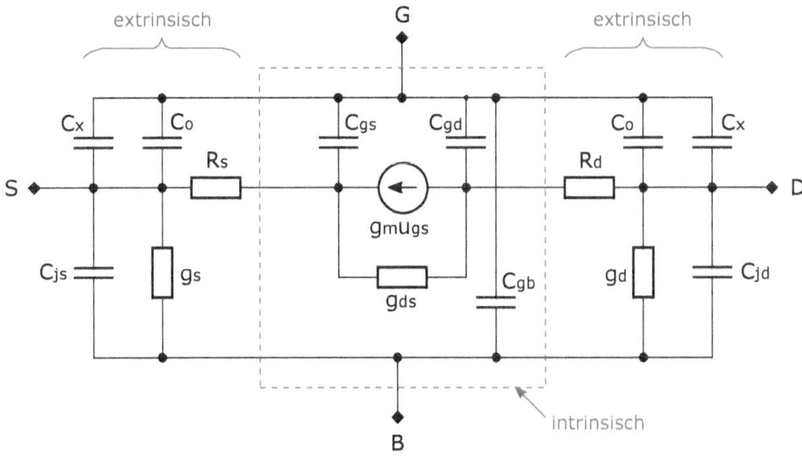

Bild 7.25 Kleinsignalersatzschaltbild eines MOSFET

Source/Drain-Zonen und C_x für weitere Streukapazitäten sind im Wesentlichen von der Bauelementstruktur abhängig. Schließlich tragen noch die Sperrschichtkapazitäten C_{js} und C_{jd} der Raumladungszonen zwischen Source bzw. Drain und dem Substrat entsprechend (7.20) zu dem kapazitiven Verhalten bei.

Es sei an dieser Stelle darauf hingewiesen, dass das kapazitive Verhalten nicht nur das Frequenzverhalten des Bauelements in analoger Schaltungstechnik bestimmt. In digitaler CMOS-Technologie kommt den Kapazitäten eine besondere Bedeutung zu, da sowohl die maximale Schaltgeschwindigkeit als auch die Leistungsaufnahme im Wesentlichen von den kapazitiven Elementen bestimmt werden. In diesem Zusammenhang wird auf Kapitel 8 verwiesen.

7.3.6 Grenzen Bulk-MOSFET

Der in diesem Kapitel betrachtete Feldeffekttransistor wird als *Bulk-MOSFET* bezeichnet. Mit Erhöhung der Integrationsdichte erfolgte kontinuierlich eine Verkürzung seiner Kanallänge. Als Folge wurde der Abstand zwischen den Ausdehnungen der Raumladungszonen der Source- und Drain-Gebiete in das Substrat immer geringer. Erreicht die Kanallänge den Submikrometer-Bereich, dann sind Auswirkungen auf das elektrische Verhalten nicht mehr zu vermeiden, so steigt beispielsweise der Leckstrom im ausgeschalteten Zustand drastisch an. Diese sogenannten *Kurzkanaleffekte* verlangten eine Vielzahl technologischer Fortschritte, um eine Reduzierung der Kanallänge auf weniger als 100 nm zu ermöglichen. Bei Unterschreitung einer Kanallänge von ca. 30 nm wurde schließlich der Bulk-MOSFET durch verbesserte Bauformen abgelöst.

Kurzkanaleffekte, technologische Maßnahmen im Zuge der Skalierung des Bulk-MOSFET, neuartige Bauformen und Funktionsprinzipien zur weiteren Reduzierung der Kanallänge sind Schwerpunkt der Kapitel 9 und 10.

7.4 Optoelektronische Bauelemente

In diesem Abschnitt wird die Funktionsweise optoelektronischer Bauelemente erläutert, denn die Grundlagen hierfür wurden in den bisherigen Kapiteln bereits gelegt. Für eine tiefer gehende Beschreibung und Bauformen sei auf allgemeine Lehrbücher zu Halbleiterbauelementen verwiesen [1,9].

7.4.1 Strahlungsbauelemente

Durch strahlende Rekombination werden in einem Halbleiter Photonen generiert. In den folgenden Abschnitten betrachten wir grundlegende Bauelemente zur gezielten Emission und Auskopplung elektromagnetischer Strahlung.

7.4.1.1 Lumineszenzdiode

Die *Lumineszenzdiode*, auch Leuchtdiode oder kurz *LED* (für engl. *light-emitting diode*) genannt, besteht aus einem pn-Übergang in einem direkten Halbleitermaterial. Wird die Diode in Flussrichtung betrieben, so rekombinieren die jeweils injizierten Ladungsträger. Wie in Abschnitt 4.3.2 kann es in einem direkten Halbleitermaterial bei genügend guter Kristallqualität zur *strahlenden Rekombination* kommen. Dabei rekombiniert ein Elektron mit einem Loch (nahezu) ohne Impulsänderung, das heißt bei konstanter Wellenzahl k.

Die Energie E_{ph} und damit auch die Wellenlänge λ der emittierten Photonen einer LED wird von der Bandlücke E_G des Halbleiters bestimmt:

$$E_{ph} = h\nu = \frac{hc}{\lambda} \approx \frac{1240\,\text{eV}\cdot\text{nm}}{\lambda} \approx E_G \tag{7.133}$$

Der sichtbare Bereich des Lichts erstreckt sich ungefähr von 770 nm (Rot) bis zu 390 nm (Violett). Verwendet man für eine LED den Halbleiter GaAs mit einer Bandlücke $E_G = 1.424$ eV, dann resultiert eine Wellenlänge von $\lambda = 871$ nm, also Strahlung im infraroten Bereich. Leuchtdioden aus diesem Material werden daher für Infrarot-LEDs eingesetzt.

Um eine Strahlung im sichtbaren Bereich zu erhalten, muss die Bandlücke gegenüber GaAs vergrößert werden. Dies geschieht durch Legierungen, welche neben Gallium und Arsen noch weitere Elemente aus der III. oder V. Hauptgruppe enthalten; so beispielsweise Indium (In) oder Aluminium (Al) bzw. Phosphor (P) oder Stickstoff (N). Die Legierung $GaAs_{0.6}P_{0.4}$ hat eine Bandlücke von 1.91 eV und strahlt rot. Dagegen strahlt der Verbindungshalbleiter GaN mit $E_G = 3.39$ eV (wie auch SiC) in Blau.

Die emittierten Photonen haben nicht alle exakt die gleiche Wellenlänge. Den Grund hierfür illustriert Bild 7.26. In Abhängigkeit von der Wellenzahl k, an der sich ein Elektron und ein Loch im Bandschema befinden, ist die bei einer Rekombination an das Photon zu übertragende Energie unterschiedlich. Die Ladungsträgerkonzentrationen in Abhängigkeit von der Zustandsdichte und der Fermi-Verteilung hatten wir in Bild 4.17 näher betrachtet. Die meisten Elektronen befinden sich knapp oberhalb der Leitungsbandunterkante, die meisten Löcher knapp

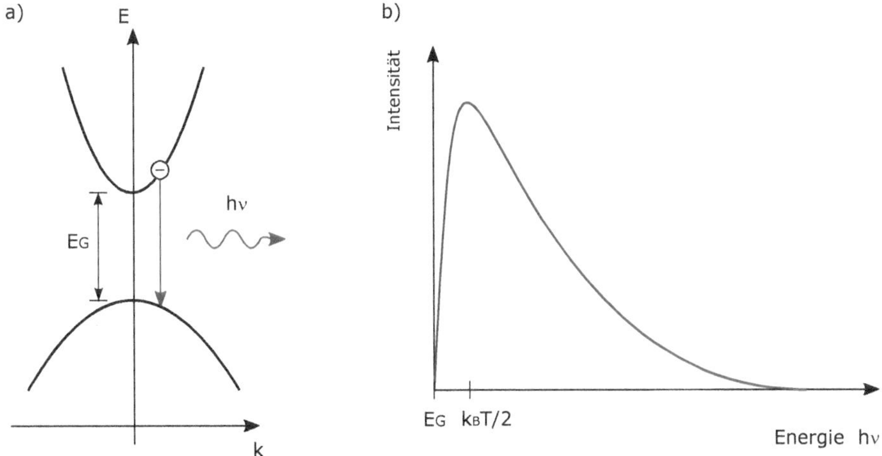

Bild 7.26 a) Bandstruktur in einem direkten Halbleiter mit Darstellung der Rekombination eines Elektrons. b) Intensitätsspektrum der emittierten Strahlung

unterhalb der Valenzbandoberkante. Entsprechend ergibt sich das Intensitätsmaximum der Strahlung für eine Photonenenergie von

$$E_{\text{ph}} = E_{\text{G}} + \frac{k_{\text{B}}T}{2} \tag{7.134}$$

Der Wirkungsgrad von Leuchtdioden, also das Verhältnis von Strahlungsleistung zu elektrischer Leistung, setzt sich aus dem internen (η_{int}) und dem externen (η_{ext}) Wirkungsgrad zusammen. Der gesamte Wirkungsgrad ergibt sich aus

$$\eta = \eta_{\text{int}}\eta_{\text{ext}} \tag{7.135}$$

Der interne Wirkungsgrad gibt an, welcher Anteil der elektrischen Energie in Strahlungsleistung umgesetzt wird. Er hängt davon ab, wie viele Ladungsträger durch nichtstrahlende Rekombination verloren gehen.

Der externe Wirkungsgrad beschreibt, welcher Teil der Strahlung den Kristall verlassen kann. Die generierten Photonen müssen den Siliziumkristall verlassen haben, bevor sie in diesem absorbiert werden. Hierfür muss der Bereich der strahlenden Rekombination und damit der pn-Übergang möglichst nahe der Halbleiteroberfläche realisiert werden. Weiterhin geht ein Teil der Strahlung, der mit zu großem Winkel auf die Oberfläche des Halbleiters trifft, durch Totalreflexion verloren.

Durch Mischung der drei Spektralfarben Rot, Grün und Blau können weiße LEDs hergestellt werden. Alternativ wird der Kristall mit einem in den Spektralfarben phosphoreszierenden Material abgedeckt. Ein Halbleiter mit großer Bandlücke emittiert kurzwellige Photonen hoher Energie, welche durch Absorption in der Abdeckschicht diese zum Leuchten bringen.

7.4.1.2 Halbleiterlaser

Die Elektronen in einer LED rekombinieren nach Ablauf ihrer Lebensdauer und generieren ein Photon. Man nennt dies *spontane Emission* von Photonen. Für einen Halbleiterlaser muss es zur sogenannten *stimulierten* oder *induzierten Emission* von Photonen kommen. Hierbei wird die Rekombination durch ein Photon ausgelöst; die Strahlung des neu generierten Photons ist dann in Phase mit dem ersten Photon. Dies ist die Voraussetzung zur Erzeugung *kohärenter Strahlung.*

Die Voraussetzungen für die Aussendung kohärenter Strahlung sind in den beiden *Laserbedingungen* zusammengefasst:

1. Laserbedingung:

Die Photonen werden in einem optischen Resonator im Kristall eingeschlossen. Dies wird durch gegenüberliegende verspiegelte Flächen erreicht. Im Resonator bilden sich durch konstruktive Interferenz stehende Wellen der Strahlung aus (vgl. Bild 7.27). Entsprechend der Wellenlänge ergeben sich verschiedene *Lasermoden.* Das mehrfache Durchqueren des Resonators durch die Photonen führt hierin zur stimulierten Emission.

An einer Seite ist der Spiegel zu einem geringen Prozentsatz durchlässig und erlaubt eine Auskopplung der Strahlung. Die Lasermoden haben eine Wellenlänge von

$$\lambda_m = \frac{2L}{m} \tag{7.136}$$

Weiterhin muss die stimulierte Emission gegenüber der Absorption überwiegen. Die Differenz zwischen der Emissionsrate und der Absorptionsrate wird als *Gewinn* bezeichnet. Hierfür ist die Erfüllung einer weiteren Bedingung notwendig:

2. Laserbedingung:

Es muss eine sogenannte *Besetzungsinversion* vorliegen. Dies bedeutet, dass im Bereich der Rekombination die Zahl der Elektronen im Leitungsband (Kandidaten für die stimulierte Rekombination) größer als die Zahl der Elektronen im direkt darunterliegenden Valenzband (Kandidaten für eine Absorption) sein muss.

Technologisch wird dies durch einen pn-Übergang mit sehr hoch dotierten Zonen (degenerierter Halbleiter) bei genügend hoher angelegter Spannung in Flussrichtung erreicht. Bild 7.28 verdeutlicht dies im Bändermodell. Ab Überschreitung einer *Schwellstromdichte* im Bauelement beginnt die Laseraktivität.

Beim klassischen Halbleiterlaser kann jedes rekombinierte Elektron maximal ein Photon generieren. Moderne *Quanten-Kaskaden-Laser* erreichen durch den Aufbau von Heterostrukturen, dass ein Elektron beim Durchqueren mehrerer kaskadierter Potenzialtöpfe durch mehrere Energieübergänge mehr als ein Photon erzeugen kann. Damit wird eine drastische Erhöhung der Strahlungsleistung bei reduzierter Schwellstromdichte möglich.

a)

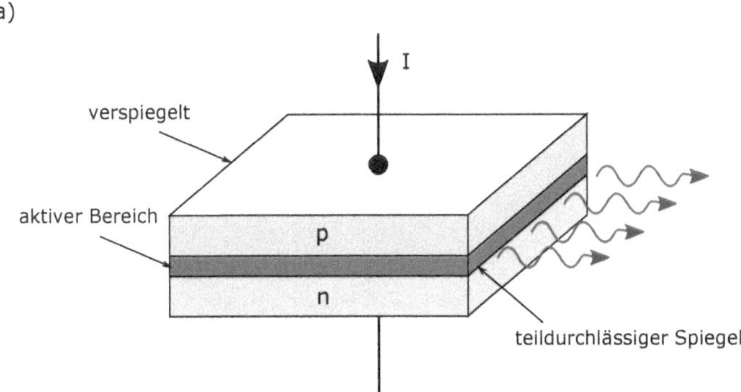

b)

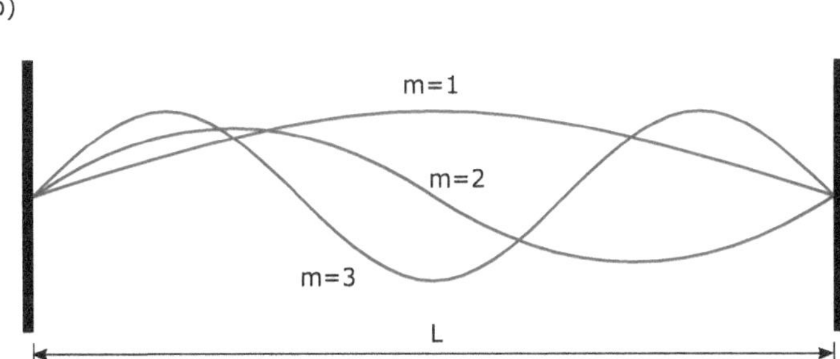

Bild 7.27 a) Aufbau eines kantenemittierenden Halbleiterlasers. b) Optischer Resonator zur Erzielung der 1. Laserbedingung

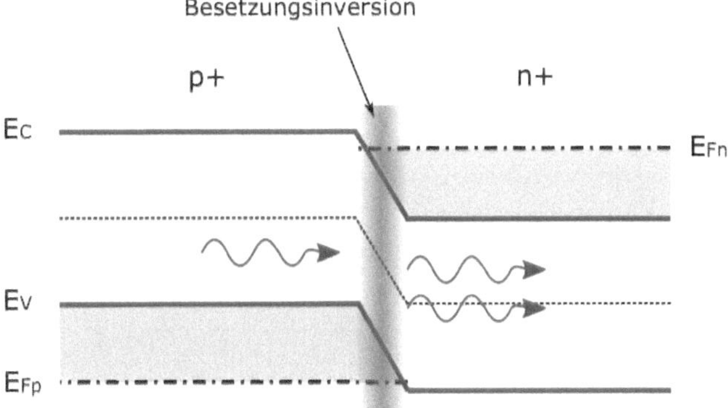

Bild 7.28 Besetzungsinversion (2. Laserbedingung) in einem Halbleiterlaser durch hohe Dotierung beider Zonen und ausreichend hoher Spannung in Flussrichtung

7.4.2 Absorptionsbauelemente

Die Absorption von Strahlung wird durch den wellenlängenabhängigen *Absorptionskoeffizienten* $\alpha(\lambda)$ beschrieben. Trifft auf eine Oberfläche an der Stelle $x = 0$ eine Strahlung mit der Photonenstromdichte j_{ph}, dann nimmt diese mit wachsender Tiefe x exponentiell im Medium ab:

$$j_{ph}(x) = j_{ph}(0)e^{-\alpha(\lambda)x} \tag{7.137}$$

Betrachtet man nur Absorption, bei der eine Änderung des elektrischen Verhaltens des Halbleiters bewirkt wird, dann steigt die Absorption für Energien $E_{ph} > E_G$ stark an; das Material ist undurchlässig für die Strahlung. Für eine Wellenlänge mit einer Photonenenergie kleiner als die Bandlückenenergie E_G ist das Material dagegen weitgehend transparent. Für Silizium mit $E_G = 1.12$ eV tritt dieser Übergang bei einer Wellenlänge von $\lambda = 1120$ nm, das heißt im nahen infraroten Spektralbereich, auf.

Reicht die Energie E_{ph} der Photonen aus, wird ein Elektron aus dem Valenzband in das Leitungsband gehoben. Die *Generationsrate* an Elektronen beträgt

$$G(x) = \alpha\, j_{ph}(x) \tag{7.138}$$

Im stationären Fall ist die Generationsrate gleich der Rekombinationsrate R der überschüssigen Minoritäten gegenüber der Gleichgewichtskonzentration. Diese haben wir mit (4.9) definiert. Es gilt also:

$$R = \frac{\Delta n}{\tau_n} = G \tag{7.139}$$

Ein Überschuss an Minoritäten führt zu einer erhöhten Leitfähigkeit des Halbleiters. Dies wird in einem *Fotoleiter* zur Detektion absorbierter Strahlung ausgenutzt.

7.4.2.1 Fotodiode

Die Fotodiode ist im Wesentlichen eine Halbleiterdiode, in der bei Beleuchtung ein *Fotostrom* I_p fließt. Das gewählte Halbleitermaterial (indirekt oder direkt) bestimmt das Absorptionsspektrum. Bild 7.29 zeigt den Querschnitt einer einfachen Fotodiode und illustriert die nachfolgend beschriebenen Vorgänge.

Ladungsträger, die durch das einfallende Licht in der Raumladungszone und innerhalb etwa einer Diffusionsslänge im p- und im n-Gebiet erzeugt werden, tragen zum Fotostrom bei. Ist das Licht sehr kurzwellig, dann wird es in der Nähe der Oberfläche absorbiert und die Ladungsträger rekombinieren, bevor sie den pn-Übergang erreichen können. Ist das Licht sehr langwellig, ist das Material nahezu transparent und es werden keine oder nur wenige Ladungsträger erzeugt. Ein Teil des einfallenden Lichts wird zudem beim Übergang in das Halbleitermaterial reflektiert, sodass insgesamt der *Quantenwirkungsgrad* η_Q (die Anzahl der pro Photon erzeugten Ladungsträgerpaare) kleiner als eins ist.

In eindimensionaler Näherung kann die Dichte des Fotostroms abgeschätzt werden mit

$$j_p = q\left(d_{rlz} + L_n + L_p\right)G \approx q\left(L_n + L_p\right)G \tag{7.140}$$

Dabei wird angenommen, dass alle in der Raumladungszone der Dicke d_{rlz} generierten Minoritätsladungsträger zum Fotostrom beitragen. Außerhalb können sie nur bis zu einer maximalen Distanz in Höhe der Diffusionslänge L_n bzw. L_p den pn-Übergang erreichen. Haben sie

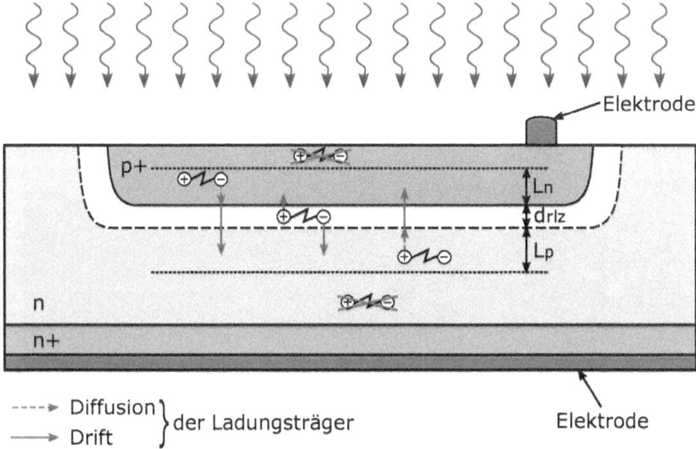

Bild 7.29 Aufbau einer Fotodiode im Querschnitt. Innerhalb der Raumladungszone generierte Ladungsträger bewegen sich durch Drift aufgrund des elektrischen Feldes, außerhalb durch Diffusion. Ist die Distanz zur Raumladungszone größer als die Diffusionslänge L_p bzw. L_n, dann rekombinieren die Minoritäten und gehen für den Fotostrom verloren.

diesen erreicht, fließen sie wie in Abschnitt 7.1.1.3 beschrieben als Sperrstrom ab. Damit möglichst viele der absorbierten Photonen einen Ladungsträger zum Stromfluss beitragen, sollten die Diffusionslängen möglichst groß sein.

Der Fotostrom fließt zusätzlich zu dem durch die Shockley'sche Diodengleichung (7.10) gegebenen Strom. Der Gesamtstrom ist daher:

$$I = I_S \left(\exp\left(\frac{U}{u_{th}} \right) - 1 \right) - I_P \tag{7.141}$$

Der Fotostrom vergrößert also den Sperrstrom der Diode, den man in diesem Zusammenhang auch *Dunkelstrom* der Fotodiode nennt. Wie Bild 7.30 zeigt, verschiebt sich dadurch die Strom-Spannungs-Kennlinie in Richtung der negativen Ordinate und verläuft durch den IV. Quadranten des Koordinatensystems. Das bedeutet, dass man der Fotodiode bei Beleuchtung eine Leistung entnehmen kann; man spricht dann von einem *Fotoelement* oder einer *Solarzelle*.

Eine Kombination aus Fotodiode und Bipolartransistor stellt der *Fototransistor* dar. Dabei ist der Basis-Emitter-pn-Übergang großflächig ausgelegt und wird bestrahlt. Durch den Transistoreffekt erfolgt direkt eine Verstärkung des Fotostroms.

Die Geschwindigkeit des Schaltverhaltens einer Fotodiode hängt in hohem Maße von der Lebensdauer der Minoritäten ab. Ist die Diffusionslänge groß, dann ist nach (7.2) auch die Lebensdauer hoch. Wird das einfallende Licht abgeschaltet, klingt der Fotostrom exponentiell ab. Dies begrenzt in Anwendungen zur optischen Datenübertragung die maximal erreichbare Übertragungsrate erheblich.

In einer *pin-Fotodiode* ist die Schaltgeschwindigkeit drastisch erhöht. Sie besteht aus einer Schichtfolge p-i-n, dass heißt, zwischen dem n- und p-dotierten Gebiet befindet sich eine Zwischenschicht aus intrinsischem Halbleitermaterial. Den Vorteil für das Schaltverhalten verdeutlicht Bild 7.31 im Bändermodell. Zwischen den Raumladungszonen liegt die intrinsische Schicht, in der sich eine konstante elektrische Feldstärke ausbildet. In dieser Zone und den

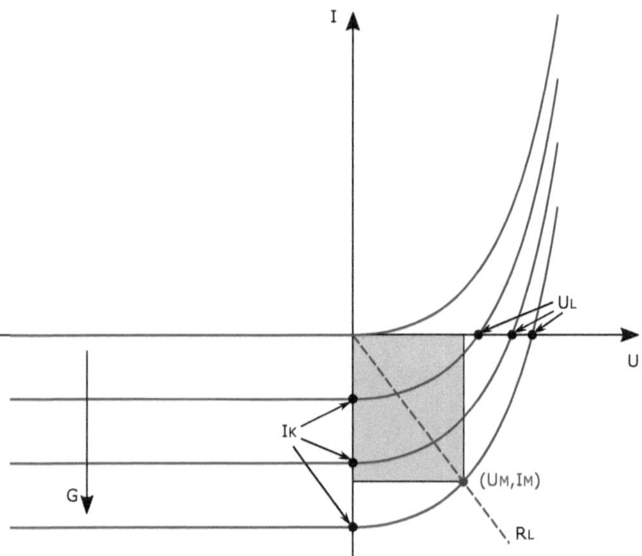

Bild 7.30 Kennlinienfeld einer Fotodiode. Mit steigender Beleuchtungsstärke bzw. Generationsrate G verschiebt sich die Strom-Spannungs-Kennlinie nach unten. Die Schnittpunkte mit der Abszisse geben die Leerlaufspannung U_L, die Schnittpunkte mit der Ordinate den Kurzschlussstrom I_K an. Beim Betrieb als Solarzelle bestimmt die Widerstandsgerade des Lastwiderstands R_L den Arbeitspunkt im IV. Quadranten. Im optimalen Betrieb ist die Fläche des eingezeichneten Rechtecks, welche der entnommenen Leistung proportional ist, maximal.

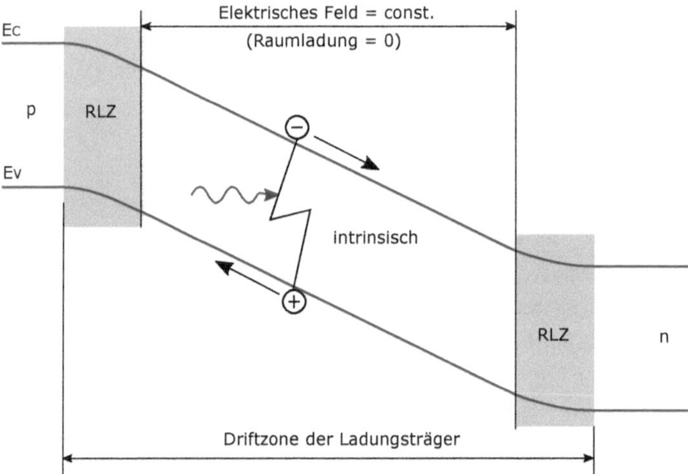

Bild 7.31 Aufbau einer pin-Fotodiode. In der intrinsischen Zwischenschicht ist die Raumladung gleich null. Es bildet sich ein konstantes elektrisches Feld aus. Die Driftzone für die Ladungsträger, in der eine schnelle Ladungsträgertrennung stattfindet, erstreckt sich über beide Raumladungszonen und die intrinsische Zone.

Raumladungszonen soll die Absorption der Photonen erfolgen; eine große Diffusionslänge der Minoritäten ist daher nicht nötig. Innerhalb der Driftzone generierte Ladungsträger werden durch das Feld separiert und zu den jeweiligen Bahngebieten transportiert. Mit der angelegten Spannung in Sperrrichtung wird das Feld vorgegeben. Es ergibt sich ein weitaus schnellerer Transport der Ladungsträger als durch Diffusion in einer herkömmlichen Fotodiode. Dieses Bauelement erlaubt eine optische Datenübertragung bis in den Gbit-Bereich.

7.4.2.2 Solarzelle

Die *Solarzelle* ist eine großflächige Fotodiode zur Erzeugung elektrischer Energie. Sie liefert maximal den *Kurzschlussstrom* I_K für $U = 0$, den man in der Kennlinie nach Bild 7.30 als Schnittpunkt mit der negativen Ordinate erhält. Die maximale Spannung, die *Leerlaufspannung* U_L, ergibt sich für den Strom $I = 0$ aus dem Schnittpunkt der Kennlinie mit der positiven Abzissenachse. Sie ist gegeben durch

$$U_L = u_{th} \ln\left(\frac{I_P}{I_S} + 1\right) \tag{7.142}$$

Die der Solarzelle entnehmbare Leistung $P = U \cdot I$ wird durch den Schnittpunkt der Widerstandsgeraden des Lastwiderstands R_L mit der Strom-Spannungs-Kennlinie bestimmt. Die Leistung ist umso größer, je größer die Fläche des in den IV. Quadranten einschreibbaren Rechtecks $P_m = U_M \cdot I_M$ ist, das heißt, je näher die Fläche dem Rechteck mit maximaler Fläche $U_L \cdot I_K$ kommt. Das Verhältnis der beiden Rechtecke zueinander nennt man den *Füllfaktor FF* der Solarzelle. Bezeichnen wir die eingestrahlte Lichtleistung mit P_{ph}, dann errechnet sich der maximale Wirkungsgrad der Solarzelle aus

$$\eta = \frac{U_M \cdot I_M}{P_{ph}} = \frac{U_L \cdot I_K \cdot FF}{P_{ph}} \tag{7.143}$$

Der Wirkungsgrad ist eine Funktion der Strahlungsleistung, denn der Kurzschlussstrom I_K ist direkt proportional zu P_{ph}, während die Leerlaufspannung U_L nach (7.142) logarithmisch von der Strahlungsleistung abhängt.

Zur Erzielung eines optimalen Wirkungsgrads sollte das Halbleitermaterial an das Strahlungsspektrum des Sonnenlichts angepasst sein. Ein großer Teil der Verluste entsteht durch langwelliges Sonnenlicht, sodass die Photonen nicht über die notwendige Energie verfügen, um Elektron-Loch-Paare zu erzeugen. Weitere Verluste entstehen dadurch, dass jedes Photon nur ein Elektron-Loch-Paar erzeugen kann, auch wenn seine Energie wesentlich höher als die Bandlückenenergie ist. Zur Optimierung des Wirkungsgrads werden spezielle Antireflexschichten und mehrere pn-Übergänge in einer Solarzelle hergestellt.

Solarzellen aus Silizium erreichen einen Wirkungsgrad von ca. 20 %. Zur Reduzierung der Kosten großflächiger Solarzellen ist eine Herstellung aus polykristallinem oder amorphem Halbleitermaterial möglich (bei reduziertem Wirkungsgrad). Galliumarsenid ist besser an das Sonnenspektrum angepasst als Silizium und erlaubt einen Wirkungsgrad von bis zu 40 %, ist aber mit erheblich höheren Kosten verbunden.

7.5 Wiederholungsfragen

1. Welcher Ladungstransportmechanismus führt zum Stromfluss in einer pn-Halbleiterdiode, Drift oder Diffusion? Wie steht dies in Zusammenhang mit dem elektrischen Feld in der Raumladungszone?
2. Wodurch entsteht der Sperrstrom in einer pn-Diode?
3. Welche Ladungsträger am pn-Übergang dominieren den Stromfluss, wenn $N_A \gg N_D$ gilt?
4. Was bedeutet „Hochinjektion"? Wie zeigt sich dieser Effekt in der Diodenkennlinie?
5. Durch welche Effekte verliert die pn-Diode ihre Sperrwirkung für $U < 0$? Erläutern Sie beide Effekte.
6. Welche kapazitiven Effekte treten am pn-Übergang auf? Welcher Effekt dominiert in Sperrrichtung, welcher in Flussrichtung?
7. Erläutern Sie die Ursache der Sperrschichtkapazität.
8. Erläutern Sie die Ursache der Diffusionskapazität.
9. Wovon hängt die Schaltgeschwindigkeit einer pn-Diode ab?
10. Was beschreibt der Kleinsignalleitwert der Diode? Wozu wird er in der Schaltungsanalyse benötigt?
11. Was unterscheidet eine Esaki-Tunneldiode von einer klassischen pn-Diode?
12. Wie kommt es zum negativ differenziellen Widerstand in a) einer Esaki-Tunneldiode, b) einer resonanten Tunneldiode?
13. Erläutern Sie zwei mögliche Ladungstransportmechanismen durch einen Schottky-Kontakt.
14. Unter welcher Voraussetzung wird ein Schottky-Kontakt zu einem ohmschen Kontakt? Erläutern Sie für diesen Fall den Ladungstransport durch die Barriere.
15. Was versteht man unter „Stromverstärkung" eines Bipolartransistors?
16. Welche drei Komponenten tragen zum Basisstrom eines Bipolartransistors bei?
17. Wodurch unterscheidet sich der lineare Betriebsbereich vom Sättigungsbereich eines Bipolartransistors?
18. Warum bilden zwei entgegengesetzt gepolt in Reihe geschaltete Dioden keinen Bipolartransistor?
19. Nennen Sie drei technologische Voraussetzungen für eine hohe Stromverstärkung in einem Bipolartransistor.
20. Was ist der Early-Effekt, und durch welche technologische Maßnahme lässt er sich reduzieren? Welchen Kleinsignalleitwert bestimmt der Early-Effekt?
21. Was versteht man unter „Inversbetrieb" oder „Rückwärtsbetrieb" eines Bipolartransistors?
22. Welcher ist der größte, welcher der kleinste Kleinsignalleitwert eines Bipolartransistors? Welche Bedeutung haben sie?
23. Welche kapazitiven Effekte bestimmen das Kleinsignalersatzschaltbild eines Bipolartransistors im aktiv-normalen Betriebsbereich?
24. Welche parasitären Elemente entstehen bei der Realisierung eines vertikalen Bipolartransistors in einem SBC-Planarprozess?
25. Was unterscheidet den linearen Betrieb vom Sättigungsbetrieb eines MOSFET?

26. Auf welches Potenzial bezüglich Source und Drain muss der Bulk-Anschluss eines MOSFET gelegt werden?
27. Welche Materialparameter bestimmen die Schwellspannung eines MOSFET? Durch welche technologischen Maßnahmen kann diese verändert werden?
28. Was versteht man unter dem „Substrateffekt"?
29. Welche Polarität hat die Schwellspannung in einem a) n-Kanal-Enhancement-, b) p-Kanal-Enhancement-, c) n-Kanal-Depletion-, d) p-Kanal-Depletion-MOSFET?
30. Beschreiben Sie den Verlauf der MOS-Kapazität in einer CV-Messung. Wodurch unterscheiden sich die Ergebnisse für niedrige und hohe Frequenz der Messspannung?
31. Was versteht man unter der „Gradual-Channel-Approximation"?
32. Was versteht man unter der „Kanallängenmodulation"? Welcher Kleinsignalparameter wird davon bestimmt?
33. Erläutern Sie je ein Verfahren zur Extraktion der Schwellspannung eines MOSFET aus seiner Transferkennlinie im linearen Betriebsbereich und im Sättigungsbereich.
34. Nennen Sie Kleinsignalleitwerte im MOSFET und deren Größenrelation zueinander.
35. Welche kapazitiven Effekte treten in einem MOSFET auf? Welche sind intrinsisch, welche extrinsisch?
36. Was versteht man unter der „Kanaltransitzeit" bei einem MOSFET?
37. Wie entsteht des Strahlungsspektrum einer Leuchtdiode?
38. Wovon hängt der Wirkungsgrad einer LED ab?
39. Wie lautet die 1. Laserbedingung?
40. Wie lautet die 2. Laserbedingung?
41. Was versteht man unter „stimulierte Emission"?
42. Was ist „Besetzungsinversion" und wie wird sie in einem Halbleiterlaser erreicht?
43. Was beschreibt der „Absorptionskoeffizient" eines Halbleiters?
44. Erläutern Sie das Funktionsprinzip eines Fotoleiters.
45. Erläutern Sie das Funktionsprinzip einer Fotodiode anhand ihrer Kennlinie.
46. Was versteht man unter „Dunkelstrom" einer Fotodiode?
47. In welchen Zonen einer Fotodiode trägt die Absorption eines Photons zum Fotostrom bei?
48. Was sind die Voraussetzungen für einen hohen Quantenwirkungsgrad einer Fotodiode?
49. Was bestimmt den „Füllfaktor" einer Solarzelle?
50. Warum ist die Schaltgeschwindigkeit einer pin-Fotodiode schneller gegenüber einer herkömmlichen Fotodiode?

7.6 Übungen

Übung 7.1

Gebeben sei eine pn-Silizium-Diode mit folgenden Kenngrößen:

$N_D = 10^{18}$ cm^{-3}, $N_A = 5 \cdot 10^{16}$ cm^{-3}, Querschnittsfläche $A = 50$ µm^2, $n_i = 1.5 \cdot 10^{10}$ cm^{-3}, $T =$ 300 K.

Die Diffusionskonstanten der Elektronen und Löcher betragen 7 cm^2/s bzw. 4.5 cm^2/s; die Lebensdauern $\tau_n = 10$ ns bzw. $\tau_p = 1$ ns.

a) Zeichnen Sie das Bändermodell im thermischen Gleichgewicht, für Polung in Flussrichtung und in Sperrrichtung.

b) Berechnen Sie die Diffusionsspannung am pn-Übergang und die Elektronen- und Löcherkonzentrationen in den beiden neutralen Zonen.

c) Bestimmen Sie den Sperrstrom der Diode. Berechnen Sie den Diodenstrom, wenn am pn-Übergang eine Flussspannung von $U = 0.7$ V anliegt.

d) Die Länge der n-leitenden Kontaktzone betrage 10 µm, der p-leitenden Zone 50 µm. Berechnen Sie die Bahnwiderstände dieser Kontaktzonen (unter Vernachlässigung der Ausdehnung der Raumladungszone). Welche Spannung U' liegt an den äußeren Kontakten der Diode an, wenn wie in Teil b) am inneren pn-Übergang eine Flussspannung von $U = 0.7$ V abfällt?

Übung 7.2

Auf einem homogenen n-dotierten Substrat ($N_D = 10^{15}$ cm^{-3}) wird epitaktisch eine dünne p-dotierte Schicht mit der homogenen Dotierung $N_A = 10^{18}$ cm^{-3} abgeschieden. Die Diodenfläche betrage 100 µm^2. Als Umgebungsbedingung nehmen Sie Raumtemperatur an ($T = 300$ K, $n_i = 1.5 \cdot 10^{10}$ cm^{-3}). Für die Beweglichkeiten von Elektronen und Löchern gelte: $\mu_p = 100$ cm^2/(Vs); $\mu_n = 250$ cm^2/(Vs). Die Lebensdauer der Löcher in der n-dotierten Schicht betrage $\tau_p = 10$ µs; für die Elektronen in der p-Schicht gilt $\tau_n = 1$ µs. Die Diffusionslängen der Minoritäten seien für beide Seiten klein gegen die Dicke der Schichten.

a) Skizzieren Sie den Verlauf der Minoritäten in den Bahngebieten für Fluss- und Sperrpolung. Erklären Sie die Form der Kurven.

b) Berechnen Sie den Sättigungsstrom der Diode. Aus welchen Anteilen setzt er sich zusammen?

c) Zeichnen Sie die Diodenkennlinie im linearen und logarithmischen Maßstab. Berücksichtigen Sie den Bereich der Hochinjektion.

d) Zeichnen Sie ein Kleinsignalersatzschaltbild der Diode in Flussrichtung und geben Sie die Bestimmungsgleichungen für die Elemente an. Berechnen Sie die Werte dieser Elemente im Arbeitspunkt $I = 0.1$ µA (schwache Injektion).

Übung 7.3

Gegeben sei eine Silizium-pn-Diode mit den Dotierungen $N_D = 10^{14}$ cm^{-3} und $N_A \gg N_D$. Die Eigenleitungsdichte des Materials beträgt bei Raumtemperatur ($T = 300$ K) $n_i = 1.5 \cdot 10^{10}$ cm^{-3}. Die Löcherbeweglichkeit beträgt $\mu_p = 480$ cm^2/(Vs). Nehmen Sie für die Dielektrizitätskonstante den Wert $\varepsilon_{Si} = 10^{-12}$ F/cm an. Die Fläche der Diode beträgt $A = 0.5$ cm^2. Bei der Berechnung der Dicke der Raumladungszonen kann die Diffusionsspannung vernachlässigt werden.

a) Skizzieren Sie das Bänderdiagramm im Gleichgewicht und bei Polung der Diode in Flussrichtung.

b) Die Durchbruchspannung der Diode betrage $U_B = 300$ V. Berechnen Sie die Weite der Raumladungszone und den Betrag der Sperrschichtkapazität C_1 für diese Spannung.

c) Im Sperrbereich der Diode wird ein Sperrstrom $I_s = 5$ nA gemessen. Berechnen Sie die Sperrstromdichte j_s und daraus die Diffusionslänge L_p und die Lebensdauer τ_p der Löcher.

d) Welche Flussspannung U_F muss angelegt werden, sodass sich eine Diffusionskapazität $C_2 = 100 \cdot C_1$ ausbildet?

Übung 7.4

Gegeben sei ein npn-Transistor mit folgenden Dotierungskonzentrationen, Minoritätenlebensdauern bzw. Schichtdicken:
Emitter: $N_E = 10^{20}$ cm^{-3}, $\tau_E = 1$ ns, $d_E = 10$ µm;
Basis: $N_B = 10^{18}$ cm^{-3}, $\tau_B = 1$ µs, $d_B = 1$ µm;
Kollektor: $N_C = 10^{16}$ cm^{-3}, $\tau_C = 10$ µs, $d_C = 1$ mm.
Für die Beweglichkeiten von Elektronen und Löchern gelte: $\mu_p = 100$ cm^2/(Vs), $\mu_n = 250$ cm^2/(Vs). Die Transistorfläche betrage $A = 100$ µm^2. Emitter und Kollektor sind dabei von oben bzw. unten angeschlossen, die Basis von der Seite. Der Transistor wird mit konstanter Spannung $U_{BE} = 30 \cdot u_{th}$ und $U_{CB} = 0$ betrieben. Die Basisweite w_{B0} ohne Vorspannung des Basis-Kollektor-Übergangs sei nahezu gleich der Dicke d_B. Es gelte: $T = 300$ K, $n_i = 1.5 \cdot 10^{10}$ cm^{-3}, $\varepsilon_{Si} = 10^{-12}$ As/(Vcm).

a) Welche Ladungsträger werden in die verschiedenen Zonen injiziert? Skizzieren Sie den Verlauf der Minoritäten in den Schichten. Berechnen Sie die Sättigungsströme der EB-Diode.

b) Bestimmen Sie aus den Transistordaten die Stromverstärkung. Berechnen Sie damit für den aktiv normalen Transistorbetrieb die Klemmenströme im Arbeitspunkt.

c) Geben Sie einen Ausdruck für die Weite der BC-Raumladungszone und für den Kollektorstrom in Abhängigkeit von U_{CB} an. Berechnen Sie die Ausdehnungen der BC-Raumladungszone in die Basis für $U_{CB} = 0$ V und 1 V. Berechnen Sie davon ausgehend die Early-Spannung des Transistors.

d) Berechnen Sie die Transitzeit des Transistors.

e) Berechnen Sie die Elemente des Kleinsignalersatzschaltbildes des Transistors, wenn $U_{CB} = 1$ V gilt.

Übung 7.5

Gegeben ist ein pnp-Transistor mit homogen dotierten Bahngebieten und der Fläche $A = 100$ µm^2. Die Dotierungen in Emitter, Basis bzw. Kollektor betragen $N_{AE} = 10^{18}$ cm^{-3}, $N_{DB} = 10^{16}$ cm^{-3}, $N_{AC} = 10^{18}$ cm^{-3}. Der Transistor wird bei Raumtemperatur ($T = 300$ K) betrieben; es gilt $n_i = 1.5 \cdot 10^{10}$ cm^{-3} und $u_{th} = 26$ mV. Die Beweglichkeit der Löcher beträgt

$\mu_p = 500\ \mathrm{cm}^2/(\mathrm{Vs})$. Der Transistor ist so verschaltet, dass die Basis mit Masse verbunden ist, während am Emitter und am Kollektor zwei Spannungsquellen U_E bzw. U_C angeschlossen sind. Bei der Berechnung der Klemmenströme kann der Stromanteil $I_{B\to E}$ vernachlässigt werden.

a) Welche Polarität müssen U_E und U_C im aktiv-normalen Betriebszustand haben?

b) Bei den Spannungen $|U_E| = 0.78$ V und $U_C = 0$ V ergibt sich ein Emitterstrom $I_E = 468\ \mu A$. Bestimmen Sie damit die Basisweite w_B.

c) Der Basistransportfaktor berechnet sich aus $\delta_0 = I_{B\to C}/I_{E\to B}$. Es gelte $\delta_0 = 7/8$. Bestimmen Sie hierfür den Basisstrom I_B und den Kollektorstrom I_C.

d) Durch die Änderung der Spannung U_C ändert sich die Weite w_B der neutralen Basis. Bestimmen Sie die relative Änderung des Klemmenstroms $\Delta I_E/I_E$ in Abhängigkeit von der relativen Änderung der Basisweite $\Delta w_B/w_B$. Überlegen Sie sich dafür zuerst die Abhängigkeit des Stroms I_E von der Basisweite w_B.

Übung 7.6

Ein MOS-Transistor sei entsprechend nachfolgender Abbildung verschaltet. Zu Beginn der Messungen ist die Kapazität $C = 3$ nF auf $U_{c0} = 6$ V aufgeladen. Für eine Eingangsspannung $U_{i0} = 0$ V soll die Ladung auf dem Kondensator gehalten werden, während für $U_{i1} = 4$ V die Kapazität entladen werden soll. Die Schwellspannung des Transistors betrage $|V_T| = 1$ V. Es gilt $K = \mu C'_{ox} W/L = 2\ \mathrm{mA/V^2}$.

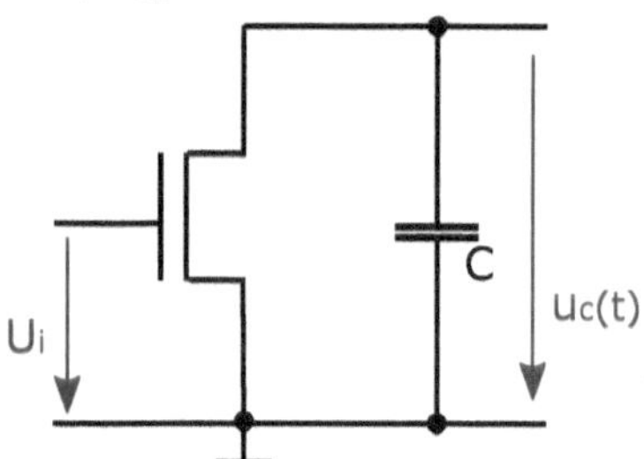

a) Welcher Transistortyp muss verwendet werden? Wie viel Ladung befindet sich zu Anfang $(t = 0)$ auf der Kapazität?

b) Berechnen Sie den Strom durch den Transistor beim Schalten der Eingangsspannung auf U_{i1} zum Zeitpunkt $t = 0$. Bestimmen Sie den Verlauf der Spannung $u_c(t)$ in Abhängigkeit von der Zeit, solange sich der Transistor noch im Sättigungsbetrieb befindet.

c) Berechnen Sie die Spannung $U_{c1} = u_c(t_1)$ und die Zeit t_1, ab welcher der Transistor den Sättigungsbetrieb verlässt.

d) Für $t > t_1$ wird der Transistor im linearen Bereich (oder: Widerstandsbereich) betrieben. Die Kapazität entlädt sich dabei über den nichtlinearen Kanalwiderstand. Zur Vereinfachung der Rechnung soll anstelle dieses nichtlinearen Widerstands ein konstanter Widerstand R_{lin} angenommen werden. Berechnen Sie ihn aus dem Leitwert des Kanals $G_{lin} = 1/R_{lin} = dI_{ds}/dU_{ds}$ für eine Spannung $U_{ds} = 0$. Geben Sie eine Gleichung für die Ausgangsspannung $u_c(t)$ für $t > t_1$ an. Berechnen Sie die Zeit t_2, bei der die Ausgangsspannung auf $U_{c2} = u_c(t_2) = 0.3$ V abgefallen ist.

e) Skizzieren Sie den Verlauf von $u_c(t)$.

Übung 7.7

a) Bestimmen Sie die Schwellspannung (für $U_{sb} = 0$ V) eines n-Kanal-MOSFET mit folgenden Prozessdaten:
$t_{ox} = 20$ nm, $N_b = 5 \cdot 10^{16}$ cm^{-3}, $\phi_{ms} = -0.6$ V, $N_{ss} = Q'_{ss}/q = 4 \cdot 10^{10}$ cm^{-2}.
Weiterhin gelte: $\varepsilon_{Si} = 11.7\varepsilon_0$, $\varepsilon_{ox} = 3.9\varepsilon_0$, $\varepsilon_0 = 8.85 \cdot 10^{-14}$ F/cm, $n_i = 1.45 \cdot 10^{10}$cm^{-3}, $T =$ 300 K.

b) Um die Schwellspannung des MOS-Transistors zu verändern, werden Ionen in den Kanalbereich implantiert. Bestimmen Sie die Dotierungsart (Akzeptoren oder Donatoren) und die Dosis der Implantation, um eine Schwellspannung von b1) 0.5 V bzw. b2) 2 V zu erhalten.

c) Welche Schwellspannung hat der Transistor (ohne Schwellspannungsimplantation) für eine Source-Bulk-Spannung von $U_{sb} = 2$ V?

Übung 7.8

Betrachtet werde ein Enhancement-n-Kanal-MOSFET mit folgenden Parametern:
$V_{T0} = 0.8$ V, $\gamma = 0.4\sqrt{\text{V}}$, $\lambda = 0.05$ V^{-1}, $2\phi_f = 0.58$ V, $\mu C'_{ox} = 20$ µA/V^2.

a) Es sei $U_{gs} = 2.2$ V, $U_{ds} = 4$ V und $U_{sb} = 2$ V. Berechnen Sie das Verhältnis W/L für einen geforderten Drainstrom von $I_{ds} = 100$ µA.

b) Der Minimalwert für W und L sei 2.5 µm. Die Majoritätenbeweglichkeit betrage $\mu =$ 800 cm^2/(Vs). Berechnen Sie die Gate-Kapazität $C_g = C'_{ox}WL$ des nach Teilaufgabe a) dimensionierten Bauteils.

Übung 7.9

Nach der *Gradual-Channel-Approximation* gilt für die Inversionsladung an der Stelle y in einem n-Kanal-MOSFET (vgl. Bild 7.20):

$$Q'_i(y) = -C'_{ox}\left(U_{gs} - V_T - U(y)\right)$$

a) Leiten Sie entsprechend der Vorgehensweise nach (7.94) einen Ausdruck für die Spannung U_{y0} an der Stelle y_0 als Funktion von U_{gs}, V_T, I_{ds}, W, C'_{ox}, μ_n und y_0 her.

b) Wird der Transistor in Sättigung betrieben, dann beschreibt der in Teilaufgabe a) abgeleitete Ausdruck den Spannungsverlauf im Kanal vom Source-Ende ($y = 0$) bis zum Abschnürpunkt $y = L - \Delta L$ (linearer Bereich des Kanals). Es sei $\Delta L \ll L$. Ersetzen Sie im Ausdruck für die Spannung U_{y0} den Strom I_{ds} durch seine Beschreibung in Sättigung. Zeigen Sie, dass der Ausdruck in folgender Form geschrieben werden kann:

$$U_{y0} = \left(U_{gs} - V_T\right)\left(1 - \sqrt{1 - \frac{y_0}{L}}\right)$$

c) Berechnen Sie den Betrag der lateralen Feldstärke $E_y(y_0)$ im Kanal und zeichnen Sie drei Graphen für eine Kanallänge von $L = 10$ µm mit $(U_{gs} - V_T) = 1$ V, 2 V und 3 V.

Übung 7.10

Gegeben sei eine pn-Struktur, in die monochromatisches Licht der Wellenlänge $\lambda = 1240$ nm mit einer Leistung von 1 W einstrahlt. Die Ebene des pn-Übergangs befinde sich in einer Tiefe von 2 μm unterhalb der Oberfläche, die Absorptionskonstante des Halbleitermaterials sei $\alpha = 5 \cdot 10^3\ \text{cm}^{-1}$. Das Bauelement werde mit einer Sperrspannung in Höhe von 32 V betrieben; die Diffusionsspannung ist daher vernachlässigbar. Die Dotierungskonzentration des Substrats sei mit $N_\text{D} = 10^{16}\ \text{cm}^{-3}$ viel kleiner als die Konzentration im p-leitenden Bereich direkt an der Oberfläche. Für das Halbleitermaterial gelte eine Dielektrizitätskonstante von $\varepsilon = 10^{-12}\ \text{F/cm}$.

a) Wie groß ist die Energie eines Photons?

b) Wie groß ist die Anzahl N_0 der Photonen, die pro Sekunde durch die Oberfläche des Bauelements eindringen?

c) Die Photonen werden im Halbleitermaterial absorbiert. In einer Tiefe x betrage die Anzahl der Photonen $N(x) = N_0 \cdot \exp(-\alpha x)$. Wie viele Photonen werden im Bereich der Raumladungszone pro Sekunde absorbiert?

d) Wie groß ist der Fotostrom unter der Annahme, dass jedes Photon ein Elektron-Loch-Paar erzeugt?

7.7 Lösungen

Übung 7.1

a) Siehe Bilder 4.12 und 4.13.

b) $U_\text{D} = \frac{k_\text{B}T}{q} \ln\left(\frac{N_\text{A}N_\text{D}}{n_\text{i}^2}\right) = 0.859\ \text{V}$

n-Gebiet: $n \approx N_\text{D} = 10^{18}\ \text{cm}^{-3}$, $p \approx n_\text{i}^2 / N_\text{D} = 225\ \text{cm}^{-3}$

p-Gebiet: $p \approx N_\text{A} = 5 \cdot 10^{16}\ \text{cm}^{-3}$, $n \approx n_\text{i}^2 / N_\text{A} = 4500\ \text{cm}^{-3}$

c) Nach (7.11) errechnet sich der Sperrstrom einer pn-Diode aus

$$I_\text{s} = qAn_\text{i}^2 \left(\frac{D_\text{n}}{L_\text{n}N_\text{A}} + \frac{D_\text{p}}{L_\text{p}N_\text{D}}\right)$$

Mit $D_\text{n} = 7\ \text{cm}^2/\text{s}$ und $D_\text{p} = 4.5\ \text{cm}^2/\text{s}$ erhalten wir aus der Beziehung (7.2) die Diffusionslängen:

$$L_\text{n} = \sqrt{D_\text{n}\tau_\text{n}} = 2.65 \cdot 10^{-4}\ \text{cm} \qquad L_\text{p} = \sqrt{D_\text{p}\tau_\text{p}} = 6.71 \cdot 10^{-5}\ \text{cm}$$

Damit resultiert für den Sperrstrom $I_\text{s} = 1.072 \cdot 10^{-17}\ \text{A}$ und schließlich

$$I\big|_{(U=0.7\ \text{V})} = I_\text{s} \cdot \left(\text{e}^{0.7\ \text{V}/26\ \text{mV}} - 1\right) \approx 5.28\ \mu\text{A}$$

d) In den Kontaktzonen dominiert ein Driftstrom der jeweiligen Majoritäten. Die Ladungsträgerbeweglichkeiten lassen sich aus den Diffusionskonstanten bestimmen:

$$\mu_\text{n} = \frac{D_\text{n}}{u_\text{th}} \approx 269.2\ \text{cm}^2/(\text{Vs}) \qquad \mu_\text{p} = \frac{D_\text{p}}{u_\text{th}} \approx 173.1\ \text{cm}^2/(\text{Vs})$$

Aus der jeweiligen spezifischen Leitfähigkeit $\sigma_\text{n} = qN_\text{D}\mu_\text{n}$ bzw. $\sigma_\text{p} = qN_\text{A}\mu_\text{p}$ und den Längen der Kontaktzonen $l_\text{n} = 10\ \mu\text{m}$, $l_\text{p} = 50\ \mu\text{m}$ ergeben sich die Bahnwiderstände:

$$r_\text{n} = \frac{l_\text{n}}{\sigma_\text{n}A} \approx 46.4\ \Omega \qquad r_\text{p} = \frac{l_\text{p}}{\sigma_\text{p}A} \approx 7221\ \Omega$$

Der Strom I verursacht in den Bahnwiderständen einen zusätzlichen Spannungsabfall, der sich zur Spannung am inneren pn-Übergang addiert. Die Gesamtspannung an den Kontakten ist damit:

$$U'\big|_{(U=0.7\,\text{V})} = (r_\text{n} + r_\text{p}) \cdot I\big|_{(U=0.7\,\text{V})} + U \approx 0.738\,\text{V}$$

Übung 7.2

a) Siehe Bild 7.1b (Flusspolung) bzw. Bild 7.3b (Sperrpolung).

Hierbei gilt:

$$p_\text{n0} = \frac{n_\text{i}^2}{N_\text{D}} = 2.25 \cdot 10^5\,\text{cm}^{-3} \qquad n_\text{p0} = \frac{n_\text{i}^2}{N_\text{A}} = 225\,\text{cm}^{-3}$$

$$D_\text{p} = \mu_\text{p} \cdot u_\text{th} = 2.6\,\frac{\text{cm}^2}{\text{s}} \qquad D_\text{n} = \mu_\text{n} \cdot u_\text{th} = 6.5\,\frac{\text{cm}^2}{\text{s}}$$

$$L_\text{p} = \sqrt{D_\text{p}\tau_\text{p}} = 5.1 \cdot 10^{-3}\,\text{cm} = 51\,\mu\text{m} \qquad L_\text{n} = \sqrt{D_\text{n}\tau_\text{n}} = 2.55 \cdot 10^{-3}\,\text{cm} = 25.5\,\mu\text{m}$$

b) $I_\text{s,p} = qAn_\text{i}^2 \frac{D_\text{p}}{L_\text{p} N_\text{D}} = 1.8 \cdot 10^{-17}\,\text{A}$ $\qquad I_\text{s,n} = qAn_\text{i}^2 \frac{D_\text{n}}{L_\text{n} N_\text{A}} = 9.2 \cdot 10^{-20}\,\text{A}$

$$I_\text{s} = I_\text{s,p} + I_\text{s,n} = 1.8 \cdot 10^{-17}\,\text{A}$$

c) Parameter der Hochinjektion:

$$\theta = \frac{n_\text{i}}{N_\text{D}} = 1.5 \cdot 10^{-5} \quad \Rightarrow \quad \frac{I_\text{s}}{\theta} = I_\text{s,h} = 1.2 \cdot 10^{-12}\,\text{A}$$

Schnittpunkt der Kennlinien für schwache Injektion und hohe Injektion:

$$I_\text{s} \cdot \text{e}^{U/u_\text{th}} = I_\text{s,h} \cdot \text{e}^{U/2u_\text{th}} \quad \Rightarrow \quad U_\theta = 2u_\text{th} \ln\left(\frac{1}{\theta}\right) = 0.58\,\text{V}$$

Strom am Schnittpunkt: $I_\theta = I_\text{s} \cdot \text{e}^{U_\theta/u_\text{th}} = 1.2 \cdot 10^{-7}\,\text{A}$

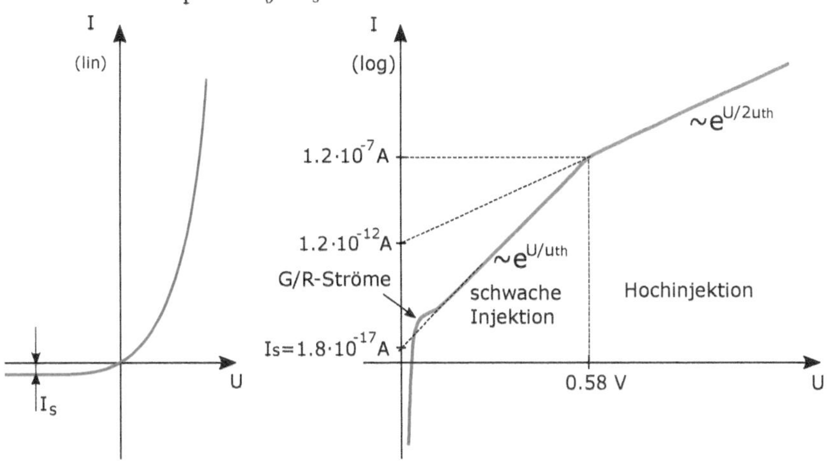

d) Kleinsignalersatzschaltbild in Flussrichtung:

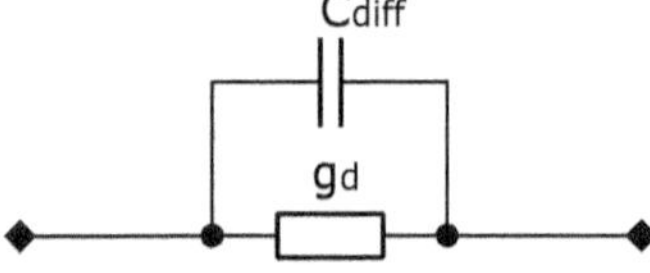

Kleinsignalleitwert:

$$g_d \approx \frac{I}{u_{th}} = \frac{0.1\ \mu A}{26\ mV} = 3.85\ 10^{-6}\ \Omega^{-1} = 3.85\ \mu S$$

In Flussrichtung dominiert die Diffusionskapazität gegenüber der Sperrschichtkapazität.

$C_{diff} = C_{diff,n} + C_{diff,p}$

Es gilt: $I_{s,p} \gg I_{s,n}$ und $L_p \gg L_n$. Daher ergibt sich:

$C_{diff} \approx C_{diff,p} \approx \tau_p g_{d,p} \approx \tau_p g_d = 3.8 \cdot 10^{-11}\ F = 38\ pF$

Übung 7.3

a) Siehe Bild 4.12b (thermisches Gleichgewicht) bzw. 4.13a (Flusspolung).

b) Mit $N_D \ll N_A$ und $U_D \ll |U|$ lässt sich annähern:

$$d_{RLZ} \approx \sqrt{\frac{2\,\varepsilon_{Si}}{qN_D}(U_D - U)} \approx \sqrt{\frac{2\,\varepsilon_{Si}}{qN_D}(-U)} \approx 6.1 \cdot 10^{-3}\ cm = 61\ \mu m$$

Daraus ergibt sich für die Sperrschichtkapazität:

$$C_1 = \frac{\varepsilon_{Si} A}{d_{RLZ}} = 82\ pF$$

c) $j_s = \frac{I_s}{A} = 10\ nA/cm^2$

Mit $N_A \gg N_D$ gilt:

$$j_s \approx j_{s,p} = \frac{qD_p n_i^2}{N_D L_p} \quad \Rightarrow L_p \approx \frac{qD_p n_i^2}{N_D j_s} = \frac{q\mu_p u_{th} n_i^2}{N_D j_s} = 4.5\ \mu m$$

Aus $L_p = \sqrt{D_p \tau_p}$ folgt: $\tau_p = L_p^2 / D_p = 16\ ns$.

d) Aus der Diffusionskapazität

$$C_{diff} = 100 \cdot C_1 = g_d \cdot \tau_p = \frac{I_F}{u_{th}} \cdot \tau_p$$

lässt sich ableiten

$$I_F = 13.4\ mA = I_s \cdot \left(e^{U_F/u_{th}} - 1\right) \quad \Rightarrow U_F = 0.38\ V$$

Übung 7.4

a) Injektion von Löchern aus der Basis in den Emitter:

$$D_\mathrm{p} = \mu_\mathrm{p} u_\mathrm{th} = 2.6\ \mathrm{cm}^2/\mathrm{s} \qquad L_\mathrm{E} = \sqrt{D_\mathrm{p}\tau_\mathrm{E}} = 5.1\cdot 10^{-5}\ \mathrm{cm} = 0.51\ \mu\mathrm{m}$$

$$I_{\mathrm{s,B}\to\mathrm{E}} = qAn_\mathrm{i}^2 \frac{D_\mathrm{p}}{L_\mathrm{E} N_\mathrm{E}} = 1.8\cdot 10^{-20}\ \mathrm{A}$$

Injektion von Elektronen aus dem Emitter in die Basis mit $d_\mathrm{B} \ll L_\mathrm{B}$:

$$D_\mathrm{n} = \mu_\mathrm{n} u_\mathrm{th} = 6.5\ \mathrm{cm}^2/\mathrm{s} \qquad L_\mathrm{B} = \sqrt{D_\mathrm{n}\tau_\mathrm{B}} = 2.5\cdot 10^{-3}\ \mathrm{cm} = 25\ \mu\mathrm{m}$$

$$I_{\mathrm{s,E}\to\mathrm{B}} = qAn_\mathrm{i}^2 \frac{D_\mathrm{n}}{d_\mathrm{B} N_\mathrm{B}} = 2.3\cdot 10^{-18}\ \mathrm{A}$$

Verlauf der Minoritäten:

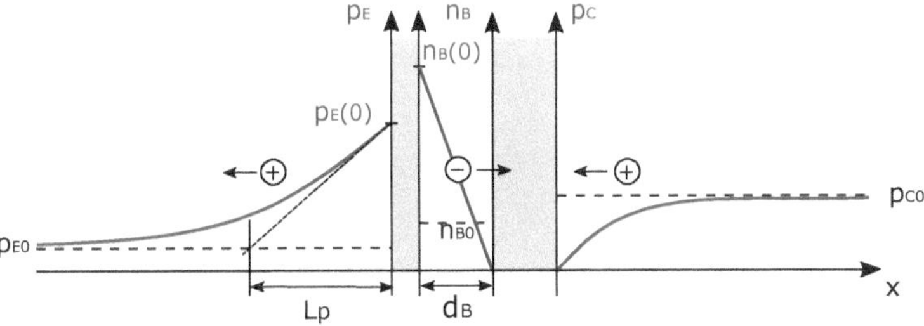

b) Mit Berücksichtigung von Rekombination in der Basiszone gilt:

$$\beta = \frac{I_{\mathrm{E}\to\mathrm{B}} - I_\mathrm{BB}}{I_{\mathrm{B}\to\mathrm{E}} + I_\mathrm{BB}}$$

Bezeichnet man die Minoritätenladung in der Basiszone mit q_B, so lassen sich daraus die folgenden Ströme berechnen:

$$I_{\mathrm{E}\to\mathrm{B}} = \frac{q_\mathrm{B}}{\tau_\mathrm{F}} \quad \text{mit der Basistransitzeit } \tau_\mathrm{F} = \frac{d_\mathrm{B}^2}{2D_\mathrm{n}} \approx 0.77\ \mathrm{ns}$$

$$I_\mathrm{BB} = \frac{q_\mathrm{B}}{\tau_\mathrm{B}}$$

Mit $I_{\mathrm{E}\to\mathrm{B}}/I_\mathrm{BB} = \tau_\mathrm{B}/\tau_\mathrm{F} \approx 1300$ ist hier I_BB vernachlässigbar.

Also gilt: $\beta \approx I_{\mathrm{E}\to\mathrm{B}}/I_{\mathrm{B}\to\mathrm{E}} \approx 128$.

Klemmenströme im Arbeitspunkt $U_\mathrm{BE} = 30u_\mathrm{th}$, $U_\mathrm{CB} = 0\ \mathrm{V}$:

$$I_\mathrm{C} \approx I_{\mathrm{E}\to\mathrm{B}} = I_{\mathrm{s,E}\to\mathrm{B}}\left(\mathrm{e}^{U_\mathrm{BE}/u_\mathrm{th}} - 1\right) \approx 24.6\ \mu\mathrm{A}$$

$$I_\mathrm{B} \approx I_{\mathrm{B}\to\mathrm{E}} = I_{\mathrm{s,B}\to\mathrm{E}}\left(\mathrm{e}^{U_\mathrm{BE}/u_\mathrm{th}} - 1\right) \approx 192\ \mathrm{nA}$$

$$I_\mathrm{E} = I_\mathrm{B} + I_\mathrm{C} = 24.8\ \mu\mathrm{A}$$

c) Die Gesamtdicke der Basis-Kollektor-Raumladungszone beträgt:

$$d_\mathrm{RLZ} = \sqrt{\frac{2\varepsilon_\mathrm{Si}(N_\mathrm{B} + N_\mathrm{C})}{qN_\mathrm{B}N_\mathrm{C}}(U_D - U_\mathrm{BC})} \quad \text{mit } U_\mathrm{D} = u_\mathrm{th}\ln\left(\frac{N_\mathrm{B}N_\mathrm{C}}{n_\mathrm{i}^2}\right) = 0.82\ \mathrm{V}$$

Mit dem Anteil d_{RB} der Raumladungzone in der Basiszone gilt:

$$I_C \approx I_{EB} = qAn_i^2 \frac{D_n}{(d_B - d_{RB})N_B} \left(e^{U_{BE}/u_{th}} - 1\right)$$

Für die Aufteilung der Raumladungszone in die Basiszone bzw. Kollektorzone lässt sich ableiten:

$$qN_B d_{RB} = qN_C d_{RC} \quad \text{und} \quad d_{RLZ} = d_{RB} + d_{RC} \quad \Rightarrow \quad d_{RB} = \frac{d_{RLZ}}{1 + \frac{N_B}{N_C}}$$

Für $U_{CB} = 0$ V:

$$d_{RLZ,0V} = 32.18 \cdot 10^{-6}\ \text{cm} \quad \Rightarrow \quad d_{RB,0V} = 318.6 \cdot 10^{-9}\ \text{cm}$$

Für $U_{CB} = 1$ V:

$$d_{RLZ,1V} = 47.94 \cdot 10^{-6}\ \text{cm} \quad \Rightarrow \quad d_{RB,1V} = 474.65 \cdot 10^{-9}\ \text{cm}$$

Es gilt:

$$I_C \sim \left(1 + \frac{\Delta w_B}{w_B}\right) = \left(1 + \frac{U_{CB}}{V_A}\right)$$

Hierbei ist $\Delta w_B = d_{RB,1V} - d_{RB,0V} = 1.56$ nm und $w_B \approx d_B = 1$ µm.
Aus $U_{CB} = 1$ V ergibt sich:

$$V_A \approx 1\ \text{V} \frac{w_B}{\Delta w_B} \approx 641\ \text{V}$$

d) Transitzeit:

$$\tau_F = \frac{w_B^2}{2D_n} = 0.77\ \text{ns}$$

e) Kollektorstrom im Arbeitspunkt:

$$I_C \approx I_{s,E\to B}\left(e^{U_{BE}/u_{th}} - 1\right)\left(1 + \frac{U_{CB}}{V_A}\right) \approx 24.6\ \mu\text{A}$$

Kleinsignalparameter:

$$g_m = I_C/u_{th} = 948\ \mu\text{S} \quad g_\pi = g_m/\beta = 7.4\ \mu\text{S} \quad g_o = I_C/V_A = 38\ \text{nS} \quad g_\mu = g_o/\beta = 0.3\ \text{nS}$$

$$C_\pi = g_m \tau_F = 0.7\ \text{pF} \qquad C_\mu = \frac{\varepsilon_{Si} A}{d_{RLZ,1V}} = 20\ \text{fF}$$

Übung 7.5

a) Es muss gelten: $U_E \geq 0$ und $U_C \leq 0$.

b) Diffusionskonstante in der Basis: $D_{pB} = \mu_p u_{th} = 13\ \text{cm}^2/\text{s}$
Es gilt:

$$I_E \approx I_{E\to B} = qAD_{pB} \frac{n_i^2}{N_{DB} w_B} \cdot \left(e^{U_{EB}/u_{th}} - 1\right) = 468\ \mu\text{A}$$

Daraus folgt für die Basisweite: $w_B = 10.68$ µm

c) $I_C \approx I_{B\to C} = \delta_0 I_{E\to B} \approx \delta_0 I_E = 409.5\ \mu A$
$I_B \approx (1-\delta_0) I_E = 58.5\ \mu A$

d) Es gilt:

$$I_E \sim \frac{1}{w_B} \quad \Rightarrow I_E = K \cdot \frac{1}{w_B}$$

$$\frac{dI_E}{dw_B} = -\frac{K}{w_B^2} = -\frac{1}{w_B} \cdot I_E \quad \Rightarrow \frac{dI_E}{I_E} = -\frac{dw_B}{w_B} \quad \Rightarrow \frac{\Delta I_E}{I_E} \approx -\frac{\Delta w_B}{w_B}$$

Übung 7.6

a) Es muss ein n-Kanal-Anreicherungstyp (Enhancement-Typ) verwendet werden. Anfangsladung auf der Kapazität: $Q_{c0} = C \cdot U_{c0} = 18 \cdot 10^{-9}$ As.

b) Betrieb des Transistors im Sättigungsbereich:

$I_0 = \frac{K}{2}(U_{i1} - V_T)^2 = 9$ mA (konstanter Entladestrom der Kapazität)

Es gilt: $C \cdot du_c(t) = dQ_c(t) = i_c(t) \cdot dt$

$$\Rightarrow C \int_{U_{c0}}^{u_c} du_c = -I_0 \int_0^t dt \Rightarrow C\,(u_c - U_{c0}) = -I_0 \cdot t \Rightarrow u_c(t) = U_{c0} - \frac{I_0 \cdot t}{C}$$

c) Beim Übergang in den Linearbetrieb gilt: $U_{c1} = U_{dsat} = U_{i1} - V_T = 3$ V.

$$\Rightarrow t_1 = \frac{C\,(U_{c0} - U_{c1})}{I_0} = 1\ \mu s$$

d) Näherung im linearen Bereich:

$$G_{lin} = \left.\frac{\partial I_{ds}}{\partial U_{ds}}\right|_{U_{ds}=0} = \left.\frac{\partial}{\partial U_{ds}} K\left(U_{i0} - V_T - \frac{U_{ds}}{2}\right) U_{ds}\right|_{U_{ds}=0}$$

$$= K\,(U_{i0} - V_T - U_{ds})|_{U_{ds}=0} = K\,(U_{i0} - V_T) = 6\ \frac{mA}{V}$$

Mit $R_{lin} = 1/G_{lin}$ ergibt sich für $t > t_1$ näherungsweise ein exponentieller Spannungsverlauf (Entladung der Kapazität über R_{lin}):

$$u_c(t) = U_{c1} \cdot \exp\left(-\frac{t - t_1}{R_{lin} C}\right)$$

Mit $U_{c2} = 0.3\ V = 0.1 U_{c1}$ folgt: $t_2 = t_1 + R_{lin} C \ln(10) = 2.15\ \mu s$.

e) Skizze:

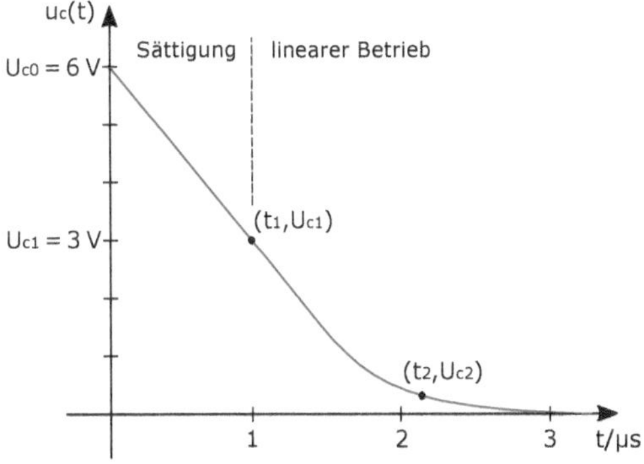

Übung 7.7

a) Flächenbezogene Gateoxidkapazität: $C'_{ox} = 1.726 \cdot 10^{-7}$ F/cm^2
Flachbandspannung: $V_{fb} = \phi_{ms} - Q'_{ss}/C'_{ox} = -0.6371$ V
Inversionspotenzial: $2\phi_f = 2u_{th} \ln\left(\frac{N_b}{n_i}\right) = 0.7828$ V
Substratfaktor: $\gamma = \frac{1}{C'_{ox}}\sqrt{2\varepsilon_{Si} q N_b} = 0.7458\ \sqrt{V}$

Damit ergibt sich für die Schwellspannung: $V_{T0} = V_{fb} + 2\phi_f + \gamma\sqrt{2\phi_f} = 0.8056$ V

b) b1)

$$V_{T,i} = V_{T0} - \frac{qS}{C'_{ox}} = 0.5\ \text{V} \quad \Rightarrow \quad S = +3.3 \cdot 10^{11}\ \text{cm}^{-2} \quad \longrightarrow \text{Implantation von Donatoren}$$

b2)

$$V_{T,ii} = V_{T0} - \frac{qS}{C'_{ox}} = 2\ \text{V} \quad \Rightarrow \quad S = -1.3 \cdot 10^{12}\ \text{cm}^{-2} \quad \longrightarrow \text{Implantation von Akzeptoren}$$

c) Substrateffekt mit $U_{sb} = 2$ V:

$$V_{T,2V} = V_{T0} + \gamma\left(\sqrt{2\phi_f + U_{sb}} - \sqrt{2\phi_f}\right) = 1.39\ \text{V}$$

Übung 7.8

a) Schwellspannung unter Berücksichtigung des Substrateffekts:

$$V_T = V_{T0} + \gamma\left(\sqrt{2\phi_f + U_{sb}} - \sqrt{2\phi_f}\right) = 1.138\ \text{V}$$

Es gilt: $U_{gs} - V_T = 1.062\ \text{V} = U_{dsat} < U_{ds} = 4\ \text{V}$ $\Rightarrow$ Sättigungsbetrieb
Stromgleichung in Sättigung:

$$I_{ds} = \mu C'_{ox} \frac{W}{2L}\left(U_{gs} - V_T\right)^2 (1 + \lambda U_{ds}) \quad \Rightarrow \quad \frac{W}{L} = 7.4$$

b) $W = 7.4 \cdot L_{min} = 18.5\ \mu\text{m}$

$$C'_{ox} = \frac{\mu C'_{ox}}{\mu} = \frac{20\ \mu\text{A/V}^2}{800\ \text{cm}^2/(\text{Vs})} = 2.5 \cdot 10^{-8}\ \text{F/cm}^2$$

$\Rightarrow C_g = C'_{ox} W L = 12$ fF

Übung 7.9

a) Ersetzt man in (7.94) L mit y_0 bzw. U_{ds} mit U_{y0}, dann erhält man:

$$\mu_n W C'_{ox} \int_0^{U_{y0}} \left(U_{gs} - V_T - U(y)\right) dU = \int_0^{y_0} I_{ds} dy$$

Nach Integration erhält man:

$$I_{ds} = \mu_n C'_{ox} \frac{W}{y_0}\left(U_{gs} - V_T - \frac{U_{y0}}{2}\right) U_{y0}$$

Lösen der quadratischen Gleichung für U_{y0} liefert:

$$U_{y0} = \left(U_{\mathrm{gs}} - V_{\mathrm{T}}\right) \pm \sqrt{\left(U_{\mathrm{gs}} - V_{\mathrm{T}}\right)^2 - \frac{2I_{\mathrm{ds}}y_0}{\mu_{\mathrm{n}}C'_{\mathrm{ox}}W}}$$

Für $y = 0$ muss $U_{y0} = 0$ resultieren. Daher gilt:

$$U_{y0} = \left(U_{\mathrm{gs}} - V_{\mathrm{T}}\right) - \sqrt{\left(U_{\mathrm{gs}} - V_{\mathrm{T}}\right)^2 - \frac{2I_{\mathrm{ds}}y_0}{\mu_{\mathrm{n}}C'_{\mathrm{ox}}W}}$$

b) Stromgleichung in Sättigung:

$$I_{\mathrm{ds}} = \mu_{\mathrm{n}}C'_{\mathrm{ox}}\frac{W}{2L}\left(U_{\mathrm{gs}} - V_{\mathrm{T}}\right)^2$$

Einsetzen in den Ausdruck aus a) liefert:

$$U_{y0} = \left(U_{\mathrm{gs}} - V_{\mathrm{T}}\right) - \sqrt{\left(U_{\mathrm{gs}} - V_{\mathrm{T}}\right)^2 - \frac{y_0}{L}\left(U_{\mathrm{gs}} - V_{\mathrm{T}}\right)^2} = \left(U_{\mathrm{gs}} - V_{\mathrm{T}}\right)\left(1 - \sqrt{1 - \frac{y_0}{L}}\right)$$

c) Differenzieren ergibt:

$$\left|E_y(y_0)\right| = \frac{\partial}{\partial y_0}\left(U_{\mathrm{gs}} - V_{\mathrm{T}}\right)\left(1 - \sqrt{1 - \frac{y_0}{L}}\right) = \frac{U_{\mathrm{gs}} - V_{\mathrm{T}}}{2L\sqrt{1 - \frac{y_0}{L}}}$$

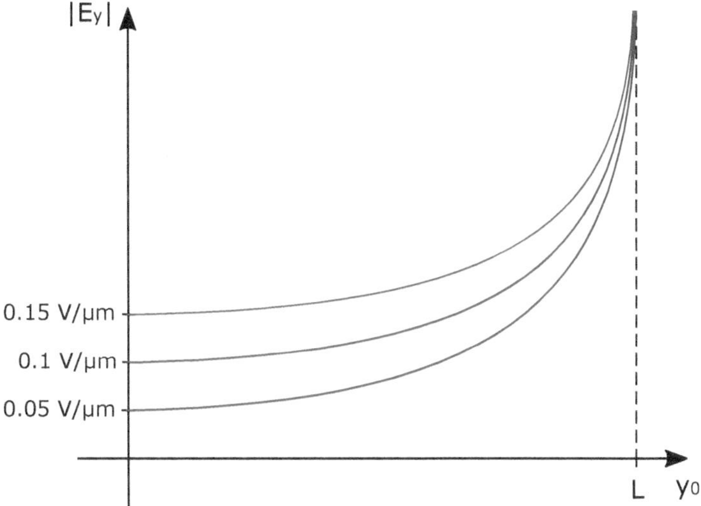

Im Abschnürpunkt gilt: $E_y \to \infty$.
Zur Aufrechterhaltung des Stroms bei verschwindend kleiner Inversionsladungsträgerkonzentration müsste deren Driftgeschwindigkeit in diesem Punkt ebenfalls unendlich groß werden. In der Realität erreichen Elektronen aber maximal die Driftsättigungsgeschwindigkeit, sodass die Feldstärke im Abschnürpunkt endlich ist und die Inversionsladungsträgerkonzentration nicht null wird.

Übung 7.10

a) Energie eines Photons:

$$E_{\mathrm{Ph}} = \frac{1240\ \mathrm{eV}\cdot\mathrm{nm}}{\lambda} = 1\ \mathrm{eV}$$

b) Photonen pro Sekunde:

$$N_0 = \frac{P\cdot 1\ \mathrm{s}}{E_{\mathrm{Ph}}} = \frac{1\ \mathrm{Ws}}{1\ \mathrm{eV}} = 6.24\cdot 10^{18}$$

c) Die Raumladungszone dehnt sich überwiegend in die niedriger dotierte n-leitende Zone aus. Die Ausdehnung in die p-leitende Schicht an der Oberfläche kann vernachlässigt werden.

$$d_{\mathrm{RLZ}} \approx \sqrt{\frac{2\varepsilon}{qN_{\mathrm{D}}}(U_{\mathrm{D}} - U)} \approx \sqrt{\frac{2\varepsilon}{qN_{\mathrm{D}}}(-U)} \approx 2\ \mu\mathrm{m}$$

An der Oberfläche gelte $x = 0$. Die Raumladungszone erstreckt sich über die Tiefe $2\ \mu\mathrm{m} < x < 2\ \mu\mathrm{m} + d_{\mathrm{RLZ}} = 4\ \mu\mathrm{m}$.
Für die Anzahl Photonen an den Grenzen zur Raumladungszone gilt:

$$N(x) = N_0\cdot\exp(-\alpha x) \quad \Rightarrow N(2\ \mu\mathrm{m}) = 2.3\cdot 10^{18} \quad \text{und} \quad N(4\ \mu\mathrm{m}) = 8.4\cdot 10^{17}$$

Im Bereich der Raumladungszone werden also $\Delta N = N(2\ \mu\mathrm{m}) - N(4\ \mu\mathrm{m}) = 1.46\cdot 10^{18}$ Photonen je Sekunde absorbiert.

d) Fotostrom: Jedes absorbierte Photon generiert ein Elektron-Loch-Paar und trägt damit mit einer Elementarladung q zum Fotostrom bei:

$$I_{\mathrm{p}} = q\Delta N = 0.23\ \mathrm{A}$$

8 Digitale CMOS-Schaltungstechnik

Komplexe digitale Systeme werden heute fast ausschließlich in CMOS-Schaltungstechnik *(Complementary MOS)* realisiert. Hierbei kommen in den logischen Grundelementen beide komplementären MOS-Transistortypen zum Einsatz. Aber auch analoge Schaltungstechnik wird zu einem großen Teil in CMOS-Technologie realisiert, welche bei einer Skalierung der MOSFETs zu kurzen Kanallängen in Bezug auf Hochfrequenzeigenschaften kaum mehr einen Nachteil gegenüber bipolaren Standardtechnologien aufweist. Weiterhin zeigt die CMOS-Technologie eine um mehrere Größenordnungen geringere Leistungsaufnahme. Ohne diese Eigenschaft wäre die Realisierung mobiler leistungsfähiger Geräte bei langer Akkulaufzeit wie beispielsweise Smartphones nicht möglich.

Nachfolgend werden die Grundzüge digitaler Schaltungstechnik in CMOS-Technologie zusammengefasst. Dabei wird nicht auf den Entwurf digitaler Schaltfunktionen oder die Dimensionierung der Transistoren eingegangen. Hierfür sei auf Literatur zu Grundlagen der Digitaltechnik oder Schaltungstechnik verwiesen [5, 6]. Abschließend wird ein Überblick über die Funktionsweise der heute wichtigsten Halbleiterspeicher gegeben.

Lernziele

Die Lernenden ...

- kennen die Grundschaltungen für Logikgatter in CMOS-Schaltungstechnik,
- kennen die Definition von Logikpegeln und Störabständen,
- können CMOS-Logikschaltungen bezüglich Spannungspegeln und logischer Funktion analysieren,
- kennen Zusammenhänge zwischen Schaltgeschwindigkeit und Leistungsaufnahme,
- kennen den prinzipiellen Aufbau von Halbleiterspeichern und deren Unterschiede.

8.1 Logikgatter

Im Folgenden betrachten wir die logischen Funktionen *Inverter*, *NAND* und *NOR* als Realisierung in CMOS-Schaltungstechnik. Sie stellen die Grundlage jeder digitalen Schaltung dar.

8.1.1 Inverter

Bild 8.1 zeigt den Querschnitt, Bild 8.2 das Schaltbild eines CMOS-Inverters. Die Logikpegel am Eingang U_E betragen $U_L = 0$ für Low-Pegel bzw. $U_H = U_{DD}$ für High-Pegel. Die Substratanschlüsse sind mit dem höchsten (p-Kanal) bzw. niedrigsten (n-Kanal) Potenzial der Schaltung verbunden. Zur lateralen Isolation der Bauelemente voneinander wird die *Shallow-Trench-Isolationstechnik* verwendet (vgl. Abschnitt 6.7).

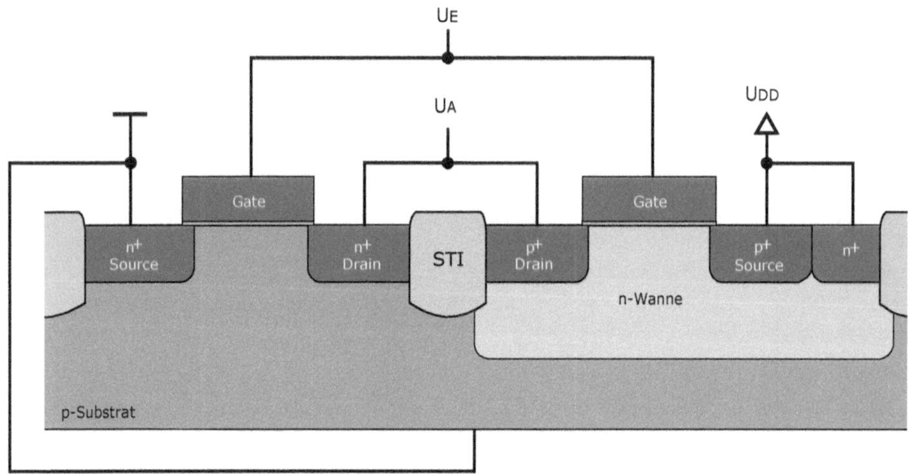

Bild 8.1 Querschnitt eines Inverters in einem n-Wannen-CMOS-Prozess

Ist das Silizium-Substrat p-dotiert, dann kann darin prinzipiell direkt der n-Kanal-MOSFET realisiert werden. Für den p-MOSFET ist ein n-dotiertes Substrat notwendig. Hierfür wird an der Oberfläche des Wafers in einem begrenzten Bereich eine sogenannte „n-Wanne" eindiffundiert, das heißt, mithilfe von Donatoren wird der Leitfähigkeitstyp umgekehrt. In dieser Wanne können dann mehrere p-Kanal-Transistoren hergestellt werden. Der Kontaktbereich der Wanne ist hoch n-dotiert, damit an dieser Stelle kein Schottky-Kontakt, sondern ein ohmscher Kontakt entsteht (vgl. Abschnitt 7.1.4). Dieser Wannenanschluss wird mit der Betriebsspannung verbunden. In der Praxis findet allerdings meist ein *Zweiwannen-Prozess* (engl. *two-well process*) Anwendung, bei dem für beide Transistortypen eine Wanne mit definiertem Dotierungsprofil hergestellt wird, um damit optimal Einfluss auf die Schwellspannung und Kurzkanaleffekte nehmen zu können.

Zur Schaltungsanalyse ist es wichtig, zunächst für jeden Transistor den Source- und Drain-Knoten zu identifizieren (vgl. Bild 8.2). Für den p-MOSFET befindet sich die „Quelle" (Source) der positiven Ladungsträger (Löcher) auf höherem Potenzial als die „Senke" (Drain). Beim n-MOSFET liegt der Source-Anschluss dagegen als Quelle der Elektronen auf Massepotenzial und damit auf niedrigerem Potenzial als Drain.

Beide MOSFETs sind Enhancement-Typen. Die Schwellspannung des n-Kanal-Transistors ist daher positiv und muss für einen sinnvollen Betrieb $V_{T,n} < U_{DD}/2$ betragen. Die Schwellspannung des p-MOSFET ist negativ, wobei $|V_{T,p}| < U_{DD}/2$ gelten sollte. Damit ist sichergestellt, dass bei einem Übergang zwischen Low und High am Eingang des Inverters niemals beide Transistoren gleichzeitig einschalten. So werden Stromspitzen im Schaltzeitpunkt klein gehalten.

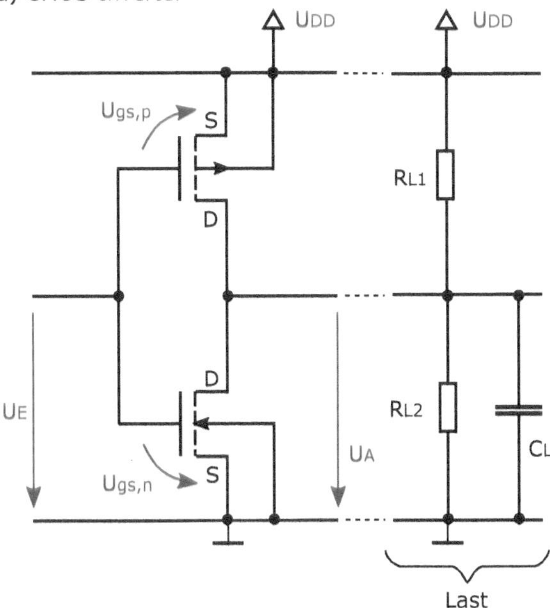

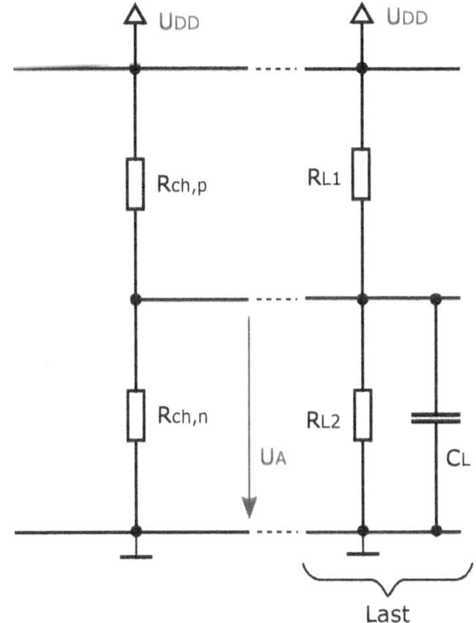

Bild 8.2 a) Schaltbild eines CMOS-Inverters mit optionaler Last, b) Ersatzschaltbild durch Betrachtung der Kanalwiderstände

Für Low-Pegel am Eingang sperrt der n-Kanal-MOSFET. Die Steuerspannung am p-MOSFET beträgt $U_{gs,p} = -U_{DD} < V_{T,p}$ und schaltet diesen ein. Der Ausgangsknoten wird auf $U_A = U_{DD}$ geschaltet und gibt daher High-Pegel aus. Umgekehrt sperrt für High-Pegel am Eingang der p-MOSFET, wogegen der n-Kanal-Transistor mit $U_{gs,n} = U_{DD} > V_{T,n}$ einschaltet. Es wird Low-Pegel ausgegeben. Die Zusammenhänge fasst Tabelle 8.1 zusammen.

Tabelle 8.1 Spannungen und Kanalwiderstände im CMOS-Inverter in verschiedenen Betriebszuständen

U_E	$U_{gs,n}$	$U_{gs,p}$	nMOS	pMOS	U_A	$R_{ch,n}$	$R_{ch,p}$
0	$0 < V_{T,n}$	$-U_{DD} < V_{T,p}$	off	on	U_{DD}	$R_{off,n}$	$R_{on,p}$
U_{DD}	$U_{DD} > V_{T,n}$	$0 > V_{T,p}$	on	off	0	$R_{on,n}$	$R_{off,p}$

Im idealen Fall ist die statische Stromaufnahme des CMOS-Inverters null, da immer ein Transistor sperrt. Bild 8.3a zeigt die Übertragungskennlinie des Inverters, wenn er vollständig symmetrisch aufgebaut ist. Hierzu müssen beide komplementären Typen den gleichen Strom liefern können. Ein Unterschied in der Beweglichkeit von Elektronen und Löchern muss durch eine Anpassung im Layout ausgeglichen werden. Hierfür muss gelten:

$$\mu_n \left.\frac{W}{L}\right|_n = \mu_p \left.\frac{W}{L}\right|_p \tag{8.1}$$

In Silizium beträgt $\mu_n \approx 2\mu_p$, sodass bei gleicher Kanallänge der p-MOSFET etwa die doppelte Weite des n-MOSFET aufweisen muss.

Die Definition erlaubter Pegel für Low und High am Eingang sowie der damit erreichte Spannungsbereich am Ausgang resultiert in den sogenannten *Störabständen* S_L und S_H für die Logikpegel (vgl. Bild 8.3b). Sie sind notwendig, um trotz eines etwaigen Spannungsabfalls oder induzierter Störsignale auf einer Verbindungsleitung eine korrekte Weitergabe des Logikpegels von einem Ausgang auf den nachfolgenden Eingang sicherzustellen.

Berücksichtigt man Leckströme der Bauelemente, dann bilden der jeweils eingeschaltete und ausgeschaltete MOSFET mit ihren Kanalwiderständen einen Spannungsteiler. Dies verdeutlicht das Ersatzschaltbild in Bild 8.2b. Betrachten wir beispielsweise den Zustand mit Low-Pegel am Ausgang, dann befindet sich der eingeschaltete n-MOSFET mit $U_{ds,n} = U_A = 0$ im linearen Betriebsbereich. Der Kanalwiderstand $R_{on,n} = R_{ch,n}$ lässt sich aus dem differenziellen Leitwert der Kennlinie nach (7.99) bestimmen. Es gilt:

$$I_{ds} = \mu_n C'_{ox} \frac{W}{L} \left(U_{gs} - V_T - \frac{U_{ds}}{2} \right) U_{ds} \tag{8.2}$$

Daraus folgt für den Kanalleitwert:

$$\frac{1}{R_{on,n}} = \frac{d}{dU_{ds}} I_{ds} = \mu_n C'_{ox} \frac{W}{L} \left(U_{gs} - V_T - U_{ds} \right) \tag{8.3}$$

Mit $U_{gs,n} = U_E = U_{DD}$ und $U_{ds,n} = U_A = 0$ erhält man:

$$\frac{1}{R_{on,n}} = \mu_n C'_{ox} \frac{W}{L} \left(U_{DD} - V_T \right) \tag{8.4}$$

Der hohe Kanalleitwert des eingeschalteten Transistors steigt also proportional der Differenz zwischen Betriebsspannung und der Schwellspannung des Transistors an.

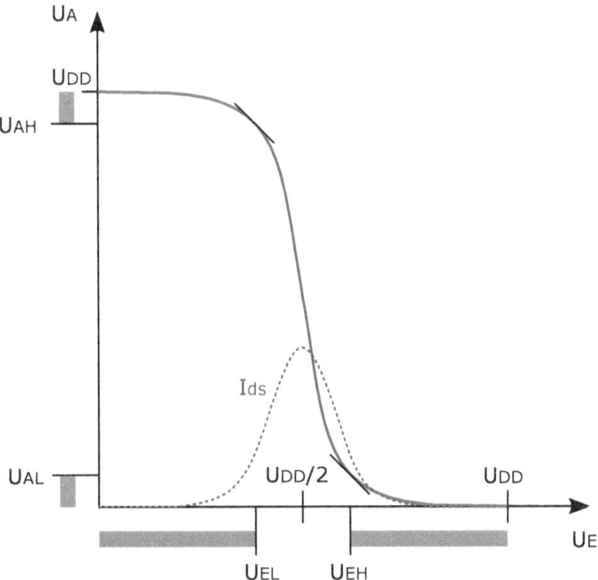

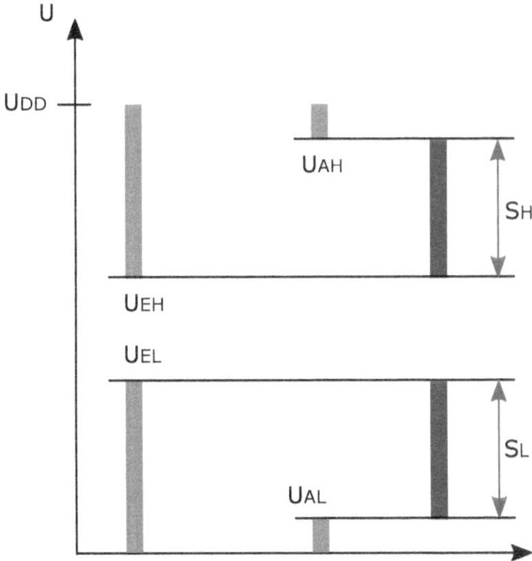

Bild 8.3 a) Übertragungskennlinie eines CMOS-Inverters mit Darstellung des Stroms im unbelasteten Fall, b) Darstellung der Spannungsbereiche für die Logikpegel am Ein- bzw. Ausgang und Definition der Störabstände

Der Widerstand $R_{\text{off,p}} = R_{\text{ch,p}}$ des ausgeschalteten p-MOSFET ist entsprechend der mit (7.99) gegebenen idealen Kennlinie unendlich. Grundsätzlich fließen aber Leckströme im Kanal und $R_{\text{off,p}}$ ist endlich. Diese Ströme können in Kurzkanalbauelementen drastisch zunehmen; hierzu sei an dieser Stelle auf Abschnitt 9.2.2.1 verwiesen. Die Betrachtung im Ersatzschaltbild nach Bild 8.2b ergibt mit $U_{\text{E}} = U_{\text{DD}}$ für den unbelasteten Fall eine Ausgangsspannung von:

$$U_{\text{A}} = U_{\text{DD}} \cdot \frac{R_{\text{on,n}}}{R_{\text{on,n}} + R_{\text{off,p}}} > 0 \tag{8.5}$$

In gleicher Weise wird die Ausgangsspannung für $U_{\text{E}} = 0$ nicht die Betriebsspannung U_{DD} erreichen.

Ein weiterer Effekt der Leckströme ist die in Bild 8.2a dargestellte „Stromspitze" im Umschaltpunkt. Beträgt die Eingangsspannung $U_{\text{E}} = U_{\text{DD}}/2$, dann sind zwar beide MOSFETs ausgeschaltet, der Gesamtwiderstand aus beiden Kanalwiderständen ist aber am geringsten. Es fließt der maximale Strom.

Berücksichtigt man eine Last am Ausgang des Inverters, wie in Bild 8.2 gezeigt, dann führt der Strom durch den Lastwiderstand zur Belastung des Spannungsteilers aus beiden MOSFETs. Die Logikpegel am Ausgang weichen daher noch weiter von den idealen Bedingungen ab. Auf der Verbindungsleitung zum Eingang der nachfolgenden Stufe kann es zu einem zusätzlichen Spannungsabfall kommen. Die an diesem Eingang resultierenden Logikpegel müssen für eine korrekte Funktion innerhalb der Intervalle $0 \ldots U_{\text{EL}}$ bzw. $U_{\text{EH}} \ldots U_{\text{DD}}$ liegen. Dies muss durch einen ausreichenden Störabstand S_{L} bzw. S_{H} sichergestellt werden.

In der Regel kommt es auch zu einer kapazitiven Belastung des Ausgangs durch einen Kapazitätsbelag der Verbindungsleitungen und Eingangskapazitäten der nachfolgenden Stufen. Bei jedem Schaltvorgang müssen diese Kapazitäten umgeladen werden. Die dafür notwendige Zeit im langsamsten Signalpfad bestimmt die höchste Schaltgeschwindigkeit der gesamten Digitalschaltung (sogenannter *kritischer Pfad*). Zur Beschleunigung des Umladevorgangs muss der jeweils eingeschaltete Transistor möglichst niederohmig sein. Die Zeitkonstante wird daher von $R_{\text{on,n}}$ nach (8.4) bzw. der entsprechenden Gleichung für den p-Kanal-MOSFET bestimmt. Eine schnellere Schaltgeschwindigkeit verlangt also neben einer ausreichenden Steuerspannung am Gate des MOSFET auch eine möglichst hohe Beweglichkeit der Ladungsträger und ein großes Verhältnis W/L der Layoutparameter.

Der im Moment des Einschaltens von einem Transistor lieferbare Strom wird mit I_{on} bezeichnet; er ergibt sich für eine Steuerspannung $U_{\text{gs}} = U_{\text{dd}}$ und $U_{\text{ds}} = U_{\text{dd}}$, da sich der Transistor beim Beginn des Umladevorgangs der Kapazitäten zunächst in Sättigung befindet. Der Leckstrom im ausgeschalteten Zustand wird mit I_{off} bezeichnet.

Das Verhältnis $I_{\text{on}}/I_{\text{off}}$ in einer Technologie für digitale Schaltkreise hat großen Einfluss auf den Störabstand. Es liegt typischerweise bei mindestens 10^6. Eine wachsende Integrationsdichte verschlechtert das Verhältnis.

8.1.2 NAND und NOR

Die Ergebnisse für einen CMOS-Inverter lassen sich auf einfache Weise auf Logikgatter übertragen. Die Bilder 8.4 und 8.5 zeigen Grundschaltungen eines NAND- bzw. NOR-Gatters. Die Substratanschlüsse sind hierbei nicht immer mit dem jeweiligen Source-Knoten verbunden, sondern mit dem niedrigsten (n-MOSFET) bzw. höchsten (p-MOSFET) Potenzial der Schaltung. Auf diese Weise können in einem Gatter alle n-MOSFETs und beide p-MOSFETs jeweils in eine gemeinsame Wanne integriert und damit Chipfläche eingespart werden.

Die Tabellen 8.2 und 8.3 zeigen für das NAND- bzw. NOR-Gatter eine Übersicht der Schaltzustände der jeweiligen Transistoren bei verschiedenen Eingangsspannungen.

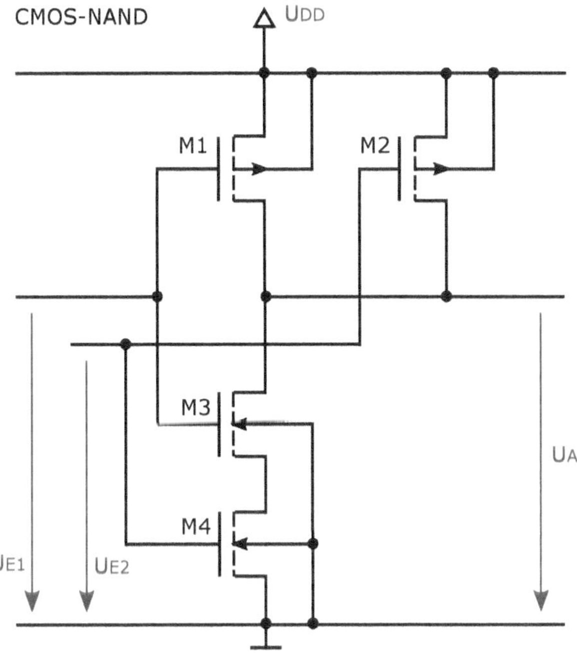

Bild 8.4 Schaltbild eines NAND-Gatters in CMOS-Technologie

Tabelle 8.2 Schaltzustände im CMOS-NAND nach Bild 8.4 bei verschiedenen Eingangsspannungen

U_{E1}	U_{E2}	$U_{gs,M1}$	$U_{gs,M2}$	$U_{gs,M3}$	$U_{gs,M4}$	M1	M2	M3	M4	U_A
0	0	$-U_{DD}$	$-U_{DD}$	0	0	on	on	off	off	U_{DD}
0	U_{DD}	$-U_{DD}$	0	0	U_{DD}	on	off	off	on	U_{DD}
U_{DD}	0	0	$-U_{DD}$	U_{DD}	0	off	on	on	off	U_{DD}
U_{DD}	U_{DD}	0	0	U_{DD}	U_{DD}	off	off	on	on	0

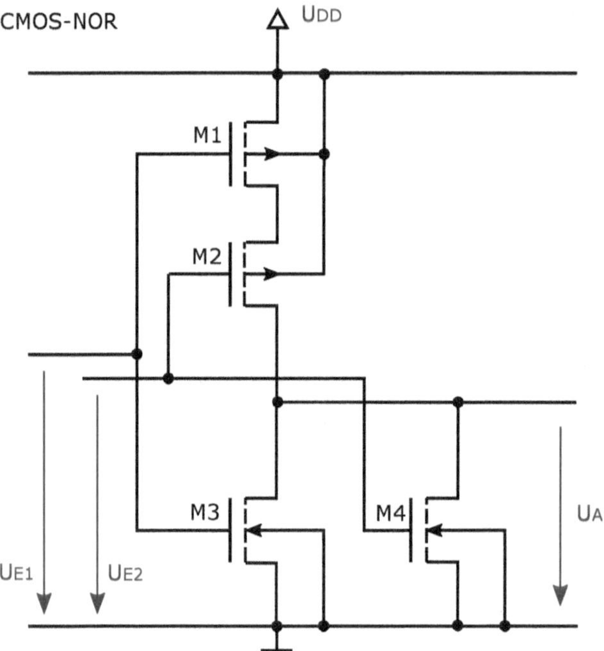

Bild 8.5 Schaltbild eines NOR-Gatters in CMOS-Technologie

Tabelle 8.3 Schaltzustände im CMOS-NOR nach Bild 8.5 bei verschiedenen Eingangsspannungen

U_{E1}	U_{E2}	$U_{gs,M1}$	$U_{gs,M2}$	$U_{gs,M3}$	$U_{gs,M4}$	M1	M2	M3	M4	U_A
0	0	$-U_{DD}$	$-U_{DD}$	0	0	on	on	off	off	U_{DD}
0	U_{DD}	$-U_{DD}$	0	0	U_{DD}	on	off	off	on	0
U_{DD}	0	0	$-U_{DD}$	U_{DD}	0	off	on	on	off	0
U_{DD}	U_{DD}	0	0	U_{DD}	U_{DD}	off	off	on	on	0

8.2 Leistungsaufnahme

Die Leistungsaufnahme einer Digitalschaltung lässt sich allgemein in einen *statischen* und einen *dynamischen* Anteil aufteilen:

$$P = P_{stat} + P_{dyn} \tag{8.6}$$

Im Gegensatz zu bipolaren Digitalschaltungen fließt bei CMOS-Schaltungen im Idealfall (bei vernachlässigbaren Leckströmen) nur in den Umschaltzeitpunkten ein Strom, sodass $P \approx P_{dyn}$ gilt. Mit Verringerung der Strukturgrößen treten allerdings immer stärker Kurzkanaleffekte in Erscheinung, welche einen drastischen Anstieg von Leckströmen und damit der statischen Verlustleistung verursachen. In diesem Fall ist auch in CMOS-Schaltungen die statische Verlustleistung nicht mehr vernachlässigbar. Eine ausführliche Beschreibung dieser Effekte findet sich in Abschnitt 9.2.3.

Bei Berücksichtigung einer Lastkapazität am Ausgang des in Bild 8.2 dargestellten Inverters muss in jedem Schaltzeitpunkt die Lastkapazität C_L umgeladen werden. Für High-Pegel am Ausgang beträgt die in der Kapazität gespeicherte Energie $W_{CL} = C_L U_{DD}^2/2$. Betrachtet man Zustandswechsel mit einer Taktfrequenz f_{clk}, dann muss innerhalb einer Taktperiode die Energie $2W_{CL}$ über die Zuleitungen transportiert werden. Aus dem zeitlichen Differenzial lässt sich die damit verbundene mittlere dynamische Leistungsaufnahme ermitteln:

$$P_{dyn} = C_L U_{DD}^2 f_{clk} \tag{8.7}$$

Die Leistungsaufnahme von CMOS-Digitalschaltungen steigt daher bei sehr hohen Taktfrequenzen stark an. Sie ist proportional zu f_{clk} und steigt quadratisch mit der Betriebsspannung an.

Bei hochintegrierten VLSI-Bausteinen stellt die Wärmeabfuhr aus dem Chip zunehmend ein Problem dar. Kühlkörper, Ventilatoren und andere aktive Kühlsysteme werden verwendet. Dies ist jedoch für mobile Geräte nur bedingt eine Lösung, da hiermit die Akkulaufzeit weiter reduziert wird. Ein intelligentes Systemdesign, welches ganze Schaltungsblöcke zeitweise abschaltet oder das System bei geringerer benötigter Performance mit reduzierter Taktfrequenz betreibt, bringt hier Abhilfe.

Weiterhin wurde zur Reduzierung der Leistungsaufnahme die Versorgungsspannung in CMOS-Schaltkreisen mit Verkleinerung der Strukturgrößen drastisch reduziert. Moderne Prozessoren betreiben Logikblöcke von Ein- und Ausgängen mit höherer Spannung und verwenden für die interne Logik eine Betriebsspannung von nur noch ca. 1 V. Damit sinkt allerdings auch die maximal erreichbare Taktfrequenz, denn bei gleicher Transistorgeometrie erhöhen sich die Kanalwiderstände im eingeschalteten Zustand und damit die Lade-/Entladezeiten parasitärer Kapazitäten.

Das Problem der Wärmeabfuhr hat dazu geführt, dass im letzten Jahrzehnt trotz Verkleinerung der Strukturgrößen die maximale Taktfrequenz der Prozessoren bei ca. 4 GHz stagnierte und nicht wie in den Jahren zuvor entsprechend dem Moore'schen Gesetz weiter anstieg. Stattdessen wurde mit der Einführung mehrerer Prozessorkerne auf einem Chip *(Multi-Core-Prozessor)* durch eine fortschreitende Parallelisierung von Rechenoperationen die Performance erhöht.

8.3 Speicherbausteine

Im Zuge der Nanotechnologie werden heute eine Vielzahl innovativer Speichertechnologien im Labormaßstab untersucht. Beispiele sind FeRAM *(Ferroelectric RAM)*, PCRAM *(Phase-change RAM)*, MRAM *(Magnetoresistive RAM)* und ReRAM *(Resistive RAM)*, die hier allerdings außer Betracht bleiben. Nachfolgend beschränken wir uns auf die wichtigsten Speichertechnologien und deren grundlegende Schaltungskonzepte, welche in der Großserienfertigung realisiert werden.

Die Abkürzung *RAM* steht für einen wahlfreien Zugriff (engl. *random-access memory*). Dabei kann jede einzelne Speicherzellen mithilfe von Adressleitungen beschrieben oder ausgelesen werden. Dagegen erlauben alternative Architekturen nur einen sequenziellen Zugriff auf mehrere Speicherzellen. Dies ist beispielsweise bei Festplatten oder auch Speicherkarten wie CompactFlash der Fall. Hierbei ist eine kompaktere und kostengünstigere Bauweise möglich.

Eine weitere wichtige Klassifizierung ist die Unterscheidung in *flüchtige Speicher* (engl. *volatile memory*) und *nichtflüchtige Speicher* (engl. *non-volatile memory*). Flüchtige Speicher benötigen zur Erhaltung der Information eine Versorgungsspannung, nichtflüchtige Varianten dagegen nicht.

8.3.1 DRAM

Eine DRAM-Speicherzelle *(Dynamisches RAM)* besteht aus einem n-MOSFET und einer Kapazität, auf welcher die Information als Ladung gespeichert wird. Bild 8.6 zeigt das Schaltbild einer Speichermatrix aus einer Vielzahl von Speicherzellen. Diese Matrix ist von horizontalen Leitungen, den *Wordlines (WL)*, und vertikalen Leitungen, den *Bitlines (BL)* durchzogen. In den Kreuzungspunkten liegt jeweils eine Speicherzelle, welche über eine Wordline und eine Bitline eindeutig adressiert werden kann. Der Zeilenadressdecoder wählt die Wordline der adressierten Zelle und schaltet damit den Transistor ein. Der Spaltenadressdecoder selektiert eine Bitline.

Beim Schreiben wird die gewünschte Information von der Datenleitung über den Spaltenauswahlbaustein der adressierten Bitline als Spannungspegel zugeführt. Durch den mit der Wordline adressierten und damit eingeschalteten Transistor wird die Kapazität entsprechend geladen.

Beim Lesen wird die Spannung an der Kapazität über den selektierten Transistor auf die Bitline geschaltet. Ein Leseverstärker wandelt den Spannungspegel der adressierten Bitline in einen entsprechenden Logikpegel um, welcher auf der Datenleitung ausgegeben wird.

Der Kapazitäts- und Widerstandsbelag der relativ langen Wordlines und Bitlines ist einer der Gründe für die relativ langsame Zugriffszeit des DRAM. Weiterhin erfordert der Ladungsaustausch zwischen der Kapazität einer Speicherzelle und den Bitlines mehrere Nanosekunden.

Im Ruhezustand einer Speicherzelle ist die Wordline deaktiviert, sodass die Ladung auf der Kapazität im Idealfall erhalten bleiben müsste. In der Realität fließt aber Ladung durch Leckströme ab. Daher muss die Ladung jeder Zelle zyklisch „aufgefrischt"(engl. *refresh*) werden, bevor die Information vom Leseverstärker nicht mehr eindeutig ermittelt werden kann. Die *Refresh-Zyklen* müssen in kommerziell erhältlichen DRAM-Bausteinen typischerweise alle 32 ms oder 64 ms durchgeführt werden.

Wird die Betriebsspannung abgeschaltet, geht aufgrund der Leckströme die gespeicherte Information verloren. Ein DRAM gehört daher zu den *flüchtigen* Speichern.

Um die Fläche im Chiplayout klein zu halten, wird die Kapazität nach Ätzen eines Grabens im Substrat vertikal realisiert (*trench capacitor*, vgl. Abschnitt 6.3.1). Der im Vergleich zum nachfolgend dargestellten SRAM einfachere Aufbau einer DRAM-Speicherzelle führt zu einem wesentlich geringeren Platzbedarf im Layout. Daher weisen DRAM-Speicher die höchste Speicherkapazität pro Chip auf und werden in Rechnersystemen bevorzugt als externer Arbeitsspeicher eingesetzt.

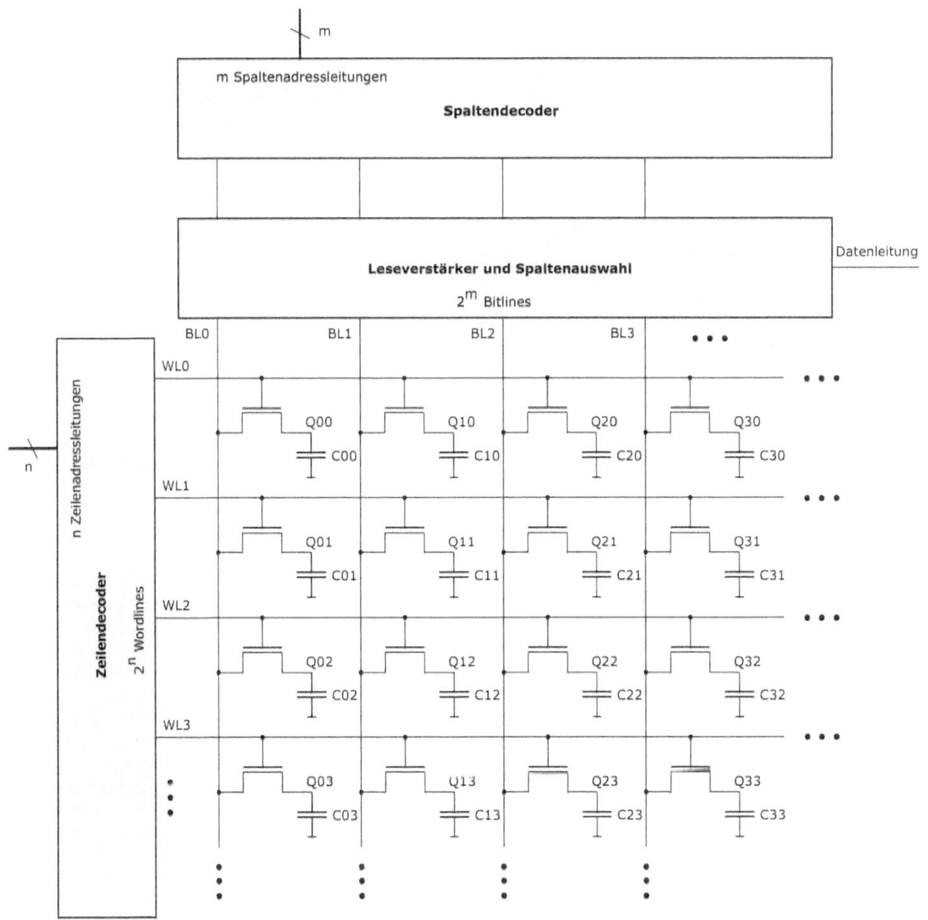

Bild 8.6 Schaltbild der Speichermatrix eines DRAM

8.3.2 6T-SRAM-Zelle

Auch ein SRAM *(Statisches RAM)* besteht aus einer regelmäßigen Anordnung einzelner Speicherzellen in Matrixform. Jede Speicherzelle kann über eine *Wordline* (WL) und zwei *Bitlines* (BL und $\overline{BL}$, welche die negierte Information von BL darstellt) eindeutig adressiert werden.

Bild 8.7 zeigt das Schaltbild einer SRAM-Zelle (SRAM: Statisches RAM) unter Verwendung der vereinfachten Schaltsymbole für Enhancement-MOSFETs (vgl. Bild 7.18). Die Substratanschlüsse (p-MOSFET: höchstes Potenzial, n-MOSFET: niedrigstes Potenzial der Schaltung) sind daher nicht dargestellt.

Die Zelle besteht aus zwei kreuzweise rückgekoppelten Invertern, gebildet aus den Transistoren M1...M4. Es ergeben sich zwei stabile Schaltzustände: $Q = 1$ und $\overline{Q} = 0$ oder $Q = 0$ und $\overline{Q} = 1$. Im Ruhezustand sind die Transistoren M5 und M6 durch $WL = 0$ abgeschaltet.

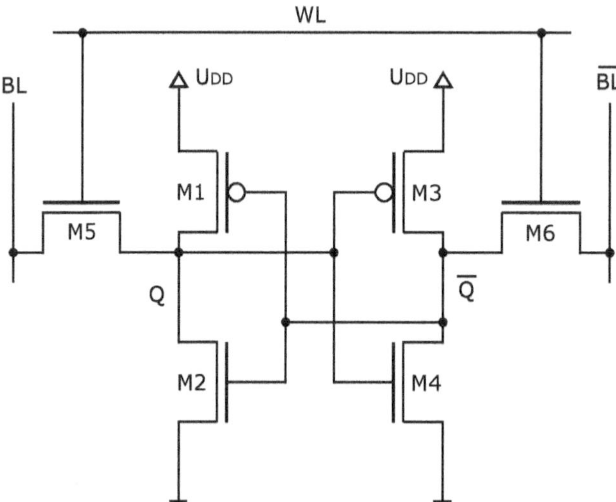

Bild 8.7 Schaltbild einer 6-Transistor-SRAM-Zelle

Bei einem Lesezugriff werden als Vorbereitung zunächst die beiden Bitlines BL und $\overline{BL}$ auf die halbe Betriebsspannung aufgeladen. Danach wird vom Adressdecoder die Wordline der adressierten Zelle auf High-Pegel geschaltet ($WL = 1$), um die beiden Transistoren M5 und M6 für den Zugriff einzuschalten. Die Bitline BL wird nun auf das Potenzial von Knoten Q geladen, die Leitung $\overline{BL}$ auf das Potenzial von $\overline{Q}$. Ein Leseverstärker wertet die Spannungsdifferenz zwischen beiden Bitlines aus und generiert so die logische Information. Der Adressdecoder schaltet den Logikpegel der selektierten Bitline auf den Ausgang.

Bei einem Schreibzugriff werden zunächst die Bitlines der adressierten Zelle auf die zu schreibende Information geschaltet, also beispielsweise $BL = 1$ und $\overline{BL} = 0$ für das Setzen der Zelle. Anschließend erfolgt die Auswahl der Speicherzelle über den Adressdecoder durch Schalten der Wordline auf High-Pegel. Die an den Bitlines liegende Information wird in die Speicherzelle geschrieben. Hierzu müssen die rückgekoppelten Inverter gegebenenfalls ihren Schaltzustand ändern. Damit dies möglich ist, werden die Transistoren M5 und M6 mit einer höheren Treiberleistung, das heißt einem größeren Verhältnis W/L im Design ausgelegt als die Transistoren M1...M4 der Inverter.

Für eine SRAM-Speicherzelle werden minimal sechs Transistoren (6T-SRAM-Zelle) benötigt. Nach dem Ausschalten der Versorgungsspannung geht die gespeicherte Information verloren, es handelt sich also um einen *flüchtigen* Speicher. Trotz der im Vergleich zum DRAM relativ großen Anzahl von Transistoren je Speicherzelle und damit geringeren Integrationsdichte zeigt das SRAM die mit Abstand geringste Zugriffszeit. Aus diesem Grund wird diese Speichertechnologie insbesondere in Anwendungen verwendet, wo es auf eine hohe Schreib-/Lesegeschwindigkeit ankommt, wie beispielsweise in *Prozessor-Caches*. Hier dienen sie quasi als Pufferspeicher, um bei wiederholtem Zugriff auf Speicherzellen ein erneutes Auslesen aus langsameren externen Speichern zu vermeiden.

8.3.3 Flash-Speicher

Als *nichtflüchtiger* Speicher in digitalen Systemen hat sich die Flash-Memory-Technologie durchgesetzt. Sie findet vielfach Verwendung: als Programmspeicher in eingebetteten Systemen (engl. *embedded systems*), Speicher für die Konfiguration programmierbarer Logikbausteine wie FPGA *(Field-Programmable-Gate-Array)* sowie als interner (SSD: Solid-State-Disk) oder externer Massenspeicher (CompactFlash, USB-Stick).

a) Programmierzyklus
b) Löschzyklus

12 V
Control Gate
Floating Gate
S
D
5 V
Tunnel-Oxid
offen
0 V
Control Gate
Floating Gate
12 V
S
D

c) Transferkennlinie

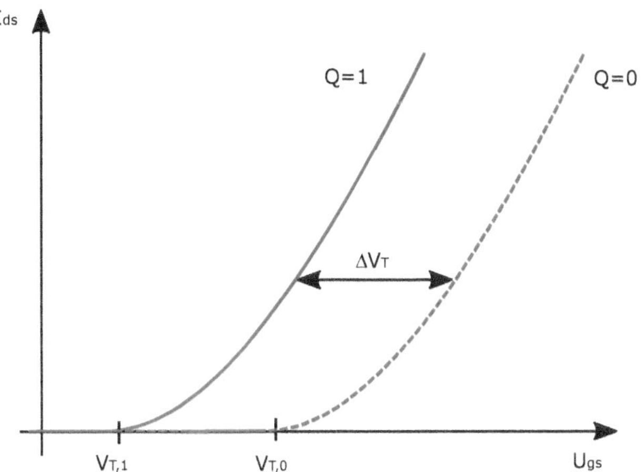

Bild 8.8 Querschnitt einer Flash-Speicherzelle: a) Programmierzyklus, b) Löschzyklus. c) Verschiebung der Transferkennlinie um ΔV_T durch negative Ladung auf dem Floating-Gate im Zustand $Q = 0$

Bild 8.8 zeigt den Querschnitt und die Transferkennlinie einer Flash-Speicherzelle. Der n-MOSFET besitzt zwei Gate-Elektroden: das *Control-Gate* zur Ansteuerung des Transistors und das vollständig isolierte *Floating-Gate*. Das Funktionsprinzip basiert auf der Speicherung der Information in Form von Ladung auf dem Floating-Gate. Durch die Ladung auf dieser Elektrode wird die Schwellspannung des Transistors beeinflusst, was beim Auslesen der Zelle festgestellt werden kann. Durch den Tunneleffekt kann bei entsprechender Beschaltung Ladung auf das Floating-Gate aufgebracht oder wieder entfernt werden. Im Ruhezustand dagegen kann die Ladung das Floating-Gate nicht verlassen; es fließen keine Leckströme wie beim DRAM.

Die gespeicherte Information bleibt auch nach Abschalten der Betriebsspannung erhalten; der Flash-Speicher ist daher *nichtflüchtig.*

Programmierzyklus

Im Speicherzustand $Q = 1$ befindet sich keine Ladung auf dem Floating-Gate. Aus den Oxid-Schichten, der Substratdotierungskonzentration und der Austrittsarbeitsdifferenz zwischen Gate und Substrat ergibt sich für diesen Fall die Schwellspannung $V_{T,1}$ des Transistors.

Für einen Wechsel zum Speicherzustand $Q = 0$ muss die Speicherzelle programmiert werden. Hierzu wird am Control-Gate eine Spannung angelegt, welche höher als im normalen Betrieb ist, beispielsweise $U_{gs} = 12$ V (vgl. Bild 8.8a). Die Drain-Source-Spannung wird auf $U_{ds} = 5$ V gelegt. Der Transistor ist eingeschaltet und Elektronen bewegen sich mit steigender kinetischer Energie von Source zu Drain *(Hot Carriers).*

Kommt es am Drain-Ende des Kanals zu einem Stoßprozess, welcher ein Elektron in die Richtung zum Gate ablenkt, dann kann dieses Elektron durch das dünne Tunneloxid die Potenzialbarriere zum Floating-Gate überwinden. Diesen Prozess verdeutlicht Bild 8.9a. Elektronen, welche das Floating-Gate erreichen, werden *Lucky Electrons* genannt.

Die Akkumulation dieser Ladungen hat einen Einfluss auf die Schwellspannung des Transistors. Negative Ladungen auf dem Floating-Gate erfordern zusätzliche positive Ladungen auf dem Control-Gate. Zur Entstehung eines Inversionskanals im Transistor muss jetzt mehr positive Ladung auf das Control-Gate aufgebracht werden als im ursprünglichen Zustand. Die Schwellspannung $V_{T,0}$ des Transistors im Speicherzustand $Q = 0$ ist daher erhöht um ungefähr

$$\Delta V_T = -\frac{Q_{FG}}{C_{FC}} \tag{8.8}$$

Hierbei sind Q_{FG} die (negative) Ladung auf dem Floating-Gate und C_{FG} die Kapazität dieser Elektrode.

Die vollständige elektrische Isolation des Floating-Gate verhindert ein Abfließen der Ladung und damit einen Verlust der gespeicherten Information im normalen Betrieb.

Löschzyklus

Zum Löschen der Speicherzelle und damit zur Herstellung der ursprünglichen Schwellspannung $V_{T,1}$ muss die Ladung vom Floating-Gate abfließen (vgl. Bild 8.8b). Hierzu wird zwischen Control-Gate und Drain eine relativ hohe negative Spannung von $U_{gd} = 12$ V angelegt (der Source-Knoten bleibt potenzialfrei). Das Bändermodell in einem Schnitt vom Control-Gate zum Drain-Gebiet zeigt Bild 8.9b. Im Tunneloxid entsteht eine hohe Feldstärke. Die Elektronen können durch *Fowler-Nordheim-Tunneln* (vgl. Abschnitt 5.4) das Floating-Gate verlassen und fließen im Drain-Knoten ab.

Die notwendige Zeitdauer, damit der ursprüngliche Zustand der Speicherzelle mit Schwellspannung $V_{T,1}$ in ausreichendem Maße wiederhergestellt ist, hängt von der Dicke des Tunneloxids ab. Dies ist der Grund für den im Vergleich zum Lesezyklus vergleichsweise langsamen Schreibprozess in einem Flash-Speicher.

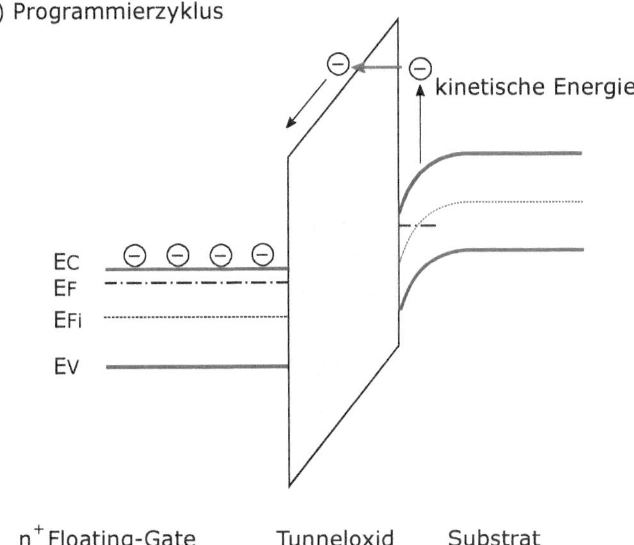

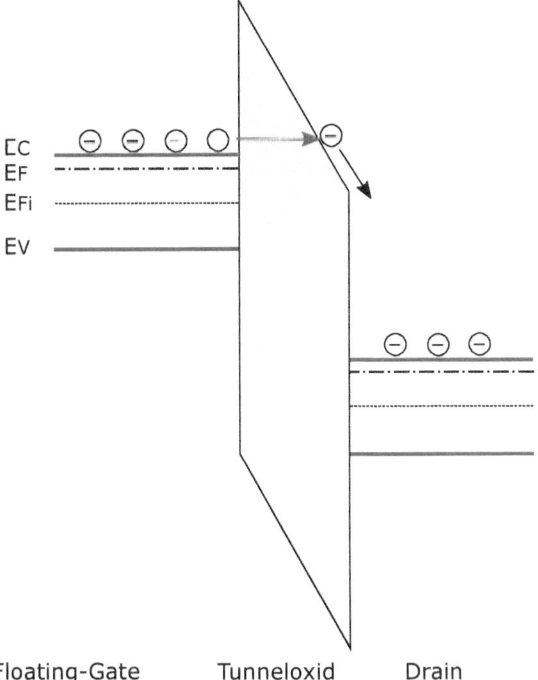

Bild 8.9 Darstellung des Tunnelprozesses im Bändermodell einer Flash-Speicherzelle: a) Programmierzyklus, Schnitt: Floating-Gate – Tunneloxid – Substrat, b) Löschzyklus, Schnitt: Floating-Gate – Tunneloxid – Drain

Bauformen

Man unterscheidet zwei Bauformen von Flash-Speichern: NAND- und NOR-Realisierung.

Bei der NAND-Realisierung (vgl. Bild 8.10a) sind eine Vielzahl (bis zu 1024) Transistoren in Reihe geschaltet. Die Bezeichnung kommt von der Äquivalenz zur Anordnung von n-MOSFETs in einem NAND-Gatter. Hierbei ist zwischen den Transistoren keine Kontaktierung notwendig, und es resultiert ein minimaler Platzbedarf im Layout. Aus diesem Grund wird diese Bauform bevorzugt für Speicher großer Kapazität verwendet, wie beispielsweise externe Speicherkarten und Solid-State-Disks. V-NAND-Architekturen ordnen eine Reihenschaltung von bis zu 24 Flash-Zellen vertikal gestapelt an und vergrößerten durch diese 3-D-Integration die Speicherkapazität pro Chip im Jahr 2017 auf 128 Gbit.

Allerdings führt die Reihenschaltung einer Vielzahl von Transistoren zu langsameren Zugriffszeiten, da ein Lese- und Schreibzyklus sequenziell erfolgen muss. Beim Auslesen werden die Signale *Bitline-Select* und *Ground-Select* aktiviert, um die entsprechenden Transistoren der adressierten Reihe einzuschalten. Die Wordline (WL) der auszulesenden Zelle wird auf ein Potenzial gelegt, welches abhängig von ihrem Speicherzustand in unterschiedlichen Schaltzuständen des Transistors resultiert. Die Wordlines (WL) aller übrigen Transistoren in der Reihenschaltung müssen auf ein genügend hohes Potenzial gelegt werden, sodass diese unabhängig von ihrem Speicherzustand einschalten. Damit bestimmt der Speicherzustand der adressierten Zelle, ob die Bitline (BL) auf Massepotenzial gelegt wird. Ein Löschen von Speicherzellen ist immer nur für ganze Blöcke, bestehend aus mehreren Bits, möglich. Dies ist ein weiterer Nachteil der NAND-Realisierung.

Die NOR-Realisierung (vgl. Bild 8.10b) ist durch eine Parallelschaltung einer Vielzahl von Speicherzellen gekennzeichnet. Zur Realisierung der Kontaktierung zwischen den Transistoren wird zusätzlicher Platz im Layout benötigt, als Folge ist die Integrationsdichte geringer als bei der NAND-Realisierung. Die parallele Anordnung ergibt aber geringere Zugriffszeiten, denn es ist ein wahlfreier Zugriff auf einzelne Zellen möglich. Daher wird die NOR-Realisierung bevorzugt dann verwendet, wenn es weniger auf hohe Integrationsdichte, sondern auf kurze Zugriffszeiten ankommt, wie beispielsweise bei Programmspeichern von Mikrocontrollern.

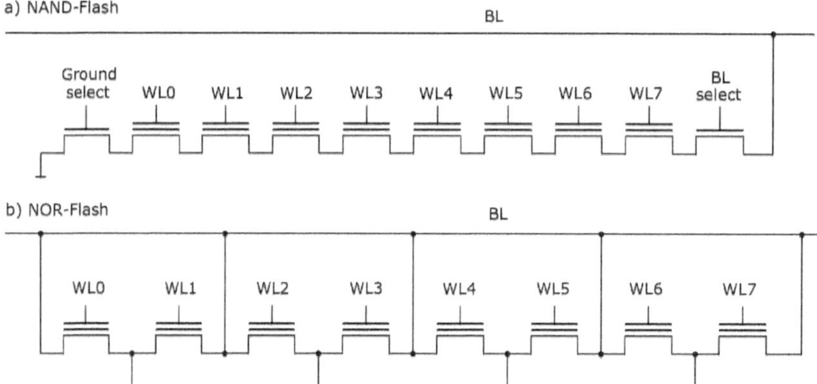

Bild 8.10 Bauformen von Flash-Speichern. a) NAND-Realisierung: Die Source/Drain-Gebiete nebeneinanderliegender Transistoren können platzsparend mit einem Diffusionsgebiet realisiert werden und benötigen keine Kontaktierung. b) NOR-Realisierung: Die Parallelschaltung aller Zellen benötigt Platz für eine Kontaktierung zwischen benachbarten Transistoren.

Lebensdauer

Die Lebensdauer einer Flash-Speicherzelle ist nur für eine bestimmte maximale Anzahl von Schreibzyklen spezifiziert ($10^4 \ldots 10^6$). Bei jedem Programmier- und Löschzyklus kann aufgrund der großen Feldstärken im Oxid und der sogenannten *Hot-Carriers*, welche zum Floating-Gate tunneln, das Oxid bleibende Schäden erleiden. Beispielsweise können Fallenzustände in der Bandlücke des Oxids entstehen, welche seine Isolationswirkung herabsetzen (*Trap-Assisted-Tunneling*, vgl. Abschnitt 5.4). Ist der Schaden nach einer Vielzahl von Zyklen zu groß, kann die Information in der Zelle nicht mehr gespeichert werden.

Der Defekt einer einzelnen Speicherzelle macht den gesamten Speicherchip jedoch nicht unbrauchbar. Für Datenblöcke aus beispielsweise 512 Bits werden zusätzlich Schutzbits zur Fehlererkennung gespeichert. Wird der Defekt einer Speicherzelle in einem Block erkannt, dann wird dieser Block durch ein Defektmanagement bei der weiteren Verwendung des Speichers ausgeblendet. Zusätzlich werden Softwarelösungen implementiert, welche sicherstellen, dass alle Bereiche des Speichers in der gleichen Häufigkeit beschrieben werden. Damit wird ein verfrühter Ausfall einzelner Blöcke verhindert.

8.4 Wiederholungsfragen

1. Welche MOS-Transistortypen werden in der CMOS-Technologie verwendet?
2. Was versteht man unter dem „Störabstand“ der Logikpegel? Warum ist dieser notwendig?
3. Wie wird im Layout die Angleichung der Performance beider komplementärer Transistortypen erreicht? Warum ist dies notwendig?
4. Was versteht man unter dem Verhältnis I_{on} / I_{off}?
5. Aus welchen Komponenten setzt sich die Leistungsaufnahme einer CMOS-Schaltung zusammen? Welche Komponente dominiert?
6. Warum steigt die Leistungsaufnahme einer CMOS-Digitalschaltung linear mit der Taktfrequenz?
7. Wie kann bei steigender Taktfrequenz die Leistungsaufnahme einer CMOS-Digitalschaltung reduziert werden?
8. Was unterscheidet ein SRAM von einem DRAM? Wo werden sie bevorzugt eingesetzt und warum?
9. Wie wird die Information in einer Flash-Speicherzelle gespeichert, wie kann sie gelöscht werden?
10. Beschreiben Sie den Programmierzyklus und den Löschzyklus in einer Flash-Speicherzelle.
11. Was unterscheidet ein NAND-Flash von einem NOR-Flash? Wo werden sie bevorzugt eingesetzt und warum?
12. Durch welchen Effekt ist die Anzahl der Schreibzyklen einer Flash-Speicherzelle beschränkt?

8.5 Übungen

Übung 8.1

Zeichnen Sie den Querschnitt eines Inverters in CMOS-Technologie.

Übung 8.2

Gegeben sei nachfolgendes Schaltbild einer CMOS-Logikzelle:

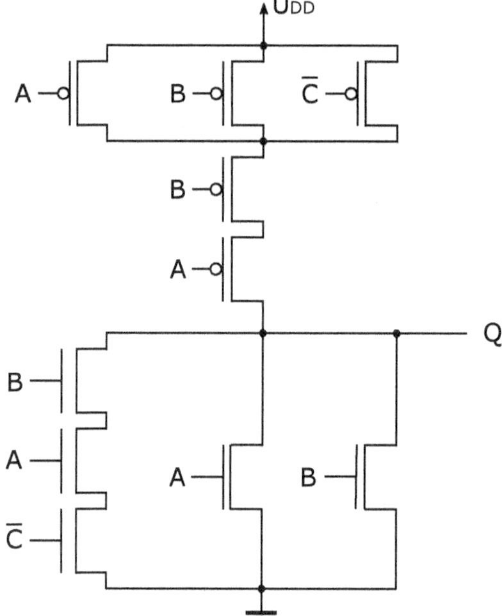

a) Bestimmen Sie die schaltalgebraische Gleichung für Q in Abhängigkeit von den Eingangsgrößen A, B und C.

b) Die Schaltung soll so vereinfacht werden, dass eine minimale Anzahl Transistoren verwendet wird. Bestimmen Sie hierfür die schaltalgebraische Gleichung und zeichnen Sie das Schaltbild der CMOS-Realisierung.

Übung 8.3

Bild 8.4 zeigt das Schaltbild einer NAND-Logikzelle. Für welche Eingangssignale zeigt ein Transistor unter Einfluss des Substrateffekts eine Verschiebung seiner Schwellspannung?

8.6 Lösungen

Übung 8.1

Siehe Bild 8.1.

Übung 8.2

a) $Q = \left(\overline{A} + \overline{B} + C\right)\overline{A}\ \overline{B}$

b) $Q = \overline{A}\ \overline{A}\ \overline{B} + \overline{A}\ \overline{B}\ \overline{B} + \overline{A}\ \overline{B}\ C = \overline{A}\ \overline{B} + \overline{A}\ \overline{B}\ C = \overline{A}\ \overline{B}$

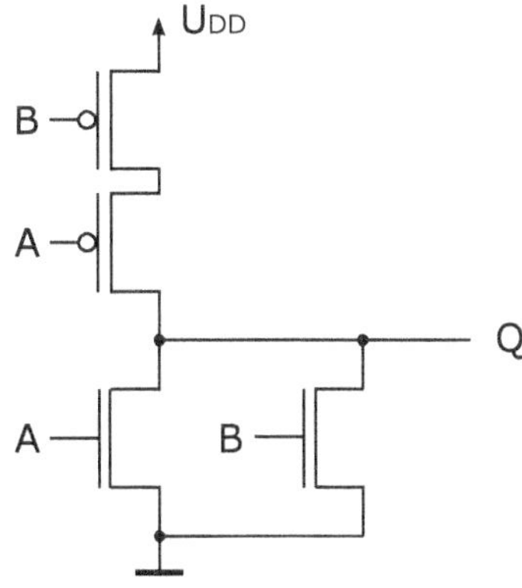

Übung 8.3

Für die Eingangssignale $U_{E1} = U_{DD}$ (High-Pegel) und $U_{E2} = 0$ (Low-Pegel) sind die Transistoren M1 und M4 ausgeschaltet bzw. M2 und M3 eingeschaltet. Der Ausgangsknoten ist auf $U_A = U_{DD}$ (High-Pegel) geschaltet. Der Source-Knoten von M3 ist ebenfalls auf dem Potenzial des Ausgangsknotens und damit auf unterschiedlichem Potenzial zum Substratanschluss. Es ergibt sich für diesen Transistor eine Source-Bulk-Spannung von $U_{sb} = U_{DD}$ und damit eine Verschiebung der Schwellspannung aufgrund des Substrateffekts.

9 Nanostruktur-Feldeffekttransistoren

Die CMOS-Technologie stellt für VLSI-Schaltkreise (engl. *very large scale integration*) die mit Abstand wichtigste Technologie dar. Über die letzten Jahrzehnte wurden die Abmessungen des MOS-Transistors kontinuierlich skaliert. Die Kanallänge wurde bis in den 10-nm-Bereich verkürzt. Damit verbunden ist nicht nur eine höhere Integrationsdichte, sondern auch eine Verkürzung der Schaltzeiten und damit ein Anstieg der Taktfrequenzen digitaler integrierter Schaltkreise.

Die klassische Struktur eines MOSFET, der sogenannte *Bulk-MOSFET*, wie er in Abschnitt 7.3 vorgestellt wurde, hatte im Jahr 2010 seine maximale Skalierbarkeit erreicht. Neue Bauelementgeometrien, welche kleinere Abmessungen des Bauelements zulassen, sind heute Standard in der Großintegration. Aber auch für sie ist das Ende ihrer Skalierbarkeit abzusehen. Um diese Grenzen aufzuzeigen, ist eine klassische Betrachtungsweise der Ladungsträger als Partikel mit einer effektiven Masse in Verbindung mit dem Bändermodell nur bedingt ausreichend. Es müssen zunehmend Quanteneffekte wie Confinement oder der Tunneleffekt berücksichtigt werden.

In diesem Kapitel sollen nach einer Darstellung der wesentlichen Eckpunkte zurückliegender Technologiegenerationen zunächst die Auswirkungen einer Skalierung des Bulk-MOSFET auf seine elektrische Funktion erläutert werden [10]. Daraus ergeben sich Grenzen für seine Miniaturisierung. Danach werden neuartige Bauelementstrukturen vorgestellt, welche bereits in der Großserie realisiert wurden, ihre Vorteile diskutiert und Grenzen analysiert. Weiterhin werden aktuelle Trends in der Weiterentwicklung aufgezeigt.

Lernziele

Die Lernenden …

- kennen die Maßnahmen zur Skalierung des Bulk-MOSFET und deren Grenzen,
- kennen Auswirkungen einer Miniaturisierung auf die elektrische Funktion von MOSFETs und deren Einfluss auf Kennliniengleichungen,
- kennen neuartige Bauelementstrukturen, welche eine weitere Skalierung bis in den 10-nm-Bereich zulassen,
- können zukünftige Transistortechnologien bzgl. ihrer Skalierbarkeit einschätzen.

9.1 Skalierung der CMOS-Technologie

Im Jahr 1958 wurde bei Texas Instruments die erste integrierte Schaltung vorgestellt[1]. Sie bestand aus nur zwei Bipolartransistoren, verbunden durch Golddrähte, und hatte die Funktion eines Flipflops. Nach der Herstellung des ersten funktionsfähigen MOS-Feldeffektransistors im Jahr 1960 in den Bell Labs (USA)[2] stellte im Jahre 1963 die Firma Fairchild das erste Logikgatter mit n- und p-Kanal-Transistoren vor. Trotz des Vorteils einer verschwindend kleinen Leistungsaufnahme verwendeten die ersten integrierten Schaltkreise aus Kostengründen nur n-MOSFETs. Der erste Mikroprozessor wurde von der Firma Intel im Jahr 1971 angekündigt.

Mit der Integration mehrerer Tausend Transistoren auf einem Chip wurde die Leistungsaufnahme von n-MOS-Technologien zunehmend ein Problem. Daher wurde ab dem Jahr 1980 diese Technologie nach und nach durch die CMOS-Technologie (*Complementary MOS*) abgelöst, bei der n- und p-Kanal-MOSFETs innerhalb eines Substrats integriert sind. Die CMOS-Technologie begann daraufhin, die Bipolar-Technologie in beinahe sämtlichen digitalen Applikationen zu verdrängen.

9.1.1 Moore'sches Gesetz

In den nächsten Jahren lag der Fortschritt der CMOS-Technologie im Wesentlichen in der Skalierung des Bauelements. Die Verkleinerung des Transistors ergibt unmittelbar Vorteile in einer höheren Integrationsdichte und damit gesteigerten Funktionalität integrierter Schaltkreise. Weiterhin resultieren aus der Verkleinerung der Transistorflächen geringere Kapazitäten und ermöglichen so eine höhere Schaltfrequenz. In der klassischen CMOS-Technologie ist die statische gegenüber der dynamischen Verlustleistung vernachlässigbar gering. Die dynamischen Verluste sind proportional zu kapazitiven Effekten und werden daher bei Verkleinerung der Strukturen ebenso reduziert.

Eine Verkürzung der Kanallänge L geht quadratisch in die Verkleinerung der Transitzeit nach (7.117) und damit in die Schaltgeschwindigkeit des MOSFET ein. Eine Verkleinerung der Strukturgrößen ist also auch in dieser Hinsicht wünschenswert.

Der Prozess der Skalierung wurde zuerst von Gordon Moore[3] erfasst und im Jahr 1965 als sogenanntes *Moore'sches Gesetz* formuliert. Darin sagte er aufgrund der rückblickenden Beobachtung der zu diesem Zeitpunkt bereits erfolgten Steigerung der Integrationsdichte eine jährliche Verdopplung der Transistorfunktionen pro Schaltkreis voraus. Wenn auch diese Vorhersage später auf eine Verdopplung alle zwei Jahre und schließlich alle 18 Monate immer wie-

---

1 Als erster integrierter Schaltkreis gilt eine hybride Integration zweier Bipolartransistoren (die elektrischen Verbindungen waren durch Golddrähte realisiert) durch Jack Kilby (1923–2005, US-amerikanischer Ingenieur) bei Texas Instruments im Jahr 1958. Er erhielt dafür im Jahr 2000 den Nobelpreis für Physik. Robert Noyce (1927–1990, US-amerikanischer Physiker) realisierte bei Fairchild Semiconductor den ersten monolithisch integrierten Schaltkreis, also eine in einem einzigen einkristallinen Substrat gefertigte Schaltung. Er meldete ihn im Jahr 1959 zum Patent an.

2 Dawon Kahng (1931–1992, südkoreanischer Physiker) und Martin M. Atalla (1924–2009, US-amerikanischer Ingenieur ägyptischer Herkunft) stellten im Jahre 1960 in den Bell Telephone Laboratories (Murry Hill, USA) den ersten funktionsfähigen MOSFET her und meldeten ihn zum Patent an.

3 Gordon Moore (geb. 1929), US amerikanischer Chemiker und Physiker, gründete im Jahr 1968 zusammen mit Andy Grove (1936–2016, US-amerikanischer Chemieingenieur und Unternehmer ungarischer Herkunft) und Robert Noyce (1927–1990) den Halbleiterhersteller Intel. Er formulierte 1965 das nach ihm benannte Gesetz.

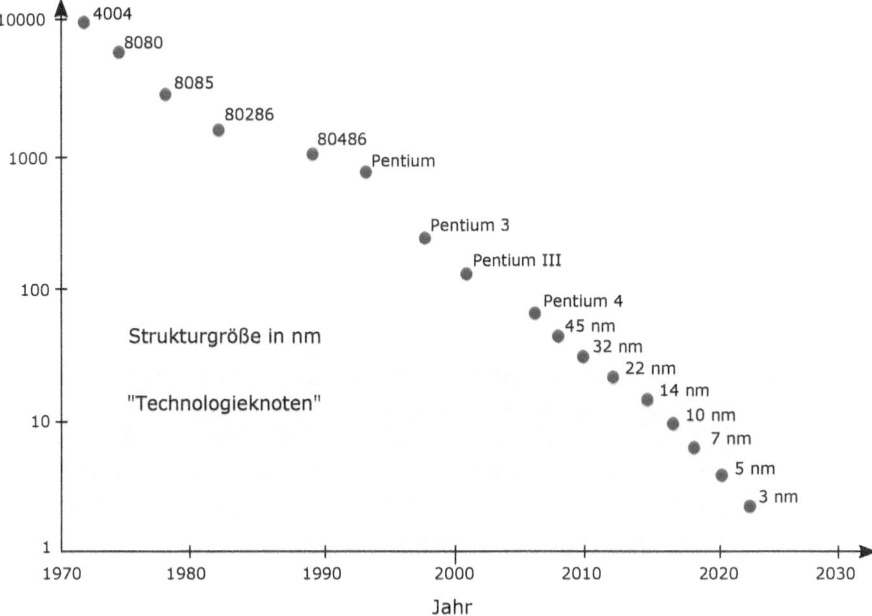

Bild 9.1 Historische Entwicklung der kleinsten gefertigten Strukturgröße (beim klassischen Bulk-MOSFET ungefähr die Gatelänge) in der Mikroelektronik am Beispiel der Prozessorgenerationen der Firma Intel. Ungefähr ab einer Strukturgröße von 22 nm entspricht die Bezeichnung der Technologieknoten nicht mehr der kleinsten Strukturgröße.

der korrigiert wurde, so ist die Kernaussage bezüglich eines exponentiellen Wachstums über die vergangenen Jahrzehnte gleich geblieben. Daraus abgeleitet wurden unterschiedliche Betrachtungsweisen hinsichtlich Anzahl Transistoren pro Flächeneinheit, kleinster realisierter Strukturgröße bis hin zur Schaltfrequenz von Prozessoren mit dem Begriff „Moore'sches Gesetz" bezeichnet.

Das ursprünglich empirisch ermittelte Gesetz ist auch heute noch der Leitfaden für die Ziele der Halbleiterindustrie, an denen sich die innerhalb des nächsten Jahrzehnts notwendigen technologischen Fortschritte orientieren. Andere Industriezweige, für welche die Mikroelektronik eine Schlüsseltechnologie darstellt, kalkulieren das exponentielle Wachstum an Funktionalität und Leistung je Mikrochip fest ein.

Eine Vervierfachung der Transistorfunktionen je Chip in einem Zeitraum von ca. 2 bis 3 Jahren wurde in den vergangenen Jahrzehnten hauptsächlich durch eine stetige Verkleinerung der Strukturgrößen um den Faktor $\sqrt{2}$ erzielt. Weiterhin wurde die Struktur des MOSFET in vielerlei Hinsicht optimiert, um eine größere Packungsdichte zu ermöglichen. Nicht zuletzt ist durch eine Reduzierung der Defektdichte bei den Herstellungsprozessen die mögliche Fläche eines Mikrochips bei aus wirtschaftlicher Sicht ausreichender Ausbeute zunehmend gewachsen. Bild 9.1 zeigt eine Übersicht über die historische Entwicklung.

Die Skalierung in der Halbleitertechnologie wird mit sogenannten *Technologieknoten* (engl. *technology nodes*) beschrieben. In klassischen Bulk-MOSFET-Technologien bezog sich dieser Zahlenwert häufig auf das kleinste halbe Abstandsmaß zweier Leiterbahnen in der ersten Verdrahtungsebene auf dem Chip (engl. *half pitch*), welches mit der Lithografie hergestellt werden kann. Die minimale Strukturgröße eines MOSFET ist die Gatelänge und kann durchaus kleiner als dieser Zahlenwert sein. Beispielsweise kann in einem 65-nm-Prozess die Gatelänge weniger als 50 nm betragen. Der Zahlenwert des Technologieknotens kann daher nur ein grober Richtwert bezüglich der kleinsten Strukturgröße oder realisierten Gatelänge sein.

Die häufig um den Faktor $1/\sqrt{2}$ verkleinerten lateralen Strukturabmessungen spiegeln sich in den Zahlenwerten der wichtigsten Technologieknoten wider: 90 nm, 65 nm, 45 nm, 32 nm, 22 nm usw.

Ungefähr ab dem 22-nm-Technologieknoten ist die Gatelänge nicht nowendigerweise kleiner als die Bezeichnung des Knotens. Beispielsweise ist eine Gatelänge von 25 nm typisch für eine 22-nm-Technologie. Mit weiterer Miniaturisierung hat die Bezeichnung des Knotens die Bedeutung der kleinsten gefertigten Strukturgröße mehr und mehr verloren. Die Bezeichnung richtet sich zunehmend an die entsprechend einer Fortsetzung des Moore'sches Gesetzes formulierten Leistungsanforderungen an einen Technologieknoten und hat mit der tatsächlich gefertigten Strukturgröße nicht mehr viel gemein. Dies ist daraus begründet, dass mit der Fertigung dreidimensionaler Transistorstrukturen (siehe Abschnitt 9.4) die Gatelänge alleine nicht ausreicht, um eine Aussage bzgl. der Leistungsfähigkeit einer Technologie zu treffen; viel wichtiger sind beispielsweise die Transistordichte pro Chipfläche oder der mögliche Einschaltstrom je Transistor. Die Skalierung um den Faktor $1/\sqrt{2}$ in der Benennung der Technologieknoten wurde beibehalten (22 nm, 14 nm, 10 nm, 7 nm, 5 nm, ...). Schließlich wird diese Bezeichnung heute zunehmend als Marketinginstrument eingesetzt, um den Fortschritt einer Technologie nach dem Moore'schen Gesetz zu dokumentieren.

9.1.2 Selbstjustiertes Polysilizium-Gate

In den ersten MOS-Technologien wurden zunächst die Source/Drain-Diffusionszonen hergestellt. Danach erfolgte eine Strukturierung des Gateoxids und der Gate-Elektrode, welche häufig aus Aluminium bestand. Aufgrund von Toleranzen der aufeinander folgenden Strukturierungsschritte mithilfe der Fotolithografie muss eine Überlappung zwischen der Gate-Elektrode und den Source/Drain-Zonen vorgesehen werden (vgl. Bild 9.2a). Diese Bereiche führen zur Ausbildung einer ungewollten Kapazität zwischen Gate und Source bzw. Gate und Drain, welche die Schaltgeschwindigkeit herabsetzen. Insbesondere die Kapazität zwischen Gate und Drain hat hierbei als *Miller-Kapazität*[4] einen großen negativen Einfluss.

Zur Reduzierung der Überlappungskapazitäten führte man eine *selbstjustierte* Herstellung des Gates ein (engl. *self-aligned gate process*). Hierbei wird das Gate vor der Herstellung von Source und Drain strukturiert (vgl. Bild 9.2b). Erst danach erfolgt durch eine Ionenimplantation das Einbringen der Dotierung der Source/Drain-Zonen. Das Gate dient hierbei als Maske für die Implantation und verhindert so ein Eindringen der Dotierstoffe in das Kanalgebiet. Nach der Implantation ist ein Ausheilen des Kristalls bei ca. 800 °C notwendig, um die teilweise zerstörte Kristallstruktur wiederherzustellen und die Dotierstoffe in das Kristallgitter einzubauen (Aktivieren der Dotierstoffe). Dieser Hochtemperaturprozess führt zu einer geringfügigen Diffusion

[4] Als *Miller-Kapazität* wird eine Kapazität zwischen Ein- und Ausgang eines invertierenden Verstärkers bezeichnet. Aufgrund des *Miller-Effekts* tritt die Kapazität um den Faktor der Spannungsvertärkung vergrößert am Eingang des Verstärkers effektiv in Erscheinung. Der Effekt ist nach John Milton Miller (1882–1962) benannt, der ihn 1919 entdeckt hat.

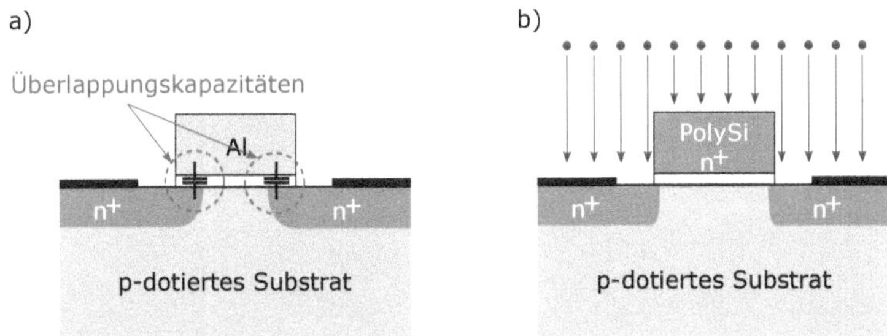

Bild 9.2 Querschnitt durch einen Bulk-MOSFET. a) Konventionelle Technologie mit Aluminium-Gate, bei der die Elektrode nach der Herstellung der Source/Drain-Gebiete strukturiert wird. Durch die Überlappung entstehen unerwünschte Kapazitäten. b) Selbstjustierte Herstellung eines Polysilizium-Gates. Dabei wird die Elektrode zuerst strukturiert und dient dann als Maske zur Herstellung von Source und Drain mittels Ionenimplantation. Es entsteht nur eine geringe Überlappung.

der Dotierstoffe auch in lateraler Richtung, sodass am Ende eine kleine Überlappung zwischen den Source/Drain-Zonen und dem Gate entsteht, welche aber wesentlich kleiner als bei der herkömmlichen, durch Fotolithografie bestimmten Ausrichtung dieser Zonen zueinander ist.

Der notwendige Ausheilschritt bei relativ hoher Temperatur nach der Ionenimplanatation verbietet aber eine Verwendung von Aluminium als Gate-Material, denn die Prozesstemperatur liegt über dem Schmelzpunkt von Aluminium (ca. 660 °C). Daher wurde polykristallines Silizium als Gate-Material eingeführt. Dessen Leitfähigkeit wird im Zuge der Implantation der Source/Drain-Zonen gleichzeitig erhöht.

9.1.3 Kupferverdrahtung und Low-k-Dielektrikum

In der herkömmlichen CMOS-Technologie erfolgte die elektrische Verbindung der Bauelemente über mehrlagige Verdrahtungsebenen aus Aluminium, welches einen spezifischen Widerstand von ca. $2.7 \cdot 10^{-6}\Omega$cm aufweist. Als Isolator wurde SiO_2 mit einer relativen Dielektrizitätskonstante $\varepsilon_r = 3.9$ eingesetzt.

Durch die Skalierung ergab sich eine stetige Verkleinerung des Leiterquerschnitts und damit ein Anstieg des Widerstandsbelags. Gleichzeitig führte eine Reduzierung der Leiterabstände zu einer Erhöhung des Kapazitätsbelags. Dies hatte drastische Konsequenzen in der Laufzeit der Signale in digitalen Schaltkreisen. Bestimmten zuvor allein die Schaltzeiten der Logikgatter die Geschwindigkeit eines Schaltkreises, ergab sich nun eine Begrenzung durch die Laufzeit von Signalen über die Verbindungsleitungen.

Wird dagegen die Verdrahtung aus Kupfer hergestellt, welches einen spezifischen Widerstand von ca. $1.7 \cdot 10^{-6}\Omega$cm hat, ergibt sich eine Reduzierung der Widerstands der Verbindungsleitungen um ca. 37 %. Im 180-nm-Technologieknoten im Jahr 1999 wurde erstmals Kupfer als Material für die Verdrahtungsebenen eingesetzt (Intel Pentium III Coppermine). Für eine kurze Beschreibung des damit gestiegenen technologischen Aufwands sei auf Abschnitt 6.4.3 verwiesen.

Zur Reduzierung des Kapazitätsbelags und damit weiteren Reduzierung der Signallaufzeiten wurden sogenannte *Low-k-Materialien*[5] entwickelt, welche heute $\varepsilon_r < 2.4$ aufweisen. Dies wurde im Jahr 2004 mit der 90-nm-Technologie eingeführt.

9.1.4 Verspanntes Silizium

Die 70-nm-Technologie im Jahre 2001 war eine der letzten, welche einen Fortschritt allein aufgrund von Skalierung der Strukturgrößen ermöglichte. Parallel wurden bereits ergänzende Methoden eingeführt. Beim Herstellungsprozess wurde der Kanalbereich gezielt verspannt; das heißt, Zug- oder Druckkräfte wurden eingebaut, um die Gitterkonstante des Kristalls zu verändern (engl. *strained silicon*). Entsprechend den Darstellungen in Abschnitt 4.1 führt eine Änderung der Gitterkonstante zu einer Modifikation der effektiven Masse und damit der Beweglichkeit der Ladungsträger. In Silizium kann durch eine Druckspannung eine Erhöhung der Löcherbeweglichkeit erreicht werden. Dagegen führt eine Zugspannung zur Verbesserung der Elektronenbeweglichkeit.

Zur technologischen Realisierung werden beispielsweise bei p-Kanal-MOSFETs die Source-/Drain-Gebiete herausgeätzt und anschließend mit einer Silizium-Germanium-Legierung (SiGe) in einem Hochtemperaturprozess (Epitaxie) gefüllt (Bild 9.3a). Ursprünglich erwartete man davon allein eine Reduzierung der parasitären Bahnwiderstände in den Source/Drain-Gebieten. Es zeigten sich aber höhere Kanalströme als erwartet. Der Grund liegt darin, dass es beim Abkühlen zu einem Verspannen des Kanalbereichs (Druckkräfte) aufgrund unterschiedlicher Gitterkonstanten von Silizium und SiGe kommt. Es ergibt sich eine Performance-Steigerung der p-MOSFETs von mehr als 25 %.

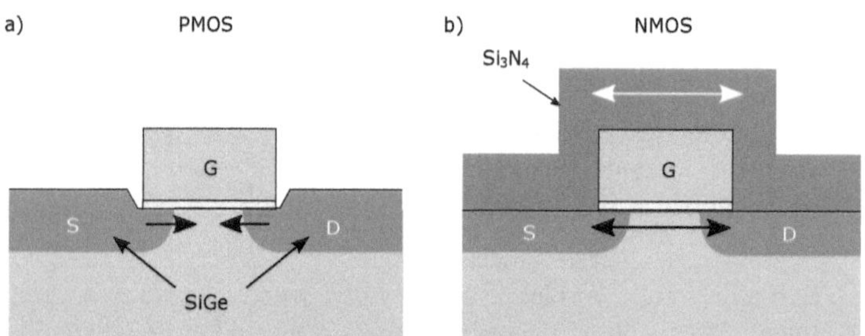

Bild 9.3 Querschnitt durch MOSFETs mit verspanntem Kanal zur Erhöhung der Ladungsträgerbeweglichkeit. a) p-Kanal-MOSFET mit Source/Drain-Gebieten aus SiGe, welche Druckkräfte auf den Kanalbereich ausüben. b) n-Kanal-MOSFET mit einer Schicht aus verspanntem Si_3N_4, welche Zugkräfte auf den Kanalbereich überträgt.

Auf ähnliche Art lassen sich auch Zugkräfte im Kanal zur Erhöhung der Elektronenbeweglichkeit erreichen. Die Abscheidung einer Schicht Siliziumnitrid (Si_3N_4) auf der Gate-Elektrode führt zu den notwendigen Verspannungen im darunterliegenden Kanalbereich und eine Erhöhung der Beweglichkeit in n-MOSFETs um mehr als 10 % (Bild 9.3b). Diese Methode wurde zuerst in der 90-nm-Technologie im Jahr 2004 von Intel und AMD eingeführt.

[5] Im Englischen wird die relative Dielektrizitätkonstante oft mit κ oder k bezeichnet.

9.1.5 High-k-Metal-Gate-Technologie

Bis in das Jahr 2003 bestand die Optimierung und Fortentwicklung der MOSFET-Technologie hauptsächlich in einer Verkleinerung der Strukturgrößen. Das Dielektrikum bestand in der Regel aus Siliziumdioxid (SiO_2), welches durch thermische Oxidation in guter Qualität hergestellt werden konnte.

Die stetige Verkleinerung der Strukturgrößen in lateraler Richtung führte zu einer Zunahme von unerwünschten Kurzkanaleffekten, wie wir sie in Abschnitt 9.2.3 näher betrachten werden. Um diese klein zu halten, musste auch die vertikale Struktur des MOSFET skaliert werden. Die Verwendung eines möglichst dünnen Gateoxids in Verbindung mit einer hohen Dotierungskonzentration im Substrat und ultraflacher Source/Drain-Diffusionszonen ermöglichte die Beibehaltung der grundsätzlichen Struktur des Bulk-MOSFET über viele Technologiegenerationen. Eine zu hohe Dotierungskonzentration des Substrats verringert aber die Ladungsträgerbeweglichkeit in erheblichem Maße und erhöht drastisch die Schwellspannung des Bauelements, was einer Anwendung im Low-Voltage-Bereich entgegensteht.

Die Verwendung ultraflacher Source/Drain-Zonen führt zu einer Erhöhung der parasitären Bahnwiderstände in den Anschlusszonen. Die Skalierung der Oxiddicke auf nur noch 1 nm resultiert entsprechend den Betrachtungen in Abschnitt 5.4 zu einer beträchtlichen Zunahme des Tunnelstroms durch das Dielektrikum. Damit war eine untere Grenze für die Schichtdicke des Dielektrikums gegeben, um den unerwünschten Strom in die Gate-Elektrode noch in vertretbarer Größenordnung zu halten.

Um den elektrostatischen Effekt einer verringerten Oxiddicke dennoch zu erreichen, begann man im Jahr 2007 mit der Verwendung alternativer Materialien mit höherer Dielektrizitätskonstante wie beispielsweise Hafnium(IV)-oxid (HfO_2) als Dielektrikum (sogenannte *High-k-Materialien*). Die Dielektrizitätskonstante von HfO_2 ist ca. 4...6-mal höher als von SiO_2, sodass ein Dielektrikum mit Hafnium(IV)-oxid die 4...6-fache Dicke gegenüber Siliziumdioxid aufweisen darf, um die gleiche elektrostatische Kontrolle des Gates auf den Kanalbereich zu erlauben.

Aufgrund der einfachen technologischen Realisierbarkeit wurde die Gate-Elektrode aus dotiertem polykristallinem Silizium hergestellt. Neben der dabei im Vergleich zu Metallen nur geringen spezifischen Leitfähigkeit der Gate-Zuleitungen (große Bahnwiderstände mit verschlechtertem dynamischen Verhalten) ergeben sich weitere Nachteile. Der *Polysilicon-Depletion-Effect* verringert das effektive Gate-Potenzial und die effektiv wirksame Gate-Kapazität an der Polysilizium-Oxid-Phasengrenze durch einen Spannungsabfall, der durch Ausbildung einer Raumladungszone innerhalb des Gate-Materials entsteht. Dies führt zu einer Verringerung des Drainstroms und zu einer reduzierten Steuerungswirkung des Gates.

Trotz des erheblichen technologischen Mehraufwands wurde gleichzeitig mit der High-k-Technologie im Jahr 2008 in der 45-nm-Technologie auch eine metallische Gate-Elektrode eingeführt. Die Problematik eines zu geringen Schmelzpunkts des Metalls in Bezug auf die anschließende selbstjustierte Herstellung der Source/Drain-Gebiete kann mit der *Replacement-Metal-Gate-Technologie* (RMG) umgangen werden. Hierbei wird zunächst ein konventionelles Polysilizium-Gate quasi als Opferschicht (oder auch: *Dummy-Gate*) hergestellt. Anschließend können die Implantationen der Source- und Drain-Gebiete durchgeführt und die Dotierstoffe thermisch aktiviert werden. Danach wird das Polysilizium der Gate-Elektrode selektiv entfernt und die nun leere Ausformung mit dem gewünschten Metall gefüllt. Für die Gate-Elektrode folgen nun keine Hochtemperaturschritte mehr, welche den Schmelzpunkt des Metalls übersteigen würden.

Durch ein metallisches Gate in Verbindung mit HfO_2 als Dielektrikum wurde schließlich auch eine erhöhte Schaltgeschwindigkeit erreicht.

9.1.6 Multi-Gate-Transistoren

Mithilfe verspannter Siliziumstrukturen, der High-k-Metal-Gate-Technologie sowie Kupferverdrahtung mit Low-k-Dielektrikum konnte eine Skalierung der CMOS-Technologie entsprechend den Erwartungen des Moore'schen Gesetzes bis zur 32-nm-Technologie durchgeführt werden.

Beim Übergang zur 22-nm-Technologie kam es im Jahr 2011 zu einer revolutionären Veränderung der Bauelementstruktur. Der klassische Bulk-MOSFET, wie wir ihn in Abschnitt 7.3 betrachtet haben, ließ keine weitere Skalierung der Strukturgröße zu, bei der Kurzkanaleffekte (wie beispielsweise Leckströme) in vertretbarem Rahmen bleiben würden. Als Folge wurde die Struktur des sogenannten *FinFET* kommerziell eingeführt, welcher auch als *Tri-Gate-MOSFET* oder *Multiple-Gate-MOSFET* bezeichnet wird[6]. Mit dieser revolutionären Bauelementstruktur war damit auch eine weitere Skalierung bis zur 14nm-Technologie im Jahr 2014 und auf 10 nm im Jahr 2017 möglich. Die neuartige Transistorgeometrie erforderte grundlegende Änderungen in der Technologie und ist Schwerpunkt von Abschnitt 9.4 dieses Kapitels.

9.2 Kleingeometrie-Bulk-MOSFET

Mit der Verkleinerung der klassischen Bulk-MOS-Transistorstruktur nach Abschnitt 7.3 bekommen Kurz- und Schmalkanaleffekte eine zunehmende Bedeutung. Die Feldabhängigkeit der Ladungsträgerbeweglichkeit muss bei der Berechnung des Kanalstroms berücksichtigt werden. Das Leckstromverhalten verlangt eine genaue Betrachtung, da hierbei die Grenze einer möglichen Skalierbarkeit liegt. Das mit (7.99) abgeleitete Strommodell kann diese Effekte nicht berücksichtigen. Daher werden nachfolgend verbesserte Stromgleichungen abgeleitet und Kleingeometrieeffekte in Bulk-MOSFETs näher beschrieben.

Zum Verständnis von Kurzkanaleffekten ist die Betrachtung eines Bändermodells von Source zu Drain an der Oberfläche hilfreich.

9.2.1 Bändermodell Source-Kanal-Drain

Bild 9.4 zeigt für einen n-Kanal-MOSFET einen Schnitt im Bändermodell von Source zu Drain knapp unterhalb der Siliziumoberfläche. Es ergibt sich eine n-p-n-Schichtfolge. Wird zwischen Gate und Source die Flachbandspannung $U_{gs} = V_{fb}$ angelegt (Bild 9.4a), dann entspricht die

[6] Die Firma Intel führte im Jahr 2011 zuerst die Struktur eines *FinFET* ein; andere Hersteller folgten kurz danach.

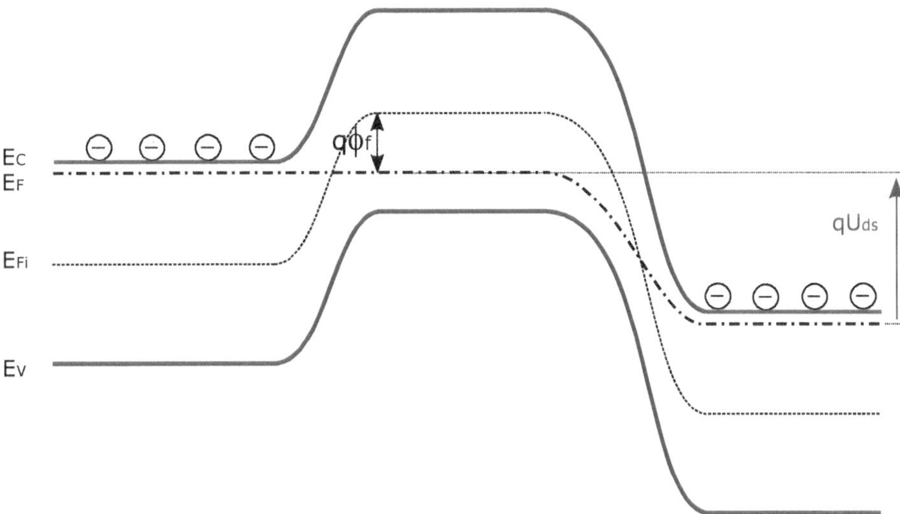

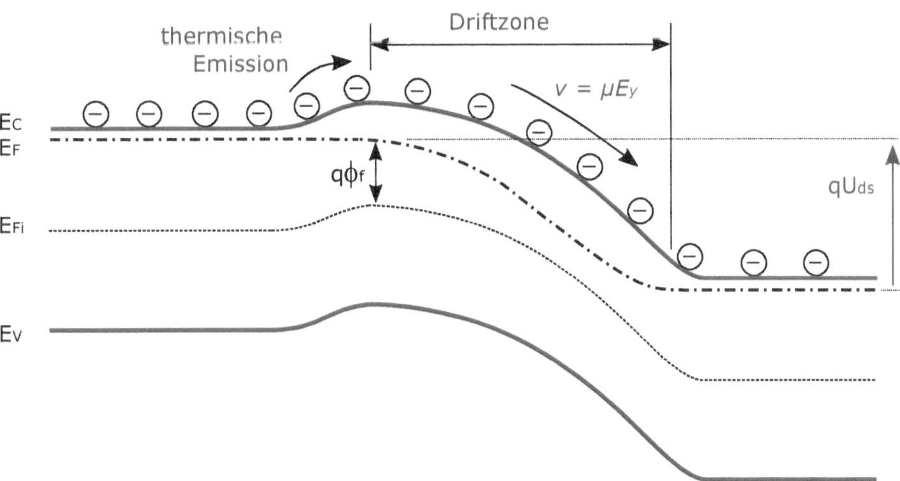

Bild 9.4 Bändermodell eines n-Kanal-MOSFET im Schnitt an der Substratoberfläche von Source zu Drain für $U_{ds} > 0$. a) Flachbandzustand mit $U_{gs} = V_{fb}$. b) Starke Inversion mit $U_{gs} > V_T$. In der Driftzone des Kanals werden die Ladungsträger durch das elektrische Feld E_y angetrieben.

Darstellung dem Bändermodell eines npn-Bipolartransistors. Für eine Spannung $U_{ds} > 0$ besteht zwischen Source und Kanalbereich eine große Potenzialbarriere für die Elektronen, sodass nur wenige Elektronen diese überwinden und als Leckstrom das Drain erreichen können.

Wird der Transistor mit $U_{gs} > V_T$ eingeschaltet (Bild 9.4b), ist die Potenzialbarriere reduziert. Die Leitfähigkeit im Kanal ist invertiert. Eine große Anzahl Elektronen aus dem Source-Gebiet kann die Barriere überwinden und erreicht die sogenannte *Driftzone* im Kanalbereich. Hier werden die Ladungsträger durch die Einwirkung des elektrischen Feldes zum Drain beschleunigt. Die Beweglichkeit und Konzentration der Elektronen in diesem Bereich bestimmen maßgeblich die Höhe des Kanalstroms.

Die Höhe der Potenzialbarriere wird beim MOSFET über die elektrostatische Wirkung des Gate-Potenzials gesteuert. Im Gegensatz hierzu verlangt beim Bipolartransistor eine Barrierenabsenkung die Injektion eines Basisstroms. Dies verdeutlicht die im MOSFET gegenüber dem Bipolartransistor geringere Verlustleistung zur Stromsteuerung, was einen der grundlegenden Vorteile des Feldeffekttransistors für die hochintegrierte Schaltungstechnik darstellt.

9.2.2 Ableitung verbesserter Stromgleichungen

Nachfolgend sollen Stromgleichungen für einen n-Kanal-MOSFET abgeleitet werden, welche weitere Effekte wie eine feldabhängige Beweglichkeit und das Leckstromverhalten berücksichtigen.

Die grundlegende Differenzialgleichung, die den Stromfluss in n-Kanal-MOSFETs beschreibt, ist die Drift-Diffusionsgleichung der Ladungsträger mit der Konzentration n, die den Drain-Source-Strom I_{ds} führen:

$$J_n = q\mu_s n E_y + q\mu_s u_{th} \frac{dn}{dy} \tag{9.1}$$

Dabei ist y die Koordinate in der Richtung des Stromflusses und E_y die entsprechende *Längskomponente* der Feldstärke entlang der Grenzfläche zum Dielektrikum. Für die Beweglichkeit der Elektronen schreiben wir μ_s, um deutlich zu machen, dass es sich hierbei um die Beweglichkeit an der Oberfläche (engl. *surface mobility*) handelt. Sie ist von der *Längskomponente* der elektrischen Feldstärke und der *Normalkomponente* (senkrecht zur Grenzfläche) abhängig. Die Beweglichkeit tief im Substrat bei niedriger Feldstärke (engl. *bulk low-field mobility*) bezeichnen wir im Weiteren mit μ_0.

9.2.2.1 Starke Inversion

Zu einer vereinfachten Beschreibung gelangt man, wenn die Inversionsladungsträger als eine an der Oberfläche konzentrierte Flächenladung der Dichte Q_i' (Ladung pro Flächeneinheit der Gate-Elektrode) betrachtet werden und die Stromdichte in der gesamten Breite W des Kanals als konstant vorausgesetzt wird. Berücksichtigen wir die technische Stromrichtung von Drain zu Source in negativer y-Richtung, so erhalten wir aus (9.1):

$$I_{ds}(y) = -\mu_s(y) W \left[Q_i'(y) \frac{dU(y)}{dy} - u_{th} \frac{dQ_i'(y)}{dy} \right] \tag{9.2}$$

wobei im n-Kanal-MOSFET $Q_i'(y) < 0$ gilt. Dabei ist $U(y)$ die auf das Source-Ende des Kanals bezogene Spannung im Kanal mit $U(0) = 0$ am Source-Ende und $U(L) = U_{ds}$ am Drain-Ende.

Die Beweglichkeit μ_s hängt aufgrund ihrer Reduzierung bei steigendem elektrischem Feld von der Position y im Kanal ab. Gleichung (9.2) lässt sich in eine Drift- und eine Diffusionskomponente aufspalten:

$$I_{\mathrm{ds,drift}}(y) = -\mu_s(y) W Q_i'(y) \frac{\mathrm{d}U(y)}{\mathrm{d}y} \tag{9.3}$$

$$I_{\mathrm{ds,diff}}(y) = \mu_s(y) W u_{\mathrm{th}} \frac{\mathrm{d}Q_i'(y)}{\mathrm{d}y} \tag{9.4}$$

In starker Inversion mit einem relativ großen Betrag der Inversionsladungsdichte $Q_i'(y)$ wird der Drainstrom nahezu ausschließlich von der Driftkomponente getragen, die der Ladungsträgerdichte proportional ist. Im Gegensatz hierzu stellen im Subthreshold-Bereich Diffusionsströme den Hauptanteil dar, die dem durch unterschiedliche Ladungsträgerkonzentrationen am source- und drainseitigen Kanalende hervorgerufenen Gradienten $\mathrm{d}Q_i'(y)/\mathrm{d}y$ proportional sind.

Aufgrund der Normalkomponente des elektrischen Feldes und zusätzlicher Streuung der Ladungsträger an der Oberfläche (engl. *surface roughness scattering*) kommt es zu einer Reduzierung der effektiv wirksamen Beweglichkeit. Dieser Effekt kann empirisch durch den folgenden Ausdruck beschrieben werden:

$$\mu_{s0} = \frac{\mu_0}{1 + \theta(U_{\mathrm{gs}} - V_{\mathrm{T}})} \tag{9.5}$$

Der Parameter θ ist eine empirische Größe, welche den Einfluss einer steigenden Gate-Spannung und damit einer höheren Normalkomponente des elektrischen Feldes auf die Beweglichkeit und schließlich den Strom beschreibt. Bild 9.5 verdeutlicht den Einfluss dieses Effekts auf die Kennlinien des Transistors. In der Transferkennlinie ergibt sich ein verringerter Anstieg für große Spannung U_{gs}. Die Ausgangskennlinie zeigt für den linearen Bereich einen geringeren Kanalleitwert im Ursprung und einen reduzierten Strom im Sättigungsbereich.

Entlang des Kanals führt der Anstieg des elektrischen Feldes zum Drain hin zu einer Abnahme der Ladungsträgerbeweglichkeit (vgl. Bild 5.4). Diese zusätzliche Abhängigkeit der Oberflächenbeweglichkeit μ_s von der Längskomponente E_y des Feldes lässt beschreiben mit:

$$\mu_s(E_y) = \frac{\mu_{s0}}{1 + \frac{\mu_{s0}}{v_{\mathrm{sat}}} |E_y|} = \frac{\mu_{s0}}{1 + \frac{\mu_{s0}}{v_{\mathrm{sat}}} \cdot \frac{\mathrm{d}U(y)}{\mathrm{d}y}} \tag{9.6}$$

Hierbei ist v_{sat} die *Driftsättigungsgeschwindigkeit* der Elektronen, welche mit diesem Ausdruck für eine große Feldstärke erreicht wird. Diese Gleichung findet weithin Verwendung, da sie eine analytisch geschlossene Lösung der Stromgleichung ermöglicht.

Unter Vernachlässigung des Diffusionsanteils und nach Einsetzen von (9.6) in (9.3) beschreibt die folgende Differenzialgleichung den Drainstrom in starker Inversion:

$$I_{\mathrm{ds,str}} \left(1 + \frac{\mu_{s0}}{v_{\mathrm{sat}}} \cdot \frac{\mathrm{d}U(y)}{\mathrm{d}y}\right) = -\mu_{s0} W Q_i'(y) \frac{\mathrm{d}U(y)}{\mathrm{d}y} \tag{9.7}$$

Vernachlässigen wir bei der Berechnung der ortsabhängigen Inversionsladungsträgerdichte den Potenzialgradienten entlang der Stromflussrichtung (sogenannte *Gradual-Channel-Approximation*), dann können wir mit den Überlegungen für den Substratfaktor γ nach (7.83) schreiben:

$$Q_i'(y) = -C_{\mathrm{ox}}' \left(U_{\mathrm{gs}} - V_{\mathrm{fb}} - 2\phi_{\mathrm{f}} - U(y) - \gamma\sqrt{2\phi_{\mathrm{f}} + U_{\mathrm{sb}} + U(y)}\right) \tag{9.8}$$

a)

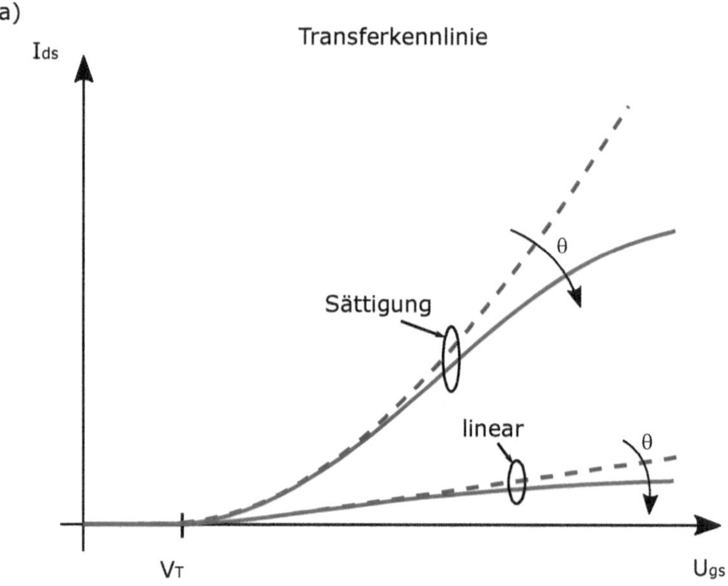

b)

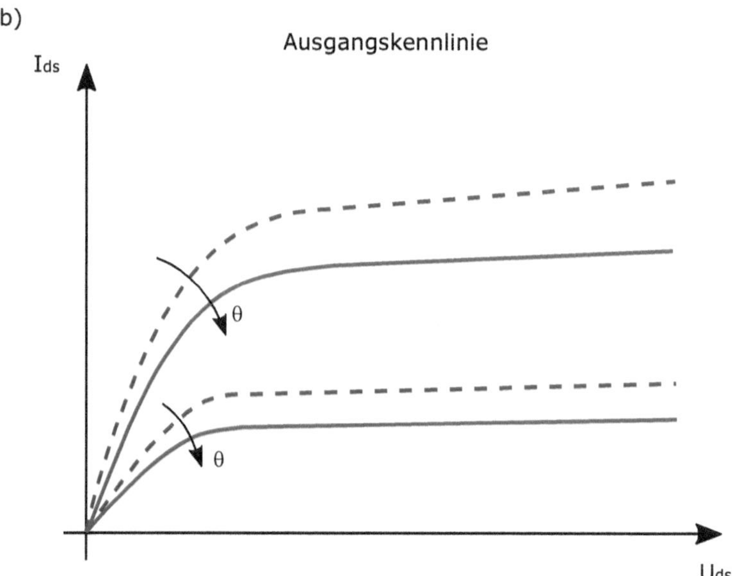

Bild 9.5 Einfluss der reduzierten Beweglichkeit aufgrund der Normalkomponente des elektrischen Feldes auf a) Transfer- und b) Ausgangskennlinie eines n-Kanal-MOSFET. Idealisierte Kennlinien (für $\theta = 0$ ohne Beweglichkeitsreduzierung) sind gestrichelt eingezeichnet.

Eine weitere Vereinfachung erfolgt durch die Verwendung des Ausdrucks für die Schwellspannung nach (7.89) und die sogenannte *Square-Root-Approximation*:

$$Q_i'(y) \approx -C_{ox}'\left(U_{gs} - V_T - \alpha_i U(y)\right) \tag{9.9}$$

Für den neu eingeführten Parameter α_i verwendet man empirisch ermittelte Ausdrücke. Vernachlässigt man den Einfluss der Feldkomponente der Dotierstoffatome in der Raumladungszone, ergibt sich mit $\alpha_i \approx 1$ die bereits mit (7.91) eingeführte vereinfachte Darstellung.

Durch die Einführung der Square-Root-Approximation kann nun im linearen Betriebsbereich des Transistors die Lösung von (9.7) bestimmt werden:

$$I_{ds,str}\left(1 + \frac{\mu_{s0}}{v_{sat}} \cdot \frac{dU}{dy}\right) = \mu_{s0} W C_{ox}'\left(U_{gs} - V_T - \alpha_i U\right)\frac{dU}{dy}$$

$$\int_0^L I_{ds,str} dy = \int_0^{U_{ds}} \left(\mu_{s0} W C_{ox}'\left(U_{gs} - V_T - \alpha_i U\right) - \frac{\mu_{s0}}{v_{sat}} \cdot I_{ds,str}\right) dU$$

$$L \cdot I_{ds,str} = \mu_{s0} W C_{ox}'\left(U_{gs} - V_T - \frac{\alpha_i}{2} U_{ds}\right) U_{ds} - \frac{\mu_{s0}}{v_{sat}} \cdot I_{ds,str} U_{ds}$$

$$I_{ds,str} = \frac{\mu_{s0} W C_{ox}'}{L\left(1 + \frac{\mu_{s0} U_{ds}}{L v_{sat}}\right)}\left(U_{gs} - V_T - \frac{\alpha_i}{2} U_{ds}\right) U_{ds} \tag{9.10}$$

Zur Beschreibung des Sättigungsbetriebs für $U_{ds} > U_{dsat}$ ist die von der Drainspannung abhängige Kanallängenverkürzung ΔL zu beachten, deren Einfluss in Abschnitt 7.3.4.2 beschrieben wurde:

$$I_{ds,str} = \frac{\mu_{s0} W C_{ox}'}{(L - \Delta L)\left(1 + \frac{\mu_{s0} U_{dsat}}{(L-\Delta L) v_{sat}}\right)}\left(U_{gs} - V_T - \frac{\alpha_i}{2} U_{dsat}\right) U_{dsat} \tag{9.11}$$

Für beide Ausdrücke ist die Oberflächenbeweglichkeit μ_{s0} bei kleiner Längskomponente des elektrischen Feldes mit (9.5) gegeben. Die endliche Driftsättigungsgeschwindigkeit v_{sat} führt zu einer Reduzierung der Sättigungsspannung U_{dsat}. Sie ist etwas kleiner als der ideale Wert $U_{gs} - V_T$ nach (7.71), denn der Abschnürpunkt im Kanal ist bereits an der Stelle erreicht, ab der eine weitere Verringerung der Ladungsträgerkonzentration im Inversionskanal aufgrund ihrer erreichten maximalen Geschwindigkeit nicht mehr möglich ist. In den Kennlinien führt dies zu einem geringeren Strom im Sättigungsbereich.

9.2.2.2 Schwache Inversion

Alle geometrieabhängigen Effekte, die eine Verschiebung der Schwellspannung bewirken, tragen auch zu einer Veränderung des Leckstroms zwischen Source und Drain unterhalb der Schwellspannung bei. Dieser Betriebsbereich wird *schwache Inversion* oder *Subthreshold-Bereich* (engl. *subthreshold region*) genannt.

Der Strom $I_{ds,sth}$ in diesem Betriebsbereich, der durch die Differenz der Ladungsträgerkonzentrationen zwischen dem source- und drainseitigen Ende des Kanalgebiets hervorgerufen wird, stellt bei einem MOSFET mit großen Kanalabmessungen im Wesentlichen einen Diffusionsstrom dar. In Kurzkanaltransistoren kann durch den verstärkten Einfluss der Source- und Drainpotenziale das Oberflächenpotenzial im Kanalgebiet nicht mehr als konstant betrachtet werden, sodass sich Drifteffekte dem Diffusionsstrom überlagern.

Zur Beschreibung des Subthreshold-Stroms kann wieder (9.1) herangezogen werden, wobei wir hier aufgrund der Ungültigkeit von (9.5) für $U_{gs} < V_T$ vereinfacht die Beweglichkeit μ_0 voraussetzen. Weiterhin verwenden wir das *Oberflächenpotenzial* ψ_s zur Berechnung der Feldstärke:

$$J_n = q\left(-n\mu_0\frac{d\psi_s}{dy} + D_n\frac{dn}{dy}\right) = qD_n\left(-\frac{n}{u_{th}}\frac{d\psi_s}{dy} + \frac{dn}{dy}\right) \tag{9.12}$$

Wir erweitern mit dem Faktor $\exp(-\psi_s/u_{th})$ und erhalten:

$$J_n \cdot \exp(-\psi_s/u_{th}) = -qD_n\frac{n}{u_{th}}\cdot\frac{d\psi_s}{dy}\cdot\exp(-\psi_s/u_{th}) + qD_n\frac{dn}{dy}\cdot\exp(-\psi_s/u_{th})$$

$$= qD_n\frac{d}{dy}\left(n\cdot\exp(-\psi_s/u_{th})\right) \tag{9.13}$$

Daraus lässt sich durch Integration von Source bis Drain folgender Ausdruck für J_n ableiten, der Diffusions- und Drifteffekte berücksichtigt:

$$J_n = qD_n\frac{n(L)\exp\left(-\frac{\psi_s(L)}{u_{th}}\right) - n(0)\exp\left(-\frac{\psi_s(0)}{u_{th}}\right)}{\int_0^L \exp\left(-\frac{\psi_s(y)}{u_{th}}\right)dy} \tag{9.14}$$

wobei $n(L) = n(0)$ näherungsweise der Dotierungskonzentration N_{sd} in den Source- bzw. Draingebieten entspricht.

Für den größten Teil des Kanals ist $\psi_s(y) \approx \psi_{s,min}$, sodass wir die Integration im Nenner annähern können. Außerdem gilt $\psi_s(L) = \psi_s(0) + U_{ds}$. Wir erhalten:

$$J_n = qD_nN_{sd}\exp\left(-\frac{\psi_s(0)}{u_{th}}\right)\frac{\exp\left(-\frac{U_{ds}}{u_{th}}\right) - 1}{L\cdot\exp\left(-\frac{\psi_{s,min}}{u_{th}}\right)}$$

$$= \frac{qD_nN_{sd}}{L}\exp\left(\frac{\psi_{s,min} - \psi_s(0)}{u_{th}}\right)\left[\exp\left(-\frac{U_{ds}}{u_{th}}\right) - 1\right] \tag{9.15}$$

Die Diffusionspannung im pn-Übergang zwischen Source und Bulk wollen wir nachfolgend mit V_{bi} bezeichnen (für engl. *built-in voltage*):

$$V_{bi} = u_{th}\ln\left(\frac{N_{sd}N_b}{n_i^2}\right) \tag{9.16}$$

Schreiben wir

$$N_{sd} = \frac{n_i^2}{N_b}\exp\left(\frac{V_{bi}}{u_{th}}\right) \tag{9.17}$$

und verwenden gemäß (7.78) für den Abstand zwischen dem Fermi-Niveau und dem intrinsischen Fermi-Niveau tief im Substrat

$$q\phi_f = k_BT\ln\left(\frac{N_b}{n_i}\right) \tag{9.18}$$

so erhalten wir:

$$N_{sd} = N_b \cdot \exp\left(\frac{V_{bi} - 2\phi_f}{u_{th}}\right) \tag{9.19}$$

Damit lässt sich (9.15) wir folgt schreiben:

$$J_n = \frac{qD_n N_b}{L} \exp\left(\frac{V_{bi} - 2\phi_f}{u_{th}}\right) \cdot \exp\left(\frac{\psi_{s,min} - \psi_s(0)}{u_{th}}\right) \left[\exp\left(-\frac{U_{ds}}{u_{th}}\right) - 1\right] \tag{9.20}$$

Das Oberflächenpotenzial $\psi_s(0)$ im Source-Gebiet setzt sich zusammen aus der Source-Bulk-Spannung U_{sb} und der Diffusionsspannung V_{bi} des pn-Übergangs:

$$\psi_s(0) = U_{sb} + V_{bi} \tag{9.21}$$

Wir setzen nachfolgend entlang des Kanals eine konstante Stromdichte innerhalb der Weite W und der Dicke t_{inv} des Inversionskanals voraus, in der durch schwache Inversion der Subthreshold-Strom an der Siliziumoberfläche fließt. Berücksichtigen wir außerdem die technische Stromrichtung von Drain zu Source (entgegen der Richtung y), dann ergibt sich:

$$I_{ds,sth} = qD_n N_b t_{inv} \frac{W}{L} \cdot \exp\left(\frac{\psi_{s,min} - 2\phi_f - U_{sb}}{u_{th}}\right) \left[1 - \exp\left(-\frac{U_{ds}}{u_{th}}\right)\right] \tag{9.22}$$

Die mittlere Dicke des Inversionkanals t_{inv} lässt sich mit

$$t_{inv} \approx u_{th} \sqrt{\frac{\varepsilon_s}{2qN_b(\psi_{s,min} - U_{sb})}} \tag{9.23}$$

abschätzen. Dabei wird sie durch die Distanz zwischen der Substratoberfläche und der Tiefe, in der das Potenzial um u_{th} kleiner als das Oberflächenpotenzial $\psi_{s,min}$ ist, angenähert.

Der gemäß Gleichung (9.22) exponentielle Einfluss der Potenzialbarriere $\psi_{s,min}$ auf den Subthreshold-Strom fordert eine genaue Kenntnis des Oberflächenpotenzials im Kanalbereich. Für einen Transistor mit relativ großen Kanalabmessungen in schwacher Inversion kann es durch eine eindimensionale Betrachtung aus der Spannungsaufteilung der Gate-Bulk-Spannung U_{gb} über der Reihenschaltung der Gateoxidkapazität C'_{ox} mit der Raumladungszonenkapazität C'_{rlz} berechnet werden (vgl. Bild 7.19). Mit Einführung des Parameters

$$\eta = 1 + \frac{C'_{rlz}}{C'_{ox}} \tag{9.24}$$

erhalten wir:

$$\psi_{s,min} = \frac{C'_{ox}}{C'_{rlz} + C'_{ox}} U_{gb} = \frac{U_{gb}}{\eta} \tag{9.25}$$

Auf den Einfluss von Kurzkanaleffekten gehen wir in Abschnitt 9.2.3 ein.

Entsprechend der Definition der Schwellspannung nach Abschnitt 7.3.2.2 beträgt das Oberflächenpotenzialminimum für $U_{gb} = V_T + U_{sb}$:

$$\psi_{s,min}\big|_{U_{gs}=V_T} = 2\phi_f + U_{sb} = \frac{V_T + U_{sb}}{\eta} \tag{9.26}$$

Damit können wir schließlich (9.22) schreiben als

$$I_{\mathrm{ds,sth}} = qD_\mathrm{n}N_\mathrm{b}t_\mathrm{inv}\frac{W}{L}\cdot\exp\left(\frac{U_\mathrm{gs}-V_\mathrm{T}}{\eta u_\mathrm{th}}\right)\left[1-\exp\left(-\frac{U_\mathrm{ds}}{u_\mathrm{th}}\right)\right] \tag{9.27}$$

Hierbei sei angemerkt, dass die Raumladungskapazität C'_{rlz} zwar arbeitspunktabhängig ist. In der Praxis wird allerdings meist so verfahren, dass der Parameter η als ein vom Arbeitspunkt unabhängiger Fittingparameter betrachtet wird.

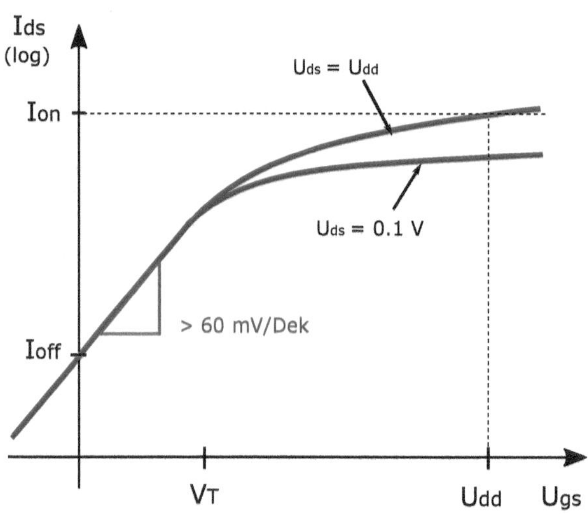

Bild 9.6 Transferkennlinie eines n-MOSFET mit Darstellung des Stroms I_ds in logarithmischem Maßstab. Der Subthreshold-Swing bei $T = 300$ K kann nicht steiler als $S = 60$ mV/Dek sein. Er begrenzt das erreichbare Verhältnis zwischen Einschaltstrom I_on und Leckstrom I_off in dem durch die Versorgungsspannung vorgegebenen Spannungsbereich für U_gs.

Trägt man in der Transferkennlinie eines MOSFET den Kanalstrom in logarithmischem Maßstab auf, so erhält man im Subthreshold-Bereich einen nahezu linearen Verlauf (vgl. Bild 9.6). Der Anstieg wird *Subthreshold-Slope* genannt. Der Kehrwert davon wird als *inverser Subthreshold-Slope* oder auch *Subthreshold-Swing S* bezeichnet[7]:

$$S = \frac{\mathrm{d}U_\mathrm{gs}}{\mathrm{d}\log_{10} I_\mathrm{ds}} \tag{9.28}$$

Setzt man auf Grundlage von (9.22) an:

$$\log_{10} I_{\mathrm{ds,sth}} = \frac{\ln\left(I_{\mathrm{ds,sth}}\right)}{\ln(10)}$$

$$= \frac{1}{\ln(10)}\left\{\ln\left(qD_\mathrm{n}N_\mathrm{b}t_\mathrm{inv}\frac{W}{L}\right)+\frac{\psi_{\mathrm{s,min}}-2\phi_\mathrm{f}-U_\mathrm{sb}}{u_\mathrm{th}}+\ln\left(1-\exp\left(-\frac{U_\mathrm{ds}}{u_\mathrm{th}}\right)\right)\right\} \tag{9.29}$$

[7] Die übliche Angabe ist der inverse Subthreshold-Slope oder Subthreshold-Swing, welcher die zur Erhöhung des Stroms um eine Dekade notwendige Änderung der Gate-Spannung angibt. In der Literatur wird dieser Wert oft vereinfacht mit Subthreshold-Slope bezeichnet, obwohl er entsprechend der Definition eigentlich den Kehrwert darstellt.

dann resultiert für den Differenzialquotienten:

$$\frac{d\log_{10} I_{ds,sth}}{d\psi_{s,min}} = \frac{1}{u_{th}\ln(10)} \tag{9.30}$$

Aus (9.25) erhalten wir

$$\frac{dU_{gs}}{d\psi_{s,min}} = \eta \tag{9.31}$$

Schließlich können wir für den Subthreshold-Swing schreiben:

$$S = \frac{dU_{gs}}{d\log_{10} I_{ds}} = \frac{dU_{gs}}{d\psi_{s,min}} \cdot \frac{d\psi_{s,min}}{d\log_{10} I_{ds}} = \eta u_{th}\ln(10) \tag{9.32}$$

Dies bedeutet bei einer Erhöhung der Gate-Source-Spannung um $\eta u_{th}\ln(10)$ eine Verzehnfachung des Stroms. Im idealen Fall folgt das Oberflächenpotenzial der Gate-Spannung mit $dU_{gs}/d\psi_{s,min} = 1$. Dies ist dann gegeben, wenn in (9.24) die Kapazität der Raumladungszone gegenüber der Oxidkapazität vernachlässigbar ist ($C'_{rlz} \ll C'_{ox}$) und wir $\eta = 1$ erhalten. Der ideale Subthreshold-Swing beträgt daher bei Raumtemperatur $S = 0.026\ \text{mV} \cdot \ln(10) \approx 60\ \text{mV/Dekade}$; das heißt, eine Vergrößerung des Stroms um eine Dekade verlangt eine Erhöhung der Gate-Source-Spannung um ca. 60 mV.

Bezeichnet man den Kanalstrom für eine Steuerspannung $U_{gs} = 0$ mit I_{off} (vgl. Bild 9.6), dann lässt sich unter Verwendung von S für den Subthreshold-Strom schreiben:

$$I_{ds,sth} = I_{off} \cdot e^{U_{gs}/(\eta u_{th})} = I_{off} \cdot 10^{U_{gs}/S} \tag{9.33}$$

Bei Digitalschaltungen wird neben dem Leckstrom I_{off} im ausgeschalteten Zustand auch der Einschaltstrom I_{on} bei einer Betriebsspannung U_{dd} für eine Steuerspannung $U_{gs} = U_{dd}$ und $U_{ds} = U_{dd}$ (Sättigungsbetrieb) betrachtet (vgl. Abschnitt 8.1.1).

Bei Raumtemperatur beträgt der minimale Subthreshold-Swing eines MOSFET $S = 60\ \text{mV/Dekade}$. Hierfür muss die Oxidkapazität möglichst groß sein. Man erreicht dies durch eine minimale Dicke der Oxidschicht und die Verwendung von High-k-Materialien (vgl. Abschnitt 9.1.5).

Der minimale Subthreshold-Swing begrenzt die für ein sinnvolles Schaltungsdesign minimal erlaubte Schwellspannung der Transistoren. Zusammen mit einem notwendigen minimalen Gate-Overdrive $U_{gs} - V_T$ zur Erzielung des notwendigen Einschaltstroms I_{on} ergibt sich hiermit auch die minimal mögliche Betriebsspannung einer Technologie.

9.2.3 Kurzkanaleffekte

Wenn die Ausdehnung der Raumladung von Source und Drain in die Größenordnung der effektiven Kanallänge kommt, steigen die Leckströme im ausgeschalteten Transistor drastisch an (vgl. Bild 9.7). In diesem Fall beeinflussen die Potenziale von Source und Drain die Potenzialverteilung im Kanalbereich und insbesondere auch das Minimum $\psi_{s,min}$ des Oberflächenpotenzials. Als Folge steigt der Leckstrom I_{off} stark an.

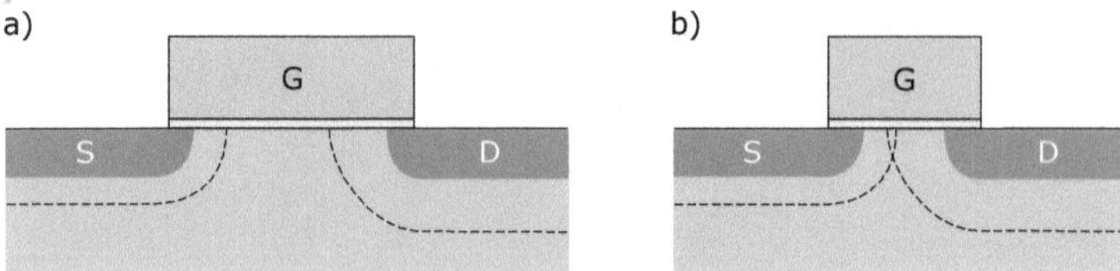

Bild 9.7 a) MOSFET mit einer Kanallänge, welche größer als die Ausdehung der Raumladungszonen von Source und Drain ist. b) Kurzkanal-MOSFET, bei dem die Raumladungszonen von Source und Drain sich berühren. Es kommt zu drastisch erhöhten Leckströmen.

Berühren sich bei extremer Verkürzung der Kanallänge die Raumladungszonen von Source und Drain, dann kommt es zum sogenannten *Punch-Through*. Selbst wenn das Gate an der Oberfläche noch eine Potenzialbarriere aufrechterhalten kann, so führt eine Berührung der Raumladungszonen tiefer im Substrat zu einem stark mit der Drain-Source-Spannung ansteigenden Leckstrom. Eine Vermeidung dieses Effekts erfordert eine Erhöhung der Substratdotierungskonzentration zur Reduzierung der Ausdehnung der Raumladungszonen.

9.2.3.1 Schwellspannungsverschiebung

Durch den Einfluss der Source/Drain-Potenziale auf den Kanalbereich wird durch zunehmende zweidimensionale Effekte die in Gleichung (7.85) vom Gate gesteuerte Ladung Q_b' im Substrat zusätzlich von der Position entlang des Kanals und der am Bauelement anliegenden Spannung U_{ds} abhängig. Mit sinkender Kanallänge ergibt sich ein Anstieg des Oberflächenpotenzialminimums (vgl. Bild 9.8).

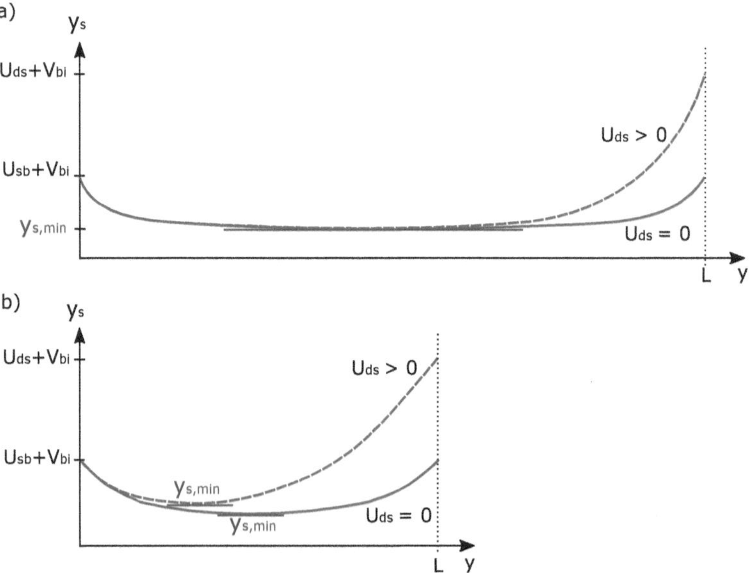

Bild 9.8 Darstellung des Oberflächenpotenzials entlang des Kanals eines (a) Langkanal- und (b) Kurzkanaltransistors. Im Gegensatz zum Langkanaltransistor beeinflusst bei kurzer Kanallänge die Drain-Source-Spannung das Minimum des Oberflächenpotenzials.

Durch eine Drain-Source-Spannung $U_{ds} > 0$ wird das Oberflächenpotenzial zusätzlich beeinflusst. Die damit verbundene Senkung der Potenzialbarriere zwischen dem Source-Gebiet und der Kanalzone wird als *Drain-Induced-Barrier-Lowering* (DIBL) bezeichnet. Der Einfluss auf das Minimum des Oberflächenpotenzials im Kanalbereich bewirkt mit sinkender Kanallänge und steigender Drain-Source-Spannung ein Absinken der Schwellspannung.

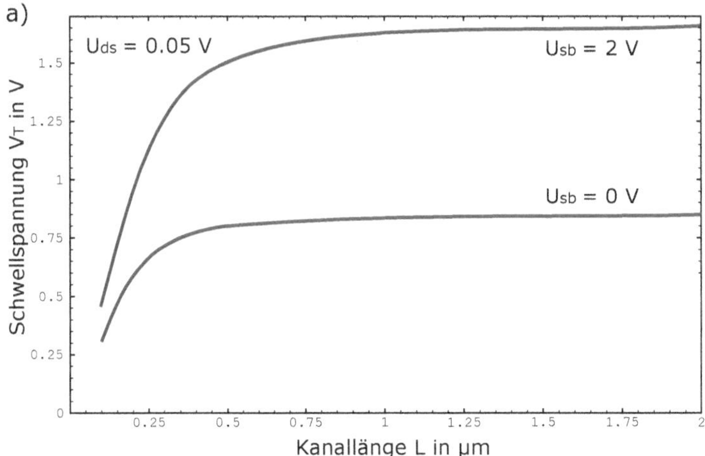

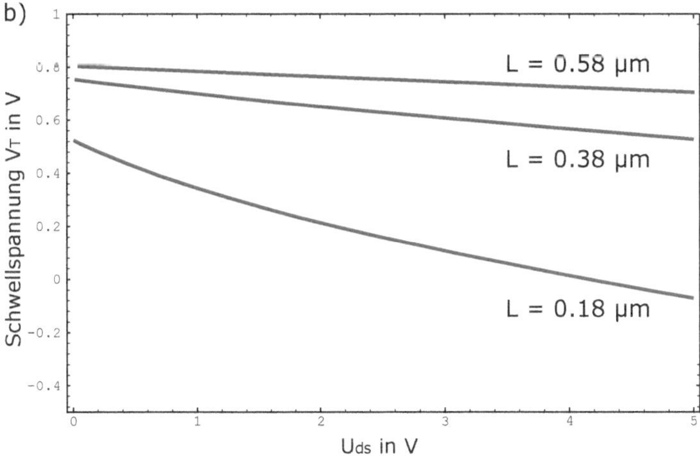

Bild 9.9 Schwellspannungsverschiebung in einem n-Kanal-MOSFET im linearen Betriebsbereich mit einer Substratdotierung von $N_b = 10^{17}$ cm^{-3}, Gateoxiddicke t_{ox} = 20 nm und einer Dicke der Source/Drain-Diffusionszonen von $x_j = 0.2$ µm. a) Verkürzung der Kanallänge, b) Einfluss der Drain-Source-Spannung auf die Schwellspannung (DIBL-Effekt) bei unterschiedlicher Kanallänge

Bild 9.9a zeigt die Verschiebung der Schwellspannung in einem n-Kanal-MOSFET durch Verkürzung der Kanallänge (sogenannter V_T *roll-off*). Als Folge ist die Schwellspannung von Transistoren unterschiedlicher Geometrie in einem Schaltkreis nicht mehr einheitlich, was ein Schaltungsdesign erschwert. Eine Reduzierung der Schwellspannungsverschiebung kann durch eine Verringerung der Dicke des Gateoxids, eine Erhöhung der Substratdotierung und durch extrem flache Ausbildung der Source/Drain-Zonen erreicht werden *(ultra-shallow source/drain)*. Dem sind allerdings Grenzen gesetzt. Wird die Dicke des Oxids auf ca. 1 nm reduziert, dann steigen Tunnelströme durch das Dielektrikum stark an. High-k-Materialien bringen hier Abhilfe. Erreicht die Substratdotierung eine Konzentration in der Größenordnung von 10^{18} cm^{-3}, dann kommt es zu einer drastischen Reduzierung der Ladungsträgerbeweglichkeit (vgl. Bild 5.2) und damit einem Performance-Verlust des Bauteils. Weiterhin steigen die parasitären Bahnwiderstände durch flache Source/Drain-Zonen an (vgl. Abschnitt 9.2.3.4).

Den Einfluss des DIBL-Effekts auf die Schwellspannung zeigt Bild 9.9b. Unterhalb der Schwellspannung ergibt sich unter dem Einfluss einer steigenden Drain-Source-Spannung eine horizontale Verschiebung der Transferkennlinie um den Betrag der Schwellspannungsabsenkung, wie in Bild 9.10a gezeigt. Der DIBL-Effekt kann daher recht einfach aus der Transferkennlinie im Subthreshold-Bereich ermittelt werden.

9.2.3.2 Leckstrom

Der Anstieg des Oberflächenpotenzialminimums für kleine Kanallänge hat nach Gleichung (9.22) einen exponentiellen Einfluss auf den Subthreshold-Strom. Der dabei verstärkt auftretende DIBL-Effekt führt bei steigender Drain-Source-Spannung aufgrund zweidimensionaler Effekte ebenfalls zu einer Verringerung der Potenzialbarriere zwischen Source und dem Kanalgebiet und damit zu einem Anstieg des Stroms unterhalb der Schwellspannung. Im Extremfall sehr kurzer Kanallänge lässt sich der Transistor nicht mehr ausschalten und die Leckströme steigen an (vgl. Bild 9.10a).

9.2.3.3 Verschlechterung des Subthreshold-Swing

Die gleichen zweidimensionalen Effekte, welche die zuvor beschriebene Verschiebung der Schwellspannung und den Anstieg des Leckstroms bewirken, resultieren auch in einer Verschlechterung des Subthreshold-Swing. Der Einfluss der Gate-Source-Spannung auf das Oberflächenpotenzial und damit auf die Potenzialbarriere zwischen Source-Gebiet und Kanal wird mit sinkender Kanallänge immer geringer. Im idealen Fall nach (9.24) mit $C'_{ox} \gg C'_{rlz}$ gilt bei einer eindimensionalen Betrachtung

$$\frac{d\psi_{s,min}}{dU_{gs}} = \frac{1}{\eta} \approx 1 \qquad (9.34)$$

Das heißt, eine Änderung der Gate-Source-Spannung bewirkt direkt in gleichem Maße eine Änderung des Oberflächenpotenzials. Unter Berücksichtigung der zweidimensionalen Effekte gilt $d\psi_s/dU_{gs} < 1$. Entsprechend gilt in der Stromgleichung für den Subthreshold-Strom nach (9.27) $\eta > 1$ und der Subthreshold-Swing gemäß (9.32) vergrößert sich. Diesen Zusammenhang illustriert Bild 9.10b.

Eine Verschlechterung des Subthreshold-Swing verringert das Verhältnis zwischen Einschaltstrom I_{on} und Leckstrom I_{off}, welches die Skalierbarkeit einer Technologie für Digitalschaltungen begrenzt. Der Swing sollte $S < 100$ mV/Dek betragen, damit bei vertretbaren Betriebsspannungen noch ein Verhältnis von $I_{on}/I_{off} > 10^6$ erreicht wird.

a)

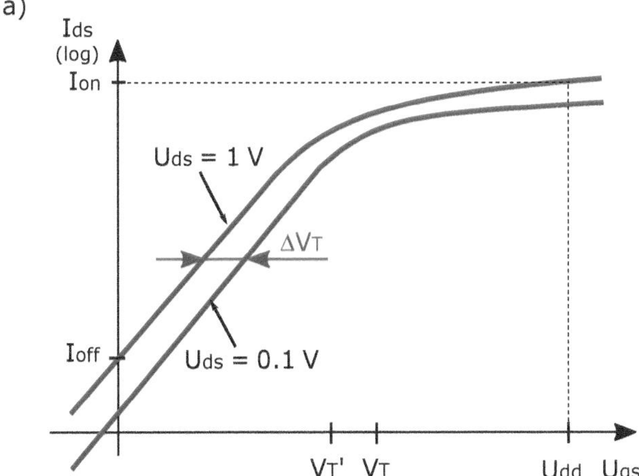

b)

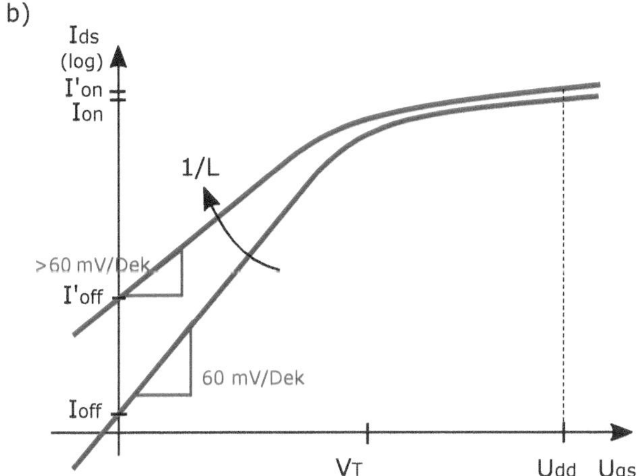

Bild 9.10 Transferkennlinie eines n-MOSFET mit Darstellung des Stroms I_{ds} in logarithmischem Maßstab. a) Horizontale Verschiebung der Transferkennlinie um den Betrag der Schwellspannungsreduktion im Kurzkanal-Transistor aufgrund des DIBL-Effekts. b) Mit kürzerer Kanallänge verschlechtert sich der Subthreshold-Swing. Der Leckstrom I_{off} bei $U_{gs} = 0$ steigt.

Das Verhältnis I_{on}/I_{off} ist ein zentraler Parameter zur Bewertung einer Technologie für digitale Schaltkreise. Das Erreichen eines Einschaltstroms, der um mehrere Größenordnungen höher als der Leckstrom ist, stellt bei heutigen Technologien das Hauptproblem zur Reduktion der Verlustleistung dar. Die wachsende Integrationsdichte verlangt die Reduzierung der Verlustleistung je Transistor und damit eine Verringerung der Versorgungsspannung. Dem steht aber der minimal erreichbare Subthreshold-Swing entgegen.

9.2.3.4 Bahnwiderstände

Der Stromfluss vom Kanal eines MOSFET zu den Kontakten verursacht einen Spannungsabfall in den Source- und Draindiffusionsgebieten. Aufgrund der hohen Dotierungskonzentration dieser Zonen ist die spezifische Leitfähigkeit zwar groß, aber es kommen *Current-Crowding-Effekte* durch die vertikale Kontaktierung und die Zuführung des Stroms in den nur wenige Nanometer dünnen Inversionskanal hinzu. Diese Effekte werden im sogenannten *Bahnwiderstand* zusammengefasst betrachtet. Bild 9.11 verdeutlicht dies. Der Abstand zwischen den Kontaktzonen und dem Kanaleintritt sollte möglichst gering gehalten werden. Dies wird erreicht, indem nach Herstellung der Gate-Elektrode auf deren Seiten eine wenige Nanometer dünne Isolationsschicht (beispielsweise Si_3N_4) aufgebracht wird. Dieser sogenannte *Spacer* erlaubt die Kontaktierung von Source bzw. Drain in sehr kurzer Distanz und damit in geringerem Abstand zum Gate, als die geringste Strukturgröße der verwendeten Lithografie dies erlauben würde.

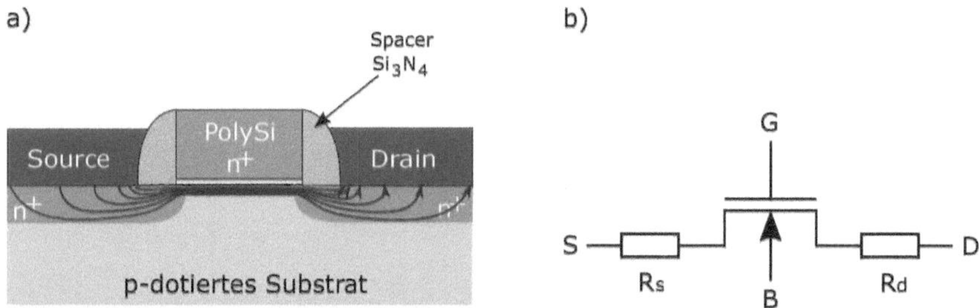

Bild 9.11 a) Querschnitt eines n-MOSFET mit *Spacer* und Darstellung von Stromlinien in Source und Drain. Zur Erhöhung der Packungsdichte ist das Gate von einem *Spacer* aus Siliziumnitrid (Si_3N_4) umgeben, was eine möglichst nahe Kontaktierung der Source/Drain-Zonen erlaubt. b) Ersatzschaltbild mit den parasitären Bahnwiderständen R_s und R_d

Zur Vermeidung der in Abschnitt 9.2.3.1 beschriebenen Schwellspannungsverschiebung bei Verkürzung der Kanallänge müssen auch die vertikalen Abmessungen skaliert werden. Neben der Dicke des Gateoxids muss insbesondere auch die Dicke der Source/Drain-Gebiete reduziert werden *(ultra-shallow source/drain)*, um die Möglichkeit eines Punch-Through zu verhindern. Eine extrem dünne Ausführung der Diffusionsgebiete (weniger als 20 nm) führt allerdings zu einer zusätzlichen Vergrößerung der parasitären Bahnwiderstände.

Schreiben wir die Stromgleichung für den linearen Bereich nach (9.10) vereinfacht mit einer Beweglichkeit

$$\mu = \frac{\mu_{s0} W C'_{ox}}{L\left(1 + \frac{\mu_{s0} U_{ds}}{L v_{sat}}\right)} \tag{9.35}$$

und berücksichtigen den Spannungsabfall an den parasitären Widerständen R_s und R_d entsprechend dem Ersatzschaltbild in Bild 9.11b, dann erhalten wir:

$$I_{ds} = \mu C'_{ox} \frac{W}{L} \left(U_{gs} - I_{ds} R_s - V_T - \frac{\alpha_i}{2} \left(U_{ds} - (R_s + R_d) I_{ds}\right)\right) \left(U_{ds} - (R_s + R_d) I_{ds}\right) \tag{9.36}$$

Dabei haben wir die Spannung U_{ds} durch den Ausdruck $U_{ds} - (R_s + R_d) I_{ds}$ ersetzt und die Gate-Source-Spannung um den Spannungsabfall $I_{ds} R_s$ reduziert. Betrachten wir den Fall, dass die

Spannungsabfälle an den parasitären Widerständen und auch die Spannung U_{ds} im linearen Bereich gegenüber dem Gate-Voltage-Overdrive $U_{\mathrm{gs}} - V_{\mathrm{T}}$ vernachlässigt werden können, dann ergibt sich:

$$I_{\mathrm{ds}} \approx \mu C'_{\mathrm{ox}} \frac{W}{L} \left(U_{\mathrm{gs}} - V_{\mathrm{T}}\right) \left(U_{\mathrm{ds}} - (R_{\mathrm{s}} + R_{\mathrm{d}}) I_{\mathrm{ds}}\right) \tag{9.37}$$

Dieser Ausdruck lässt sich nach dem Kanalstrom auflösen:

$$I_{\mathrm{ds}} \approx \frac{\mu}{1 + \mu C'_{\mathrm{ox}} \frac{W}{L} (R_{\mathrm{s}} + R_{\mathrm{d}}) \left(U_{\mathrm{gs}} - V_{\mathrm{T}}\right)} C'_{\mathrm{ox}} \frac{W}{L} \left(U_{\mathrm{gs}} - V_{\mathrm{T}}\right) U_{\mathrm{ds}} \tag{9.38}$$

Der Vorfaktor lässt sich als eine effektive Beweglichkeit auffassen, die den Effekt der parasitären Bahnwiderstände berücksichtigt:

$$\mu_{\mathrm{eff}} = \frac{\mu}{1 + \mu C'_{\mathrm{ox}} \frac{W}{L} (R_{\mathrm{s}} + R_{\mathrm{d}}) \left(U_{\mathrm{gs}} - V_{\mathrm{T}}\right)} \tag{9.39}$$

Dieser Ausdruck ist ähnlich zu (9.5), in welchem der Effekt einer von der Gate-Spannung abhängigen Beweglichkeitsreduzierung beschrieben wird. Der Einfluss der Bahnwiderstände wirkt daher im linearen Bereich in vergleichbarer Weise auf die Kennlinien des MOSFET, wie es in Bild 9.5 dargestellt ist. Beide Effekte können auch über den Parameter

$$\theta' = \theta + \mu C'_{\mathrm{ox}} \frac{W}{L} (R_{\mathrm{s}} + R_{\mathrm{d}}) \tag{9.40}$$

kombiniert erfasst werden und so der Einfluss von R_{s} und R_{d} in den Stromgleichungen nach (9.10) und (9.11) berücksichtigt werden. Diese Erweiterung auch auf den Bereich der Sättigung ist aufgrund der oben eingeführten Approximationen aber nur eine grobe Annäherung.

Weiterhin verliert diese einfache Beschreibung bei Kanallängen im Submikrometer-Bereich zunehmend an Genauigkeit. Streng genommen fordert der Einfluss des Gate-Potenzials auf die Leitfähigkeit in den Unterdiffusionszonen von Source und Drain (Überlappung zwischen dem Gate und Source/Drain) eine arbeitspunktabhängige Beschreibung der Bahnwiderstände.

9.2.3.5 LDD-Strukturen

Wenn die Kanallänge eines MOS-Transistors bei konstanter Versorgungsspannung reduziert wird, dann steigt das auf die Ladungsträger in der Kanalzone wirkende maximale elektrische Feld in der Nähe des Draingebietes an. Die Ladungsträger gewinnen dabei eine so hohe kinetische Energie, dass ihre gesamte Energie viel höher als die thermische Energie $k_{\mathrm{B}} T$ ist. Diese Ladungsträger werden *Hot-Carriers* genannt.

Die Hot-Carriers führen im Wesentlichen zu den folgenden drei unerwünschten Effekten:

- Sie können so viel Energie gewinnen, dass es zur Stoßionisation kommt. Hierbei werden durch Kollision weitere Elektron-Loch-Paare generiert. Dies führt zu einem merklichen Anstieg des Substratstroms, denn die zusätzlichen Löcher fließen über den Substratanschluss ab.
- Weiterhin können die Hot-Carriers aufgrund ihrer erhöhten Energie die Potenzialbarriere zum Gate überwinden, was einen Strom in der Gate-Elektrode hervorruft (dieser Effekt wird in Flash-Speichern zur Programmierung einer Speicherzelle ausgenutzt, vgl. Abschnitt 8.3.3).

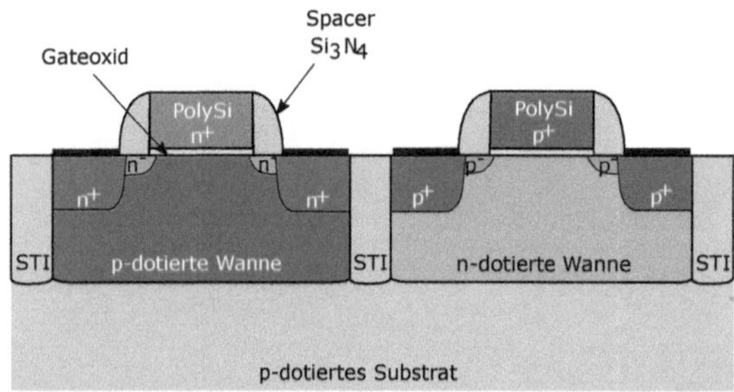

Bild 9.12 Querschnitt durch einen Zwei-Wannen-CMOS-Prozess mit LDD-Struktur. Die Wannen sind durch einen schmalen mit Oxid gefüllten Graben (STI: *Shallow-Trench-Isolation*, vgl. Abschnitt 6.7) voneinander isoliert. Die niedrig dotierten Zonen am Source/Drain-Ende des Kanals verringern zur Vermeidung von Hot-Carrier-Effekten das elektrische Feld am Drain-Ende (aus Symmetriegründen ist die Zone auch am Source-Ende realisiert).

- Schließlich können diese Ladungsträger bei ihrer Injektion in das Gateoxid von Störstellen eingefangen werden. Dabei verändert sich die Oberflächenzustandsdichte und die Konzentration der ortsfesten Oxidladungen. Dies hat langfristig eine Veränderung der Schwellspannung und damit eine Fehlfunktion der gesamten Schaltung zur Folge.

Bei Bauelementstrukturen mit Kanallängen im Submikrometer-Bereich versucht man, den Einfluss dieser Hot-Carrier-Effekte durch die Reduzierung der maximalen elektrischen Feldstärke in der Nähe des Draingebiets zu verringern. Dies wird durch die Verwendung von Strukturen mit sogenanntem *Lightly-Doped-Drain* (LDD) erreicht (Bild 9.12). Dabei verringert ein zusätzlich eingebautes, schwach dotiertes Draingebiet (n^-) das Maximum des elektrischen Feldes um ca. 20 % bis 40 %.

LDD-Strukturen werden in Prozessen mit Strukturgrößen bis hinab zu 0.35 µm verwendet. Neuere Ergebnisse haben allerdings gezeigt, dass bei Prozessen mit Strukturen, deren Abmessungen kleiner als 0.25 µm betragen, die Ladungsträgerenergie nie den Wert erreicht, der dem maximalen elektrischen Feld entsprechen würde. Dieser Effekt wird durch die endliche Relaxationszeit der Energie hervorgerufen. Man profitiert von diesem physikalischen Effekt und führt daher in diesen Prozessen das Profil der Source- und Draindiffusionszonen so steil wie möglich aus. Damit haben die Nachteile, die sich aus der Verwendung von LDD-Strukturen ergaben (erhöhte Source/Drain-Bahnwiderstände, höhere Prozesskosten), keine Rolle mehr gespielt.

9.2.3.6 Ladungsträgerinjektion

Mit abnehmender Kanallänge haben die Zonen mit starkem Potenzialgradienten am source- und drainseitigen Ende des Kanalgebiets (vgl. Bild 9.8) einen zunehmenden Einfluss auf den Kanalstrom. Bei hoher Substratdotierungskonzentration ($> 10^{17}$ cm^{-3}) können hier starke Potenzialänderungen innerhalb von Distanzen, die in der Größenordnung der mittleren freien Weglänge der Elektronen liegen, auftreten. Dies führt dazu, dass in diesen Zonen die Beschreibung der Ladungsträgerkonzentration mithilfe der Boltzmann-Statistik und damit die Theorie des Diffusionsstroms nach (9.14) ungültig wird. Stattdessen ist der Strom dabei durch die Anzahl der Ladungsträger begrenzt, die durch thermische Emission die Potenzialbarriere zwischen den Source/Drain-Gebieten und dem Kanal überwinden können. Dies entspricht analog zur Theorie des Emissionsstroms an einer Schottky-Barriere nach Abschnitt 7.1.4 einer Stromdichte von

$$J_{\mathrm{n,th}} = R^* T^2 \exp\left(\frac{\psi_{\mathrm{s,min}} - U_{\mathrm{sb}} - V_{\mathrm{bi}}}{u_{\mathrm{th}}}\right)\left[1 - \exp\left(-\frac{U_{\mathrm{ds}}}{u_{\mathrm{th}}}\right)\right] \tag{9.41}$$

welche der effektiven Richardson-Konstante R^* proportional ist. Die strombegrenzende Wirkung des Kanalbereichs geht daher bei kleiner werdender Kanallänge zunehmend verloren; der Strom wird stattdessen durch die Anzahl der aus dem Source-Gebiet zur Verfügung stehenden Ladungsträger bestimmt.

9.2.3.7 Weitere Kurzkanaleffekte

Beträgt die Kanallänge weniger als 100 nm, macht sich die diskrete Verteilung der Dotierstoffe im Kanalbereich bemerkbar. In den bisherigen Betrachtungen wurde immer davon ausgegangen, dass in einem homogen dotierten Halbleiter die Raumladungsdichte aufgrund der ionisierten Dotierstoffatome konstant ist. Genauer betrachtet ist die Ladung eines Dotierstoffatoms aber an einem Punkt lokalisiert. Die Position der Dotierstoffatome zeigt zwangsläufig eine statistische Streuung und nimmt Einfluss auf die Schwellspannung des Transistors. Als Folge zeigt V_{T} eine Variabilität, welche im Schaltungsdesign berücksichtigt werden muss. Dieser Effekt wird als *Random-Dopant-Fluctuation* (RDF) bezeichnet.

Unterschreitet die Kanallänge die mittlere freie Weglänge der Ladungsträger, dann kommt es zunehmend zu dem in Abschnitt 5.1 beschriebenen *quasiballistischen Ladungstransport.* Mit geringerer Kanallänge können vermehrt Ladungsträger aus dem Source-Gebiet ohne jeglichen Stoßprozess das Drain erreichen. In Nanostrukturtransistoren gewinnt dieser Fall für Kanallängen kleiner als 20 nm zunehmend an Bedeutung.

Ist die Kanallänge deutlich kürzer als 10 nm, kommt es vermehrt zum Tunneln von Ladungsträgern aus dem Source-Gebiet durch die Energiebarriere des Kanals direkt zum Drain-Gebiet. Die Leckströme steigen extrem an.

Eine genauere Beschreibung dieser Effekte findet sich in Zusammenhang mit einem Double-Gate-MOSFET in Abschnitt 9.4.1.

9.2.4 Schmalkanaleffekte

Gerade in der digitalen Schaltungstechnik ist man bestrebt, auch die Kanalweite eines MOS-Transistors so klein wie möglich zu gestalten, um insgesamt ein Bauelement mit geringem Flächenverbrauch zu erzielen. Dabei wird die Schwellspannung des Transistors durch die verwendete Isolationstechnologie, deren Ausprägungen nachfolgend kurz beschrieben werden, entscheidend beeinflusst.

9.2.4.1 Standard-LOCOS-Isolation

In Bild 9.13a ist der Querschnitt einer MOS-Struktur mit *Standard-LOCOS-Isolationstechnik* (vgl. Abschnitt 6.7) dargestellt. Nach einer sogenannten *Channel-Stop-Implantation* (p^+, zur Vermeidung parasitärer Kanäle unter dem Oxid) wird mithilfe einer Nitridmaske eine lokale Oxidation von Silizium durchgeführt. Dabei kommt es zur Ausbildung des für diese Technologie typischen *Vogelschnabels* in der spitz zulaufenden Region des Oxids. Zusammen mit der

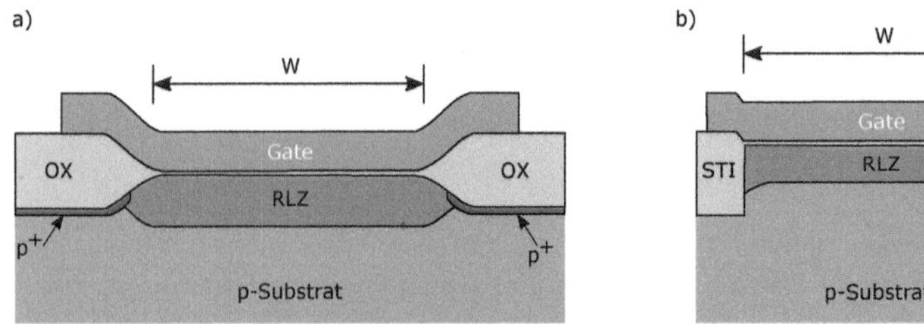

Bild 9.13 Querschnitte durch n-MOSFET-Strukturen mit unterschiedlicher Isolationstechnologie senkrecht zur Stromflussrichtung im Kanal. a) Standard-LOCOS-Technologie, b) STI (Shallow-Trench-Isolationstechnologie)

lateralen Ausdiffusion von Dotierstoffen der Channel-Stop-Implantation wird die minimal erreichbare Kanalweite in den Bereich von Mikrometern beschränkt. Die in Bild 9.13a skizzierte Ausdehnung der Raumladungszone resultiert aufgrund der zusätzlichen Ladungen im Bereich der Taper-Region bei sinkender Kanalweite in einem Anstieg der Schwellspannung des Bauelements.

Die am Kanalrand auftretenden mehrdimensionalen Effekte führen zu einer Verringerung des Oberflächenpotenzials und, bei genügend kleiner Kanalweite, auch zu einer merklichen Absenkung des Potentials ψ_S in der Kanalmitte. Die dadurch vergrößerte Potenzialbarriere zwischen Source und dem Kanalgebiet bewirkt eine Verringerung des Subthreshold-Stroms.

Die Standard-LOCOS-Isolationstechnik verlor im Zuge der notwendigen immer größeren Integrationsdichte der Bauelemente zunehmend an Bedeutung. Im Bereich der Submikrometer-Bauelemente wurden neuartige Isolationstechniken entwickelt, von denen die wichtigste im folgenden Abschnitt vorgestellt wird.

9.2.4.2 Trench-Isolation

Eine größere Packungsdichte der Bauelemente wird durch die *STI-Technologie (Shallow-Trench-Isolationstechnologie,* vgl. Abschnitt 6.7*)* erreicht. Bild 9.13b zeigt den Querschnitt. Dabei wird durch reaktives Ionenätzen (RIE) eine Grube in das Substrat geätzt. Nach der Oxidation ihrer Begrenzungsflächen wird die Grube mit Siliziumdioxid oder Polysilizium gefüllt und mit Siliziumdioxid abgedeckt. Dies ermöglicht eine geringere minimale Kanalweite der Transistoren und einen verringerten Abstand zwischen den einzelnen Bauelementen.

Im Gegensatz zum Verhalten der Schwellspannung im Standard-LOCOS-Prozess ruft eine sinkende Kanalweite in der Trench-Struktur eine Verkleinerung der Schwellspannung hervor. Dies wird von zweidimensionalen Effekten am Rande des Kanals hervorgerufen. Die laterale Ausdehnung des Gate-Materials über die Grenzen der Kanalweite hinaus übt einen zusätzlichen Einfluss auf das Oberflächenpotenzial am Kanalrand aus. Anhand numerischer Berechnungen (Bild 9.14) lässt sich feststellen, dass aufgrund der erhöhten elektrischen Feldstärke in der Ecke der Trench-Struktur eine geringere und von der Kanalweite unabhängige Gate-Spannung zur Ausbildung eines Inversionskanal notwendig ist, als das in der Kanalmitte der Fall ist. Mit steigender Gate-Spannung wird die starke Inversion zuerst am Rand erreicht. Weiterhin führt dies zu erhöhten Leckströmen im Subthreshold-Betrieb. Mit sinkender Kanalweite gewinnen diese Randeffekte zunehmend an Bedeutung, sodass die Schwellspannung im Bauelement sinkt.

a)

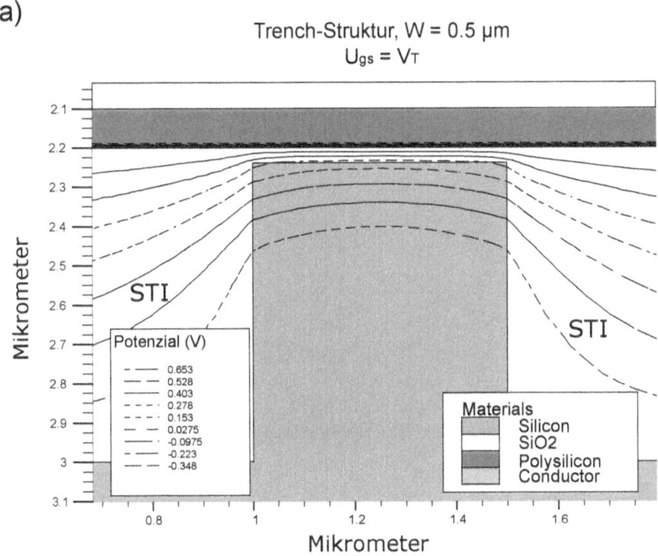

b)

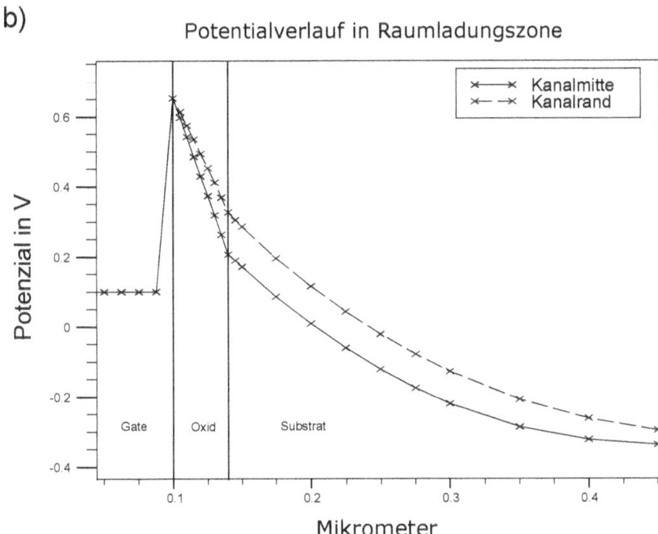

Bild 9.14 Numerische Ergebnisse für a) die Potenzialverteilung im Bauelementquerschnitt und b) den vertikalen Potenzialverlauf in der Kanalmitte und am Kanalrand einer Trench-Struktur. An der Grenzfläche Oxid–Substrat wird bei gegebener Gatespannung am Kanalrand ein höheres Potenzial erreicht als in der Kanalmitte. Daher setzt die starke Inversion am Kanalrand zuerst ein.

9.3 UTB-Technologie

Kurzkanaleffekte wie DIBL-Effekt, Verschlechterung des Subtreshold-Swing und der Anstieg der Leckströme erschweren eine Skalierung des Bulk-MOSFET zu Kanallängen von weniger als 30 nm. Eine Alternative stellen *Ultra-Thin-Body(UTB)-MOSFETs* dar. Aber auch für längere Kanäle weist diese Technologie Vorteile auf.

9.3.1 SOI-Substrat

Die Bauelemente werden in einer dünnen Siliziumschicht an der Oberfläche des Wafers hergestellt. Diese Zone ist durch eine „vergrabene Oxidschicht" (BOX: *Buried-Oxide*) vom eigentlichen Wafer, dem Silizium-Substrat, isoliert. Man spricht daher von einer *Silicon-On-Insulator(SOI)-Technologie.*

Bild 9.15 zeigt zwei Varianten zur Herstellung eines SOI-Wafers. Bei Prozess a) wird durch Implantation von Sauerstoffionen in einen herkömmlichen Wafer in eine Tiefe von einigen Hundert Nanometern und anschließendem Ausheilen des Kristalls eine Schicht Siliziumdioxid hergestellt. Diese hat üblicherweise eine Dicke von einigen Hundert Nanometern. Die Schicht Silizium an der Oberfläche des Wafers hat eine Dicke von 50 bis 200 nm. In ihr werden dann mit herkömmlichen Verfahren der Siliziumplanartechnologie die Bauelemente hergestellt.

In Variante b), auch *Smart-Cut-Prozess* genannt, wird zunächst die Oberfläche eines Siliziumwafers A oxidiert. Anschließend werden Wasserstoffionen implantiert. Auf die Oxidfläche wird ein zweiter Siliziumwafer B durch Wafer-Bonding aufgebracht. Die Schicht Wasserstofffremdatome bildet eine Ebene, an welcher sich der Wafer bei Temperaturen von ca. 400 bis 600 °C separieren lässt. Anschließend wird bei Erwärmung auf ca. 1100 °C die Verbindung zwischen Substrat B und der von Wafer A abgelösten Schicht gefestigt. Nach chemisch-mechanischem Polieren der Waferoberfläche (CMP, engl. *chemical mechanical polishing*) entsteht eine dünne Siliziumschicht auf dem BOX zur Integration der Bauelemente.

Die aufwendige Herstellung von SOI-Substraten ist ein Grund für die grundsätzlich höheren Prozesskosten von UTB-Technologien.

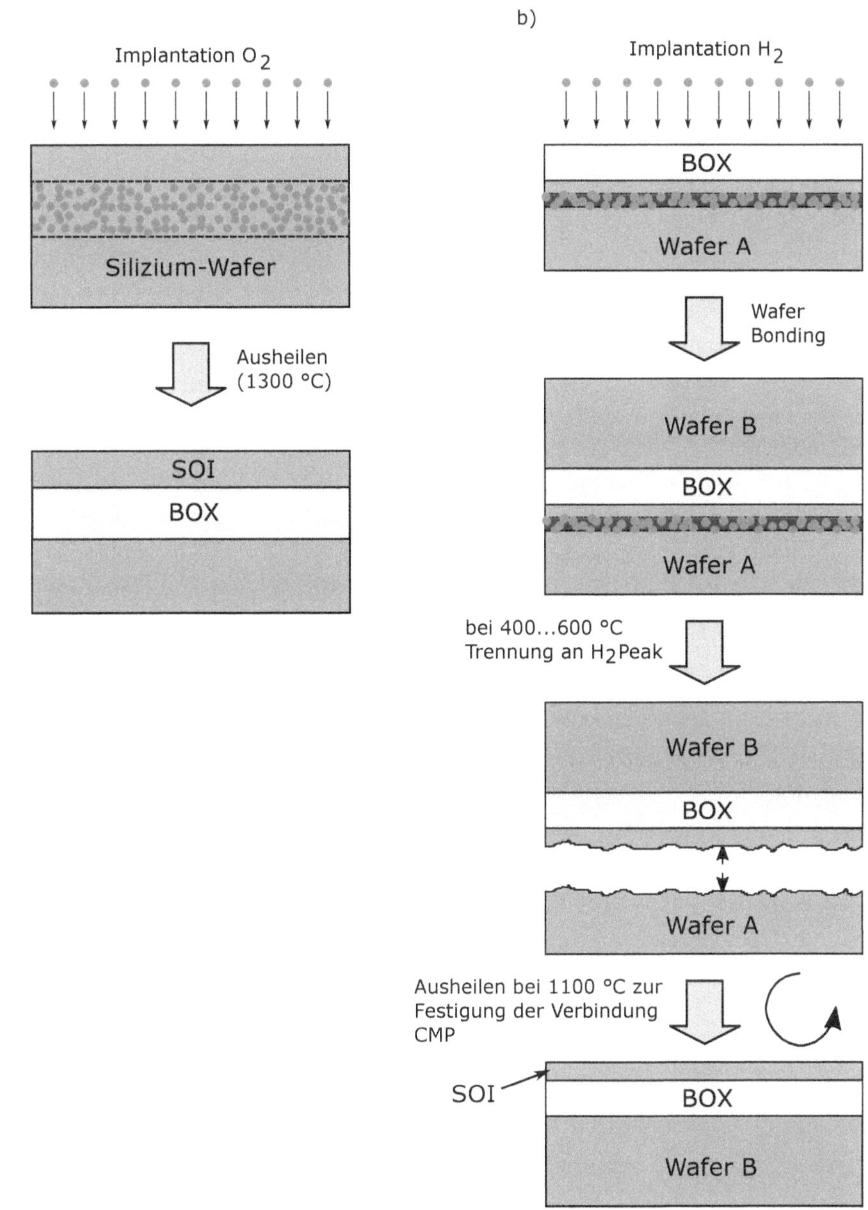

Bild 9.15 Herstellungsverfahren für SOI-Substrate. a) Implantation von Sauerstoff in einen Silizium-Wafer. Im Ausheilungsprozess entsteht eine vergrabene Schicht Siliziumdioxid (BOX). b) *Smart-Cut-Prozess:* Nach Implantation von Wasserstoff zerbricht der Wafer bei Erwärmung in zwei Hälften.

9.3.2 UTB-MOSFETs

Bild 9.16 zeigt schematisch die Querschnitte von CMOS-Invertern in Bulk-MOS und UTB-Technologie. Für eine Eingangsspannung von 0 V und eine Betriebsspannung von 5 V sind Pfade für Leckströme zum Masse-Knoten eingezeichnet. In der Bulk-MOS-Technologie entstehen Leckströme an den in Sperrrichtung betriebenen pn-Übergängen zwischen dem Substrat und dem Drain-Gebiet des n-MOSFET bzw. der n-Wanne des p-MOSFET (Bild 9.16a).

Im Vergleich dazu erstrecken sich beim UTB-MOSFET Source und Drain jeweils über die vollständige Dicke der dünnen Siliziumschicht (Bild 9.16b). Ein Leckstrom fließt nur durch den ausgeschalteten n-Kanal-Transistor zu dessen Source-Knoten. Der Kanalbereich des Transistors wird nicht kontaktiert, der Bulk-Anschluss entfällt daher. Eine großflächige n-Wanne für den p-Kanal-MOSFET ist nicht notwendig, somit entfällt auch dieser Leckstrom. Die Leistungsaufnahme ist daher um mehrere Größenordnungen geringer als in der Bulk-MOS-Technologie.

Betrachtet man kapazitive Effekte, dann hat auch hierbei die UTB-Technologie Vorteile. In der Bulk-MOS-Technologie dominieren die relativ großflächigen Sperrschichtkapazitäten entlang der Source/Drain-Gebiete und der n-Wanne. Dagegen bewirkt in der UTB-Variante das relativ dicke Buried-Oxide eine Entkopplung der Transistoren gegenüber dem Substrat und damit geringere kapazitive Effekte.

Nachteilig bei UTB-MOSFETs ist die schlechtere thermische Kopplung der integrierten Bauelemente an die Wärmesenke im Substrat. Das BOX weist eine schlechte Wärmeleitfähigkeit auf und verschlechtert das Abführen der erzeugten Verlustleistung. Dies kann zur übermäßigen Eigenerwärmung einzelner Transistoren führen.

Bild 9.17 zeigt Querschnitte zweier Varianten von UTB-MOSFETs.

Verwenden Sie zur zweidimensionalen Simulation eines UTB-MOSFET den Simulator *NanoMOS* auf *http://nanohub.org/tools/nanomos.*

a)

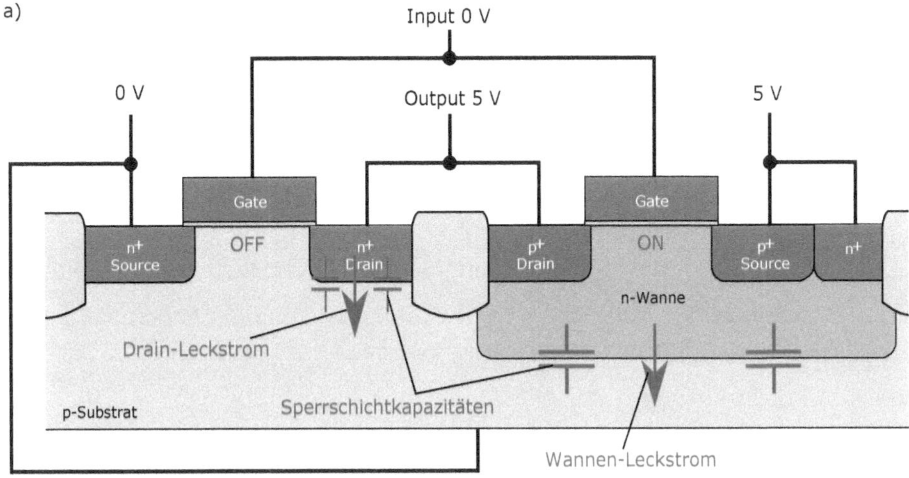

b)

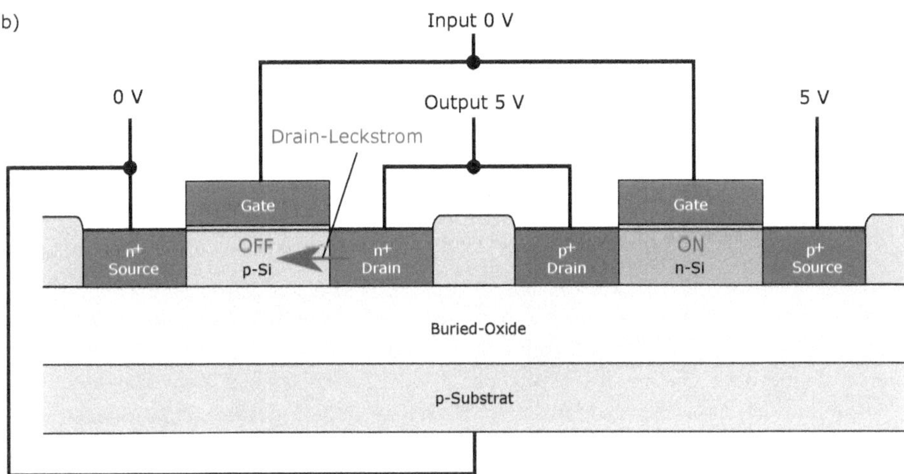

Bild 9.16 Schematische Darstellung der Leckströme in einem CMOS-Inverter für U_{in} = 0 V bei 5 V Betriebspannung. a) Bulk-MOS-Technologie mit Darstellung der Sperrschichtkapazitäten, b) UTB-Technologie auf SOI-Substrat

9.3.2.1 Partially Depleted SOI

Beträgt die Dicke der oberen Siliziumschicht ca. 50…90 nm bei einer BOX-Dicke von ca. 100…200 nm, spricht von einem *Partially-Depleted-SOI-MOSFET* (PDSOI). Bild 9.17a zeigt, dass in diesem Fall das Gate-Potenzial nicht in der Lage ist, eine Raumladungszone über die vollständige Dicke der Siliziumschicht zu erzeugen. Aus diesem Grund ist die Skalierbarkeit zu kleineren Kanallängen nicht viel besser als beim Bulk-MOSFET. Die Vorteile der PDSOI-Variante liegen in stark reduzierten Leckströmen und geringeren Kapazitäten. Eine Verwendung findet daher insbesondere in analoger Schaltungstechnik statt.

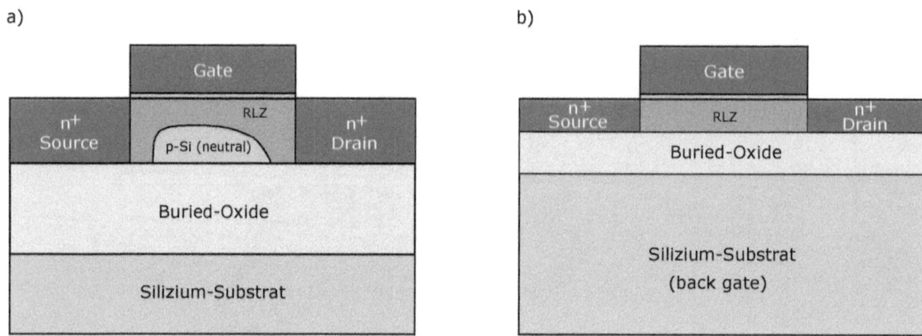

Bild 9.17 Querschnitte von UTB-MOSFETs auf SOI-Substrat. a) PDSOI, b) FDSOI

9.3.2.2 Fully Depleted SOI

Beim *Fully-Depleted-SOI-MOSFET* (FDSOI) ist die obere Siliziumschicht wesentlich dünner und beträgt nur ca. 5...20 nm. Die Gate-Elektrode erlaubt die Ausbildung einer Raumladungszone über die komplette Dicke (vgl. Bild 9.17b). Hierbei werden nicht nur Leckströme und kapazitive Effekte vermindert. Die in Abschnitt 9.2.3 erläuterten zweidimensionalen Effekte wie DIBL und Punch-Through werden drastisch reduziert. Daher kann die Dotierungskonzentration im Kanalbereich verkleinert werden und sogar intrinsisches Silizium mit entsprechend hoher Ladungsträgerbeweglichkeit zum Einsatz kommen (die gewünschte Schwellspannung muss dann über eine entsprechende Wahl des Gate-Materials und dessen Austrittsarbeit eingestellt werden). Aus diesen Gründen erlaubt die FDSOI-Variante eine Skalierung des Transistors zu wesentlich kürzeren Kanallängen als PDSOI oder die Bulk-MOS-Technologie.

Beträgt die Dicke der oberen Siliziumschicht nur wenige Nanometer, dann erstreckt sich der Inversionskanal im eingeschalteten Bauelement über die komplette Dicke. Man spricht dann von *Volumeninversion.* Nachteilig kann sich hierbei eine Rauigkeit der Grenzflächen des Kanalgebiets auf eine Reduzierung der Beweglichkeit auswirken (engl. *surface roughness scattering*). Vorteilhaft ist, dass über das Substratpotenzial zusätzlich Einfluss auf das elektrische Verhalten genommen werden. Das Siliziumsubstrat wirkt als sogenanntes *Back-Gate* auf das Potenzial im Kanalbereich. Im einfachsten Fall ist hiermit eine Beeinflussung der Schwellspannung des MOSFET im Betrieb möglich. Auf diese Art können beispielsweise in einer Technologie Schaltungsblöcke mit niedriger Leistungsaufnahme (geringe Schaltgeschwindigkeit, geringe Schwellspannung) mit High-Performance-Funktionsblöcken (hohe Geschwindigkeit, hohe Schwellspannung) kombiniert werden.

Ist das Back-Gate eine leitfähige Schicht, welche vom Substrat isoliert und elektrisch mit dem Top-Gate verbunden ist, dann ergibt sich die Struktur eines Double-Gate-MOSFET, wie er im folgenden Abschnitt beschrieben wird.

9.4 Multiple-Gate-MOSFET

In sogenannten *Multiple-Gate-Transistorstrukturen* wird der Kanalbereich von mehr als einer Gate-Elektrode umschlossen und damit eine bessere elektrostatische Kontrolle erreicht. Betrachtet man den Querschnitt eines Multiple-Gate-MOSFETs, so lassen sich die prinzipiellen Vorteile bereits anhand einer Double-Gate-Struktur erläutern.

9.4.1 Double-Gate-MOSFET

Bild 9.18 zeigt den Querschnitt eines symmetrischen *Double-Gate-MOSFETs* (DG-MOSFET) mit der Kanallänge L. Der Kanalbereich hat nur eine Dicke T_{Si} von ca. 5...20 nm und wird an gegenüberliegenden Seiten von jeweils einer Gate-Elektrode durch ein Dielektrikum der Dicke t_{ox} elektrostatisch beeinflusst. In der Regel sind beide Gate-Anschlüsse auf gleichem Potenzial.

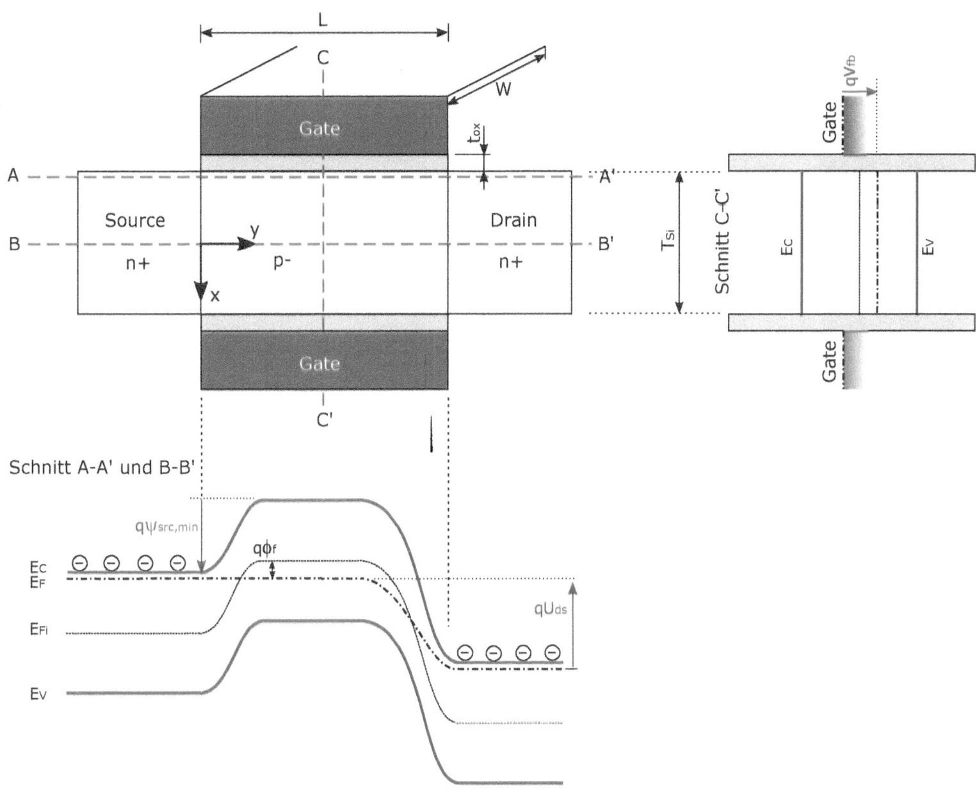

Bild 9.18 Schematischer Querschnitt eines n-Kanal-DG-MOSFET für $U_{\mathrm{ds}} > 0$ mit Darstellung des Bändermodells entlang verschiedener Schnittlinien unter Vernachlässigung von Quantisierungseffekten. Das Bauelement befindet sich mit $U_{\mathrm{gs}} = V_{\mathrm{fb}}$ in der Kanalmitte im Flachbandzustand.

Ähnlich dem FDSOI-MOSFET kann es beim DG-MOSFET zu keinem Punch-Through-Effekt kommen. Die Dotierungskonzentration im Kanal kann daher abgesenkt (engl. *lightly doped*) oder sogar intrinsisches Silizium verwendet werden, wenn die erforderliche Schwellspannung über beispielsweise die Anpassung der Austrittsarbeit der Gate-Elektrode eingestellt werden kann. Die beidseitige Anordnung der Gate-Elektroden führt zu einer gegenüber dem Bulk-MOSFET verbesserten Kontrolle der Potenzialbarriere durch das Gate-Potenzial. Daher werden Kurzkanaleffekte (vgl. Abschnitt 9.2.3) wie eine Schwellspannungsverschiebung mit sinkender Kanallänge und der DIBL-Effekt drastisch reduziert. Der Subthreshold-Swing ist bei gleicher Kanallänge steiler als beim Bulk-MOSFET, sodass Leckströme um Größenordnungen kleiner sind.

9.4.1.1 Bändermodell

In Bild 9.18 ist das Bändermodell eines n-Kanal-DG-MOSFET im ausgeschalteten Zustand für eine Spannung $U_{\mathrm{ds}} > 0$ gezeigt. Hierbei wird eine Kanaldicke $T_{\mathrm{Si}} > 10$ nm vorausgesetzt, sodass noch keine Quantisierungseffekte auftreten. Die angelegte Gate-Source-Spannung ist gleich der Flachbandspannung V_{fb}. In diesem Fall verlaufen die Bänder im Schnitt CC′ flach; der Abstand des Fermi-Niveaus vom Leitungsband ergibt sich aus der Dotierungskonzentration im schwach p-dotierten Kanalbereich. Die Schnitte AA′ und BB′ von Source zu Drain an der Halbleiteroberfläche bzw. in der Kanalmitte zeigt die Ausbildung der Diffusionspotenziale zu den hoch n-dotierten Source- und Drain-Regionen. Die hohe Potenzialbarriere im Kanal verhindert einen Ladungstransport zwischen Source und Drain.

Bei Erhöhung der Steuerspannung U_{gs} verringert sich die Höhe der Potenzialbarriere im Kanal. Bild 9.19 zeigt für eine Spannung $U_{\mathrm{gs}} > V_{\mathrm{T}}$ das Bändermodell im eingeschalteten Zustand. Die Verschiebung von Leitungs- und Valenzband im Kanalbereich führt hier zu einer Erhöhung der Elektronenkonzentration, wobei der Einfluss des Gate-Potenzials an den $\mathrm{Si}-\mathrm{SiO_2}$-Grenzflächen am stärksten ist. In diesen Ebenen entlang der Schnittlinie AA′ bildet sich bei Überschreiten der Schwellspannung V_{T} jeweils ein Inversionskanal. Das Innere des Kanalgebiets wird von der Inversionsladung zunehmend elektrostatisch abgeschirmt.

Aus der Source-Region können vermehrt Ladungsträger die verminderte Potenzialbarriere überwinden und in die Driftzone des Kanals eintreten. Die größte Inversionsladungsträgerdichte ist an der Stelle entlang des Kanals zu finden, an der sich die Potenzialbarriere befindet; dies verdeutlicht Schnitt CC′. Innerhalb der Driftzone steigt das Potenzial entlang des Kanals an, sodass die Spannungsdifferenz zum Gate absinkt. Die Konzentration freier Ladungsträger nimmt daher ab. Am Schnitt DD′ ist das Potenzial auf den Wert $U_{\mathrm{DD'}}$ angestiegen, was der Differenz des Fermi-Niveaus im Kanal gegenüber dem Source-Gebiet zu entnehmen ist.

Wird die Kanaldicke T_{Si} auf weniger als 10 nm reduziert, kommt es zunehmend zur Volumeninversion und zum Quantum-Confinement. Der Kanal mit geringer Dicke zeigt Eigenschaften eines Potenzialtopfs entsprechend den Erläuterung in Abschnitt 3.3. Bild 9.20 zeigt eine vereinfachte Darstellung mit der Annahme, dass das Dielektrikum eine unendlich hohe Potenzialbarriere darstellt. In x-Richtung (Gate-zu-Gate) sind nur diskrete Moden der Wellenfunktion mit der Wellenzahl k_n möglich. Die zugehörige Energie beträgt:

$$\varepsilon_n = \frac{(\hbar k_n)^2}{2m_{\mathrm{n}}^*} = \frac{\hbar^2 \pi^2 n^2}{2m_{\mathrm{n}}^* T_{\mathrm{Si}}^2} \tag{9.42}$$

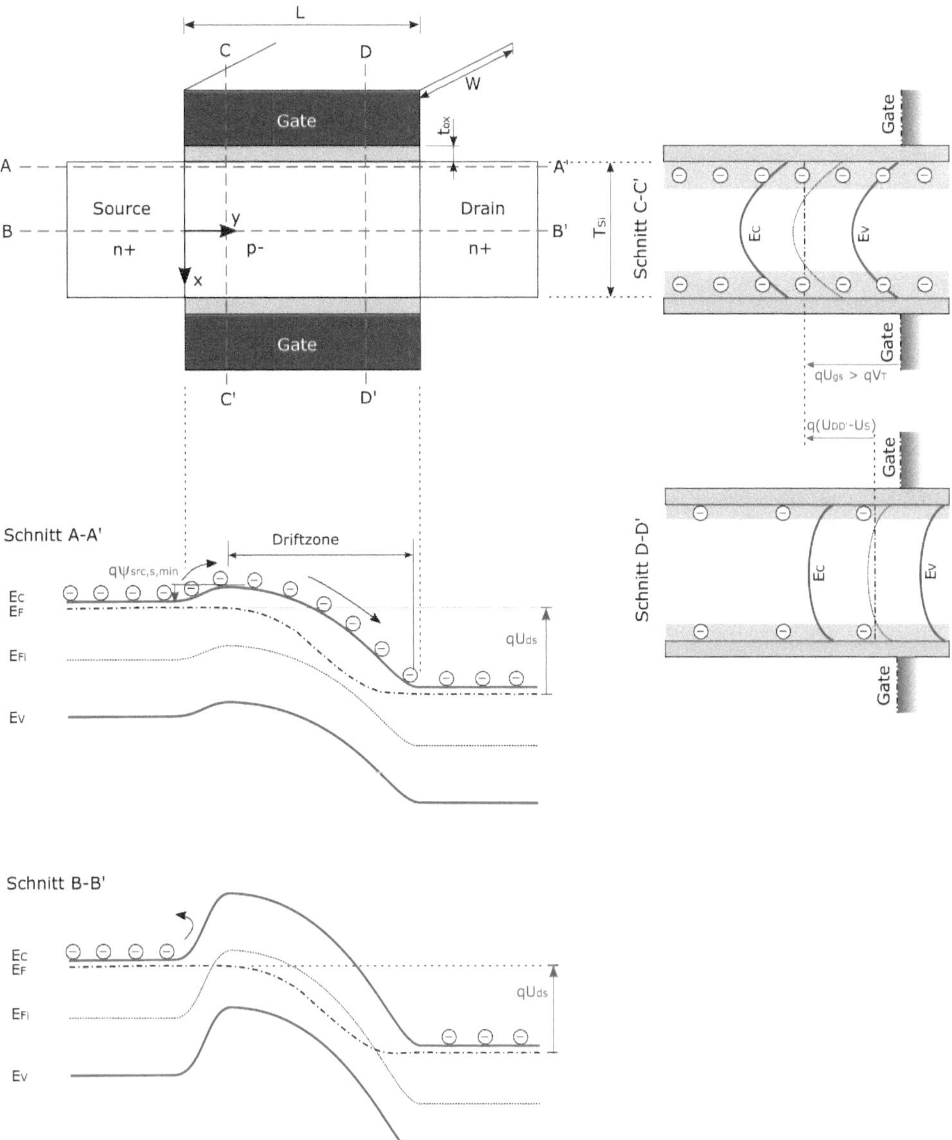

Bild 9.19 Schematischer Querschnitt eines n-Kanal-DG-MOSFET mit Darstellung des Bändermodells entlang verschiedener Schnittlinien unter Vernachlässigung von Quantisierungseffekten. Das Bauelement befindet sich mit $U_{gs} > V_T$ im Betriebszustand der starken Inversion bei $U_{ds} > 0$.

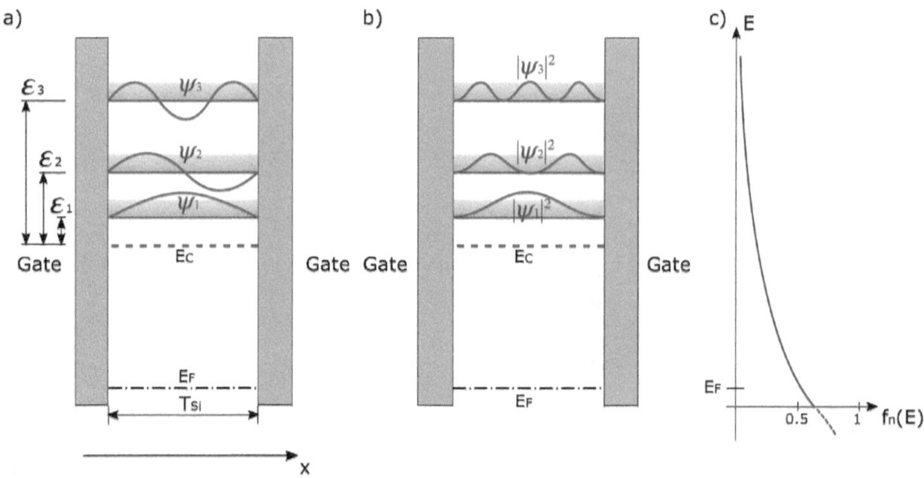

Bild 9.20 Schematischer Querschnitt Gate-zu-Gate eines n-Kanal-DG-MOSFET mit Quantisierungseffekten. Vereinfachte Darstellung im Flachbandzustand als Potenzialtopf mit unendlich hohen Potenzialwänden. a) Ausbildung von Subbändern im Leitungsband und zugehörige Moden der Wellenfunktion Ψ in x-Richtung. b) Wahrscheinlichkeitsdichte $|\Psi|^2$ für die Position eines Elektrons innerhalb eines Subbands. c) Fermi-Verteilungsfunktion

Innerhalb der yz-Ebene des Kanalgebiets, parallel zur Gate-Fläche, können sich die Elektronen frei bewegen. Daher repräsentiert jedes Energieniveau ε_n ein *Subband* mit einer Vielzahl erlaubter Wellenzahlen $k_{||}$ innerhalb der Ebene (vgl. Abschnitt 4.6.2).

Die totale Energie E eines Elektrons setzt sich zusammen aus der Energie ensprechend der Mode der Wellenfunktion in x-Richtung und aus der kinetischen Energie durch Bewegung innerhalb der yz-Ebene:

$$E(\vec{k}) = \varepsilon_n + \frac{\hbar^2 k_{||}^2}{2m_{\text{n}}^*} \tag{9.43}$$

wobei $k_{||}^2 = k_y^2 + k_z^2$ gilt und die effektiven Massen m_{n}^* in den verschiedenen Ausbreitungsrichtungen in der Regel unterschiedlich sind.

Die Unterkante der Subbänder liegt im Abstand ε_n oberhalb zur Leitungsbandunterkante E_{C} eines dreidimensional ausgedehnten Halbleiters. Die jeweiligen Zustandsdichten werden entsprechend der Fermi-Verteilungsfunktion (vgl. Bild 9.20c) gefüllt. Da beispielsweise in Silizium die Ladungsträgerkonzentration im untersten Subband mit Abstand am größten ist, reicht es oft aus, dieses allein zu betrachten und höhere Subbänder zu vernachlässigen. Die Unterkante des untersten Subbands liegt über E_{C}, sodass dementsprechend ein größeres Gate-Potenzial zur Ausbildung des Inversionskanals benötigt wird. Daher steigt mit Reduzierung der Kanaldicke T_{Si} durch Quantum-Confinement die Schwellspannung des Transistors an.

Aus den Wellenfunktionen für k_x ergibt sich an der Grenzfläche zum Oxid für die Ladungsträger eine Aufenthaltswahrscheinlichkeit $|\Psi|^2 = 0$ (vgl. Bild 9.20b). Der Inversionskanal befindet sich streng genommen also nicht direkt an der Siliziumoberfläche.

Bild 9.21 zeigt Ergebnisse numerischer Berechnungen der Stromdichte im Bauelement, welche mit einem Simulationsprogramm auf Basis der Finite-Elemente-Methode (FEM) erstellt wurden. Es bestätigt die Ausbildung zweier Inversionskanäle nahe der Grenzflächen zum Oxid. Für

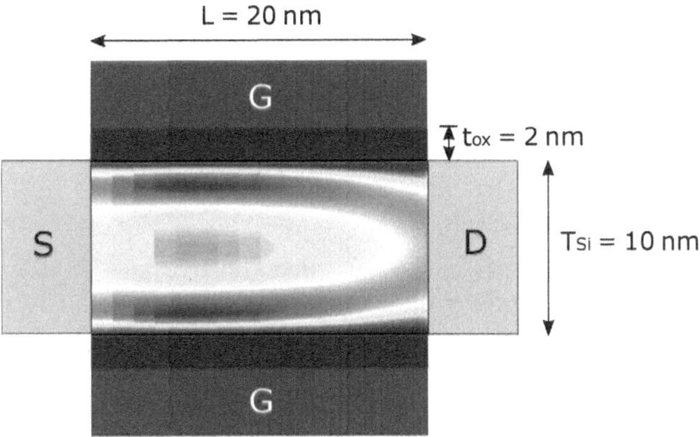

Bild 9.21 Ergebnisse numerischer Berechnungen für die Stromdichte im Querschnitt eines n-Kanal-DG-MOSFET. Es gilt $U_{gs} = U_{ds} = 1$ V.

die Kanaldicke von $T_{Si} = 10$ nm zeigt sich bereits, dass die maximale Stromdichte nicht an der Grenzfläche zum Oxid, sondern in einem Abstand von ca. 1 nm erreicht wird. Überschreitet die Drain-Source-Spannung die Sättigungsspannung U_{dsat}, wie in der Darstellung der Fall, dann kontrolliert das Gate nur bis zum Abschnürpunkt im Kanal die Inversionsladungsträgerdichte. In der verbleibenden Sättigungszone werden die wenigen freien Ladungsträger vom stark ansteigenden elektrischen Feld zum Drain beschleunigt und erreichen ihre Sättigungsdriftgeschwindigkeit. In diesem Bereich breitet sich der Strom zunehmend auf den vollständigen Kanalquerschnitt aus.

9.4.1.2 Stromgleichung

Betrachtet man einen DG-MOSFET mit niedriger Kanaldotierungskonzentration ($< 10^{16}$ cm^{-3}) und nicht zu kurzer Kanallänge ($L > 2T_{Si}$), dann kann der Drift-Diffusions-Strom im Bauelement näherungsweise wie folgt angegeben werden [19]:

$$I_{ds} = \mu \frac{W}{L} \left[\frac{k_B T}{q} \left(Q'_{i,d} - Q'_{i,s} \right) - \frac{Q'^2_{i,d} - Q'^2_{i,s}}{4C'_{ox}} \right] \tag{9.44}$$

Diese Stromgleichung beinhaltet Subthreshold-Bereich und den Betrieb in starker Inversion. Die Größen $Q'_{i,d}$ und $Q'_{i,s}$ sind die Konzentrationen freier Ladungsträger (Elektronen) pro Flächeneinheit nahe dem Drain- bzw. Source-Ende des Kanals.

Starke Inversion

Der zweite Summand in (9.44) steht für den Driftstrom im Kanal, welcher im Betrieb der starken Inversion dominiert:

$$I_{ds,str} = -\mu \frac{W}{L} \frac{Q'^2_{i,d} - Q'^2_{i,s}}{4C'_{ox}} \tag{9.45}$$

Unter Verwendung einer Schwellspannung V_T kann man für die Inversionsladung pro Flächeneinheit (Summe der Ladungsdichten für beide gegenüberliegende Gate-Elektroden) ansetzen:

$$Q'_{i,s} = -2C'_{ox} \left(U_{gs} - V_T \right) \tag{9.46}$$

$$Q'_{\mathrm{i,d}} = -2C'_{\mathrm{ox}}\left(U_{\mathrm{gs}} - V_{\mathrm{T}} - U_{\mathrm{ds}}\right) \tag{9.47}$$

Setzt man diese Ausdrücke in (9.45) ein, so erhält man nach einigen Umformungen:

$$I_{\mathrm{ds,str}} = \mu C'_{\mathrm{ox}} \frac{2W}{L}\left(U_{\mathrm{gs}} - V_{\mathrm{T}} - \frac{U_{\mathrm{ds}}}{2}\right) U_{\mathrm{ds}} \tag{9.48}$$

Dies entspricht der Stromgleichung, wie sie bereits mit (9.11) für einen Bulk-MOSFET in starker Inversion abgeleitet wurde, nur dass jetzt im Double-Gate-MOSFET aufgrund der zwei Gate-Elektroden die Kanalweite $2W$ beträgt. Da wir im Kanal des DG-MOSFET eine vernachlässigbar niedrige Kanaldotierung angenommen haben, ist im Vergleich zu (9.11) der Parameter $\alpha_{\mathrm{i}} = 1$. Die Effekte einer Kanallängenmodulation und feldabhängigen Beweglichkeit können auch in (9.48) durch Einführung der Parameter ΔL, v_{sat} und μ_{s0} berücksichtigt werden.

Schwache Inversion

Es lässt sich zeigen, dass der erste Summand in (9.44) einen Diffusionsstrom beschreibt, welcher unterhalb der Schwellspannung den Leckstrom im ausgeschalteten Zustand dominiert:

$$I_{\mathrm{ds,sth}} = \mu \frac{W}{L} \frac{k_{\mathrm{B}} T}{q}\left(Q'_{\mathrm{i,d}} - Q'_{\mathrm{i,s}}\right) \tag{9.49}$$

Mit der Diffusionskostante $D_{\mathrm{n}} = \mu k_{\mathrm{B}} T / q$ erhält man:

$$I_{\mathrm{ds,sth}} = D_{\mathrm{n}} W \frac{Q'_{\mathrm{i,d}} - Q'_{\mathrm{i,s}}}{L} \tag{9.50}$$

Dies entspricht einem Diffusionsstrom, welcher vom Konzentrationsgradienten entlang des Kanals angetrieben wird, wobei für einen n-Kanal-MOSFET die Ladungsträgerdichten $Q'_{\mathrm{i,s}}$ und $Q'_{\mathrm{i,d}}$ negativ sind.

Das Potenzial im Kanal des Double-Gate-MOSFET sei mit $\psi(x, y)$ gegeben (für das Koordinatensystem verweisen wir auf Bild 9.19). Berücksichtigen wir das Build-in-Potenzial V_{bi} (Diffusionspotenzial) am Source-Übergang, dann können wir für das auf Source bezogene Potenzial im Kanal schreiben:

$$\psi_{\mathrm{src}}(x, y) = \psi(x, y) - V_{\mathrm{bi}} \tag{9.51}$$

Für $Q'_{\mathrm{i,s}}$ nahe dem Source-Gebiet, genauer gesagt an der Stelle der Potenzialbarriere, kann man unter Verwendung der Boltzmann-Approximation in Näherung schreiben:

$$Q'_{\mathrm{i,s}} = -q N_{\mathrm{sd}} \int_{-T_{\mathrm{Si}}/2}^{+T_{\mathrm{Si}}/2} \exp\left(\frac{\psi_{\mathrm{src,min}}(x)}{u_{\mathrm{th}}}\right) \mathrm{d}x = -2 t_{\mathrm{inv}} q N_{\mathrm{sd}} \exp\left(\frac{\psi_{\mathrm{src,s,min}}}{u_{\mathrm{th}}}\right) \tag{9.52}$$

Hierbei ist N_{sd} die Dotierungskonzentration in Source und Drain und t_{inv} eine effektive Dicke des Kanals freier Elektronen je Gate-Elektrode.

Der auf Source bezogene Potenzialverlauf von Gate zu Gate an der Stelle der Potenzialbarriere bezeichnen wir in (9.52) mit $\psi_{\mathrm{src,min}}(x)$. Der Parameter $\psi_{\mathrm{src,s,min}} = \psi_{\mathrm{src,min}}(x = T_{\mathrm{Si}}/2)$ ist das auf Source bezogene Oberflächenpotenzial an der Potenzialbarriere.

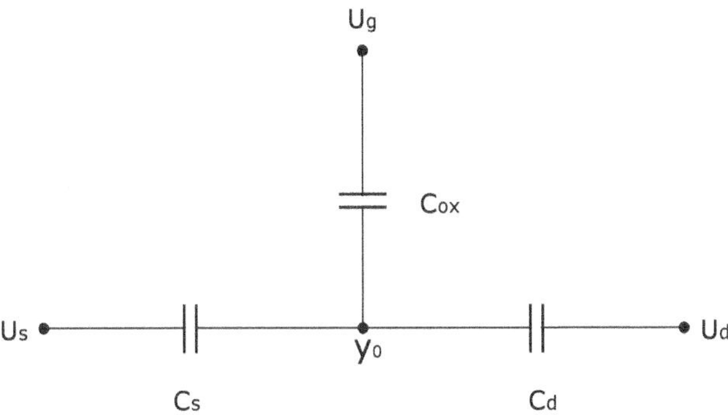

Bild 9.22 Ein Kapazitätsmodell zur Beschreibung des Einflusses der drei Potenziale von Gate, Source und Drain auf das Oberflächenpotenzial an der Potenzialbarriere im Kanal

Nimmt man für nicht zu kurzen Kanal einen nahezu konstanten Verlauf des Leitungsbands bis zum Drain-Ende des Kanals an, dann erhält man die Ladungsträgerkonzentration dort im Wesentlichen durch die Verschiebung des Fermi-Potenzials um qU_{ds} gegenüber Source, und man kann schreiben:

$$Q'_{\mathrm{i,d}} = Q'_{\mathrm{i,s}} \exp\left(-\frac{U_{\mathrm{ds}}}{u_{\mathrm{th}}}\right) \tag{9.53}$$

Setzt man die beiden Ausdrücke (9.52) und (9.53) in Gleichung (9.50) ein, resultiert:

$$I_{\mathrm{ds,sth}} = 2qD_{\mathrm{n}} N_{\mathrm{sd}} t_{\mathrm{inv}} \frac{W}{L} \exp\left(\frac{\psi_{\mathrm{src,s,min}}}{u_{\mathrm{th}}}\right)\left[1 - \exp\left(-\frac{U_{\mathrm{ds}}}{u_{\mathrm{th}}}\right)\right] \tag{9.54}$$

Zur Bestimmung des Oberflächenpotenzials ψ_{s} ist es hilfreich, sich das zweidimensionale Problem der Elektrostatik vereinfacht als Modell mit drei Kapazitäten wie in Bild 9.22 darzustellen. Es beschreibt die Modulation des Potenzials ψ_{s} und damit der gesamten Inversionsladung Q_{i} im Kanal durch die drei Elektroden Gate, Source und Drain. Dabei nehmen wir an, dass der Kanal so lang ist, dass im überwiegenden Teil das Oberflächenpotenzial ungefähr gleich dem Minimum $\psi_{\mathrm{s,min}}$ ist.

Die Kapazitäten C_{s} und C_{d} stellen die Sperrschichtkapazitäten zwischen Kanalbereich und dem Source- bzw. Drain-Gebiet dar. Mit dem Verfahren der Superposition erhält man:

$$\psi_{\mathrm{s}} = \left(\frac{C_{\mathrm{ox}}}{C_{\Sigma}}\left(U_{\mathrm{g}} - V_{\mathrm{fb}}\right) + \frac{C_{\mathrm{d}}}{C_{\Sigma}} U_{\mathrm{d}} + \frac{C_{\mathrm{s}}}{C_{\Sigma}} U_{\mathrm{s}}\right) + \frac{Q_{\mathrm{i}}}{C_{\Sigma}} \tag{9.55}$$

wobei

$$C_{\Sigma} = C_{\mathrm{ox}} + C_{\mathrm{d}} + C_{\mathrm{s}} \tag{9.56}$$

Einen guten MOSFET zeichnet aus, dass C_{s} und C_{d} viel kleiner als die Kapazität C_{ox} des Dielektrikums sind. Es gilt also:

$$\psi_{\mathrm{s}} \approx \left(U_{\mathrm{g}} - V_{\mathrm{fb}}\right) + \frac{Q_{\mathrm{i}}}{C_{\mathrm{ox}}} \tag{9.57}$$

Im Subthreshold-Betrieb kann die Ladung Q_{i} in der Elektrostatik vernachlässigt werden, sodass das Oberflächenpotenzial gleich dem Gate-Potenzial abzüglich der Flachbandspannung ist. Man erhält daraus für das auf Source bezogene Oberflächenpotenzial an der Barriere:

$$\psi_{\mathrm{src,s,min}} = U_{\mathrm{gs}} - V_{\mathrm{fb}} - V_{\mathrm{bi}} \tag{9.58}$$

Setzt man das Resultat in (9.54) ein und verwendet den Zusammenhang

$$N_{\text{ch}} = N_{\text{sd}} \exp\left(-\frac{V_{\text{bi}}}{u_{\text{th}}}\right) \tag{9.59}$$

zwischen Kanaldotierung N_{ch} und der Dotierung N_{sd} in Source und Drain, so ergibt sich:

$$I_{\text{ds,sth}} = 2qD_{\text{n}}N_{\text{ch}}\,t_{\text{inv}}\frac{W}{L}\exp\left(\frac{U_{\text{gs}} - V_{\text{fb}}}{u_{\text{th}}}\right)\left[1 - \exp\left(-\frac{U_{\text{ds}}}{u_{\text{th}}}\right)\right] \tag{9.60}$$

Das Ergebnis entspricht dem exponentiellen Verlauf für den Subthreshold-Strom eines Bulk-MOSFET, wie er mit (9.27) für $\eta = 1$ (mit $C'_{\text{rlz}} \ll C'_{\text{ox}}$) abgeleitet wurde.

Bei kurzen Kanälen steigen C_{s} und C_{d} an und gewinnen in (9.55) an Einfluss. Aufgrund von Kurzkanaleffekten wie dem DIBL-Effekt verliert das Gate an Kontrolle über das Oberflächenpotenzialminimum. Als Folge steigt der Leckstrom an und der Subthreshold-Swing verschlechtert sich. Dies entspricht dem in Abschnitt 9.2.3.3 beschriebenen Effekt in einem Bulk-MOSFET. Entsprechend (9.27) kann auch in der Stromgleichung (9.60) für den Double-Gate-MOSFET im Exponenten der Parameter η eingeführt werden, wobei für den Kurzkanalfall $\eta > 1$ gilt.

9.4.1.3 Diskrete Dotierstoffverteilung

Beträgt die Abmessung des Kanals viel weniger als 100 nm, dann befinden sich nur noch abzählbar viele Dotierstoffatome im Kanalbereich. Für eine Dotierungskonzentration von $N_{\text{ch}} = 10^{18}\ \text{cm}^{-3}$ ergibt sich bei Kanalabmessungen von $L = 40$ nm, $W = 30$ nm und $T_{\text{Si}} = 5$ nm beispielsweise:

$$N_{\text{ch}} \cdot L \cdot W \cdot T_{\text{Si}} = 6 \tag{9.61}$$

Im Mittel befinden sich also nur sechs Dotierstoffatome im Kanalbereich. Auch bei idealer Prozesskontrolle ist die tatsächliche Anzahl in einem Transistor statistischen Schwankungen unterworfen.

Zusätzlich diffundieren auch Dotierstoffe aus den hoch dotierten Source/Drain-Gebieten in den Kanal, deren diskrete Verteilung ist ebenso statistischen Schwankungen unterworfen. Der Einfluss ist umso größer, je kürzer die Kanallänge des Transistors ist.

Bild 9.23 illustriert eine Stichprobe der diskreten Dotierstoffverteilung in einem DG-MOSFET. In diesem Fall befinden sind im Kanal nur drei Akzeptoren. Dagegen sind insgesamt 37 Donatoren aus den Source/Drain-Gebieten im Kanalbereich zu finden.

Die Ionen im Kanalbereich haben Einfluss auf die Elektrostatik im Kanal, insbesondere an der Position der Potenzialbarriere. Damit zeigt die Schwellspannung des Transistors eine statistische Schwankung. Dieser Effekt der Variabilität der elektrischen Eigenschaften aufgrund der diskreten Dotierstoffverteilung wird als *Random-Dopant-Fluctuation* (RDF) bezeichnet.

a)

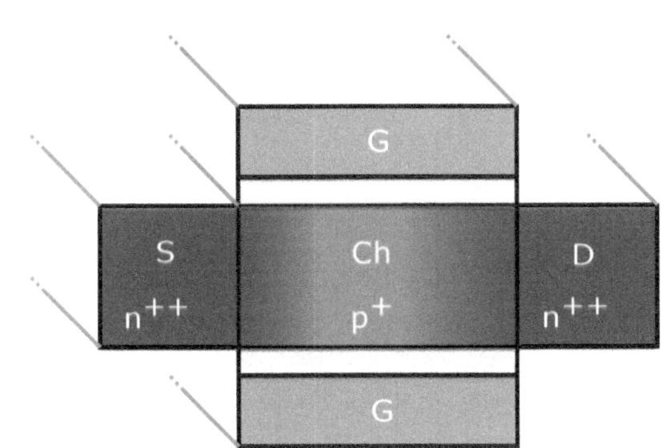

b)

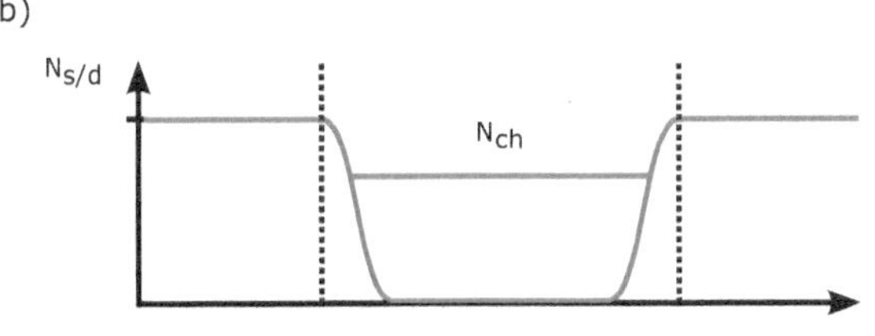

c)

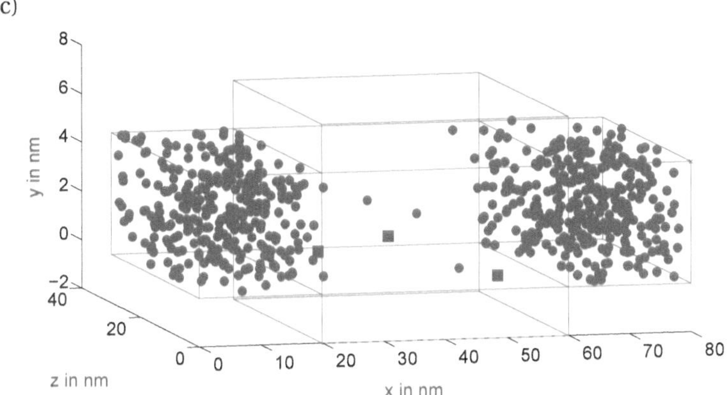

Bild 9.23 a) Struktur eines DG-MOSFET mit b) Darstellung der mittleren Dotierstoffkonzentration. Dotierstoffe von Source und Drain diffundieren im Herstellungsprozess in den Kanal. Das Profil an den pn-Übergängen entspricht einer Gauß-Verteilung. c) Darstellung einer Stichprobe der diskreten Dotierstoffverteilung in einem Bauelement mit L = 40 nm, W = 30 nm, T_{Si} = 5 nm. Dotierungskonzentrationen: N_{ch} = 10^{18} cm^{-3}, N_{sd} = 10^{20} cm^{-3}. Im Kanalgebiet befinden sich nur 3 Akzeptoren (Quadrate). Aus Source und Drain sind 37 Donatoren (Punkte) eingedrungen.

9.4.1.4 Ultra-Kurzkanal-FET

Bei einer Double-Gate-Transistorstruktur geringer Dicke T_{Si} lässt sich die Kanallänge auf weniger als 20 nm reduzieren. Hierbei treten zusätzliche Kurzkanaleffekte auf, welche in Bulk-MOS-Strukturen noch keine Bedeutung hatten.

Ballistischer Transport

Wird die Kanallänge so weit reduziert, dass sie die Größenordnung der freien Weglänge der Elektronen erreicht, kommt es zum *quasiballistischen Ladungstransport* (vgl. Abschnitt 5.1). Es findet zunehmend ein Durchqueren des Kanalgebiets ohne Stoßprozesse statt.

Eine idealisierte Darstellung auf Basis einer semiklassischen Betrachtungsweise zeigt Bild 9.24 für einen n-Kanal-MOSFET. Für eine Spannung $U_{\mathrm{ds}} > 0$ kontrolliert die Energiebarriere den Ladungsträgerfluss von Source zu Drain. Wir nehmen an, dass im gesamten Kanal ein parabolischer Zusammenhang zwischen Energie E der Elektronen und deren Wellenzahl $|\vec{k}|$ entsprechend

$$E - E_{\mathrm{C}}(x) = \frac{\hbar^2 \left(k_x^2 + k_y^2 + k_z^2\right)}{2m_{\mathrm{n}}^*} \tag{9.62}$$

besteht. Die Zustandsdichte im Leitungsband wird nach den Regeln der Fermi-Statistik von Elektronen aus den Reservoirs Source oder Drain gefüllt. Zustände mit $k_x > 0$, welche über der Energiebarriere liegen, werden aus dem Source-Gebiet besetzt. Elektronen mit einer geringeren Energie können die Barriere nicht überwinden. Zustände mit $k_x < 0$ werden entsprechend der Fermi-Verteilung im Drain-Gebiet gefüllt. Kommt es zur Reflektion von Elektronen aus dem Drain-Gebiet an der Barriere, besetzen diese zusätzlich Zustände mit $k_x > 0$, welche unterhalb der Energiebarriere liegen.

Für ballistischen Ladungstransport bleibt die Gesamtenergie E eines Elektrons aus dem Source-Gebiet bei Durchquerung der Kanalzone konstant. Aufgrund des elektrischen Feldes nimmt die kinetische Energie entlang des Kanals zum Drain hin zu. Dies zeigt sich in den Kurven $E(k_x)$ bei gleicher Energie durch eine größere Steigung an Position x_2 gegenüber Position x_1, was einem Anstieg des Impulses oder der Geschwindigkeit des Teilchens entspricht. Der klassische Beweglichkeitsbegriff, welcher für ein konstantes elektrisches Feld das Erreichen einer mittleren Driftgeschwindigkeit vorgibt, verliert hier seine Gültigkeit. Der Kanal stellt damit keinen elektrischen Widerstand mehr dar, welcher der Kanallänge proportional ist. Stattdessen ist der Strom von der thermischen Geschwindigkeit der Elektronen im Source-Gebiet abhängig, mit der sie in den Kanal eintreten, und von der Barrierenhöhe, welche die Anzahl der Ladungsträger begrenzt.

Setzt man einen nichtdegenerierten Halbleiter voraus, lässt sich der Strom im ballistischen Limit angeben durch [12]

$$I_{\mathrm{ds}} = W C'_{\mathrm{ox}} v_{\mathrm{th}} \left(U_{\mathrm{gs}} - V_{\mathrm{T}}\right) \frac{1 - \mathrm{e}^{-qU_{\mathrm{ds}}/(k_{\mathrm{B}}T)}}{1 + \mathrm{e}^{-qU_{\mathrm{ds}}/(k_{\mathrm{B}}T)}} \tag{9.63}$$

Hierbei beschreibt $C'_{\mathrm{ox}}\left(U_{\mathrm{gs}} - V_{\mathrm{T}}\right)$ die Dichte freier Ladungsträger an der Barriere und

$$v_{\mathrm{th}} = \sqrt{\frac{2k_{\mathrm{B}}T}{\pi m^*}} \tag{9.64}$$

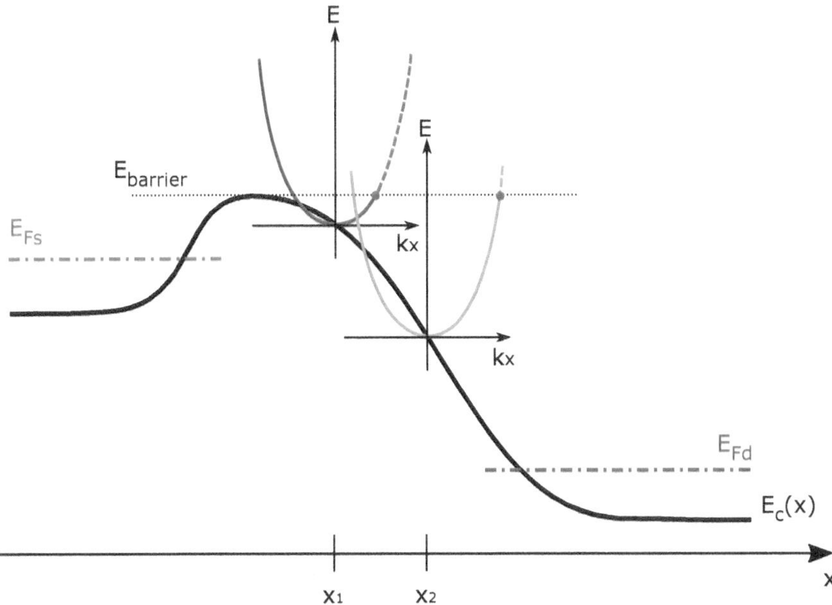

Bild 9.24 Semi-klassische Betrachtung des ballistischen MOSFET. Entlang des Kanals wird ein parabolischer Zusammenhang zwischen Energie *E* und Wellenzahl *k* der Ladungsträger angenommen. Source und Drain stellen Reservoirs dar, welche entsprechend der Fermi-Statistik die Zustände im Kanal füllen. Ladungsträger von Source, welche die Barriere überwinden können, füllen die gestrichelt markierten Zustände in der positiven x-Richtung. Ladungsträger vom Drain füllen die übrigen Zustände mit Bewegung in negativer x-Richtung und, nach Reflexion an der Barriere, auch niedrige Energiezustände in positiver Richtung.

deren thermische Geschwindigkeit. Für eine effektive Masse $m^* = 0.19 m_0$ ergibt sich in Silizium bei $T = 300$ K ca. $v_{\text{th}} = 1.2 \cdot 10^7$ cm/s.

Für große Drain-Source-Spannungen befindet sich der Transistor in Sättigung und man erhält:

$$I_{\text{ds,sat}} = W C'_{\text{ox}} v_{\text{th}} \left(U_{\text{gs}} - V_{\text{T}}\right) \tag{9.65}$$

Dies ist ähnlich zur klassischen MOSFET-Stromgleichung in Sättigung, nur dass hier an Stelle der Driftsättigungsgeschwindigkeit die thermische Geschwindigkeit auftritt. Hiermit ist der maximale Kanalstrom in einem ultrakurzen MOSFET festgelegt. Eine weitere Verkürzung der Kanallänge führt zu keinem weiteren Anstieg des Stroms.

Für kleine Spannung U_{ds} lassen sich die Exponentialterme in (9.63) annähern durch

$$e^{-qU_{\text{ds}}/(k_{\text{B}}T)} \approx 1 - \frac{qU_{\text{ds}}}{k_{\text{B}}T} \tag{9.66}$$

und es resultiert der Strom:

$$I_{\text{ds,lin}} = W C'_{\text{ox}} v_{\text{th}} \left(U_{\text{gs}} - V_{\text{T}}\right) \frac{qU_{\text{ds}}/(k_{\text{B}}T)}{2 + qU_{\text{ds}}/(k_{\text{B}}T)} \tag{9.67}$$

Nimmt man noch $U_{\text{ds}} \ll 2k_{\text{B}}T/q$ an, resultiert:

$$I_{\text{ds,lin}} = W C'_{\text{ox}} \left(U_{\text{gs}} - V_{\text{T}}\right) U_{\text{ds}} \frac{v_{\text{th}}}{2k_{\text{B}}T/q} = G_{\text{ch}} U_{\text{ds}} \tag{9.68}$$

Der Kanalleitwert G_{ch} für kleine Drain-Source-Spannung im ballistischen MOSFET ist daher endlich und beträgt:

$$G_{ch} = W C'_{ox} \left(U_{gs} - V_T \right) \frac{v_{th}}{2 k_B T / q} \tag{9.69}$$

Für einen klassischen MOSFET lautet die Stromgleichung im linearen Bereich gemäß (7.99):

$$I_{ds,lin} = \mu_n C'_{ox} \frac{W}{L} \left(U_{gs} - V_T - \frac{U_{ds}}{2} \right) U_{ds} \tag{9.70}$$

Daraus ergibt sich für $U_{ds} \approx 0$ der Kanalleitwert:

$$G_{ch} = \mu_n C'_{ox} \frac{W}{L} \left(U_{gs} - V_T \right) \tag{9.71}$$

Der Kanalleitwert eines MOSFET kann nicht größer sein, als das ballistische Limit mit (9.69) vorgibt. Daher ist das klassische Modell nur dann gültig, wenn gilt:

$$\mu_n \frac{2 k_B T / q}{L} \ll v_{th} \tag{9.72}$$

Nimmt man eine effektive Beweglichkeit von $\mu_n = 1000\ \text{cm}^2/(\text{Vs})$ und $v_{th} = 1.2 \cdot 10^7\ \text{cm/s}$ bei $T = 300$ K an, dann ergibt sich für die Kanallänge $L \gg 43$ nm. Ist diese Bedingung nicht erfüllt, limitiert der zunehmend ballistische Leitwert den Kanalstrom.

Source-Drain-Tunneln

Berücksichtigt man die quantenmechanische Wellennatur der Elektronen, kommt es durch Reflexion an der Energiebarriere zur Ausbildung von Subbändern. Die aufgrund der Fermi-Verteilung resultierende Dichte freier Elektronen illustriert Bild 9.25. Klar zu erkennen ist, dass Elektronen in die Barriere eindringen können. Ist der Kanal kurz genug ($L < 10$ nm), dann können Elektronen, obwohl sie eine Energie geringer als die Barrierenhöhe aufweisen, diese vollständig durchtunneln. Die Potenzialbarriere verliert ihre Sperrwirkung für den Strom. Es kommt zu einem erheblichen Anstieg des Leckstroms im ausgeschalteten Zustand.

Das Source-zu-Drain-Tunneln ist ein fundamentales Limit für die Skalierung der Kanallänge des MOS-Transistors. Gemäß den Erläuterung und Berechnungen in Abschnitt 3.6 hat die effektive Masse der Ladungsträger einen exponentiellen Einfluss auf die Tunnelwahrscheinlichkeit durch eine Barriere. Entsprechend sind Materialien, welche eine große effektive Masse aufweisen, von Vorteil. Dies widerspricht dem Wunsch nach einer hohen Beweglichkeit im Kanal, welche zur Steigerung der Performance (Stromdichte und Schaltgeschwindigkeit) angestrebt wird.

Bild 9.26 zeigt als Ergebnis einer quantenmechanischen Simulation die zwei Beträge zum Kanalstrom in der Transferkennlinie eines Silizium-DG-MOSFET mit einer Kanallänge von $L = 6$ nm. Unterhalb der Schwellspannung ist der Subthreshold-Swing des resultierenden Stroms I_{ds} daher schlechter, als der thermische Emissionsstrom über die Barriere vorgibt. Der Grund hierfür ist der Tunnelstrom, welcher den Strom dominiert und einen flacheren Anstieg zeigt. Ist die Schwellspannung erreicht, geht der Tunnelstrom in eine Sättigung, sodass für $U_{gs} > V_T$ der Emissionsstrom dominiert.

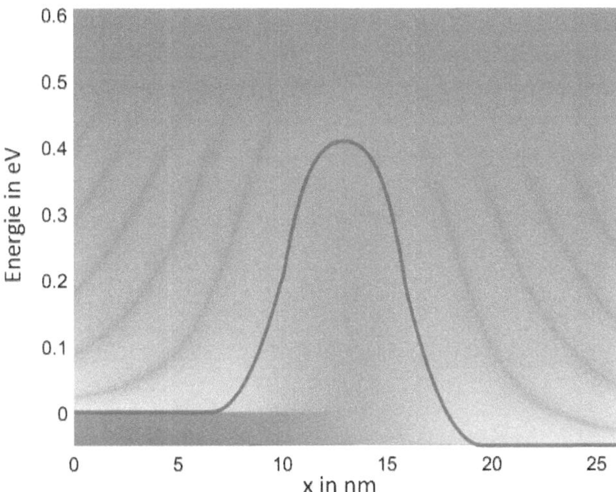

Bild 9.25 Numerische Berechnung der Dichte freier Elektronen entlang des Kanals eines ultrakurzen MOSFET ($L = 6$ nm) mit Darstellung des Leitungsbandes. Aus der Reflexion der Wellenfunktionen an der Potenzialbarriere resultieren Interferenzen in der Zustandsdichte. Ladungsträger aus Source und Drain füllen die Zustände entsprechend der jeweiligen Fermi-Statistik auf. Eine helle (dunkle) Farbe kennzeichnet eine hohe (niedrige) Elektronenkonzentration. Die Wellenfunktion durchdringt auch die Barriere, sodass bei genügend kurzer Kanallänge ein Tunnelstrom von Source zu Drain fließen kann.

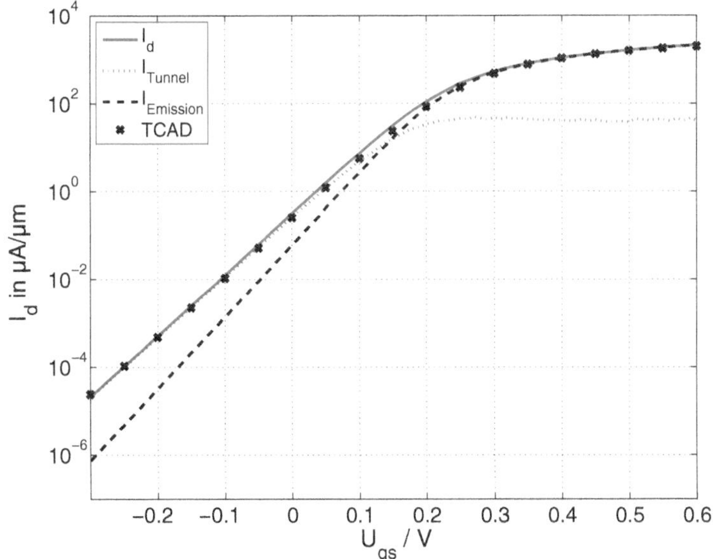

Bild 9.26 Transferkennlinie eines n-Kanal-Double-Gate-MOSFET mit einer Kanallänge $L = 6$ nm für $U_{ds} = 0.05$ V. Die Beiträge aus Tunnelstrom durch die Barriere und thermischem Emissionsstrom über die Barriere sind getrennt dargestellt. Die Summe entspricht den Ergebnissen quantenmechanischer Simulationen (Symbole).

Den Einfluss der Temperatur auf den Leckstrom in einem n-Kanal-Double-Gate-MOSFET zeigt Bild 9.27. Der Temperatureinfluss ist für große Kanallänge am stärksten; dies ist in dem ausschließlich durch thermische Emission gebildeten Kanalstrom begründet. Mit geringerer Kanallänge erhöht sich der Anteil des Tunnelstroms am Gesamtstrom, der Leckstrom steigt daher für beide betrachteten Temperaturen an. Weil der Tunnelstrom eine weitaus geringere Temperaturabhängigkeit aufweist als der thermische Emissionsstrom, ist für kleine Kanallänge der temperaturbedingte Stromanstieg geringer als für den langen Kanal.

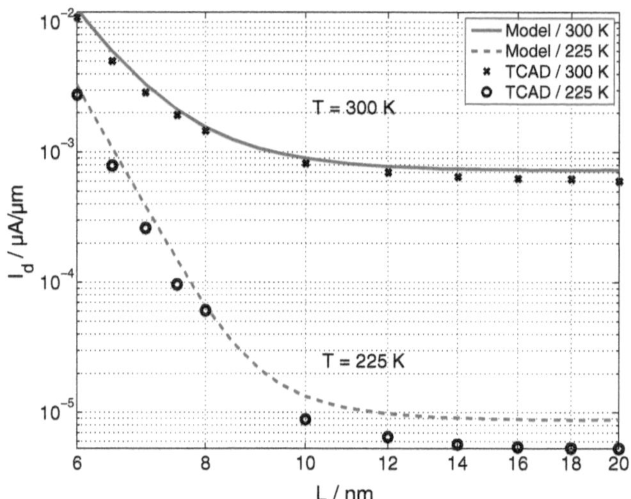

Bild 9.27 Leckstrom eines n-Kanal-Double-Gate-MOSFET mit Variation der Kanallänge bei U_{gs} = −0.2 V, U_{ds} = 0.05 V für die Temperaturen 300 K und 225 K. Die Linien zeigen das Resultat der Überlagerung von Tunnelstrom mit thermischem Emissionsstrom, die Symbole die Ergebnisse quantenmechanischer Simulationen. Für große Kanallänge wird der Leckstrom allein durch thermische Emission bestimmt. Hier zeigt sich eine große Temperaturabhängigkeit. Bei kleiner Kanallänge dominiert der Tunnelstrom, welcher einen weitaus geringeren Einfluss der Temperatur zeigt.

Verwenden Sie zur zweidimensionalen Simulation eines DG-MOSFET unter Berücksichtigung quantenmechanischer Effekte wie Confinement, Source-Drain-Tunnelstrom und ballistischen Transports den Simulator *NanoMOS* auf *http://nanohub.org/tools/nanomos.*

Verwenden Sie für eine schnellere Simulation des Kanalstroms in einem Ultra-Kurzkanal-FET unter Berücksichtigung von Source-Drain-Tunneln das numerisch effizientere Tool *cNEGF (Compact NEGF-Based Solver for Double-Gate MOSFETs)* auf *http://nanohub.org/resources/cnegfmos.*

9.4.2 Dreidimensionale Effekte in Multiple-Gate-MOSFETs

Wird der Kanal von mehr als zwei Gate-Elektroden umschlossen, dann erfolgt eine noch bessere Stromsteuerung als bei einem Double-Gate-MOSFET. Je nach Bauelementstruktur ist eine dreidimensionale Betrachtungsweise notwendig.

9.4.2.1 Bauelementstrukturen

Die Kurzkanaleffekte im DG-MOSFET sind umso geringer, je dünner die Siliziumschicht im Vergleich zur Kanallänge ist ($T_{Si} \ll L$). Eine gute Skalierbarkeit zu kleinsten Kanallängen kann also beispielsweise erreicht werden, wenn das Bauelement entsprechend dem Aufbau eines FDSOI-MOSFET in der dünnen Siliziumschicht an der Oberfläche eines SOI-Substrats hergestellt wird. Schwierigkeiten bereitet dabei aber die technologische Realisierung der unteren Gate-Elektrode. Diese soll beim DG-MOSFET nicht aus dem Substrat, sondern aus einer zusammen mit dem oberen Gate ansteuerbaren Elektrode bestehen.

Daher erfolgt die Realisierung eines Double-Gate-MOSFET in der Regel in senkrechter Anordnung auf dem Substrat. Bild 9.28a verdeutlicht dies. Ein senkrecht stehender Steg wird aus der oberen Siliziumschicht des SOI-Wafers geätzt. Die Höhe und damit die Dicke der SOI-Schicht bestimmt daher die Weite $W = H_{Si}$ des DG-MOSFET. Die Kanaldicke T_{Si} ergibt sich aus der Breite des Stegs. In der technologischen Realisierung wird das Gate von drei Seiten, also auch an der Oberfläche, aufgebracht (vgl. Bild 9.28b). Damit sind beide Gate-Elektroden elektrisch miteinander verbunden. Das im Vergleich zu den Seiten an der Oberseite dicke Dielektrikum verhindert einen Einfluss des Gates von oben auf den Kanalbereich, sodass sich das Verhalten eines Double-Gate-MOSFET ergibt. Die Form des Kanalbereichs ähnelt einer Flosse (engl. *fin*). Daher wird diese Bauelementstruktur auch häufig als *FinFET* bezeichnet.

Verringert man die Dicke der oberen Oxidschicht, dann kann von drei Seiten Einfluss auf das Potenzial im Kanalbereich genommen werden. Die elektrostatische Kontrolle der Gate-Elektrode wird weiter erhöht und damit der Einfluss von Kurzkanaleffekten noch mehr reduziert. Bild 9.28c zeigt diese Bauelementstruktur mit der Bezeichnung *Triple-Gate-MOSFET*.

Beim Triple-Gate-FET hat das Gate an der Unterseite den geringsten Einfluss auf das Kanalpotenzial. Dies kann verbessert werden, wenn die Gate-Elektroden an beiden Seiten tiefer als der Kanalbereich in das Substrat hineinreichen; dies ist in Bild 9.28d dargestellt. Die Form des Gates erinnert an den griechischen Buchstaben „Π“, man spricht daher hier von einem *Pi-Gate-FET*.

Eine weitere Verbesserung stellt das vollständige Umschließen des Kanals von allen Seiten dar, wie es in Bild 9.28e beim *Quadruple-Gate-FET* gezeigt ist. Hierbei ist aber wiederum die technologische Realisierung des unteren Gates herausfordernd. Der quadratische Querschnitt ist der spezielle Fall eines *Gate-All-Around-FET* (GAA-FET). Bild 9.28f zeigt die Form eines GAA-FET mit zylindrischem Querschnitt in Form eines *Nanowire*. Diese Form stellt elektrostatisch die optimale Bauelementstruktur dar.

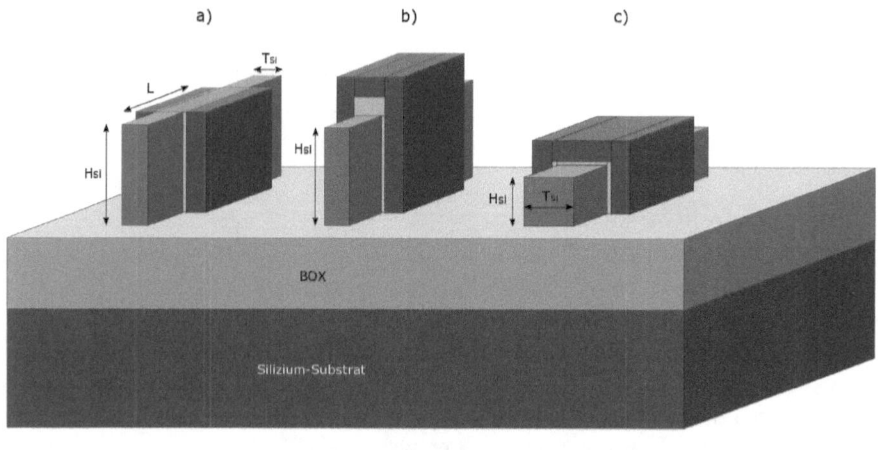

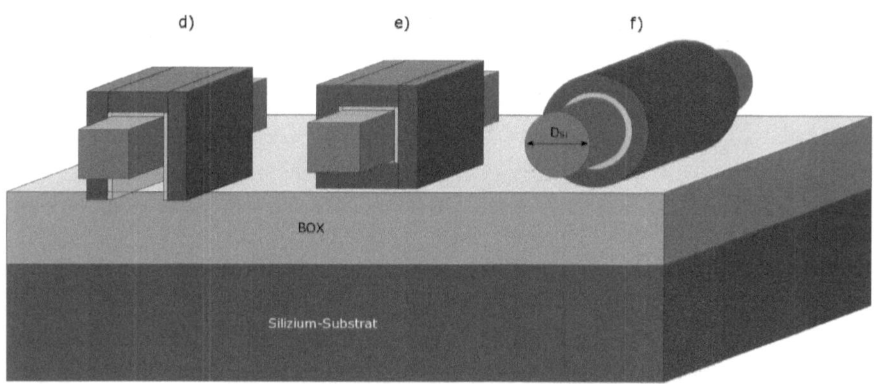

Bild 9.28 Strukturen von Multiple-Gate-MOSFETs auf SOI-Substrat. a) Double-Gate, b) FinFET, c) Triple-Gate-FET, d) Pi-Gate-FET, e) Quadruple-Gate-FET, f) Nanowire

In den Ecken des Kanalquerschnitts der Bauelemente b) bis e) ist die Feldstärke am größten, sodass hier bei steigendem Gate-Potenzial (n-Kanal-MOSFET vorausgesetzt) die starke Inversion zuerst erreicht wird. Dies illustriert Bild 9.29. Hierbei sind die Abmessungen des Kanalquerschnitts in jeder Dimension als groß genug (> 10 nm) vorausgesetzt, sodass Confinement-Effekte, wie sie in Bild 9.20 dargestellt sind, vernachlässigt werden können. Mit weiter steigendem Gate-Potenzial breitet sich der Inversionskanal dann entlang der gesamten Grenzfläche zum Dielektrikum aus. Im Nanowire-MOSFET nach Bild 9.29f) tritt dieser Effekt nicht auf.

Wie schon in Abschnitt 9.3.2 am Beispiel eines UTB-MOSFET erläutert, hat eine Realisierung der Bauelemente auf SOI-Substrat Vorteile hinsichtlich erheblich reduzierter Leckströme von Source und Drain in das Substrat und einer Verringerung der parasitären Kapazitäten. Allerdings bestehen auch Nachteile. Die schlechte Wärmeleitung des BOX erschwert das Abführen der im Kanal entstehenden Verlustleistung und führt daher zu einer Selbsterwärmung des Transistors. Weiterhin ist die Verwendung eines SOI-Substrats ein nicht zu vernachlässigender Kostenfaktor.

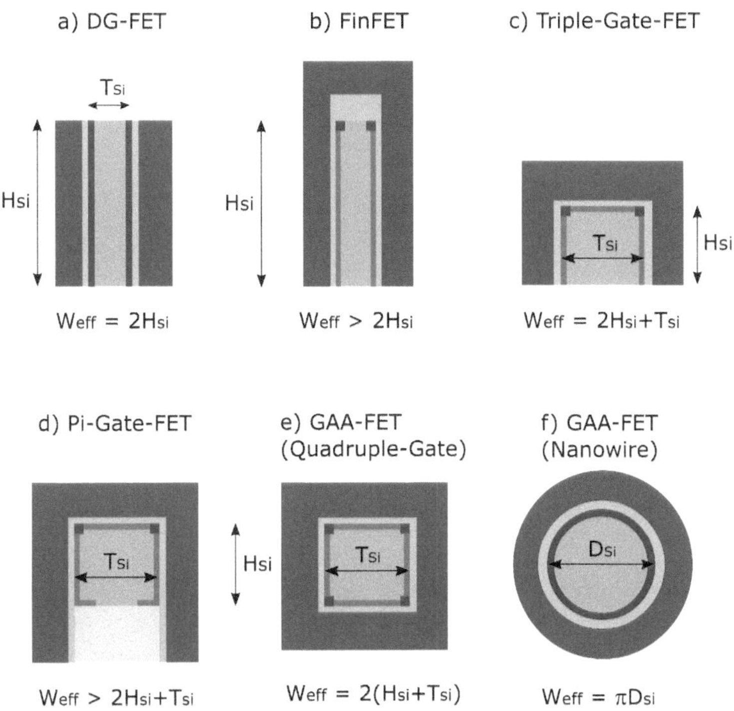

Bild 9.29 Querschnitte unterschiedlicher Multiple-Gate-Transistorstrukturen auf SOI-Substrat. Der sich für $U_{gs} > V_T$ ausbildende Inversionskanal ist rot gekennzeichnet. Hierbei sind die Stellen dunkel markiert, an denen sich beim Einschalten der Inversionskanal zuerst bildet.

Aus diesem Grund werden heutige FinFET-Technologien zum Teil aus herkömmlichem Bulk-Substrat hergestellt. Die Kanalstrukturen ätzt man mit RIE aus der Oberfläche des Siliziumwafers heraus. Eine Dotierung an der Unterseite des „Fin" dient zur Isolation des Kanalbereichs vom Substrat. Damit ist eine bessere Wärmeabfuhr als im SOI-Substrat gesichert. Ein *Bulk-FinFET* kann bezüglich Kurzkanaleffekten und Leckstromverhalten allerdings grundsätzlich nicht die gleiche Performance wie ein *SOI-FinFET* erreichen.

9.4.2.2 Strompfad

Betrachtet man ein Kurzkanalbauelement (die Kanallänge L kommt in die Größenordnung der Abmessungen des Kanalquerschnitts), dann haben die Potenziale von Source und Drain zunehmend Einfluss auf die Barriere im Kanal (DIBL-Effekt).

Bild 9.30 zeigt die Struktur eines n-Kanal-Triple-Gate-MOSFET auf SOI-Substrat mit Definition der Kanalabmessungen und das Potenzial entlang eines Pfads im Kanalquerschnitt für unterschiedliche Gate-Source-Spannungen. Die Ergebnisse wurde aus numerischen Berechnungen auf Basis der Finite-Elemente-Methode extrahiert. Ist der Transistor ausgeschaltet, dann fließt der Leckstrom zum größten Teil an der Unterseite des Kanals, in der Mitte zwischen den gegenüberliegenden Gates, nahe der Grenzfläche zum SOI-Substrat. Wird die Gate-Source-Spannung geringfügig über die Schwellspannung erhöht, dann ist aufgrund der erhöh-

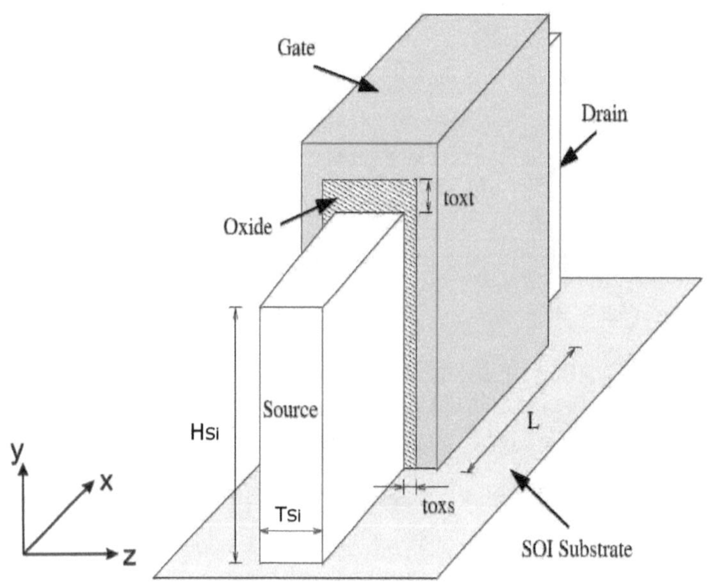

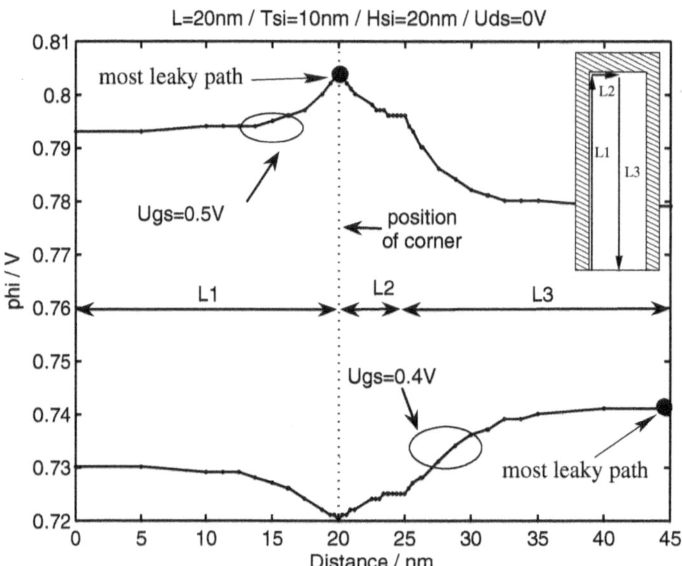

Bild 9.30 Definition der Geometrieabmessungen eines n-Kanal-Triple-Gate-MOSFET auf SOI-Substrat und numerische Ergebnisse für das Potenzial im Kanalquerschnitt in der Mitte zwischen Source und Drain. Die Drain-Source-Spannung U_{ds} beträgt 0 V. Das Potenzial entlang der Linien L1, L2 und L3 ist aufgetragen. Beträgt die Gate-Source-Spannung U_{gs} = 0.4 V (unterhalb der Schwellspannung), dann befindet sich der Pfad des Leckstroms (engl. *most leaky path*) am Ende der Linie L3, das heißt in der Kanalmitte an der Grenzfläche zum BOX des Substrats. Für U_{gs} = 0.5 V (oberhalb der Schwellspannung) ist das Potenzial in der Ecke des Querschnitts am größten. Daher entsteht hier als Erstes der Inversionskanal.

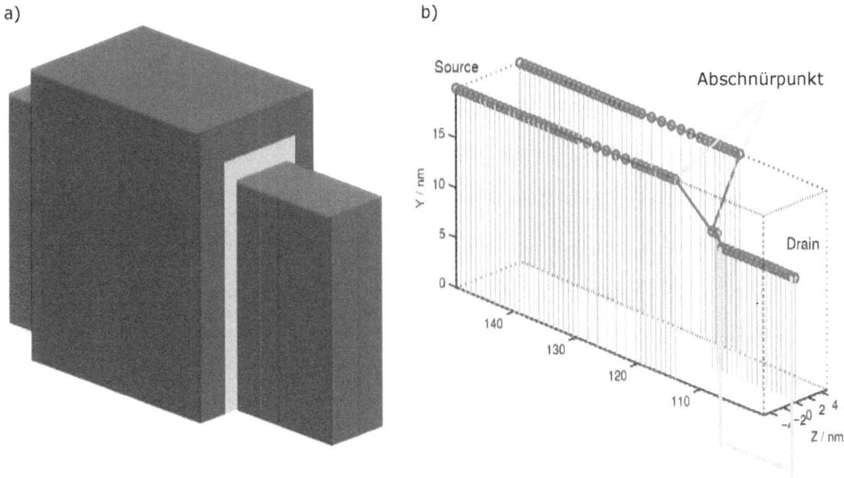

Bild 9.31 a) Struktur eines Triple-Gate-FET mit L = 50 nm, H_{Si} = 20 nm, T_{Si} = 10 nm. b) Verlauf der maximalen Stromdichte im Kanalquerschnitt entlang des Kanals im Sättigungsbetrieb. Am Abschnürpunkt verliert das Gate die Kontrolle über den Kanalbereich, der Strom breitet sich im gesamten Kanalgebiet aus. Das Maximum der Stromdichte liegt hier in der Mitte.

ten Feldstärke das Potenzial in den Ecken des Kanalquerschnitts am größten. Daher bildet sich hier der Inversionskanal zuerst aus.

Betrachtet man den Sättigungsbetrieb, dann verliert das Gate ab dem Abschnürpunkt im Kanal die Kontrolle über die Inversionsladung. Ab dieser Stelle wandern die Ladungsträger mit ihrer maximalen Driftsättigungsgeschwindigkeit zum Drain. Der Stromfluss breitet sich daher im Sättigungsbereich des Kanals über den gesamten Querschnitt aus. Bild 9.31 illustriert dies für einen Triple-Gate-FET. Im linearen Bereich des Kanals ist die Stromdichte in den oberen Ecken des Kanals maximal. Ab dem Abschnürpunkt zeigt sich das Maximum in der Kanalmitte.

Dieses Verhalten ist auch in der Transferkennlinie des Bauelements sichtbar. Bild 9.32 zeigt hierzu numerische Ergebnisse für unterschiedliche Kanallängen (ohne die Berücksichtigung von Quantisierungseffekten). Dargestellt sind der Strom I_{ds} und die auf den Strom normierte Transkonduktanz g_m / I_{ds}. Mit geringerer Kanallänge verschlechtert sich aufgrund von Kurzkanaleffekten wie dem DIBL-Effekt (vgl. Abschnitt 9.2.3.1) der Subthreshold-Swing; entsprechend steigt der Leckstrom bei gegebener Gate-Source-Spannung an.

Bild 9.32a zeigt die Ergebnisse für einen quadratischen Kanalquerschnitt mit den Abmessungen H_{Si} = 20 nm und T_{Si} = 20 nm. Hierbei hat die obere Gate-Elektrode einen Einfluss bis auf die Unterseite des Kanals, sodass die Kurzkanaleffekte nicht so stark ausgeprägt sind wie in Bild 9.32b. Bei einer Kanalhöhe von H_{Si} = 50 nm wird die Kanalunterseite nur von den seitlichen Gate-Elektroden beeinflusst. Kommt die Kanallänge in die Größenordnung der Kanaldicke T_{Si}, kommt es zu einer drastischen Verschlechterung des Subthreshold-Swing und starken Erhöhung des Leckstroms. Der Pfad der maximalen Stromdichte verschiebt sich bei Überschreiten der Schwellspannung von der Mitte der Kanalunterseite in die Ecken des Querschnitts. Dies zeigt sich in einem „Buckel“ in der Transkonduktanzkennlinie.

Stellt man die Bildung des Inversionskanals an unterschiedlichen Stellen für verschiedene Gate-Source-Spannungen als individuelle Schwellspannungen dar, resultiert ein unterschied-

a)

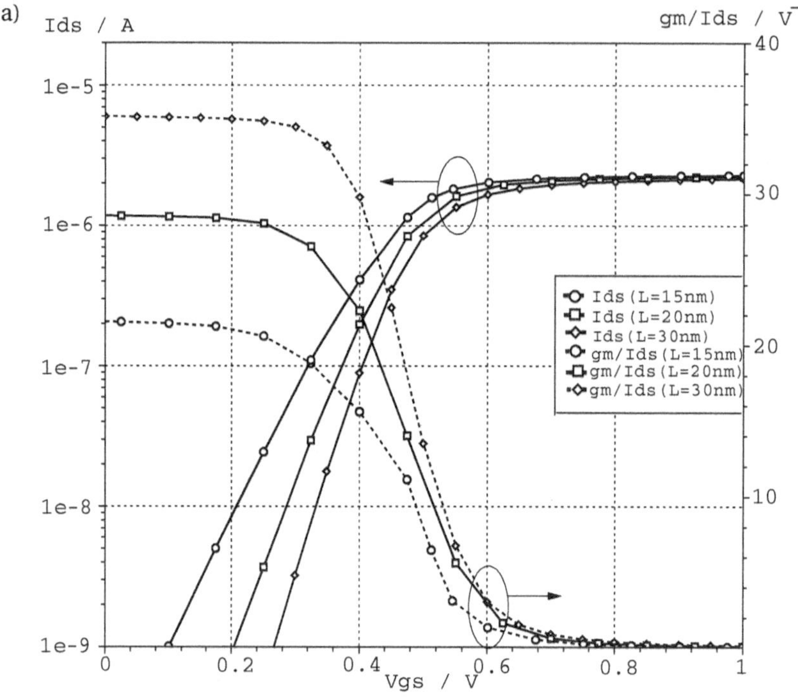

b)

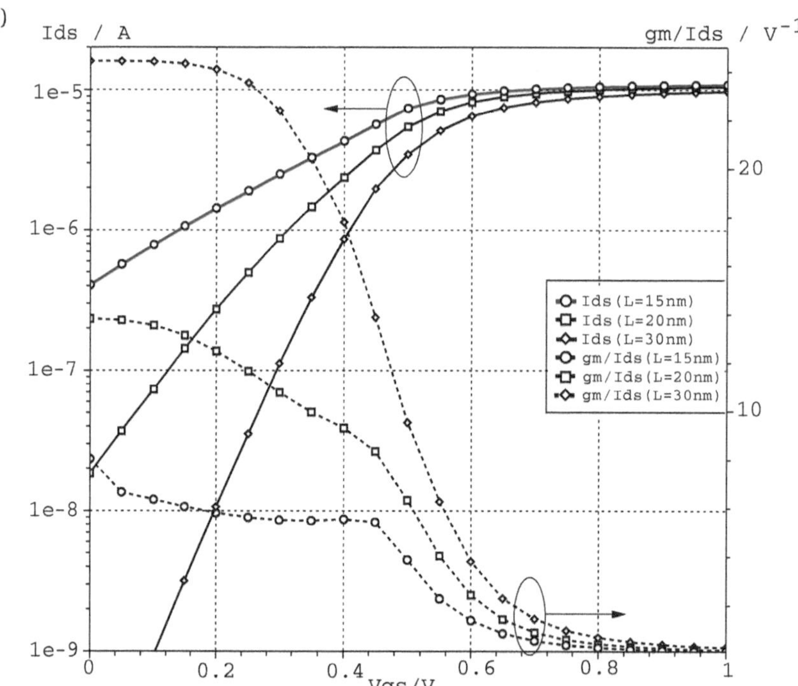

Bild 9.32 Transferkennlinien $I_{ds}(U_{gs})$ und bzgl. Drain-Strom normalisierte Transkonduktanz g_m/I_{ds} von Triple-Gate-MOSFETs entsprechend Bild 9.30 mit unterschiedlicher Kanallänge L für U_{ds} = 0.05 V. a) H_{Si} = 20 nm, T_{Si} = 20 nm, b) H_{Si} = 50 nm, T_{Si} = 20 nm

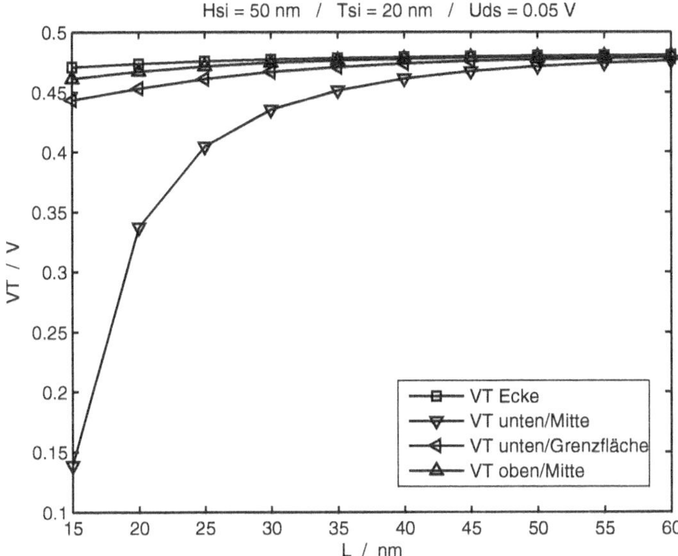

Bild 9.33 Individuelle Schwellspannungen für verschiedene Stellen im Kanalquerschnitt eines n-Kanal-Triple-Gate-MOSFET nach Bild 9.30 in Abhängigkeit von der Kanallänge L. Als Schwellspannung wurde die Gate-Source-Spannung ermittelt, bei der an den jeweiligen Stellen ein Potenzial entsprechend der Bedingung für starke Inversion erreicht wurde. In der Mitte der Kanalunterseite haben die Potenziale von Source und Drain den größten Einfluss, sodass hier deren Einfluss auf die Schwellspannung bei sinkender Kanallänge am größten ist. Dagegen sind in den Ecken die Kurzkanaleffekte am geringsten.

licher Einfluss der Kanallänge. Bild 9.33 zeigt numerische Ergebnisse. Der V_T *roll-off* (vgl. Abschnitt 9.2.3.1) ist in der Mitte der Kanalunterseite am größten. Dagegen sind die Kanalecken nahezu frei von diesem Kurzkanaleffekt.

Allgemein lässt sich feststellen, dass der DIBL-Effekt in dem Bereich innerhalb des Kanalquerschnitts am größten ist, welcher die größte Distanz zu den Gate-Elektroden aufweist. Hier ist im ausgeschalteten Zustand die Potenzialbarriere für die Ladungsträger aus dem Source-Gebiet am geringsten. Der mit sinkender Kanallänge ansteigende Leckstrom fließt daher zum größten Teil in diesem Bereich des Querschnitts.

In Bild 9.34 ist der Pfad des Leckstroms im Querschnitt verschiedener Multiple-Gate-Transistorstrukturen eingezeichnet. Für Strukturen a) und b) ist dieser Bereich entlang des Querschnitts ausgedehnt. Für die Strukturen c) und d) ist die Fläche und damit der Leckstrom reduziert. In den Bauelementen e) und f) fließt der Leckstrom im Zentrum des Querschnitts. Die im Vergleich zu a)–d) kleinste Fläche verdeutlicht, dass ein GAA-FET die ideale Struktur ist, um den Leckstrom im Bauelement möglichst gering zu halten.

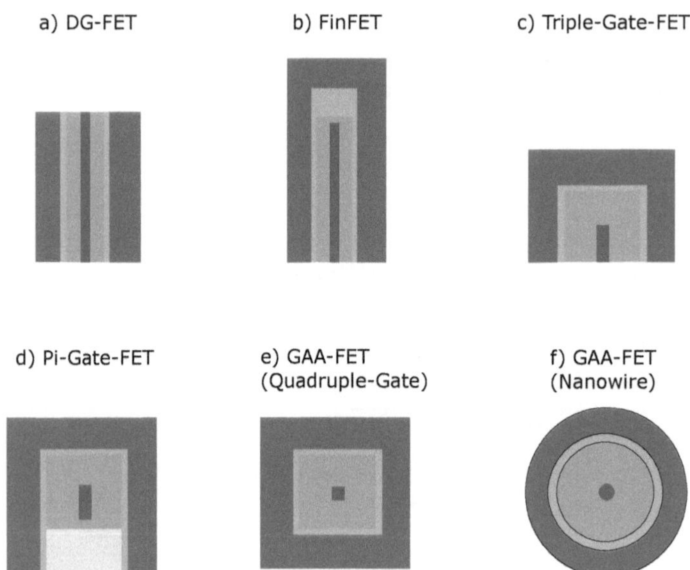

Bild 9.34 Querschnitte unterschiedlicher Multiple-Gate-Transistorstrukturen auf SOI-Substrat. Markiert ist der Bereich, auf den das Gate den geringsten elektrostatischen Einfluss hat. Daher fließt hier im Kurzkanal-Transistor der Leckstrom, wenn das Source- und Drain-Potenzial auf die Barriere im Kanal Einfluss nehmen (DIBL-Effekt).

9.4.2.3 Skalierung im Schaltungsdesign

Bei einer planaren Anordnung der Gate-Elektrode wie in Bulk- und UTB-MOSFETs sind für den Schaltungsdesigner die Kanallänge L und Kanalweite W die einzigen Strukturparameter, welche im Layout individuell festgelegt werden können. Das Verhältnis W/L bestimmt in den vereinfachten Gleichungen nach Abschnitt 7.3.4 und der verbesserten Formulierung entsprechend Abschnitt 9.2.2 den Kanalstrom. Die Fläche $W \cdot L$ definiert die Gate-Kapazität.

Mit Einführung eines planaren Double-Gate-MOSFET nach Abschnitt 9.4.1 bleiben diese Freiheiten für den Designer noch erhalten. Mit der Realisierung einer Double-Gate-Struktur in senkrechter Ausführung, wie in Bild 9.28a dargestellt, kann der Designer nur noch die Kanallänge L im Layout festlegen. Die Kanalweite wird durch die Dicke H_{Si} der Halbleiterschicht auf dem BOX bestimmt, aus welcher die Kanalstruktur freigeätzt wird. Nimmt man eine nicht zu geringe Dicke T_{Si} an, kann der Double-Gate-Transistor vereinfacht als Parallelschaltung zweier Single-Gate-MOSFETs betrachtet werden, sodass die gesamte effektive Kanallänge mit $W_{eff} = 2H_{Si}$ gegeben ist. Dies gilt näherungsweise auch für einen FinFET entsprechend der Struktur in Bild 9.28b mit dickem Oxid auf der Oberseite, bei dem der Inversionskanal sich nur entlang der Seitenflächen ausbildet. Entsprechend dieser Überlegungen sind in Bild 9.29 die effektiven Kanallängen der übrigen Multiple-Gate-Transistorstrukturen angegeben. Dem Schaltungsdesigner bietet sich nur die Möglichkeit, durch Parallelschaltung mehrerer gleichartiger Transistoren die damit erreichte gesamte Kanalweite zu vergrößern. Diese kann dann aber nur ein ganzzahliges Vielfaches von W_{eff} eines Transistors betragen.

9.4.3 Nanosheet-MOSFET

9.4.3.1 Grundstruktur

Für eine Leistungssteigerung in der Mikroelektronik ist die Steigerung der Funktionalität pro Chipfläche notwendig. Verfolgt man das Konzept des Mutiple-Gate-MOSFET, dann bietet zwar der GAA-FET die elektrostatisch beste Kontrolle des Kanalbereichs durch die Gate-Elektrode und zeigt die geringsten Kurzkanaleffekte. Allerdings liegen die Abmessungen des Querschnitts eines GAA-FET im Bereich von wenigen Nanometern. Die effektive Kanalweite entspricht ungefähr dem Umfang des Nanowires. Dessen Strombelastbarkeit ist allerdings so gering, dass für ein robustes Schaltungsdesign eine Parallelschaltung mehrerer Nanowires vorgesehen werden muss.

Diese können beispielsweise vertikal übereinander angeordnet werden, was technologisch sehr herausfordernd ist. Hierzu wird zunächst eine Heterostruktur aus mehreren Lagen eines Halbleiters und dazwischenliegenden Opferschichten aufgebracht. Nach der Strukturierung des Fin erfolgt in einem weiteren Ätzschritt die Entfernung dieser Opferschichten. Es entstehen vertikal gestapelte, parallele Nanowires.

Eine Parallelschaltung mehrerer nebeneinander liegender Nanowires ist dagegen wesentlich einfacher zu realisieren. Dies ist in Bild 9.35a dargestellt. Allerdings wird der Abstand der Nanowires zueinander durch die Notwendigkeit der Fertigung der Gate-Elektrode und der Dielektrika zwischen den Strukturen bestimmt. Dies reduziert den mit Nanowires erreichbaren Einschaltstrom pro Fläche im Layout gegenüber anderen Multiple-Gate-Strukturen erheblich [20].

Aus diesem Grund verfolgt man zur weiteren Miniaturisierung in kommerziellen Technologien die Struktur eines *Nanosheet-MOSFETs*, wie er in Bild 9.35c dargestellt ist. Hierbei wird das Konzept eines Double-Gate-MOSFETs verfolgt. Allerdings ist die Dicke des Kanalbereichs (in der Richtung von Gate zu Gate) nur ca. 2 bis 3 nm dünn, sodass eine ausreichend gute elektrostatische Kontrolle der Potenzialbarriere im Kanal erzielt wird.

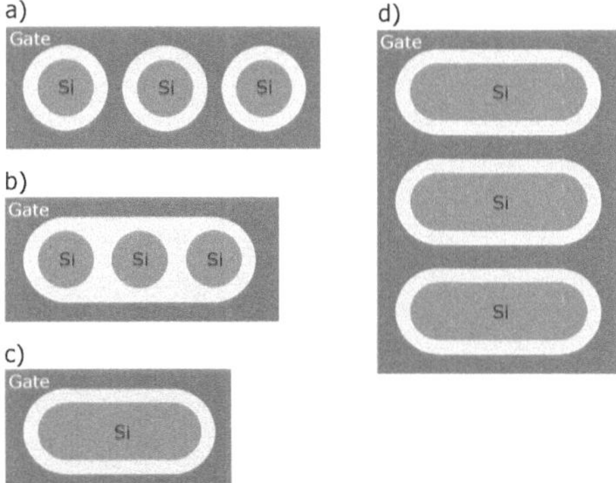

Bild 9.35 a) Die technologisch einfachere Anordnung mehrerer parallel geschalteter Nanowires in der horizontalen Ebene benötigt viel Chipfläche. b) Effizienter ist das Weglassen der zwischenliegenden Gate-Elektroden, wenn der Durchmesser des Nanowires dünn genug ist (< 3 nm), und damit eine ausreichende elektrostatische Kontrolle durch das Gate möglich ist. c) Ein vergleichbarer Kanalquerschnitt und damit auch ein gleicher Kanalstrom kann auch durch das Verschmelzen der Nanowires zu einem Nanosheet erreicht werden, wodurch nochmals die Breite der Struktur sinkt. d) Durch Stapeln mehrerer Nanosheets kann der Kanalstrom je Chipfläche weiter erhöht werden.

Zur weiteren Erhöhung des erreichbaren Einschaltstroms pro Chipfläche werden mehrere Nanosheets (heute ca. 2 bis 4) im gleichen Transistor gestapelt (siehe Bild 9.35d). Da die dünnen Halbleiterschichten (engl. *sheets*) des Kanalbereichs entgegen der Darstellung des Double-Gate-MOSFET in Bild 9.28a nicht vertikal aufgebaut werden, sondern in der Ebene des Substrats liegen, haben die Dicken der notwendigen Dielektrika und Gate-Elektroden zwischen den Nanosheets keine Auswirkungen auf die Abmessungen des Transistors im Layout.

Bis zur 5-nm-Technologie war der FinFET die primär gefertigte Transistorstruktur in der Großserie. Mit Drucklegung dieses Buchs bereiten die drei wirtschaftlich größten Halbleiterhersteller im Zuge der 3-nm-Technologie den Übergang zu Nanosheet-FETs vor.

Die Architektur des Nanosheet-FETs ist auch die Grundlage für die Realisierung von Feldeffekttransistoren auf Basis zweidimensionaler Halbleitermaterialien (siehe Abschnitt 10.8).

9.4.3.2 CMOS-Technologie

In der CMOS-Technologie sind Transistoren mit n-Kanal- und p-Kanal-Funktionalität zu integrieren. Innerhalb eines Logikgatters sind die Gate-Elektroden zweier komplementärer Typen verbunden. Realisiert man dies mit einer Nanosheet-Transistorstruktur wie in Bild 9.36a dargestellt, ist der minimale Abstand zwischen einem p- und n-Kanal-MOSFET durch die zwischenliegenden Gate-Elektroden und Dielektrika bestimmt.

Eine wesentlich kompaktere Realisierung zeigt Bild 9.36b. Bei dieser gabelartigen Struktur, welche als *Forksheet-FET* (von engl. *fork* für *Gabel*) bezeichnet wird, ist der Abstand zwischen zwei komplementären Transistoren durch ein gemeinsames, relativ dickes Dielektrikum (ohne Gate-Elektroden) reduziert und erlaubt damit eine höhere Packungsdichte [21].

Ein weitere Erhöhung der Integrationsdichte wurde mit dem Konzept des sogannten *CFET (Complementary FET)* vorgestellt [22]. Wie in Bild 9.36c dargestellt, werden hierbei die Nanosheets eines n-Kanal- und p-Kanal-Transistors vertikal gestapelt und auf diese Weise nochmals erheblich Chipfläche eingespart.

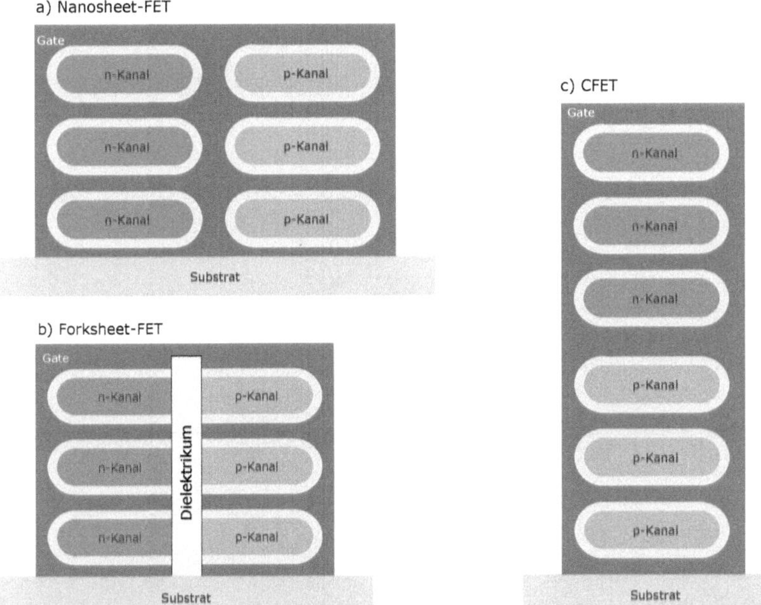

Bild 9.36 Realisierung komplementärer Transistortypen in Nanosheet-Architektur mit gemeinsamer Gate-Elektrode: a) Eine Anordnung nebeneinander benötigt die meiste Chipfläche. b) Forksheet-FET mit platzsparender Trennung der beiden Transistortypen durch ein gemeinsames Dielektrikum zur elektrostatischen Abschirmung. c) Eine Architektur mit vertikalem Stapeln der Nanosheets beider komplementärer Transistortypen wird als CFET bezeichnet und benötigt die geringste Chipfläche.

9.5 Wiederholungsfragen

1. Was bezeichnet man als das „Moore'sche Gesetz"?
2. Nennen Sie zwei Gründe, warum eine Verkleinerung der Strukturgrößen in einer erhöhten Schaltgeschwindigkeit der MOS-Transistoren resultiert.
3. Was bezeichnet man als „selbstjustiertes Gate"? Was sind die Vorteile?
4. Was sind die Vorteile einer metallischen Gate-Elektrode? Welche Schwierigkeiten ergeben sich bei der Herstellung?
5. Durch welche technologischen Maßnahmen wurden in der CMOS-Technologie die Signallaufzeiten auf den Verbindungsleitungen reduziert?
6. Erläutern Sie, warum verspannte Halbleiterstrukturen eine erhöhte Beweglichkeit aufweisen können. Welche Art der Verspannung muss in der Siliziumtechnologie für eine Performance-Steigerung der unterschiedlichen Transistortypen gewählt werden?
7. Warum weist Hafniumoxid als Dielektrikum im MOSFET Vorteile gegenüber Siliziumoxid auf?
8. Warum sind in Multiple-Gate-MOSFETs Kurzkanaleffekte reduziert?

9. Nennen und erläutern Sie zwei Kurzkanaleffekte, welche die Schwellspannung beeinflussen.
10. Wie lässt sich die Schwellspannungsverschiebung aufgrund des DIBL-Effekts aus der Transferkennlinie extrahieren?
11. Warum verschlechtert sich mit Verkürzung der Kanallänge der Subthreshold-Swing im MOSFET? Welchen idealen Wert erreicht er im Langkanaltransistor bei einer Temperatur von 300 K?
12. Was versteht man unter „Punch-Through"?
13. Aus welchem Grund wurden LDD-Strukturen eingeführt? Warum waren sie in modernen Technologien mit einer Kanallänge von weniger als 0.25 µm nicht mehr nötig?
14. Beschreiben Sie die Unterschiede zwischen Standard-LOCOS und Trench-Isolation.
15. Welche Vorteile zeigen MOSFETs auf SOI-Substrat? Welche Nachteile können auftreten?
16. Beschreiben Sie zwei Herstellungsverfahren für SOI-Wafer.
17. Zeichnen Sie den Querschnitt eines CMOS-Inverters in UTB-Technologie.
18. Erläutern Sie den Unterschied zwischen PDSOI und FDSOI.
19. Was versteht man unter „Random-Dopant-Fluctuation"? Welche Bedeutung hat es in Nanostruktur-MOSFETs?
20. Warum kommt es im Double-Gate-MOSFET für einen geringen Abstand zwischen den Gate-Elektroden zur Ausbildung von Subbändern? Wie beeinflussen diese das Bauelementverhalten?
21. Was bedeutet „quasiballistischer Transport" im MOSFET? Warum zeigt die Kanallänge L keinen Einfluss auf den ballistischen Strom im Kanal?
22. Was versteht man unter „Source-Drain-Tunneln"?
23. Nennen Sie mindestens drei unterschiedliche Multiple-Gate-Transistorstrukturen und zeichnen Sie zugehörige Kanalquerschnitte. Kennzeichnen Sie die Position des „most leaky path".
24. Warum entsteht in Multiple-Gate-MOSFETs für steigende Steuerspannung der Inversionskanal zuerst in den Ecken des Kanalquerschnitts?
25. Warum ist in einem GAA-MOSFET der „most leaky path" im Zentrum des Kanalquerschnitts?
26. Welche Vorteile/Nachteile bietet ein Bulk-FinFET gegenüber einem FinFET auf SOI-Substrat?
27. Welche Einschränkungen ergeben sich für den Schaltungsdesigner bei Multiple-Gate-Technologien?
28. Erläutern Sie die Vorteile von Nanosheet-MOSFETs gegegenüber GAA-FETs.
29. Was ist die Voraussetzung, dass Double-Gate-MOSFET als Nanosheet-MOSFET bezeichnet wird?
30. Welche Möglichkeiten gibt es zur platzsparenden Integration komplementärer Nanosheet-MOSFETs?
31. Zeichnen Sie Querschnitte von FinFET, GAA-FET, Nanosheet-FET, Forksheet-FET und CFET.

9.6 Übungen

Übung 9.1

Betrachtet werde ein DG-MOSFET aus Silizium mit einer Kanallänge $L = 1\ \mu\text{m}$ und Kanalweite $W = 1\ \mu\text{m}$. In welchem Abstand zum Leitungsband liegt im Kanalgebiet jeweils die Unterkante des ersten und zweiten Subbands für eine Kanaldicke von 10 nm bzw. 5 nm? Nehmen Sie hierfür idealisiert einen unendlich tiefen Potenzialtopf an. Die effektive Masse der Ladungsträger betrage $m^* = 0.5 m_0$.

Übung 9.2

Ein n-Kanal-DG-MOSFET aus Silizium lässt sich für nicht zu kleine Kanaldicke (es gelte $T > 20$ nm) näherungsweise als zwei parallel geschaltete Bulk-MOSFETs betrachten. An jeder der beiden Grenzflächen zwischen Halbleiter und Oxid kann ein Inversionskanal entstehen. Gegeben sei ein „lightly-doped" Silizium-DG-MOSFET mit metallischem Gate und einer Source/Drain-Dotierungskonzentration $N_{\text{sd}} = 10^{20}\ \text{cm}^{-3}$ und einer Kanaldotierung in Höhe von $N_{\text{ch}} = 10^{15}\ \text{cm}^{-3}$. Die Flachbandspannung V_{fb} betrage 0 V.

a) Zeichnen Sie für $U_{\text{gs}} = V_{\text{fb}}$ und $U_{\text{ds}} > 0$ das Bändermodell im Schnitt von Source zu Drain. Unterscheiden Sie zwischen einem Schnitt entlang einer der beiden Grenzflächen zum Oxid und entlang der Kanalmitte. Ergänzen Sie das Bändermodell im Schnitt von Gate zu Gate in der Kanalmitte. Die Temperatur betrage $T = 300$ K.

b) Zeichnen Sie für die gleichen Schnitte wie in der Teilaufgabe a) das Bändermodell für den Betrieb in starker Inversion.

9.7 Lösungen

Übung 9.1

Es gilt:

$$\varepsilon_n = \frac{(\hbar k_n)^2}{2m^*} = \frac{\hbar^2 \pi^2 n^2}{2m^* T_{\text{Si}}^2}$$

Mit $T_{\text{Si}} = 10$ nm:

$\varepsilon_1 = 1.22 \cdot 10^{-21}\ \text{Js} = 7.6\ \text{meV}$ $\quad \varepsilon_2 = 4.87 \cdot 10^{-21}\ \text{Js} = 30.4\ \text{meV}$

Mit $T_{\text{Si}} = 5$ nm:

$\varepsilon_1 = 4.87 \cdot 10^{-21}\ \text{Js} = 30.4\ \text{meV}$ $\quad \varepsilon_2 = 1.95 \cdot 10^{-20}\ \text{Js} = 121.6\ \text{meV}$

Übung 9.2

a) Abstand des Fermi-Niveaus von der Bandmitte im Kanal:

$$q\phi_\mathrm{f} = k_\mathrm{B} T \ln\left(\frac{N_\mathrm{ch}}{n_\mathrm{i}}\right) = 0.287\ \mathrm{eV}$$

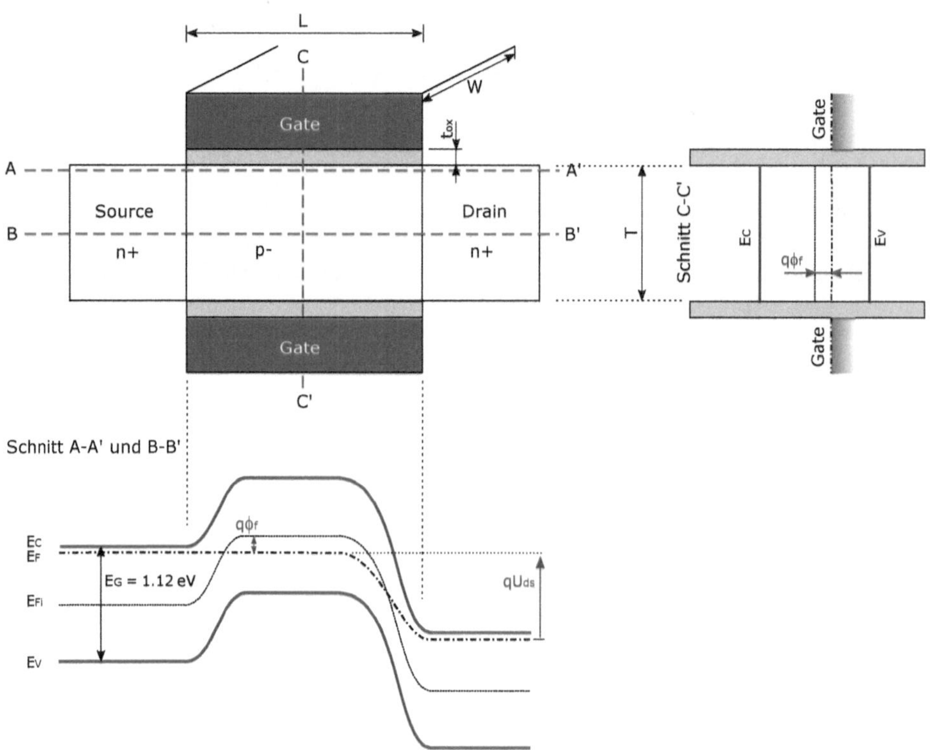

b) Siehe Bild 9.19.

10 Alternative Nanostruktur-MOSFETs

Der konventionelle MOSFET, wie er in den vorherigen Kapiteln vorgestellt wurde, basiert auf Ladungstransport in einem Inversionskanal. Er wird auch als *Inversion-Mode-MOSFET* (IM-MOSFET) bezeichnet. Die physikalisch bedingten Grenzen seiner Skalierbarkeit bezüglich Strukturgröße und Betriebsspannung sowie fertigungstechnische Probleme wurden in Kapitel 9 aufgezeigt.

In diesem Kapitel werden neuartige, alternative Strukturen für nanoskalierte MOS-Transistoren vorgestellt, welche zum Zeitpunkt der Drucklegung dieses Buchs im Labormaßstab bereits realisiert wurden oder zumindest angedacht sind. Es werden ihre physikalische Funktionsweise sowie ihre Vor- und Nachteile diskutiert. Sie stehen im Fokus als Bauelemente, welche möglicherweise in bestimmten Applikationen den konventionellen MOSFET ablösen werden.

Lernziele

Die Lernenden ...

- kennen die Funktionsweise neuartiger nanoskalierter MOS-Transistorstrukturen,
- können deren Vorteile im Vergleich zu konventionellen MOSFETs einschätzen,
- können zukünftige Transistortechnologien bezüglich ihrer Skalierbarkeit und Performance bewerten.

10.1 Ziele für alternative Transistorstrukturen

In Abschnitt 8.2 wurde die Leistungsaufnahme von CMOS-Digitalschaltungen betrachtet. Bei der klassischen MOS-Transistortechnologie steht einer weiteren Steigerung der Performance die damit ansteigende Verlustleistung entgegen. Nur durch eine Reduzierung der Versorgungsspannung U_{DD} deutlich unter 1 V kann bei steigender Taktfrequenz die Verlustleistung gesenkt werden. Mit einer Verkleinerung der Betriebsspannung geht allerdings eine Absenkung der Einschaltströme I_{on} einher. Damit verbunden ist eine reduzierte Geschwindigkeit der Digitalschaltung aufgrund der im Schaltvorgang umzuladenden Kapazitäten der Verbindungsleitungen und Bauelemente. Bild 10.1 illustriert qualitativ diesen Zusammenhang.

Ein Optimum ergibt sich, wenn das Produkt aus Leistungsaufnahme und Verzögerungszeit ein Minimum erreicht. Das Produkt wird auch als *Power-Delay-Produkt* oder *Switching-Energy*

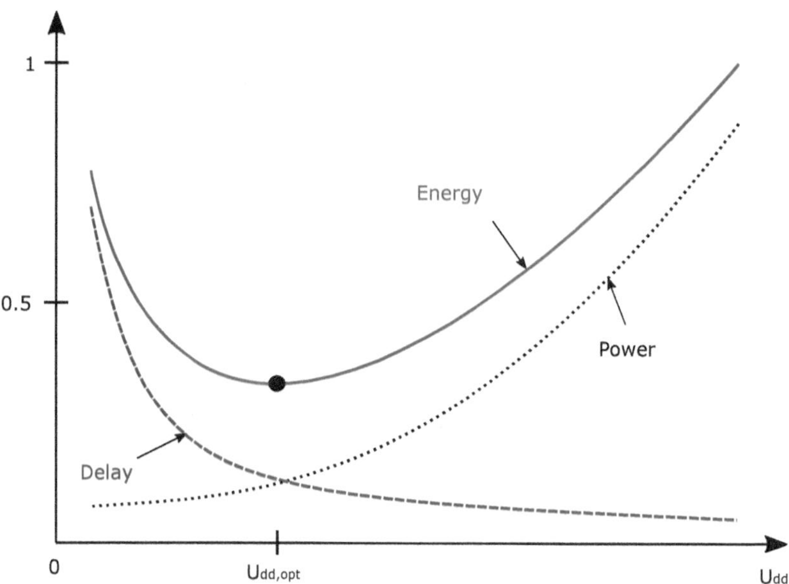

Bild 10.1 Qualitativer Verlauf der Leistungsaufnahme (Power), der Gatterlaufzeit (Delay) und der notwendigen Energie für einen Schaltvorgang (Energy)

bezeichnet; also die Energie, welche für einen Schaltvorgang aufgewendet werden muss. Bei aktuellen Technologien erwartet man das Optimum für eine Versorgungsspannung von ca. $U_{DD} = 0.3$ V. Gegenüber der heute verwendeten minimalen Spannung von ca. 1 V ist also eine drastische Absenkung erforderlich.

Kurzkanaleffekte wie DIBL oder die Verschlechterung des Subthreshold-Swing bei Reduzierung der Kanallänge eines MOSFET, wie sie in Abschnitt 9.2.3 diskutiert wurden, verhindern heute aber eine weitere Absenkung der Versorgungsspannung. Neue Bauelementkonzepte wie Multiple-Gate-MOSFETs (vgl. Abschnitt 9.4) können zwar diese Kurzkanaleffekte mindern und erlauben so eine weitere Skalierung der Bauelementgeometrie. Der bestmöglich erreichbare Anstieg im Subthreshold-Betrieb ist aber auch in diesen Transistoren mit der Beziehung nach Gleichung (9.32) auf ca. 60 mV/Dek bei $T = 300$ K begrenzt, denn alle diese Bauelemente basieren auf dem gleichen grundlegenden Konzept zur Stromsteuerung. Sie erfolgt durch Modulation einer Potenzialbarriere, die der Kanalstrom durch thermische Emission überwinden muss.

Bild 10.2 verdeutlicht den Zusammenhang. Bei unverändertem Subthreshold-Swing resultiert eine Absenkung der Versorgungsspannung von U_{DD} auf U'_{DD} bei gleichem geforderten Leckstrom I_{off} in einem reduzierten Einschaltstrom I'_{on}. Damit verbunden wäre eine Erhöhung der Gatterlaufzeiten. Umgekehrt würde ein Festhalten am Einschaltstrom I_{on} bei abgesenkter Versorgungsspannung zu einem Anstieg des Leckstroms um mehrere Größenordnungen auf I'_{off} und damit eine erhöhte Leistungsaufnahme bewirken. In beiden Fällen verschlechtert sich das Verhältnis von I_{on}/I_{off} um mehrere Größenordnungen und entspricht nicht mehr den Anforderungen der digitalen Schaltungstechnik.

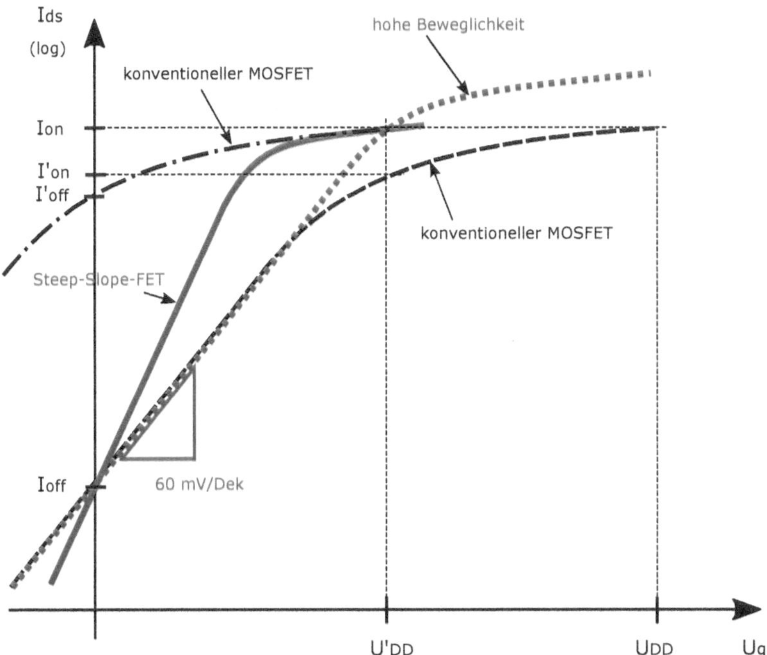

Bild 10.2 Transferkennlinie eines konventionellen MOSFET im Vergleich zu neuen Transistorkonzepten. Ziel ist die Reduzierung der Versorgungsspannung U_{DD} bei gleichem Verhältnis I_{on}/I_{off}.

Eine geringfügige Verbesserung erhofft man sich in einer Erhöhung von I_{on} durch eine Reduzierung der parasitären Bahnwiderstände in Source/Drain oder vergrößerte Beweglichkeit der Ladungsträger. MOSFETs mit erhöhter Beweglichkeit betrachten wir in Abschnitt 10.2.

Eine grundlegende Lösung des Problems verspricht man sich von neuartigen Konzepten, welche eine Stromsteuerung mit weitaus größerer Steilheit in der Transferkennlinie erwarten lassen. Diese Bauelemente werden unter dem Begriff *Steep-Slope-Switches* zusammengefasst. Entsprechend der Darstellung in Bild 10.2 ist damit bei reduzierter Versorgungsspannung die Beibehaltung des Verhältnisses I_{on}/I_{off} möglich.

Entsprechend (9.32) ist der Subthreshold-Swing das Produkt zweier Faktoren:

$$S = \frac{\mathrm{d}U_{gs}}{\mathrm{d}\log_{10} I_{ds}} = \frac{\mathrm{d}U_{gs}}{\mathrm{d}\psi_{s,min}} \cdot \frac{\mathrm{d}\psi_{s,min}}{\mathrm{d}\log_{10} I_{ds}} = \frac{C'_{rlz} + C'_{ox}}{C'_{ox}} u_{th} \ln(10) = \eta u_{th} \ln(10) \qquad (10.1)$$

Will man S verringern, so ergeben sich prinzipiell zwei Möglichkeiten. Diese sind in Bild 10.3 grafisch dargestellt.

- Die Reduzierung des Terms $\mathrm{d}\psi_{s,min}/\mathrm{d}\log_{10} I_{ds}$ würde eine Vergrößerung des Anstiegs ergeben. Beim klassischen MOSFET ist dieser Zusammenhang aber durch die Potenzialbarriere in Verbindung mit der Fermi-Verteilung gegeben. Daraus ergibt sich die Anzahl der Ladungsträger, welche die Potenzialbarriere zum Kanal überwinden können. Entsprechend Abschnitt 9.2.2.2 ergibt sich für den Faktor ein Wert von $u_{th} \ln(10)$. Eine Abweichung davon ist nur durch ein grundsätzlich anderes Prinzip zur Steuerung des Ladungstransports in den Kanal des Transistors möglich. Möglichkeiten hierzu bieten der *Tunnel-Feldeffekttransistor (TFET)* und *Impact-Ionization-FET (IFET* oder *I-MOS).*

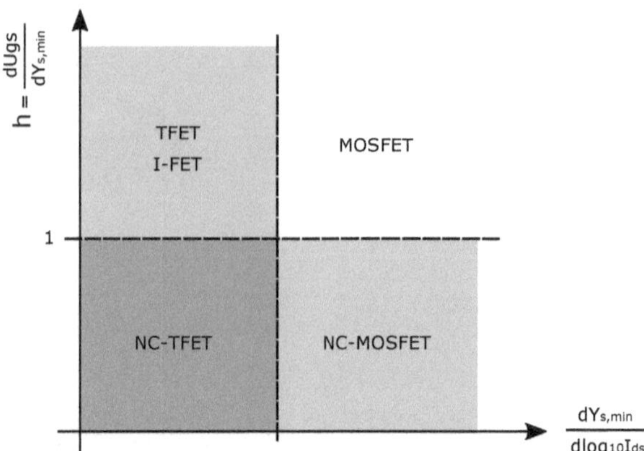

Bild 10.3 *Steep-Slope-Switches* in der Übersicht. Eine Verringerung des Subthreshold-Swing kann durch Verkleinerung der auf beiden Achsen aufgetragenen Faktoren erreicht werden.

- Im klassischen Fall gilt minimal $\eta \approx 1$. Dies ist für $C'_{ox} \gg C'_{rlz}$ gegeben, was durch die Verwendung von High-k-Materialien, eine niedrige Kanaldotierung und kleinen Kanalquerschnitt in einem Multiple-Gate-MOSFET erreicht werden kann. Eine weitere Reduzierung mit $\eta < 1$ verlangt quasi eine „Verstärkung“ der Gate-Spannung. Dies lässt sich durch die Integration einer *negativen Kapazität* realisieren. Auf diesem Prinzip basiert der *Negative-Capacitance-MOSFET (NC-MOSFET)*.

Eine Kombination beider Möglichkeiten stellt der *Negative-Capacitance-Tunnel-FET (NC-TFET)* dar.

Die nachfolgend vorgestellten neuartigen Transistorprinzipien sind im Jahr 2023 Gegenstand der Forschung. Sie wurden bis zum Zeitpunkt der Drucklegung dieses Buchs nur experimentell realisiert und in noch keiner kommerziellen Technologie für die Großserie verwendet.

10.2 High-Mobility-Channel-FET

Durch die Verwendung von Halbleitermaterialien mit höherer Ladungsträgerbeweglichkeit kann der Einschaltstrom I_{on} gesteigert werden oder der in herkömmlicher Technologie erreichte Strom bei geringerer Gate-Spannung erreicht werden.

Im Allgemeinen haben III-V-Halbleiter eine höhere Elektronenbeweglichkeit als Silizium und stellen daher ein alternatives Material für den Kanal eines n-Kanal-MOSFET dar. Eine Erhöhung der Löcherbeweglichkeit lässt sich damit aber nicht erzielen. Hierfür sind Ge oder SiGe vorteilhaft, weisen sie doch eine höhere Beweglichkeit für p-MOSFETs auf. Eine Kombination mit verspannten Strukturen zur weiteren Erhöhung der Beweglichkeit ist denkbar.

Bild 10.4 zeigt die prinzipielle Realisierung einer solchen Technologie durch Integration unterschiedlicher Materialien auf einem gemeinsamen Substrat. Die komplementären Transistortypen können nebeneinander als UTB-FETs oder entsprechend dem in Abschnitt 9.4.3.2 vorgestellten Konzept eines CFETs als gestapelte Nanosheets auf einem SOI-Substrat angeordnet werden.

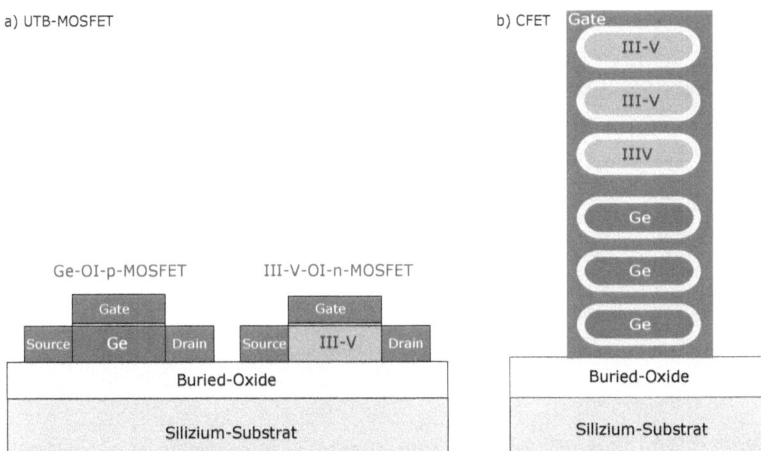

Bild 10.4 Schematische Querschnitte zur Co-Integration von p-Kanal-MOSFET und n-Kanal-MOSFET mit unterschiedlichen Materialien für das Kanalgebiet auf einem gemeinsamen Substrat: a) UTB-MOSFET, b) CFET (gestapelte Nanosheets)

10.3 Junctionless-MOSFET

Junctionless-MOSFETs, auch abgekürzt mit JLT bezeichnet, sollen die Problematik der Herstellung abrupter pn-Übergänge zwischen Source/Drain und dem Kanal in der Größenordnung von Nanometern lösen. Das Konzept wurde von Jean-Pierre Colinge am Tyndall National Institute in Irland entwickelt [23].

Der Transistor besteht aus einem hoch dotierten Kanalbereich mit der Konzentration N_{ch}, welcher vom gleichen Leitfähigkeitstyp wie die Source/Drain-Gebiete ist. Bild 10.5 zeigt einen Querschnitt des Bauelements in einer Variante als Double-Gate-JLT. Die pn-Übergänge entfallen vollständig. Im einfachsten Fall können sogar Source, Drain und der Kanalbereich aus einem Gebiet mit homogener Dotierungskonzentration realisiert werden. Die Problematik der Herstellung abrupter pn-Übergänge wie beim IM-MOSFET entfällt daher.

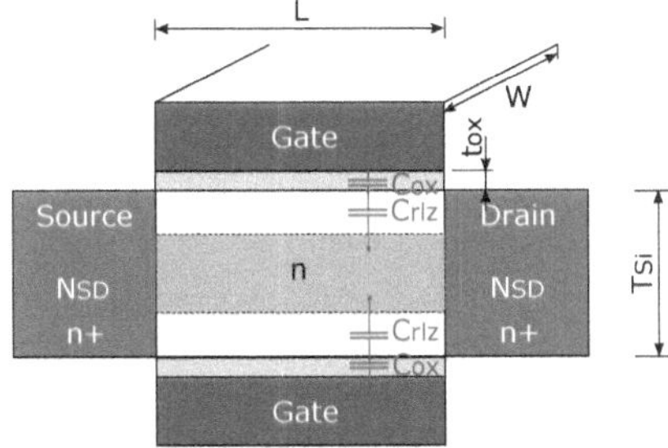

Bild 10.5 Querschnitt eines n-Kanal-Double-Gate-Junctionless-MOSFET (DG-JLT). Der Kanal und die Source/Drain-Gebiete sind vom gleichen Leitfähigkeitkeitstyp. Im einfachsten Fall kann die Kanaldotierung gleich der Source/Drain-Dotierung sein ($N_{ch} = N_{sd}$). Die wirksame Gate-Kapazität besteht aus einer Reihenschaltung der Kapazität des Gateoxids C_{ox} und der Raumladungszone C_{rlz}.

10.3.1 Funktionsweise

Die Möglichkeit zur Stromsteuerung durch das Gate setzt einen genügend dünnen Kanalbereich im JLT voraus. Im ausgeschalteten Zustand bewirkt die Austrittsarbeitsdifferenz zwischen Gate und Kanal die Ausdehnung einer Raumladungszone durch den gesamten Kanalquerschnitt. Wird der DG-JLT eingeschaltet, dann bildet sich zunächst in der Kanalmitte eine Öffnung zwischen den Raumladungszonen. Ein Strom kann fließen, welcher im Gegensatz zum IM-MOSFET nicht von Ladungsträgern in einem Inversionskanal transportiert wird, sondern von Majoritäten im Kanal. Steht der vollständige Kanalquerschnitt für den Stromfluss zur Verfügung, dann ergibt sich sein Widerstand aus der Dotierungskonzentation.

Bild 10.6 illustriert die verschiedenen Betriebsbereiche im Kanalquerschnitt und die zugehörigen Bändermodelle im Schnitt von Gate-zu-Gate. Im Flachbandzustand ist der Transistor eingeschaltet. Daher ist die Schwellspannung V_T kleiner als die Flachbandspannung V_{fb}.

a) *Depletion-Mode:* $U_{gs} < V_T$

Beide Gates liegen auf genügend kleinem Potenzial, sodass die Raumladungszone (oder: *Verarmungszone*, engl. *depletion region*) über den gesamten Kanalquerschnitt ausgedehnt ist. Ein Stromfluss zwischen Drain und Source ist nicht möglich.

b) *Bulk-Current-Mode:* $V_T < U_{gs} < V_{fb}$

Gegenüber Zustand a) ist das Gate-Potenzial erhöht. Daher ist die Ausdehnung der Raumladungszonen an der Kanaloberfläche reduziert (engl. *partial depletion*). Es gilt $U_{gs} > V_T$. Es bildet sich ein n-leitender Kanal im Zentrum des Querschnitts aus. Der Transistor ist eingeschaltet. Im Gegensatz zum klassischen MOSFET fließt der Strom nicht an der Oberfläche des Halbleiters, sondern in einem ausgedehnten Volumen. Man spricht in diesem Zusammenhang auch von *volume conduction* oder *Bulk-Current-Mode.*

c) *Flachbandzustand:* $U_{gs} = V_{fb}$

Im Flachbandzustand besteht an der Siliziumoberfläche keine Bandverbiegung mehr. Die Raumladungszone ist vollständig verschwunden; der gesamte Kanalquerschnitt steht für den Stromfluss zur Verfügung. Die Kanalwiderstand ergibt sich aus seiner Dotierungskonzentration und seinen Abmessungen:

$$R_{ch} = \frac{L}{q \mu_n N_{ch} W T_{Si}} \tag{10.2}$$

d) *Akkumulation:* $U_{gs} > V_{fb}$

Ist die Gate-Source-Spannung größer als die Flachbandspannung, dann kommt es zu einer Bandverbiegung und an der Siliziumoberfläche zur Akkumulation zusätzlicher Elektronen. Die Stromdichte ist hier am größten. Man spricht daher auch von *surface conduction.*

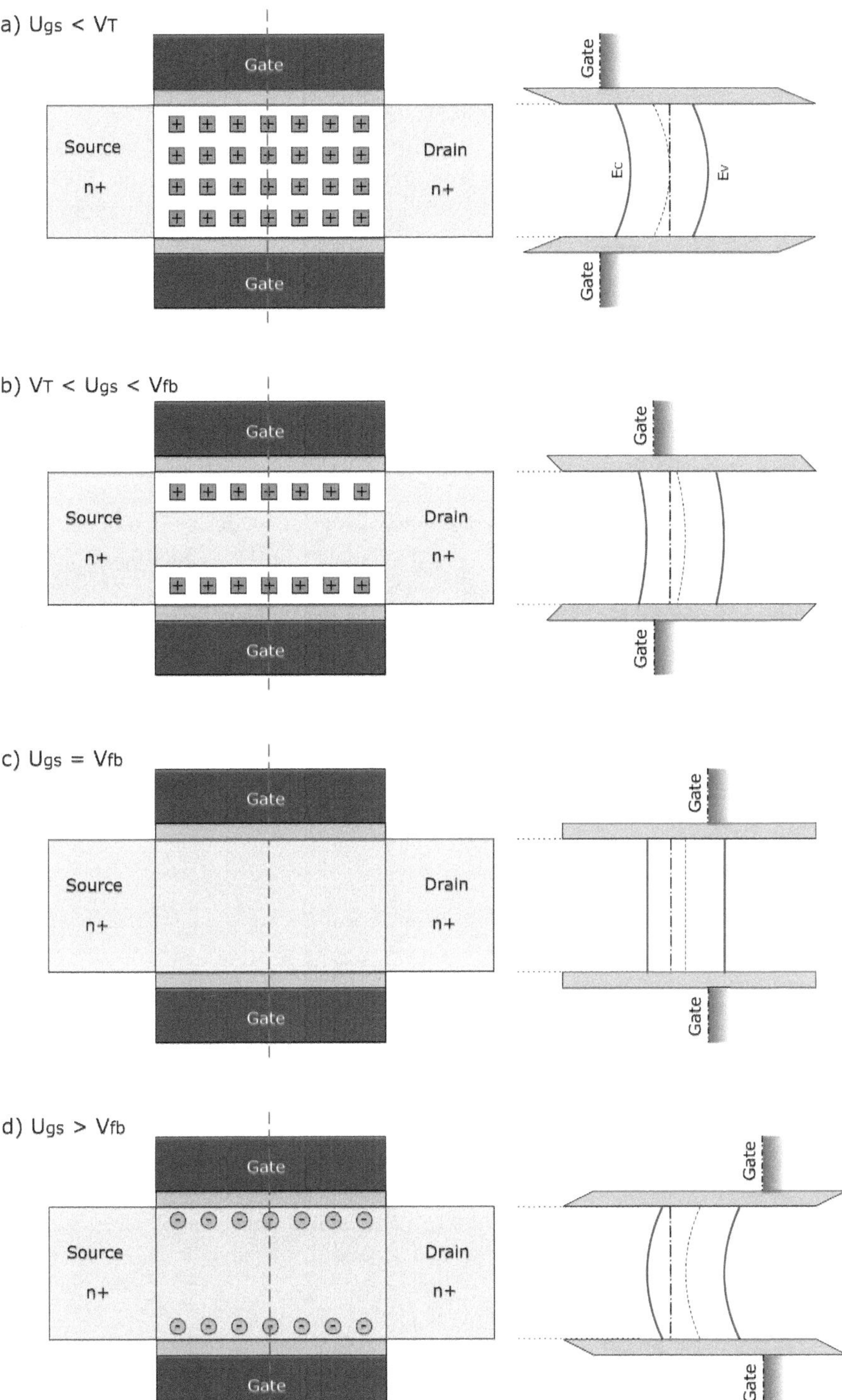

Bild 10.6 Betriebszustände des JLT im Querschnitt und Schnitt des Bändermodells von Gate-zu-Gate. Es gilt: $V_T < V_{fb}$.

10.3.2 Kennlinie

Trägt man die im Kanalquerschnitt für den Stromfluss zur Verfügung stehende Ladungsträgerkonzentration Q_n über die Steuerspannung U_{gs} auf, dann zeigt sich der Übergang von *volume conduction* zu *surface conduction* in einer Änderung des Anstiegs dQ_n/dU_{gs}. Dominiert der Akkumulationskanal an der Oberfläche, dann lässt sich entsprechend der Inversionsladungsdichte in einem IM-MOSFET die Konzentration der beweglichen Ladung pro Gate-Flächeneinheit in einem JLT bestimmen aus:

$$Q'_n = -C'_{ox}\left(U_{gs} - V_0\right) \tag{10.3}$$

wobei der Parameter V_0 eine ähnliche Bedeutung wie die Schwellspannung im IM-MOSFET hat. Für den Differenzialquotienten folgt:

$$\frac{dQ'_n}{dU_{gs}} = -C'_{ox} \tag{10.4}$$

Betrachtet man dagegen den Betriebsbereich der *volume conduction*, dann entsteht der leitfähige Kanal für kleine Gate-Spannungen zunächst in der Kanalmitte. Wie in Bild 10.5 dargestellt, ist hierbei die Reihenschaltung aus der Kapazität des Gateoxids und der Raumladungszone wirksam. Nimmt man eine mittlere Dicke von $T_{Si}/2$ für den leitfähigen Bereich an, dann verbleibt für die Dicke der Raumladungszonen an jeder Siliziumoberfläche $T_{Si}/4$. Für die Raumladungszonenkapazität kann man daher schreiben:

$$C'_{rlz} = \frac{\varepsilon_{Si}}{T_{Si}/4} \tag{10.5}$$

Für die effektiv wirksame Gate-Kapazität ergibt sich aus der Reihenschaltung beider Komponenten:

$$C'_{eff} = \left(\frac{1}{C'_{ox}} + \frac{1}{C'_{rlz}}\right)^{-1} < C'_{ox} \tag{10.6}$$

Der Anstieg der Ladungsträgerkonzentration beträgt

$$\frac{dQ'_n}{dU_{gs}} = -C'_{eff} \tag{10.7}$$

und ist daher geringer als im Modus der *surface conduction*.

Aufgrund dieses unterschiedlichen Anstiegs der beweglichen Ladungsträgerkonzentration muss eine Beschreibung der Kennlinie eines JLT diese zwei Betriebsbereiche unterscheiden, denn der Strom im Bauelemente ist proportional zu Q_n. Bild 10.7 zeigt idealisiert die Transferkennlinie eines JLT für den linearen Betriebsbereich. Im Intervall $V_T < U_{gs} < V_{fb}$ ergibt sich durch die reduzierte Kapazität C'_{eff} ein geringerer Anstieg. Ist die Flachbandspannung überschritten, dominiert der Oberflächenstrom mit einem Anstieg proportional C'_{ox}.

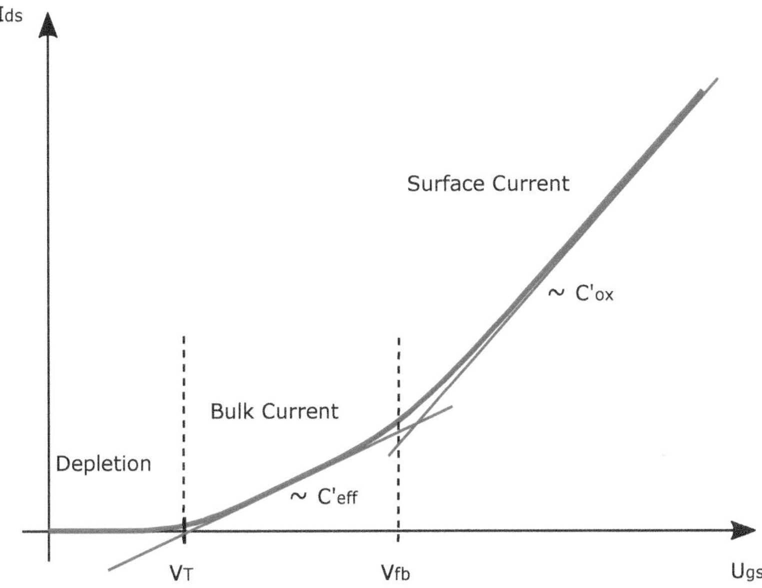

Bild 10.7 Idealisierter Verlauf der Transferkennlinie eines n-Kanal-JLT im linearen Betriebsbereich. Tangenten zeigen die unterschiedliche Steigung im *Bulk-Current-Mode* und *Surface-Current-Mode*.

10.3.3 Vorteile

Die Vorteile eines JLT lassen sich wie folgt zusammenfassen:

- Der Hauptvorteil eines JLT ist der im Vergleich zum IM-MOSFET einfachere Herstellungsprozess. Die Prozessierung extrem steiler Dotierstoffprofile im Bereich der pn-Übergänge zu Source und Drain entfällt. Eine besondere Vereinfachung ergibt sich, wenn die Dotierungskonzentrationen im Kanal und in den Source/Drain-Gebieten identisch sind.
- Gleichzeitig sind die Prozessschritte zur Herstellung eines JLT weitgehend kompatibel zu einem herkömmlichen CMOS-Prozess, sodass die Einführung des neuen Bauelements im Vergleich zu anderen neuen Konzepten relativ einfach und kostengünstig zu realisieren wäre.
- Oberflächeneffekte wie Rauheit können die effektive Beweglichkeit der Ladungsträger in einem Inversions- oder Akkumulationskanal verschlechtern (engl. *surface roughness scattering*). Befindet sich der JLT im Bulk-Current-Mode, dann treten diese Effekte nicht auf.
- Aufgrund der entfallenden pn-Übergänge zu Source und Drain zeigt ein JLT eine größere Immunität gegenüber Kurzkanaleffekten wie dem DIBL-Effekt und einer Verschlechterung des Subthreshold-Slope. Man erwartet daher eine Skalierbarkeit bis hin zu kleineren Kanallängen als beim IM-MOSFET.

10.3.4 Nachteile

Mit dem Konzept des JLT ergeben sich allerdings auch einige Nachteile:

- Der bezüglich des Herstellungsprozesses besonders günstige Fall einer einheitlichen Dotierungskonzentration im Kanal und den Source/Drain-Gebieten ist nur schwer zu realisieren. Die Dotierung darf einerseits nicht zu gering sein, weil sonst die parasitären Bahnwiderstände von Source und Drain einen zu großen Einfluss haben und die Performance des Transistors verschlechtern. Wird andererseits die Dotierung zu hoch gewählt, dann ist auch bei dünner Kanalgeometrie ein Ausschalten des Transistors kaum noch möglich. Um die Schwellspannung des JLT in einem sinnvollen Spannungsbereich zu halten, ist eine Kompensation mithilfe einer großen Austrittsarbeitsdifferenz zwischen Gate und Kanalbereich notwendig. Dies schränkt die verwendbaren Materialien für die Gate-Elektrode stark ein.
- Zusätzlich wird eine gegenüber IM-MOSFETs erhöhte Variabilität elektrischer Parameter des JLT wie beispielsweise der Schwellspannung erwartet. Die statistische Streuung aufgrund der diskreten Verteilung der Dotierstoffe *(RDF: Random-Dopant-Fluctuation)* steigt mit der Dotierungskonzentration an. Im JLT wird aber im Kanalbereich eine hohe Dotierungskonzentration benötigt, um im eingeschalteten Zustand einen genügend hohen Strom zu erreichen.
- Die Dicke T_{Si} des Kanalbereichs beeinflusst direkt die wirksame Querschnittsfläche im Bulk-Current-Mode. Daher haben Schwankungen dieser Strukturgröße einen direkten Einfluss auf die Stromstärke und die Schwellspannung des Bauelements.
- Die notwendige hohe Dotierung des Kanals ist auch in anderer Hinsicht problematisch. Sie bewirkt eine drastisch verschlechterte Ladungsträgerbeweglichkeit gegenüber einem intrinsischen oder nur leicht dotierten Halbleiter.

10.4 Schottky-Barrier-MOSFET

Mit der Skalierung des MOSFET zu immer kleinerer Kanallänge und damit geringerem Kanalwiderstand wächst die Bedeutung der parasitären Bahnwiderstände in den Source/Drain-Zonen (vgl. Abschnitt 9.2.3.4). Ihr Anteil am Gesamtwiderstand für den Strom zwischen Source und Drain nimmt zu, wodurch sich der Stromanstieg im linearen Bereich und der Strom im Sättigungsbetrieb reduzieren.

Um diesem Problem zu entgegnen, wurde das Konzept des *Schottky-Barrier-MOSFET (SB-MOSFET)* entwickelt [24].[1] Die Source- und Drain-Gebiete werden aus Metall oder einem *Silizid* hergestellt. Silizide sind Verbindungen von Silizium mit Metallen, insbesondere mit Wolfram oder Nickel (NiSi). Anstelle der pn-Übergänge im klassischen MOSFET entstehen daher Schottky-Übergänge an der Grenze zum Kanalbereich. SB-MOSFETs wurden bereits experimentell als Single-Gate- oder Multiple-Gate-Strukturen hergestellt. Bild 10.8 zeigt den Querschnitt eines n-Kanal-SB-MOSFET als Double-Gate-Variante.

[1] Erste Arbeiten zum SB-MOSFET gehen zurück bis in das Jahr 1968. Mit dem Fortschritt der technologischen Möglichkeiten und den zunehmenden Problemen bei der Skalierung des klassischen MOSFET haben in den letzten 20 Jahren verschiedene Forschergruppen das Konzept intensiv weiterverfolgt.

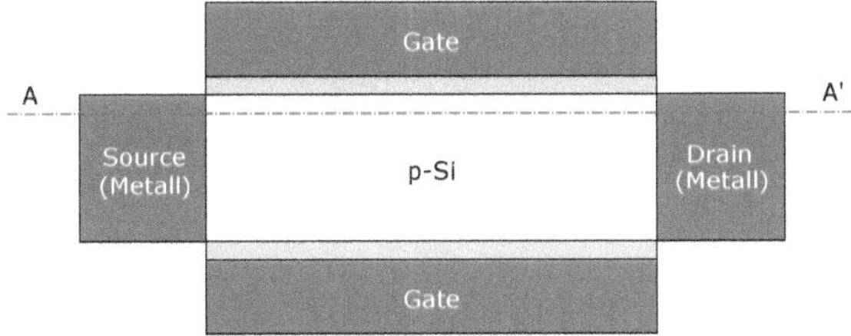

Bild 10.8 Querschnitt eines n-Kanal-Double-Gate-Schottky-Barrier-MOSFET. Das Bändermodell entlang der Schnittlinie AA′ ist in Bild 10.9 dargestellt.

10.4.1 Funktionsweise

Das Bändermodell im Schnitt von Source zu Drain in verschiedenen Betriebszuständen zeigt Bild 10.9. Das Bauelement ist symmetrisch aufgebaut; die Festlegung der Source- und Drain-Elektrode erfolgt wie beim klassischen MOSFET auch hier aufgrund der angelegten Potenziale. Der Kanalbereich ist schwach p-dotiert oder intrinsisch. Die Austrittsarbeit des Materials von Source und Drain ist so gewählt, dass sich für Elektronen eine relativ kleine Barrierenhöhe von ca. $q\phi_{\mathrm{Bn0}} \approx 0.2 \ldots 0.3$ eV ergibt.

a) *Ausgeschaltet*

Ist das Gate so beschaltet, dass die Bänder im Kanal zur Schottky-Barriere hin nach unten verbogen sind, ist der SB-MOSFET ausgeschaltet. Elektronen aus dem Source-Gebiet, welche aufgrund der angelegten Spannung $U_{\mathrm{ds}} > 0$ das Drain erreichen wollen, müssen eine Potenzialbarriere überwinden, welche größer als $q\phi_{\mathrm{Bn0}}$ ist. Durch die Fermi-Verteilung der Ladungsträger im Metall haben nur wenige Elektronen eine hierfür ausreichende Energie. Sie bestimmen den Leckstrom im Bauelement.

Am Drain-Ende des Kanals steht Löchern aus dem Metall eine Barriere der Höhe $q\phi_{\mathrm{Bp0}} = E_{\mathrm{G}} - q\phi_{\mathrm{Bn0}}$ entgegen. Bei einem n-Kanal-SB-MOSFET gilt $\phi_{\mathrm{Bp0}} > \phi_{\mathrm{Bn0}}$, sodass dieser Leckstrom vernachlässigbar ist.

b) *Eingeschaltet, thermische Emission*

Ist das Gate-Potenzial genügend groß, dann entsteht im Kanal ein Inversionskanal. Das Leitungband verschiebt sich nach unten, daher reduziert sich die Barriere zwischen Source und Kanal. Elektronen aus dem Source-Gebiet können die verringerte Barriere zum Kanal überwinden. Dies erfolgt durch thermische Emission der Ladungsträger; daher ist der erzielbare Subthreshold-Swing vergleichbar mit dem eines klassischen MOSFET (60 mV/Dek bei $T = 300$ K im Langkanaltransistor). Die effektive Barrierenhöhe $q\phi_{\mathrm{Bn}}$ wird durch den Schottky-Barrier-Lowering-Effekt mit steigender Feldstärke gegenüber der intrinsischen Barrierenhöhe $q\phi_{\mathrm{Bn0}}$ geringfügig reduziert (vgl. Abschnitt 4.5.2.4). Elektronen, welche die Barriere überwunden haben, fließen im Inversionskanal des Halbleiters als Driftstrom im Leitungsband zum Drain-Ende des Kanals.

c) *Eingeschaltet, thermische Emission und Tunnelstrom*

Bei einem bestimmten Gate-Potenzial wechselt die Feldstärke nahe dem Source-Übergang ihr Vorzeichen. Die Bänder sind nun zum Source-Gebiet hin nach oben gebogen. Wird U_{gs} weiter erhöht, dann steigt die Feldstärke an der Grenzfläche der Schottky-Barriere. Durch *Schottky-Barrier-Lowering* führt dies zu einer weiteren Reduzierung der effektiven Barrie-

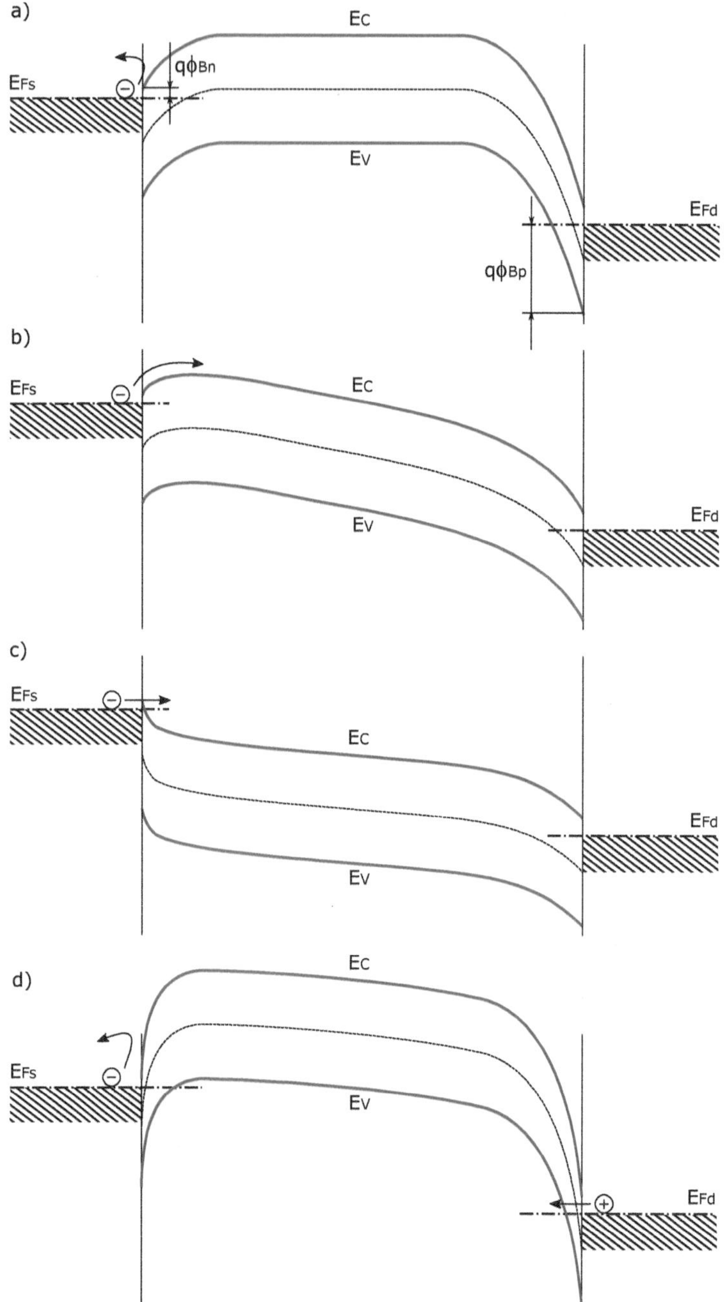

Bild 10.9 Bändermodell eines n-Kanal-Double-Gate-Schottky-Barrier-MOSFET im Schnitt von Source zu Drain: a) ausgeschaltet, b) eingeschaltet, thermische Emission, c) eingeschaltet, Tunnelstrom und thermische Emission, d) ambipolarer Betrieb

renhöhe (vgl. Abschnitt 4.5.2.4) und damit zu einem Anstieg des Drain-Source-Stroms. Zusätzlich kann die Barriere bei erhöhter Gate-Spannung ausreichend dünn werden, sodass Ladungsträger, welche eine Energie geringer als die Barrierenhöhe aufweisen, diese durchtunneln. Dies zeigt sich in einem zusätzlichen Anstieg des Stroms und kann in diesem Bereich eine Verbesserung des Subthreshold-Swing bewirken.

d) *Ambipolarer Betrieb*

Wird ein negatives Potenzial an das Gate angelegt, so werden die Bänder im Kanalbereich nach oben verschoben. Im Halbleiter bildet sich ein Akkumulationskanal. Es vergrößert sich die Barriere zwischen Source und dem Kanal. Damit wird ein Fluss von Elektronen in den Kanal verhindert. Am Drain-Schottky-Übergang kommt es allerdings zu einer Erhöhung der Feldstärke. Dies führt zu einem Tunnelstrom von Löchern aus dem Metall durch die Barriere in das Valenzband des Kanals. Die Ladungsträger wandern zum Source-Anschluss. Es fließt ein Strom von Drain zu Source. Man spricht vom *ambipolaren Betrieb.*

Im eingeschalteten Zustand fällt der größte Teil der Spannung U_{ds} an der Schottky-Barriere zum Source-Gebiet ab. Sie stellt die eigentliche Strombegrenzung im Bauelement dar. Dagegen ist der Spannungsabfall im Kanal selbst nur gering, sodass dieser sich wie in einem konventionellen MOSFET im linearen Betriebsbereich verhält. Im ambipolaren Betrieb gilt entsprechendes für die Schottky-Barriere zum Drain. Bild 10.10 zeigt das Ergebnis einer numerischen Berechnung der lokalen Zustandsdichte in einem SB-MOSFET für den eingeschalteten Betriebszustand.

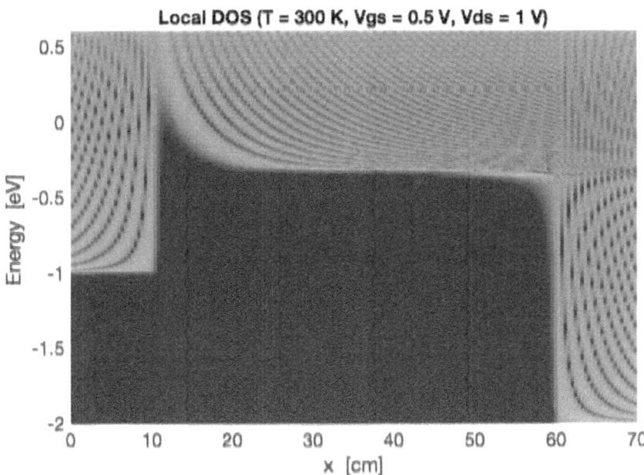

Bild 10.10 Numerische Berechnung der lokalen Zustandsdichte in einem SB-MOSFET im Schnitt von Source zu Drain. Der Kanal besteht aus intrinsischem Silizium. Die Austrittsarbeit des gewählten Silizids als Source/Drain-Gebiet führt zu einer relativ großen Höhe der Schottky-Barriere von $q\phi_{Bn0}$ = 0.5 eV. In den Kontakten wurde eine Zustandsdichte bis 1 eV unter dem Fermi-Level berücksichtigt. Der Arbeitspunkt ist $U_{gs} = 0.5\ V$, $U_{ds} = 1\ V$ bei einer Temperatur von $T = 300\ K$ und entspricht damit dem Zustand in Bild 10.9c. Klar erkennbar ist die Ausbildung der Schottky-Barriere mit Bandverbiebung nach unten an der linken Seite (Source), während die Barriere auf der rechten Seite (Drain) in Flussrichtung gepolt und daher verschwunden ist. Die Helligkeit der Farbe spiegelt die Größe der Zustandsdichte an der entsprechenden Stelle wider. Im Kanalbereich verläuft die Grenze zum dunklen Bereich entlang der Leitungsbandunterkante E_C. Aufgrund der Reflexion der Wellenfunktion an der Potenzialbarriere entsteht ein Interferenzmuster für die lokale Zustandsdichte.

10.4.2 Kennlinie

Bild 10.11 zeigt die Transferkennlinie eines SB-MOSFET in logarithmiertem Maßstab. Der minimale Strom I_{off} sollte in einer digitalen Schaltung bei einer Gate-Source-Spannung $U_{gs} = 0$ erreicht werden. Dies ist in der gezeigten Kennlinie nur annähernd der Fall. Eine Verschiebung der Kurve könnte aber durch die Anpassung der Austrittsarbeit der Gate-Elektrode erfolgen.

Wird der Transistor eingeschaltet, dann steigt der Strom zunächst entsprechend des Subthreshold-Swing eines klassischen MOSFET an, denn der Stromtransport über die Barriere erfolgt in diesem Bereich auch beim SB-MOSFET durch thermische Emission. Bei weiterer Erhöhung der Gate-Source-Spannung zeigt sich zunächst ein Abflachen der Kennlinie. Dieser Zustand ist erreicht, wenn die Barriere von Source zum Kanal minimal geworden, also durch $q\phi_{Bn}$ gegeben ist. Der weitere Anstieg des Stroms wird durch den zusätzlichen Tunnelstrom und den Schottky-Barrier-Lowering-Effekt bestimmt. Der Einschaltstrom I_{on} wird durch eine kleine Barrierenhöhe $q\phi_{Bn}$ begünstigt.

Das ambipolare Verhalten, welches im klassischen MOSFET nicht auftritt, führt zu einem nur eng begrenzten Sperrbereich. Wird die Gate-Source-Spannung zu gering gewählt, dann wird der Transistor quasi wieder eingeschaltet. Ambipolares Verhalten muss im Schaltungsdesign berücksichtigt werden und schränkt den erlaubten Bereich der Gate-Spannung ein, bei dem ein ausreichendes Sperrverhalten des Bauelements gewährleistet wird. Weiterhin beeinflusst es den minimalen Leckstrom I_{off} im ausgeschalteten Zustand. Für steigende Spannung U_{ds} wächst auch der Leckstrom I_{off}, denn mit steilerer Bandverbiegung am Drain-Schottky-Übergang steigt die Tunnelwahrscheinlichkeit der Löcher an.

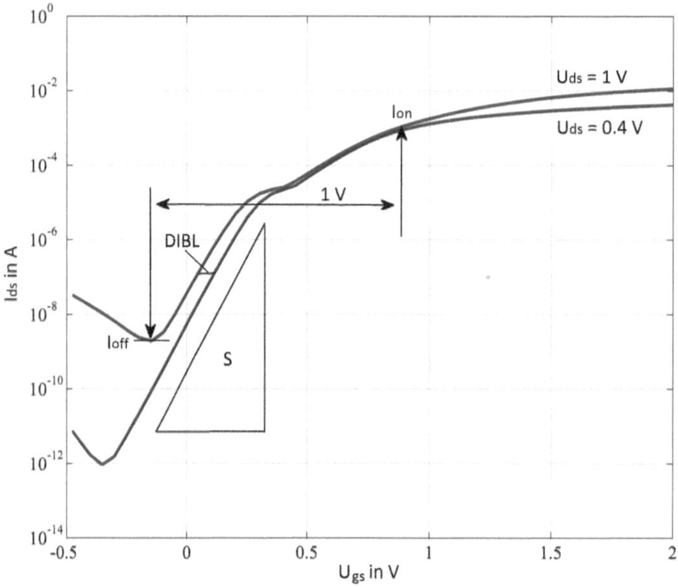

Bild 10.11 Transferkennlinie eines n-Kanal-Schottky-Barrier-MOSFET mit Kennzeichnung des Einschaltstroms I_{on} und Leckstroms I_{off} bei einer Variation der Gate-Source-Spannung um 1 V. Das Steigungsdreieck (S) symbolisiert den Subthreshold-Swing, welcher durch thermische Emission der Ladungsträger bestimmt wird.

In der Technologie versucht man, das ambipolare Verhalten gezielt zu unterdrücken, damit ein ausreichendes Verhältnis I_{on} / I_{off} möglich wird. Maßnahmen hierfür sind:

- Vergrößerung von $q\phi_{Bp0}$ durch Verwendung von Halbleitermaterialien mit großer Bandlücke.
- Gute Anpassung der Austrittsarbeit der metallischen Source/Drain-Zonen an das Leitungsband des Halbleiters. Eine kleine Barrierenhöhe $q\phi_{Bn}$ erhöht I_{on}, vergrößert bei gegebener Bandlücke $q\phi_{Bp}$ und verkleinert damit I_{off}.
- Reduzierung des Gate-Einflusses am Drain-Ende des Kanals. Dies kann beispielsweise durch ein sogenanntes *Gate-Underlap* erfolgen. Dabei wird die Gate-Elektode nicht bis zum Drain ausgeführt, sondern endet wenige Nanometer zuvor. Alternativ kann am Drain-Ende das Gateoxid auch dicker oder aus einem Material mit geringerer relativer Dielektrizitätskonstante ausgeführt werden, um so an dieser Stelle eine verringerte Kapazität zu erzielen.

10.4.3 Vorteile

Die Vorteile des SB-MOSFET lassen sich wie folgt zusammenfassen:

- Die Verwendung metallischer Materialien als Source/Drain-Gebiete führt zu einer drastischen Reduzierung der parasitären Bahnwiderstände.
- Das Wegfallen eines pn-Übergangs am Source/Drain-Gebiet ermöglicht die Verwendung von undotiertem oder schwach dotiertem Halbleitermaterial in der Kanalzone. Dies erhöht die Ladungsträgerbeweglichkeit im Kanal.
- Die Prozesschritte zur Herstellung eines SB-MOSFET sind in hohem Maße kompatibel zu einem CMOS-Prozess.
- Die Vorteile von Multiple-Gate-Strukturen zur Reduzierung von Kurzkanaleffekten lassen sich auf SB-MOSFETs übertragen.

10.4.4 Nachteile

Folgende Nachteile sind mit dem Konzept eines SB-MOSFET verbunden:

- Zur Erreichung eines ausreichenden Einschaltstroms I_{on} ist eine gute Anpassung der Austrittsarbeit der metallischen Source/Drain-Gebiete an die Bandkante des Halbleiters notwendig.
- Ein gezieltes „Einstellen“ der Barrierenhöhe zwischen Source und dem Halbleiter wird durch den Effekt des *Fermi-Level-Pinning* erschwert. Hierbei werden Zustände in der Bandlücke des Halbleiters, welche an der Oberfläche entstehen, von Ladungsträgern aus dem Metall gefüllt. Dies bewirkt ein „Anheften“ (engl. *pinning*) des Fermi-Levels an bestimmter Stelle in der Bandlücke, unabhängig von der Austrittsarbeit des Metalls, und verhindert das Ausbilden einer Barriere in der theoretisch erwarteten Höhe von $q\phi_{Bn0} = q(\phi_m - \chi)$.
- Der ambipolare Betriebsbereich schränkt das erreichbare Verhältnis I_{on} / I_{off} ein.
- Im Schaltungsdesign muss der ambipolare Betriebsbereich vermieden werden. Dadurch wird der erlaubte Spannungsbereich von U_{gs} reduziert.

- Der SB-MOSFET bietet hinsichtlich Kurzkanaleffekten wie Verschlechterung des Subthreshold-Slope oder dem DIBL-Effekt keinen Vorteil gegenüber dem klassischen MOSFET. Diese Effekte werden auch beim SB-MOSFET durch die Barrierenhöhe für den thermischen Emissionsstrom bestimmt. Eine erforderliche Reduzierung der Versorgungsspannung lässt sich daher nur schwer realisieren.

Obwohl es aufgrund der oben genannten Nachteile bis zum Jahr 2023 zu keiner Realisierung des SB-MOSFETs in der Großserie gekommen ist, bleibt er dennoch für spezielle Anwendungsgebiete interessant und findet weiterhin in der Forschung Beachtung. So lassen sich offenbar bei einer Betriebstemperatur nahe des absoluten Nullpunkts (< 10 K) schaltungstechnische Vorteile gegenüber dem klassischen MOSFET feststellen [25, 26]. Dieses Anwendungsszenario ist von besonderem Interesse als Schnittstelle zu Quantencomputern.

Weitere Transistorkonzepte beruhen auf dem SB-MOSFET, wie zum Beispiel der 2D-MOSFET (siehe Abschnitt 10.8) und der RFET, den wir im nächsten Abschnitt betrachten.

10.5 Reconfigurable-FET

Eine vielversprechende Variante des SB-MOSFETs stellt das Konzept des *Reconfigurable-MOSFET (RFET)* dar. Auch er besteht aus metallischen Source/Drain-Gebieten und einem halbleitenden Kanal. Während aber beispielsweise beim n-leitenden SB-MOSFET versucht wird, die Austrittsarbeit des Source-Gebiets möglichst gut an die Unterkante des Leitungsbands im Kanal anzupassen, ist beim RFET idealerweise die Barrierenhöhe für Elektronen und Löcher gleich. Dies wird durch die Verwendung eines Source/Drain-Materials erreicht, welches eine Austrittsarbeit entsprechend der Bandmitte des Halbleiters aufweist (engl. *mid-gap material*). Der mögliche ambipolare Strom durch Injektion von Ladungsträgern am Drain wird hierbei gezielt in die gleiche Größenordnung wie der am Source-Ende injizierte Strom gebracht.

Als Folge ist der thermische Emissionsstrom an den Schottky-Barrieren weniger von Interesse; der Kanalstrom wird durch die Tunnelströme an den Barrieren bestimmt. Der Verzicht auf thermische Emission verlangt aber eine gute elektrostatische Einkopplung des Gatepotenzials in die Schottky-Barrieren, damit die Tunnelbarriere im eingeschalteten Zustand dünn genug ist und ein ausreichender Tunnelstrom erzielt wird.

Hierdurch ergibt sich mit dem RFET eine neuartige, flexible Funktionsweise eines Transistors, welche zur Steigerung der Funktionsdichte auf einem Chip einen zur sonst üblichen ausschließlichen Skalierung von Schaltelementen alternativen Ansatz verfolgt [27]. Im Unterschied zum SB-MOSFET besitzt der RFET mindests zwei Gate-Elektroden, welche getrennt angesteuert werden. Je eine Elektrode nimmt auf eine der beiden Schottky-Barrieren an den Kanalenden Einfluss. Die Injektion von Ladungsträgern kann an beiden Barrieren also unabhägig voneinander gesteuert werden.

Den Aufbau eines RFETs zusammen mit einer Verdeutlichung seiner Funktionsweise anhand des Bändermodells im Schnitt entlang des Kanals zeigt Bild 10.12.

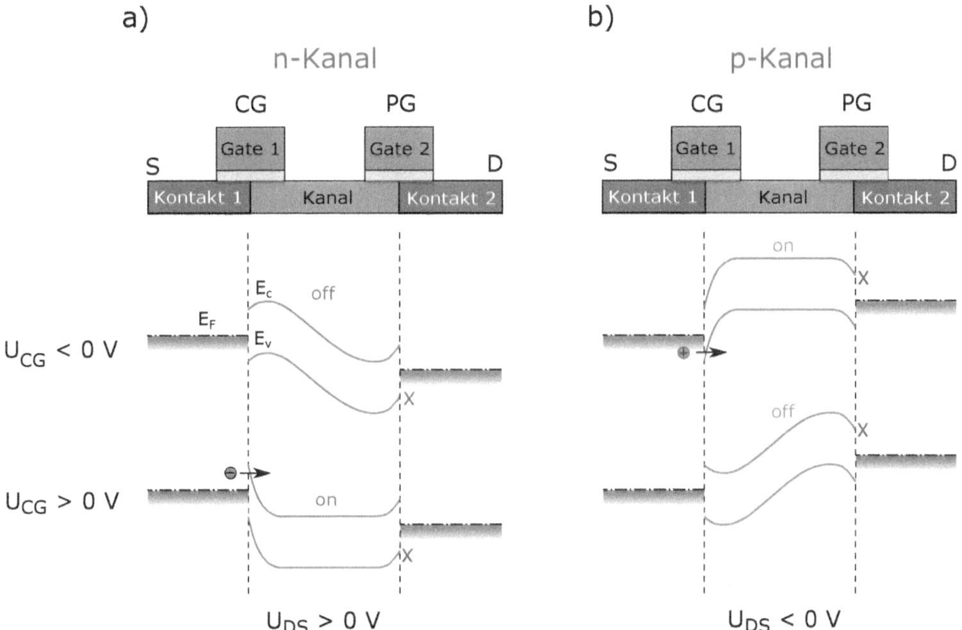

Bild 10.12 Struktur eines RFET im Querschnitt und seine Funktionsweise dargestellt im Bändermodell. Mithilfe des Potenzials an Gate 2 (*Program-Gate*) kann das Bauelement als a) n-Kanal-Transistor oder b) p-Kanal-Transistor konfiguriert werden. Die Stromsteuerung erfolgt dann jeweils über das Gate 1 (*Control-Gate*).

Im RFET lassen sich folgende Betriebszustände unterscheiden:

- *n-Kanal-Betrieb:*

  Legt man Gate 2 auf positives Potenzial (siehe Bild 10.12a), so verbiegen sich die Bänder an der von der Elektrode überdeckten Schottky-Barriere nach unten, und es wird das Tunneln von Löchern von der rechten Seite in den Kanal verhindert. Über das Potenzial an Gate 1 kann die Tunnelbarriere an der linken Seite des Kanals gesteuert werden. Wird eine positive Spannung zwischen Kontakt 2 und 1 angelegt, dann werden aufgrund der Reduzierung der Barrieredicke mit steigendem Potenzial an Gate 1 Elektronen aus Kontakt 1 in den Kanal tunneln. Dieses Verhalten entspricht der Funktionsweise eines n-Kanal-SB-MOSFETs. Kontakt 1 wirkt dabei als Source (Quelle der Elektronen) und Kontakt 2 als Drain (Senke der Elektronen) mit $U_{ds} > 0$.

- *p-Kanal-Betrieb:*

  Wird dagegen Gate 2 auf negatives Potenzial gelegt (siehe Bild 10.12b), dann verbiegen sich die Bänder an der entsprechenden Barriere noch oben, und das Tunneln von Elektronen in den Kanal wird hier blockiert. In diesem Fall kann über Gate 1 das Tunneln von Löchern aus dem linken Kontakt in den Kanal kontrolliert werden. Wird eine positive Spannung zwischen Kontakt 1 und 2 angelegt, ergibt sich die Funktionsweise eines p-Kanal-SB-MOSFETs. Kontakt 1 wirkt dabei wieder als Source (jetzt Quelle der Löcher) und Kontakt 2 als Drain (jetzt Senke der Löcher) mit $U_{ds} < 0$.

Zusammengefasst bestimmt Gate 2 den Leitfähigkeitstyp des Transistors (positives Potenzial: n-Kanal, negatives Potenzial: p-Kanal); es wird daher auch *Program-Gate (PG)* genannt. Gate 1 stellt die Steuerelektrode des Transistors dar und wird daher als *Control-Gate (CG)* bezeichnet. Kontakt 1 wirkt als Source und Kontakt 2 als Drain, wobei sich die jeweils zugehörige Polarität aus dem Transistortyp ergibt.

Die Architektur eines RFETs ist also für eine Funktionalität als n-Kanal- und p-Kanal-MOSFET identisch. Der Leitfähigkeitstyp wird durch das Potenzial am PG bestimmt. Die Grundfunktionen von CMOS-Schaltungen werden so in einer einzigen Bauelementstruktur vereinigt. Dies ist nicht nur zur Vereinfachung einer Prozesstechnologie von Vorteil. Die eigentliche Funktionalität einer digitalen Schaltung mit RFETs wird erst durch die jeweilige Beschaltung der Control-Gates im Betrieb festgelegt. Daher kann die Schaltungstopologie alleine aus der physischen Struktur eines gefertigten Chips nicht extrahiert werden. Dies ist gilt als großer Vorteil zur Realisierung von Hardwaresicherheitsschaltungen [28].

Weiterhin erlaubt die Rekonfigurierbarkeit von Logikblöcken eine Erhöhung der Funktionsdichte digitaler Schaltungen und kann daher zu einer Steigerung der Komplexität integrierter Schaltkreise betragen [29].

10.6 Tunnel-FET

Der *Tunnel-Feldeffekttransistor (TFET)* basiert im Vergleich zu den in vorherigen Abschnitten vorgestellten Konzepten auf einem grundlegend anderen Funktionsprinzip [30]. Der Stromfluss wird nicht durch Modulation einer Potenzialbarriere gesteuert, welche durch thermische Emission von Ladungsträgern überwunden werden muss. Der TFET nutzt das *Band-zu-Band-Tunneln* als Ladungstransportprinzip (vgl. Abschnitt 5.4.2) und lässt ein erheblich steileres Schaltverhalten erwarten. Er ist daher für eine drastische Reduzierung der Versorgungsspannung auf deutlich weniger als 0.5 V ein potenzieller Kandidat zur Ablösung des konventionellen MOSFET für die Realisierung integrierter Schaltkreise mit drastisch reduzierter Leistungsaufnahme.

10.6.1 Funktionsweise

Den Querschnitt eines n-Kanal-TFET zeigt Bild 10.13. Die typische Transferkennlinie ist in Bild 10.14 dargestellt. Wir betrachten hier die Variante als Double-Gate-Struktur; grundsätzlich sind aber auch Single-Gate oder alle Formen eines Multiple-Gate-MOSFET realisierbar.

Das Source-Gebiet ist im Gegensatz zum klassischen n-MOSFET hier p-dotiert. Der Kanal stellt für eine Spannung $U_{ds} > 0$ eine in Sperrrichtung gepolte p-i-n-Struktur dar. Das Gate-Potenzial kann die Bänder im intrinsischen Kanalbereich beeinflussen. Voraussetzung für die Funktion des TFET ist eine hohe Dotierung im Source-Gebiet und ein extrem steiles Dotierstoffprofil am Übergang zum Kanal, damit an dieser Stelle im eingeschalteten Zustand ein Band-zu-Band-Tunnelstrom fließen kann.

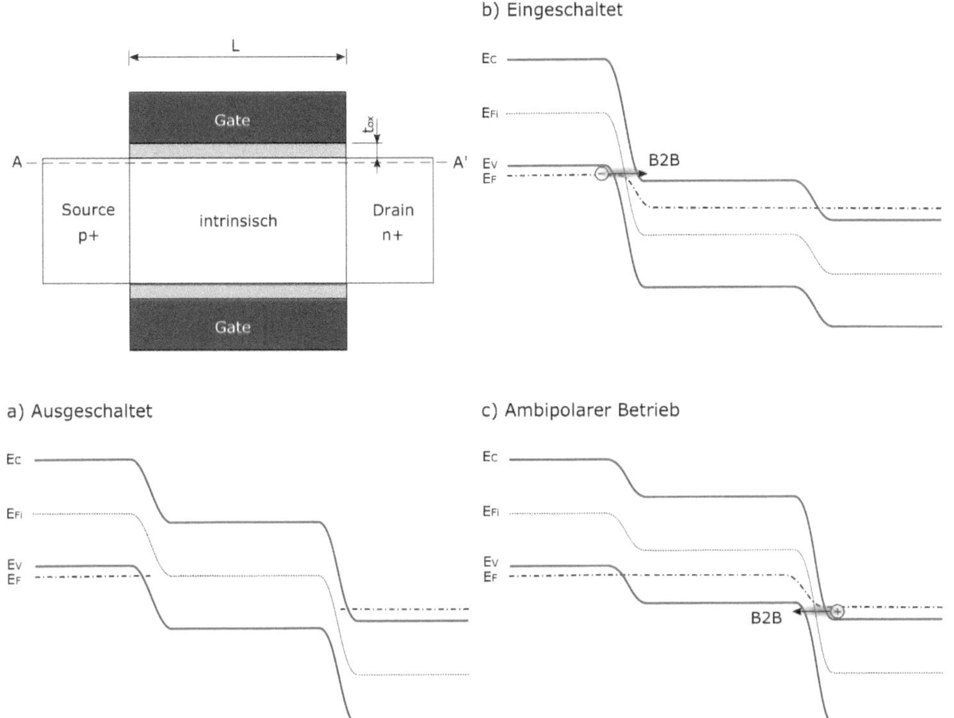

Bild 10.13 Struktur eines n-Kanal-Double-Gate-TFET und das Bändermodell im Schnitt entlang der Linie AA′ für die Betriebszustände: a) ausgeschaltet, b) eingeschaltet mit Band-zu-Band-Tunneln von Elektronen am Source-Übergang, c) ambipolarer Betrieb mit Band-zu-Band-Tunneln von Löchern am Drain-Übergang

Folgende Betriebszustände lassen sich anhand des Bändermodells unterscheiden (vgl. hierzu auch Bild 10.13a–c):

a) *Ausgeschaltet*

Es besteht keine Überlappung zwischen dem Valenzband von Source mit dem Leitungsband des Kanals oder dem Leitungsband von Drain mit dem Valenzband des Kanals. Daher können an keinem Kanalende Ladungsträger in den Kanalbereich tunneln. Die Potenzialbarrieren an den Übergängen zwischen Source bzw. Drain zum Kanal verhindern einen Stromfluss. Es fließt lediglich ein Leckstrom über den gesperrten p-i-n-Übergang.

b) *Eingeschaltet:* $U_{gs} > 0$

Eine Erhöhung des Gate-Potenzials verschiebt die Bandstruktur im Kanal nach unten. Ab einer bestimmten Spannung U_{gs} kommt es zur Überlappung des Valenzbandes in Source mit dem Leitungsband im Kanal. Durch das steile Dotierstoffprofil zwischen Source und Kanal ist die Raumladungszone ausreichend dünn, dass ein Band-zu-Band-Tunneln möglich ist. Elektronen aus dem Valenzband der Source-Zone erreichen das Leitungsband im Kanal. Dieser Strom setzt abrupt ein, wenn eine Überlappung der Bänder gegeben ist. Daher kommt es zu dem gewünschten steilen Schaltverhalten des TFET. Bild 10.14 zeigt einen maximalen Anstieg des Stroms von 30 mV/Dek.

c) *Ambipolarer Betrieb:* $U_{gs} < 0$

Ist das Gate negativ vorgespannt, dann verschieben sich die Bänder im Kanal nach oben. Wird eine bestimmte Spannung zwischen Gate und Drain unterschritten, dann kommt es zur Überlappung des Leitungsbandes am Drain mit dem Valenzband im Kanal. In diesem Fall kann hier ein Band-zu-Band-Tunneln von Löchern aus dem Drain in das Valenzband des Kanals erfolgen. Dieser Stromfluss im ambipolaren Betrieb ist unerwünscht. Mit größerer Drain-Spannung steigt die Gate-Source-Spannung, bei der bereits ein Strom fließt. In Bild 10.14 setzt für eine Spannung U_{ds} = 0.7 V schon bei U_{gs} = 0.15 V das Tunneln am Drain-Übergang ein.

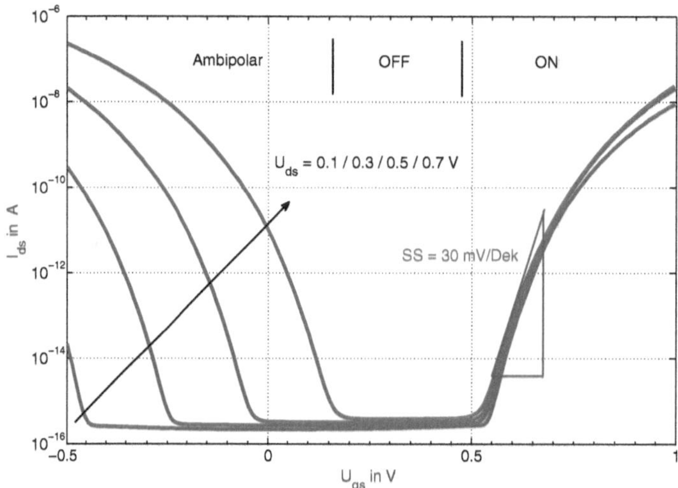

Bild 10.14 Numerische Ergebnisse für die Transferkennlinie eines n-Kanal-TFET (L = 22 nm, T_{Si} = 10 nm, t_{ox} = 2 nm HfO_2) mit Kennzeichnung der Betriebszustände für verschiedene Spannungen U_{ds}. Der maximale Anstieg beim Einschalten beträgt 30 mV/Dek. Der Leckstrom ist aufgrund idealer Bedingungen minimal.

10.6.2 Optimierung der Kennlinie

Eine Optimierung des Bauelementverhaltens im Hinblick auf die Transferkennlinie nach Bild 10.14 muss insbesondere hinsichtlich der folgenden Aspekte erfolgen.

10.6.2.1 Einschaltstrom

Die Höhe von I_{on} hängt von der Tunnelwahrscheinlichkeit durch die Barriere und die wirksame Fläche ab. Der eigentliche Kanal befindet sich für genügend großes Gate-Potenzial in Inversion. Der Kanalwiderstand ist damit weitaus geringer als der Widerstand der Tunnelbarriere. Daher fällt der größte Teil der Spannung U_{ds} an dieser Barriere ab.

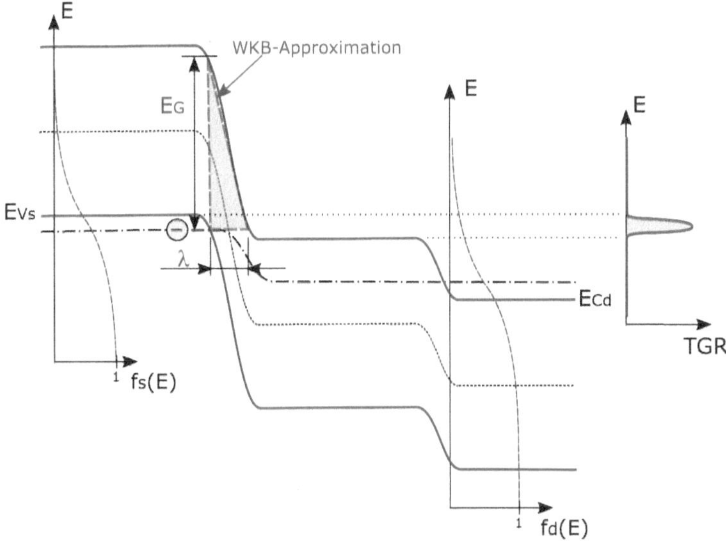

Bild 10.15 Bändermodell eines n-Kanal-TFET im eingeschalteten Zustand mit Darstellung der Dreieckbarriere zur Berechnung der Tunnelwahrscheinlichkeit nach der WKB-Approximation. Die Fermi-Verteilungen in Source und Drain sind mit $f_s(E)$ bzw. $f_d(E)$ bezeichnet. Die Darstellung rechts zeigt qualitativ die Tunnel-Generations-Rate (TGR), welche die im Leitungsband pro Sekunde aufgrund des Tunnelprozesses generierten Ladungsträger angibt.

Bild 10.15 verdeutlicht die Bestimmung des Tunnelstroms im Bändermodell. Die Stromdichte ist gegeben mit:

$$j_{ds} = q \int_{E_{Cd}}^{E_{Vs}} \mathrm{TGR}(E)\mathrm{d}E \tag{10.8}$$

Wir bezeichnen TGR(E) als die *Tunneling-Generation-Rate* (TGR). Sie gibt die Anzahl der Ladungsträger an, welche für eine bestimmte Energie E je Sekunde und je Flächeneinheit die Barriere durchtunneln und auf diese Weise im Leitungsband des Kanals generiert werden. Die Integrationsgrenzen E_{Cd} bis E_{Vs} beinhalten das Intervall der Überlappung vom Leitungsband des Kanals mit dem Valenzband des Source-Gebiets. Nur in diesem Intervall ist die Tunnelwahrscheinlichkeit $\mathbf{T}(E) \neq 0$.

Die TGR ist proportional zum Produkt aus Tunnelwahrscheinlichkeit $\mathbf{T}(E)$ und der Differenz der Fermi-Verteilungen in Source und Drain (vgl. Abschnitt 5.4.4):

$$\mathrm{TGR}(E) \sim \mathbf{T}(E)\left(f_s(E) - f_d(E)\right) \tag{10.9}$$

Mithilfe der in Abschnitt 3.6 eingeführten WKB-Approximation zur Berechnung des Transmissionskoeffizienten durch eine Dreieckbarriere lässt sich $\mathbf{T}(E)$ abschätzen. Die Barrierenhöhe ist mit E_G gegeben. Das maximale elektrische Feld in der Barriere ist $|\vec{E}| \approx E_G/(q\lambda)$, wobei λ die Tunneldistanz ist. Damit erhalten wir auf Grundlage von (3.41):

$$\mathbf{T}(E) \approx \exp\left(-\frac{4\sqrt{2m_n^*}\,(E_G)^{3/2}}{3q\hbar E_G/q\lambda}\right) = \exp\left(-\frac{4\lambda\sqrt{2m_n^* E_G}}{3\hbar}\right) \tag{10.10}$$

Aus diesem Ergebnis und weiteren Überlegungen lassen sich folgende Bedingungen ableiten, womit die Tunnelwahrscheinlichkeit, die Tunnelstromdichte und schließlich der Einschaltstrom I_{on} erhöht werden können:

- Die Tunneldistanz für die Ladungsträger sollte möglichst gering sein. Hierzu muss das Gate-Potenzial einen großen elektrostatischen Einfluss auf die Bandstruktur am Source-Ende des Kanals haben. Neben Multi-Gate-Strukturen, einer geringen Dicke des Gateoxids ist hierbei eine Verwendung von High-k-Materialien (vgl. Abschnitt 9.1.5) vorteilhaft.
- Eine niedrige Bandlücke E_{G} des Halbleiters im Kanalbereich erhöht die Tunnelwahrscheinlichkeit. Man experimentiert daher auf Basis von III-V-Halbleitern wie GaAs und InSb. Dies kann allerdings einen Anstieg des Leckstroms verursachen, was das Verhältnis $I_{\mathrm{on}} / I_{\mathrm{off}}$ verschlechtert. Eine Optimierung der verwendeten Materialien zueinander ist daher notwendig.
- Materialien mit geringer effektiver Masse lassen einen höheren Strom erwarten.
- Die Verspannung des Halbleiters ist eine weitere Methode, um Einfluss auf die Bandstruktur zu nehmen und so Stromdichte zu erhöhen.
- Silizium als indirekter Halbleiter benötigt für den Tunnelprozess die Beteiligung eines Phonons, um die notwendige Änderung des Impulses beim Band-zu-Band-Übergang von der Oberkante des Valenzbandes zur Unterkante des Leitungsbandes zu erzielen (dies wurde bei der vereinfachten Betrachtung mit Gleichung (10.10) außer Acht gelassen). Direkte Halbleiter lassen daher eine größere Tunnelstromdichte erwarten.

Der größte Einfluss des Gate-Potenzials zeigt sich an der Oberfläche des Halbleiters. Daher fließt hier auch der größte Tunnelstrom durch die Barriere. Im Querschnitt des Bauelements konzentriert sich der Tunnelstrom je Gate-Elektrode nur auf einen Punkt. Man spricht in diesem Zusammenhang von *Point-Tunneling.*

Eine drastische Vergrößerung des Einschaltstroms verspricht man sich von einer Ausweitung des Bereichs, im dem ein Band-zu-Band-Tunneln möglich ist. Bezüglich einer Betrachtung im Querschnitt spricht man dann von *Line-Tunneling.* Bild 10.16 zeigt, wie dies am Beispiel eines Single-Gate-TFET möglich wäre.

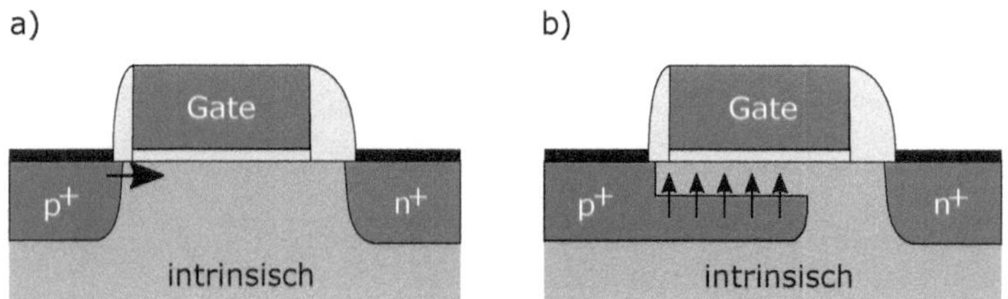

Bild 10.16 Querschnitt eines TFET mit a) *Point-Tunneling*, b) *Line-Tunneling*

10.6.2.2 Ambipolarer Strom

Der TFET weist ein ausgeprägtes ambipolares Verhalten auf. Wie Bild 10.17 zeigt, steigt für erhöhte Drain-Spannung die Überlappung von Leitungsband im Drain mit dem Valenzband im Kanal. Damit wird in der Kennlinie der ausgeschaltete Bereich des Transistors mit minimalem Strom immer weiter eingeengt. Durch verschiedene technologische Maßnahmen versucht man, den ambipolaren Strom um mehrere Größenordnungen zu reduzieren:

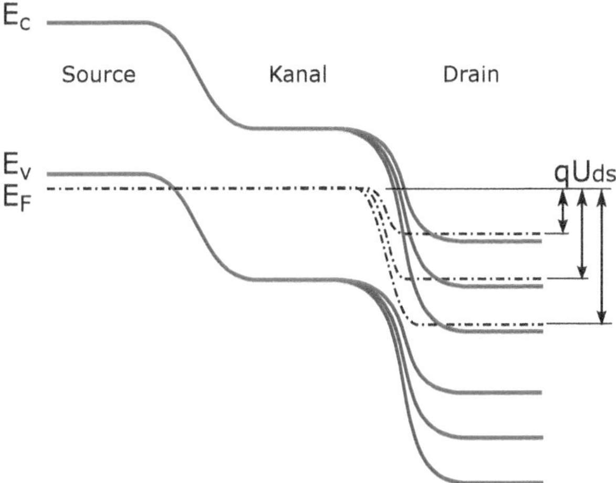

Bild 10.17 Einfluss des Drain-Potenzials auf den ambipolaren Betriebszustand im Bändermodell

- *Niedrige Drain-Dotierung*

  Wird das Drain im Vergleich zu Source niedriger dotiert und ein steiler Dotierungsgradient zum Kanal vermieden, dann ergibt sich hier eine vergrößerte Tunneldistanz. Der Tunnelstrom im ambipolaren Bereich nimmt daher ab (vgl. Bild 10.18).

- *Gate-Underlap*

  Durch Verkürzung der Gate-Elektrode zum Drain hin (*Gate-Underlap*, vgl. Bild 10.19) wird hier der Einfluss des Gate-Potenzials auf die Tunnelbarriere verringert und das Einsetzen des ambipolaren Stroms in der Kennlinie verschoben.

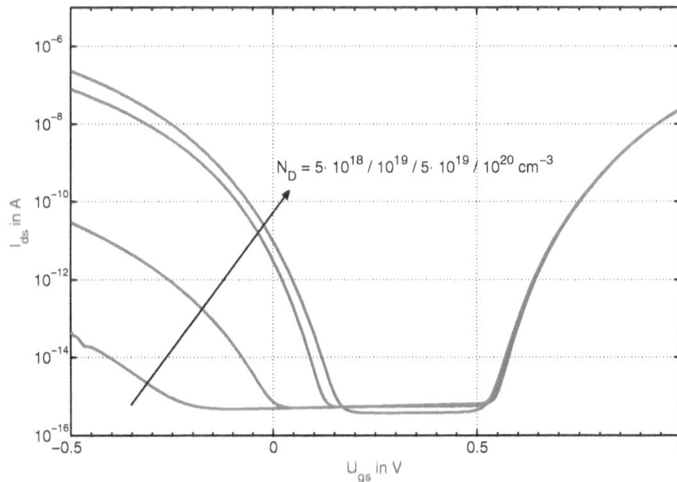

Bild 10.18 Numerische Ergebnisse für die Reduzierung des ambipolaren Stroms im TFET durch verringerte Dotierungskonzentration im Drain bei $U_{ds} = 0.7$ V

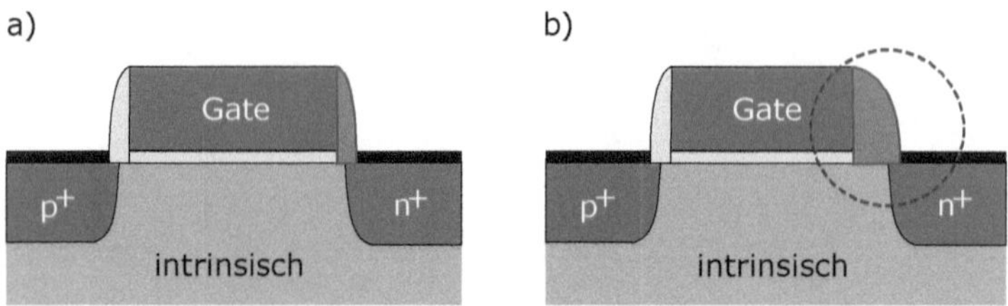

Bild 10.19 Querschnitt eines TFET a) ohne, b) mit Gate-Underlap am Drain zur Reduzierung des ambipolaren Stroms

10.6.2.3 Subthreshold-Swing

Die Darstellung in Bild 10.14 zeigt bzgl. des Leckstroms ein ideales Verhalten. Er resultiert alleine durch den Emissionsstrom über die in Sperrrichtung gepolte p-i-n-Barriere. Der maximale Subthreshold-Swing zeigt sich nur für eine kleine Gate-Spannung; er verschlechtert sich mit Erhöhung des Stroms. Der gewünscht hohe Anstieg wird also nicht über einen weiten Bereich der Spannung U_{gs} erreicht. Der durchschnittliche Anstieg ist weitaus geringer und sollte daher zur Beurteilung der Performance des Bauelements herangezogen werden.

In der Realität ist das Ideal nach Bild 10.14 nur schwer zu erreichen. An den Übergängen zwischen Source bzw. Drain zum Kanal kommt es aus technologischen Gründen zur Bildung von Fallenzuständen (engl. *traps*) in der Bandlücke. Grund dafür sind Defekte in der Kristallstruktur an der Stelle des abrupten Übergangs zwischen der hohen Dotierung in den Anschlusszonen zur niedrigen Kanaldotierung. Diese Zustände können von Elektronen oder Löchern besetzt werden. Bild 10.20 illustriert den Effekt am Source-Ende des Kanals. Es kommt damit zum *Trap-Assisted-Tunneling* (TAT, vgl. Abschnitt 5.4).

Bild 10.21 zeigt Transferkennlinien eines TFET unter Berücksichtigung von TAT. Je mehr Ladungsträger aus diesen Traps in den Kanal tunneln, umso mehr wird das abrupte Einschalten des idealen TFET überdeckt. Mit TAT verschlechtert sich der maximale Subthreshold-Swing erheblich und mindert die Vorteile dieses Bauelements gegenüber dem klassischen MOSFET.

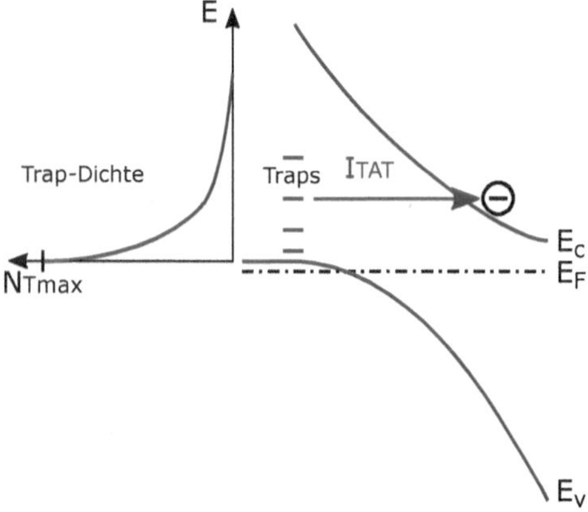

Bild 10.20 Ausschnitt aus dem Bändermodell eines TFET mit Darstellung von Trap-Assisted-Tunneling aus dem Source-Gebiet. In der Bandlücke wird eine exponentielle Dichte der Trap-Verteilung angenommen.

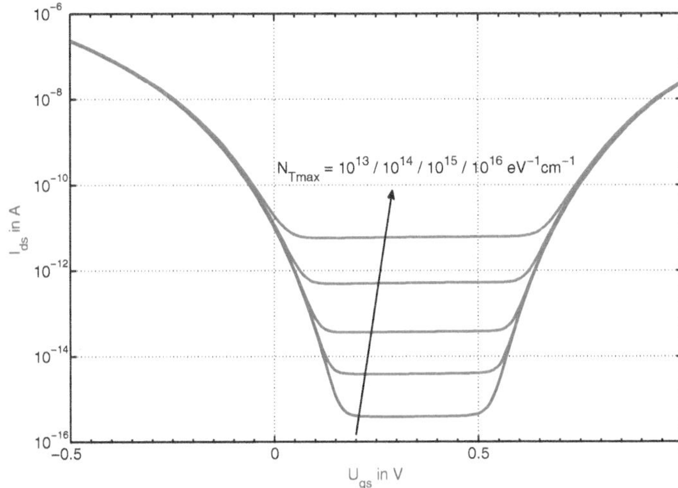

Bild 10.21 Numerische Ergebnisse für den Einfluss von Traps in der Bandlücke (Verteilung siehe Bild 10.20) am Source-Übergang auf die Transferkennlinie eines TFET bei $U_{ds} = 0.7$ V. Der maximale Anstieg verschlechtert sich von ca. 30 mV/Dek auf 75 mV/Dek und ist damit schlechter als beim klassischen MOSFET.

10.6.3 Vorteile

Der Vorteil des TFET gegenüber Feldeffektransistoren auf Basis der thermischen Emission liegt in der höheren Steilheit des Schaltverhaltens. Sie würde eine drastische Reduzierung der Versorgungsspannung auf weniger als 0.3 V und damit geringere Leistungsaufnahme integrierter Schaltungen ermöglichen. Wird allerdings kein besserer Subthreshold-Swing als beim klassischen MOSFET erreicht, dann zeigt der Einsatz eines TFET keine Vorteile.

10.6.4 Nachteile

Neben den oben beschriebenen Schwierigkeiten hinsichtlich der Realisierung eines steilen Schaltverhaltens über einen ausreichend weiten Bereich der Gate-Spannung hat der TFET die folgenden prinzipiellen Nachteile:

- Den Strom im ambipolaren Betrieb kann man zwar durch technologische Maßnahmen senken, er lässt sich aber nicht vollends vermeiden. Dies führt im Schaltungsdesign zu Einschränkungen.
- Das Bauelement ist bezüglich Source und Drain im Gegensatz zu den bisher vorgestellten Konzepten eines Feldeffekttransistors nicht symmetrisch aufgebaut. Eine Vertauschung der Potenziale von Source und Drain ist nicht möglich. Eine Spannung $U_{ds} < 0$ betreibt die p-i-n-Struktur in Flussrichtung und ist im Schaltungsdesign zu vermeiden.

Dies hat im Hinblick auf Schaltungskonzepte der CMOS-Digitaltechnik Konsequenzen. Eine 6-Transistor-SRAM-Zelle, wie sie in Abschnitt 8.3.2 vorgestellt wurde, basiert auf einer bidirektionalen Betriebsweise der Transistoren M5 und M6. Je nach Speicherzustand der Zelle än-

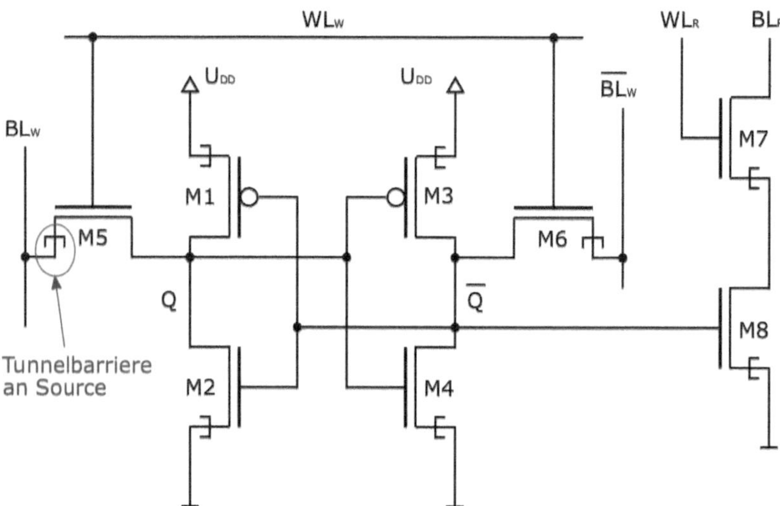

Bild 10.22 Schaltbild einer 8-Transistor-SRAM-Zelle mit TFETs. Im Schaltbild der Transistoren kennzeichnet die Tunnelbarriere den Source-Anschluss.

dert sich die Richtung des Stromflusses in diesen Bauelementen. Dies ist bei Verwendung von TFETs nicht möglich.

Ein alternatives Konzept, welches in der Fachwelt diskutiert wird [31], zeigt Bild 10.22. Beim Beschreiben der Zelle kann nach Aktivierung der Wordline WL_W für das Schreiben Transistor M5 oder M6 die Zelle löschen ($BL_W = 0$) bzw. setzen ($\overline{BL}_W = 0$).

Zum Auslesen sind allerdings zwei weitere TFET M7 und M8 erforderlich. Bei Aktivierung der Wordline WL_R für das Lesen wird die Information $\overline{Q}$ über M8 invertiert auf die Bitline BL_R ausgegeben. Die Komplexität der SRAM-Zelle steigt also von sechs auf acht Transistoren, was einen Rückschritt bezüglich der Integrationsdichte von Speicherbausteinen bedeuten würde.

Numerische Berechnungen von TFETs lassen eine Performance erwarten, wie sie von experimentell realisierten Teststrukturen bisher noch nicht erreicht wurde. Die Hauptprobleme liegen bei zu schlechtem Subthreshold-Swing, der oftmals die Werte eines konventionellen MOSFET nicht erreicht. Als Gründe werden hauptsächlich Traps in der Tunnelbarriere vermutet. Selbst wenn der maximale Anstieg 60 mV/Dek unterschritten wird, ist jedoch der mittlere Slope für das Schaltverhalten ausschlaggebend. Dieser ist oftmals nicht ausreichend, um die Vorteile des TFET zu nutzen.

Weitere Probleme bestehen in nicht ausreichendem Einschaltstrom I_{on}. Lösungsansätze basieren auf einer Verbesserung der elektrostatischen Kontrolle durch das Gate beispielsweise unter Verwendung von Gate-All-Around-Strukturen oder dem oben beschriebenen Prinzip des Line-Tunneling, teilweise in Kombination mit 2-D-Materialien anstelle des intrinsischen Halbleiters.

Verwenden Sie für eine Simulation des Kanalstroms in einem DG-TFET das Tool *cTFET (Compact Solver for Double-Gate Tunnel-FETs)* auf *http://nanohub.org/tools/ctfet*.

10.7 Weitere Steep-Slope-Switches

Aufgrund der oben erwähnten Schwierigkeiten bei der technologischen Realisierung eines TFET sind weitere Transistorstrukturen Gegenstand der Forschung, welche ebenfalls ein steileres Schaltverhalten aufweisen.

10.7.1 Impact-Ionization-FET

Der *Impact-Ionization-FET (IFET* oder auch *I-MOS)* basiert auf dem Effekt des abrupten Stromanstiegs bei der Erzeugung zusätzlicher Ladungsträger im Kanal durch Stoßionisation [32]. Den prinzipiellen Aufbau zeigt Bild 10.23a. Der n-Kanal-Transistor besteht aus einer p-i-n-Struktur, welche durch das Drain-Potenzial in Sperrrichtung vorgespannt wird. Im Gegensatz zum konventionellen MOSFET ist das Source-Gebiet also p-dotiert. Der Kanal am Source-Ende zeigt einen Bereich der Länge L_i, welcher nicht von der Gate-Elektrode überdeckt wird.

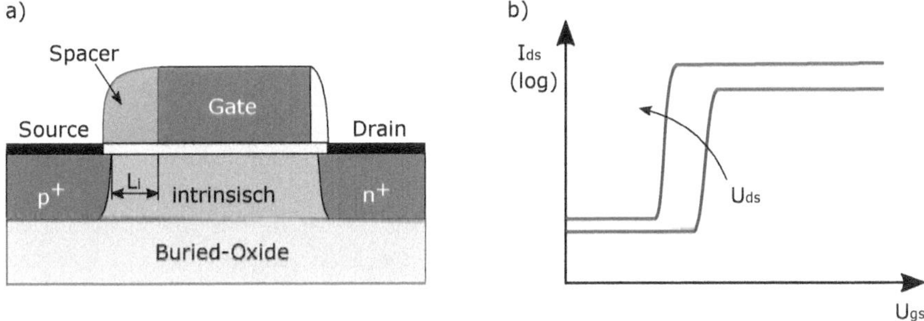

Bild 10.23 a) Schematischer Querschnitt eines IFET, b) Transferkennlinie

Betrachtet man die Transferkennlinie (Bild 10.23b), dann zeigt der Kanalstrom bei einer bestimmten Gate-Source-Spannung einen abrupten Anstieg. Hervorgerufen wird dies durch das Erreichen einer großen Feldstärke in dem Kanalbereich, in welchem durch die fehlende Gate-Elektrode kein Inversionskanal erzeugt werden kann. Es kommt zum lawinenartigen Anstieg des Stroms durch Stoßionisation (vgl. Abschnitt 7.1.1.3). Der Einschaltpunkt ist von der Drain-Source-Spannung abhängig; mit steigender Drain-Spannung bewirkt die höhere Feldstärke im Kanal ein Einschalten bei kleinerer Spannung U_{gs}. Ein Subthreshold-Swing von < 20 mV/Dek wurde bereits realisiert.

Nachteilig beim IFET ist eine relativ hohe notwendige Spannung am Drain von mehr als 1 V, um eine für die Stoßionisation ausreichend große Feldstärke zu erzeugen. Für einen Betrieb im Low-Voltage-Bereich sind Halbleiter mit geringer Bandlücke erforderlich. Ein weiteres Problem ist eine vergleichsweise langsame Schaltzeit, welche durch den lawinenartigen Anstieg des Stroms limitiert ist.

10.7.2 Negative-Capacitance-MOSFET

Wie bereits in Abschnitt 10.1 erwähnt, kann der Subthreshold-Swing eines MOSFET durch Berücksichtigung einer negativen Kapazität reduziert und damit ein steileres Schaltverhalten erzielt werden. Diese Möglichkeit bietet das Konzept des *Negative-Capacitance-MOSFET (NC-MOSFET)* [33, 34]. Den Aufbau zeigt Bild 10.24a.

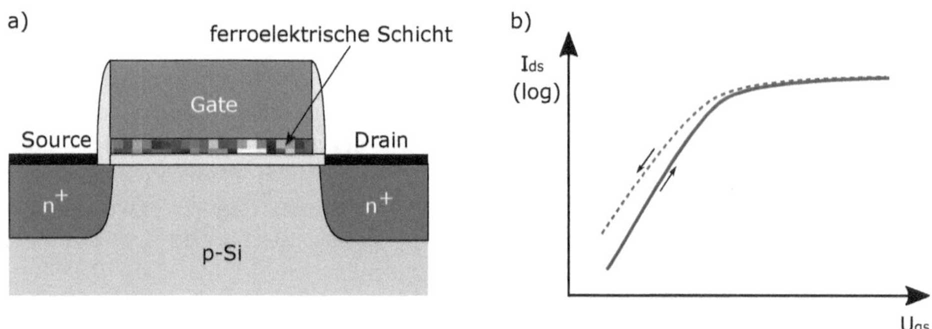

Bild 10.24 a) Schematischer Querschnitt eines NC-MOSFET, b) Transferkennlinie mit Möglichkeit zur Hysterese (gestrichelt), wenn der Spannungsbereich der negativen differenziellen Kapazität verlassen wird

Der wesentliche Unterschied zum konventionellen MOSFET ist die Realisierung einer ferroelektrischen Schicht zwischen Gate-Elektrode und dem Dielektrikum. Als Material wird beispielsweise HZO (Hafnium-Zirkonium-Oxid) oder PZT (Blei-Zirkonat-Titanat) verwendet. Die Polarisation in dem Material bewirkt in einem bestimmten Spannungsbereich eine negative differenzielle Kapazität, welche eine Verstärkung der vom Gate auf den Kanalbereich wirkenden Spannung hervorruft. Dies zeigt sich in einem steileren Anstieg des Stroms in der Transferkennlinie als bei einem herkömmlichen MOSFET. Die Kapazität des Dielektrikums und der ferroelektrischen Schicht muss aufeinander abgestimmt sein, damit über den gesamten Spannungsbereich am Gate der Bereich der negativen differenziellen Kapazität nicht verlassen wird. Ist dies dennoch der Fall, zeigt sich in der Transferkennlinie eine Hysterese (vgl. Bild 10.24b).

Es wurde ein Subthreshold-Swing von ca. 50 mV/Dek erreicht. Eine weitere Reduzierung und die Aufrechterhaltung des steilen Schaltverhaltens über einen weiten Spannungsbereich wäre notwendig. Hierzu wurde bereits auch die Kombination der negativen Kapazität mit einem TFET untersucht (NC-TFET) [35].

Technologische Schwierigkeiten beim NC-MOSFET bestehen insbesondere bei der notwendigen Anpassung der negativen Kapazität an die Kapazität des Gate-Oxids. Die Zuverlässigkeit des Bauelements, die Einstellung der Schwellspannung sowie Streuung der elektrischen Parameter sind weitere Herausforderungen.

10.8 2D-MOSFET

In dem 2D-Material Graphen (siehe Abschnitt 2.1.4) zeigen die beweglichen Ladungsträger eine verschwindend kleine effektive Masse, woraus sich eine sehr hohe Beweglichkeit von $\mu \approx 2 \cdot 10^4 \text{cm}^2/\text{Vs}$ bei sehr geringer Temperaturabhängigkeit ergibt. Diese Eigenschaft hat ein großes Interesse an Graphen für die Mikroelektronik hervorgerufen. Denkbar sind Verbindungsleitungen aus Graphen mit hoher Geschwindigkeit, denn mit der großen Ladungsträgerbeweglichkeit ergibt sich ein verschwindend kleiner Widerstandsbelag. Technologische Herausforderungen bestehen hierbei insbesondere in der großflächigen Herstellung von Graphen in ausreichender Qualität und die Übertragung einer Monolage auf die Oberfläche eines Wafers zur nachfolgenden Strukturierung der Leitbahnen.

Aber auch als Material in den integrierten Bauelementen selbst wurde Graphen intensiv untersucht. Neben der hohen Beweglichkeit und der damit zu erwartenden hohen Schaltfrequenz einzelner Bauelemente ist die Verwendung von wenigen Lagen oder im Idealfall nur einer Atomlage Graphen im Konzept eines Nanosheet-FET (siehe 9.4.3) mit einer drastischen Reduzierung der Kurzkanaleffekte verbunden. Mit einer Dicke von nur einer Atomlage kann die Potenzialbarriere im Kanalbereich ideal von einer Gate-Elektrode gesteuert werden. Kurzkanaleffekte werden somit auf ein Minimum reduziert, was die Möglichkeit zu einer weiteren Erhöhung der Integrationsdichte erwarten lässt. Dieser sogenannte *2D-MOSFET* ist quasi die konsequente Fortführung des Konzepts eines Nanosheet-MOSFETs.

Eine Monolage Graphen erlaubt die Bewegung von Elektronen nur in einer Ebene; es erfolgt also ein Quanteneinschluss senkrecht zur dieser Ebene. Die Bandstruktur von Graphen zeigt allerdings keine Bandlücke; Leitungsbandunterkante und Valenzbandoberkante berühren sich in genau einem Punkt, dem sogenannten *Dirac-Punkt*. Diese Tatsache steht der Anwendung von Graphen als Kanalmaterial zunächst entgegen. Für das Sperrverhalten eines Schaltelements ist eine Bandlücke grundsätzlich notwendig. Bei der Strukturierung der Graphenschicht mit Reduzierung der Kanalweite in den Bereich weniger Nanometer (sogenannte *Nanoribbons*) zeigt sich aber, dass eine Bandlücke entsteht. Je schmaler der Streifen ist, desto größer wird die Bandlücke. Weiterhin kann durch Einprägung eines elektrischen Feldes oder bei einer gezielten Verspannung der Struktur eine ähnliche Wirkung erziehlt werden. Allerdings steigt damit auch wieder die effektive Masse und die Beweglichkeit der Ladungsträger sinkt.

Bisher haben im Labormaßstab hergestellte MOSFETs auf Basis von Graphen als Halbleitermaterial im Kanalbereich allerdings noch kein Verhältnis von Einschalt- zu Ausschaltstrom $I_{\text{on}}/I_{\text{off}}$ gezeigt, welches für Anwendungen in der Schaltungstechnik ausreicht.

Aufgrund der grundsätzlich gegebenen Bandlücke in TMD-Materialien werden diese heute bevorzugt als Kanalmaterialien für 2D-MOSFETs untersucht [13,36]. Bild 10.25 zeigt einen möglichen Aufbau eines solchen Bauelements mit einer Monolage MoS_2 als Nanosheet im Kanalbereich. Da eine Dotierung der Monolage nicht möglich ist, erfolgt im Gegensatz zum klassischen MOSFET die Kontaktierung am Source- und Drain-Ende des Kanals direkt mit einer metallischen Elektrode. Es ergibt sich daher prinzipiell ein Aufbau, wie er schon in Abschnitt 10.4 als Schottky-Barrier-Transistor eingeführt wurde. Daher kann auch der 2D-MOSFET einen ambipolaren Betriebszustand zeigen.

Bei der Injektion von Ladungsträgern aus der Source-Elektrode in die Monolage des 2D-Halbleiters ergeben sich zusätzliche parasitäre Effekte. Die eigentlich gewünschte Strom-Spannungscharakteristik ähnlich eines klassischen MOSFET wird überlagert von einer Strom-

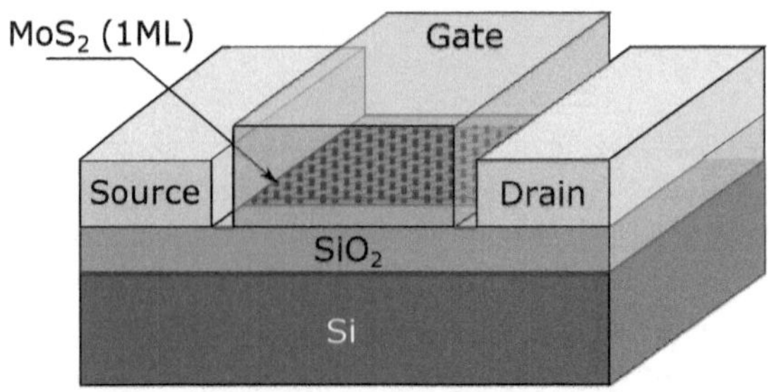

Bild 10.25 Schematische Darstellung eines 2D-MOSFET mit einer Monolage (ML) MoS_2 als Kanalbereich, metallischem Kontaktierungen für Source und Drain, aufgebracht auf einem Silizium-Substrat mit isolierender Oxidschicht als Trägermaterial

limitierung durch die parasitären Kontaktwiderstände am Übergang aus dem Kanalbereich in die Source- und Drain-Elektroden, die wie in Abschnitt 9.2.3.4 beschrieben die Kennlinie verändern. Zusätzlich können Tunnelvorgänge an den Schottky-Barrieren zu einem exponentiellen Stromanstieg im linearen Betriebsbereich führen; ähnlich wie das auch im Schottky-Barrier-FET oder Tunnel-FET zu beobachten ist. Diese parasitären Effekte im Vergleich zur gewünschten Steuerwirkung der Gate-Elektrode auf den Kanalwiderstand gering zu halten, ist eine der technologischen Herausforderungen.

Neben der Realisierung von ideal dünnen Nanosheets bieten 2D-Materialien weitere Vorteile für die Bauelementtechnologie. Aufgrund der Tatsache, dass zwischen den einzelnen Monolagen keine chemische Bindung auftritt, sondern nur Van-der-Waals-Kräfte die Schichten zusammenhalten, besteht die Möglichkeit verschiedenste Materialien zu kombinieren, ohne das hierzu eine Notwendigkeit zur Gitteranpassung besteht. Beim schichtweisen Stapeln von 2D-Materialien sind daher auch keine freien Bindungen (engl. *dangling bonds*) und dadurch hervorgerufene Fallenzustände an den Grenzflächen zu erwarten, welche die elektrostatische Steuerung des Kanals durch das Gate negativ beeinflussen würden.

Aufgrund dieser Vorteile sind 2D-Materialien nicht nur für MOSFET-Strukturen wie in Bild 10.25 gezeigt Gegenstand weltweiter Forschung, sondern finden auch Beachtung für alternative Bauelementstrukturen wie dem Schottky-Barrier-MOSFET, Reconfigurable-FET oder Tunnel-FET.

Verwenden Sie zur Simulation des Kanalstroms in einem 2DFET mit unterschiedlichen Materialien und Orientierungen das Tool *2DFET* auf *http://nanohub.org/resources/2dfets*.

10.9 Wiederholungsfragen

1. Nennen Sie die Ziele für zukünftige Transistorgenerationen. Welche Schwierigkeiten bestehen bei der weiteren Skalierung von Multiple-Gate-FETs?
2. Warum sind für eine weitere Steigerung der Integrationsdichte sogenannte „Steep-Slope-Switches“ von Interesse? Welche physikalischen Möglichkeiten bestehen, ein steileres Schaltverhalten in Transistoren zu erreichen?
3. Welche technologische Möglichkeiten zur Realisierung von „Steep-Slope-Switches“ sind möglich? Warum verspricht man sich von diesen Bauelementen eine reduzierte Leistungsaufnahme hochintegrierter Schaltkreise?
4. Erläutern Sie die Vorteile und die Realisierung von „High-Mobility-Channel-FETs“.
5. Erläutern Sie die Funktionsweise sowie die Vor- und Nachteile eines Junctionless-MOSFET. Was unterscheidet den „Bulk-Current-Mode“ vom Betrieb in Akkumulation?
6. Nennen Sie Vor- und Nachteile eines Schottky-Barrier-MOSFET.
7. Unterscheiden Sie in einem Bändermodell eines Schottky-Barrier-MOSFET den Kanalstrom durch thermische Emission von Tunnelstrom. Welchen Einfluss hat der „Schottky-Barrier-Lowering-Effekt“?
8. Erläutern Sie die Funktionsweise eines TFET. Warum kann mit diesem Bauelement ein Subthreshold-Swing von weniger als 60 mV/Dek bei Raumtemperatur erreicht werden? Was sind die Herausforderungen in der Technologie, um dieses steile Schaltverhalten zu erreichen?
9. Warum erwartet man von Heterostruktur-TFETs eine Verbesserung des Schaltverhaltens?
10. Was versteht man unter „ambipolarem Betriebsbereich“ bei einem SB-MOSFET oder TFET? Warum kann er für das klassische Schaltungsdesign problematisch sein?
11. Warum ist die Verwendung von TFETs in der Schaltungsstruktur einer klassischen SRAM-Zelle nicht möglich?
12. Erläutern Sie die Funktionsweise eines Impact-Ionization-FET. Welche Vor- und Nachteile hat er gegenüber einem klassischen MOSFET?
13. Erläutern Sie die Funktionsweise eines Negative-Capacitance-MOSFET sowie dessen Vorteile gegenüber einem klassischen MOSFET.
14. Welche Vorteile bieten 2D-Materialien in der Funktionsweise eines MOSFET? An welcher Stelle können sie eingesetzt werden?

Konstanten und Materialparameter

Physikalische Konstanten

Parameter	Symbol	Wert
Boltzmann-Konstante	k	$8.6173 \cdot 10^{-5}$ eV/K $= 1.38065 \cdot 10^{-23}$ J/K
Dielektrizitätskonstante in Vakuum	ε_0	$8.85419 \cdot 10^{-14}$ F/cm
Elementarladung	q	$1.602 \cdot 10^{-19}$ As
Lichtgeschwindigkeit in Vakuum	c	$2.99792 \cdot 10^{10}$ cm/s
Planck'sches Wirkungsquantum	h	$6.62607 \cdot 10^{-34}$ Js $= 4.1357 \cdot 10^{-15}$ eVs
Reduziertes Planck'sches Wirkungsquantum	$\hbar$	$1.05457 \cdot 10^{-34}$ Js $= 6.5821 \cdot 10^{-16}$ eVs
Ruhemasse eines freien Elektrons	m_0	$9.1094 \cdot 10^{-31}$ kg

Eigenschaften wichtiger Halbleiter

Parameter	Symbol	Ge	Si	GaAs
Bandlücke (bei $T = 300\ K$)	E_G	0.66 eV	1.12 eV	1.424 eV
Bandübergang		indirekt	indirekt	direkt
Elektronenaffinität	$q\chi$	4.0 eV	4.05 eV	4.07 eV
Effektive Masse Elektronen	m_n^*/m_0	$1.64^{l}, 0.082^{t}$	$0.98^{l}, 0.19^{t}$	0.063
Effektive Masse Löcher	m_p^*/m_0	$0.04^{lh}, 0.28^{hh}$	$0.16^{lh}, 0.49^{hh}$	$0.076^{lh}, 0.5^{hh}$
Intrin. Ladungsträgerkonzentration	n_i	$2.4 \cdot 10^{13}$ cm^{-3}	$1.45 \cdot 10^{10}$ cm^{-3}	$1.79 \cdot 10^{6}$ cm^{-3}
Zustandsdichte im Leitungsband	N_C	$1.04 \cdot 10^{19}$ cm^{-3}	$2.8 \cdot 10^{19}$ cm^{-3}	$4.7 \cdot 10^{17}$ cm^{-3}
Zustandsdichte im Valenzband	N_V	$6.0 \cdot 10^{18}$ cm^{-3}	$1.04 \cdot 10^{19}$ cm^{-3}	$7.0 \cdot 10^{18}$ cm^{-3}
Rel. Dielektrizitätskonstante	ε_r	16.0	11.7	13.1
Gitterkonstante	a_0	0.564613 nm	0.543095 nm	0.56533 nm

Austrittsarbeit wichtiger Metalle

Material	$q\phi_m$
Gold (Au)	5.1 eV
Aluminium (Al)	4.28 eV
Silber (Ag)	4.26 eV
Nickelsilizid (NiSi)	4.7 eV

Simulationstools

Nachfolgend ist eine Übersicht der Tools auf der Simulationsplattform *nanohub.org* gegeben, auf die im Buch verwiesen wird.

Crystal Viewer Tool

Kapitel 2: Darstellung der Kristallgitter unterschiedlicher Halbleiter

http://nanohub.org/tools/crystalviewer

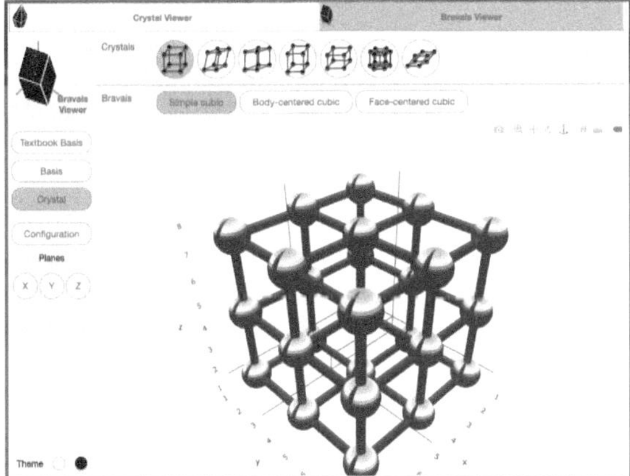

Quantum Dot Lab

Kapitel 3: Visualisierung der Wellenfunktion in Quantumdots

http://nanohub.org/tools/qdot

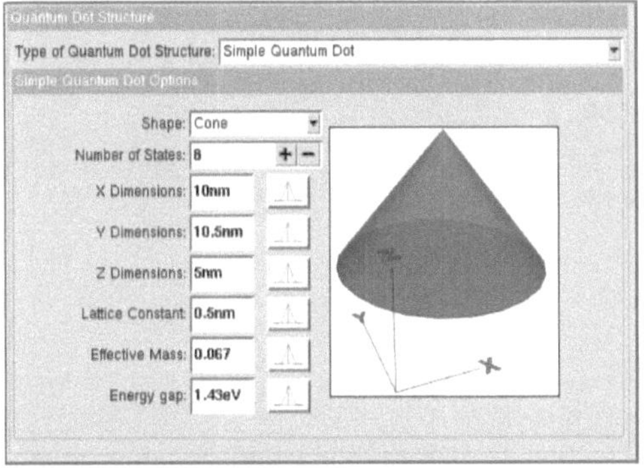

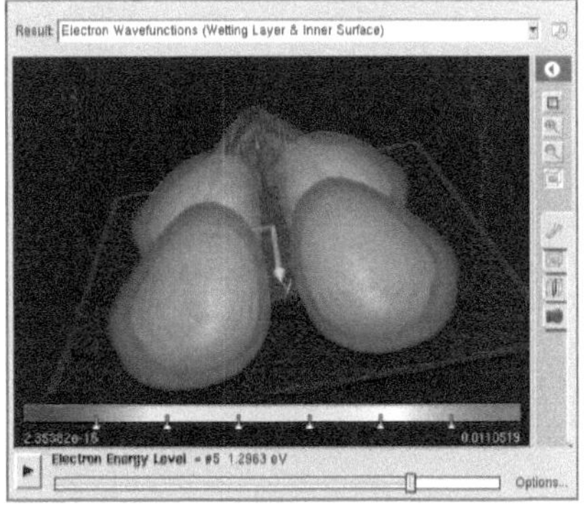

Periodic Potential Lab

Kapitel 4: Visualisierung von Energiebändern aufgrund der periodischen Aneinanderreihung von Potenzialtöpfen

http://nanohub.org/tools/kronigpenneylab

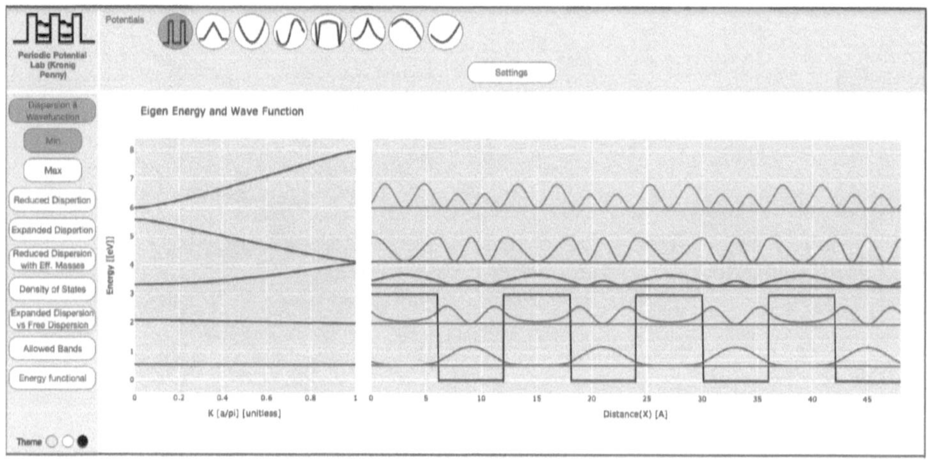

Band Structure Lab

Kapitel 4: Visualisierung der Bandstruktur in unterschiedlichen Halbleitern

http://nanohub.org/tools/bandstrlab

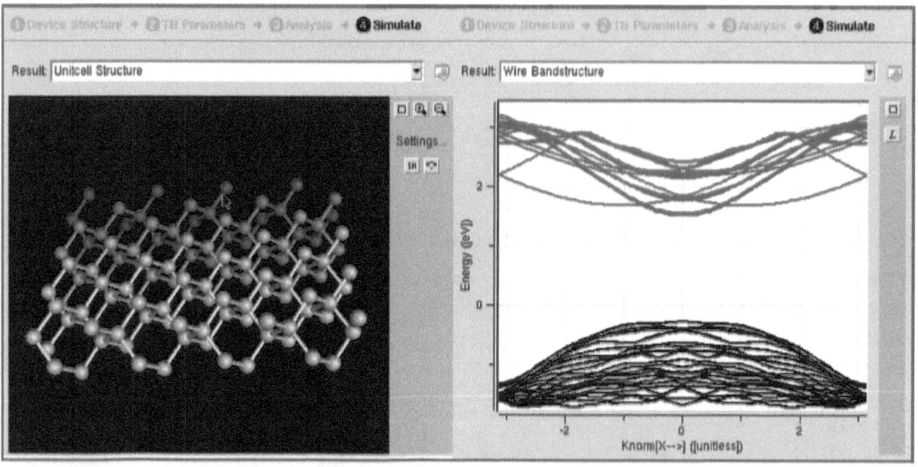

PN Junction Lab

Kapitel 4: Analyse eines pn-Übergangs mit Darstellung des Bänderdiagramms, der Ladungsdichten und der elektrischen Feldstärke. Die Wahl verschiedener Halbleitermaterialien und Dotierungskonzentrationen ist möglich.

http://nanohub.org/tools/pnjunctionlab

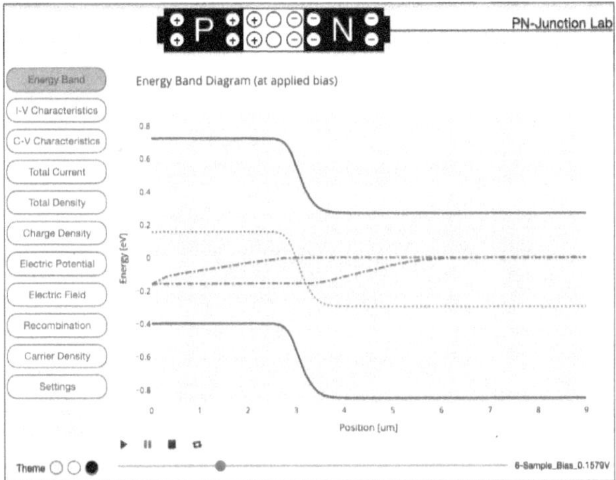

Carrier Statistics Lab

Kapitel 4: Simulation der Ladungsträgerkonzentrationen in verschiedenen Halbleitern

http://nanohub.org/tools/fermi

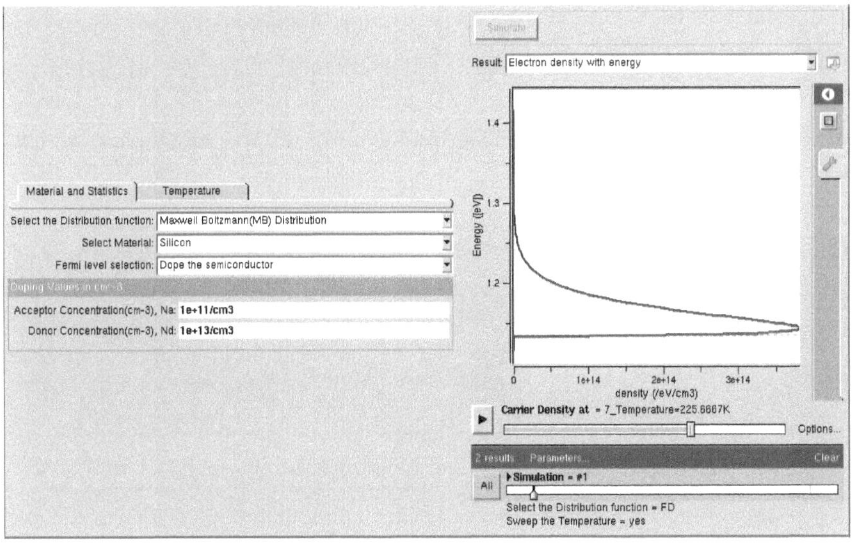

Resonant Tunneling Diode Simulation with NEGF

Kapitel 7: Simulation einer RTD mit unterschiedlichen Schichtdicken und Dotierungskonzentrationen, mit Darstellung der Kennlinie und Auswertung des Bänderdiagramms in verschiedenen Betriebszuständen.

http://nanohub.org/tools/rtdnegf

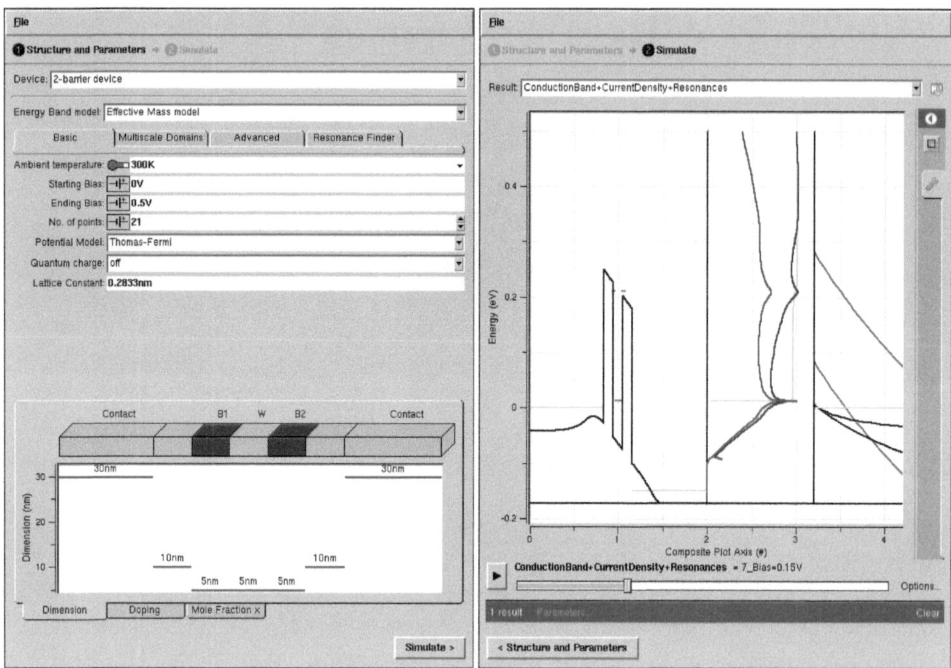

BJT Lab

Kapitel 7: Simulation eines Bipolartransistors zur Darstellung des Bänderdiagramms und der Kennlinien

http://nanohub.org/tools/bjt

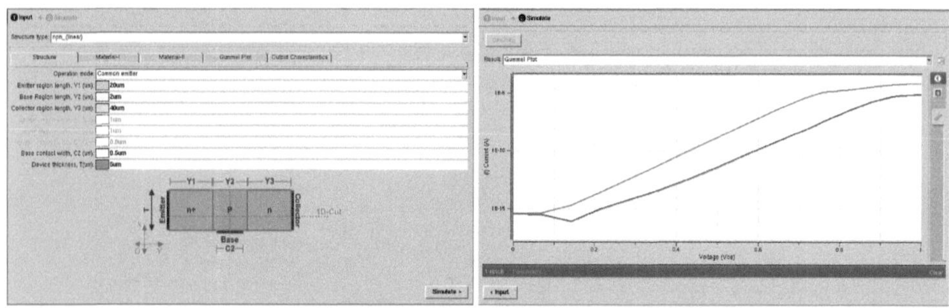

MOSCap

Kapitel 7: Simulation einer MOS-Kapazität für unterschiedliche Materialparameter und Frequenzen

http://nanohub.org/tools/moscap

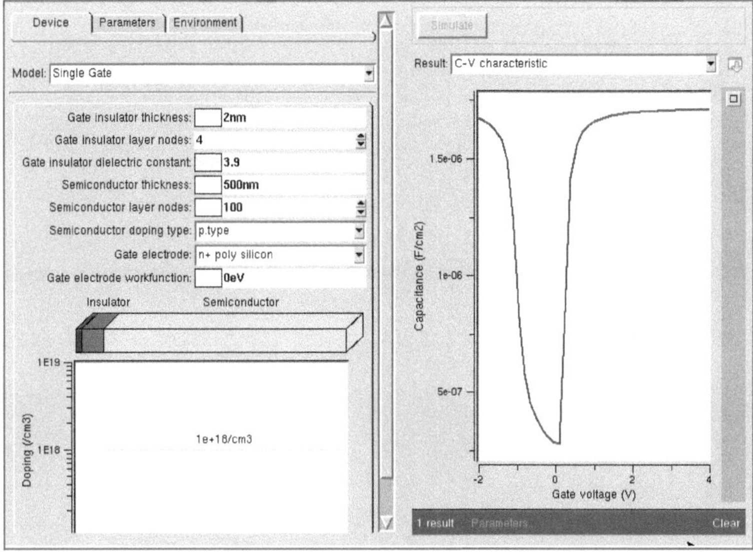

MOSFET-Simulation

Kapitel 7: Simulation der Kennlinien eines MOSFETs mit Möglichkeit zur Änderung der Geometrie und Materialparameter

http://nanohub.org/tools/mosfetsat

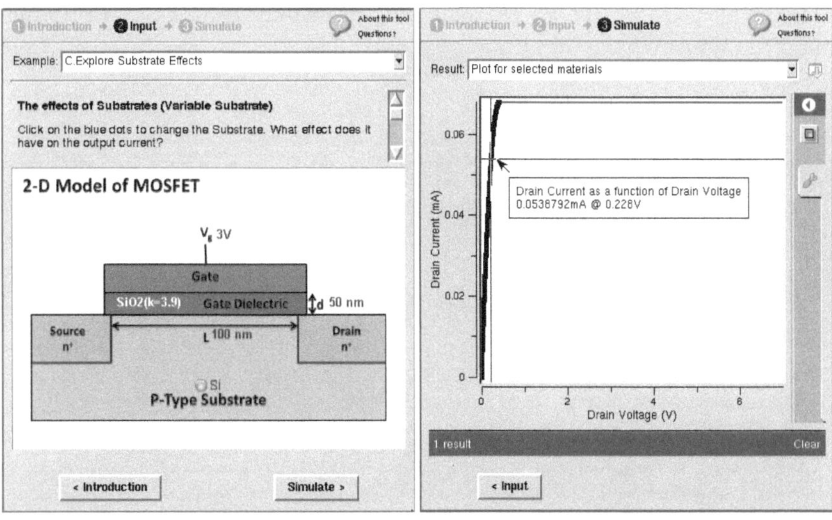

NanoMOS

Kapitel 9: Zweidimensionale Simulation eines UTB- oder Double-Gate-MOSFETs mit ballistischem Ladungstransport unter Berücksichtigung von Source-Drain-Tunneln und Quantum-Confinement

http://nanohub.org/tools/nanomos

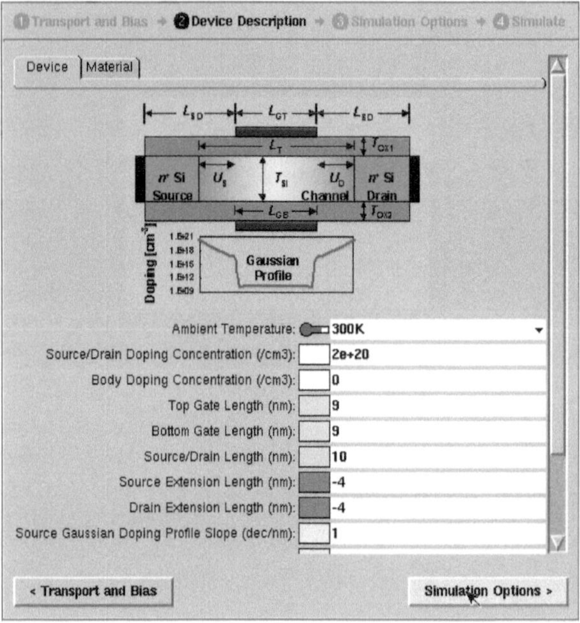

cNEGF: Compact NEGF-Based Solver for Double-Gate MOSFETs

Kapitel 9: Numerisch effiziente Simulation der Kennlinien eines Double-Gate-MOSFETs unter Berücksichtigung von Source-Drain-Tunneln

http://nanohub.org/resources/cnegfmos

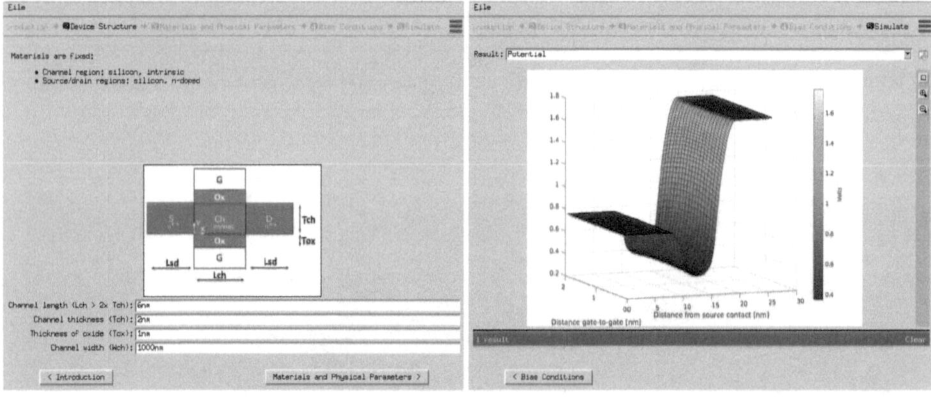

cTFET: Compact Solver for Double-Gate Tunnel-FETs

Kapitel 10: Numerisch effiziente Simulation der Kennlinien eines Double-Gate-TFETs

http://nanohub.org/tools/ctfet

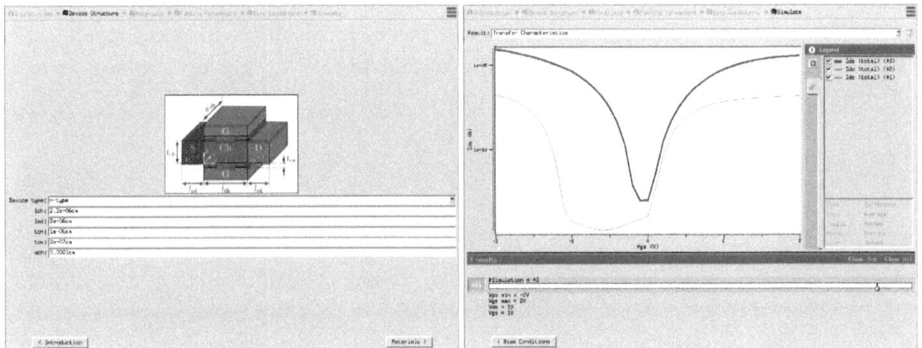

2DFET

Kapitel 10: Simulation der Kennlinien eines MOSFETs auf Basis unterschiedlicher 2D-Materialien und verschiedenen Transporteigenschaften.

http://nanohub.org/resources/2dfets

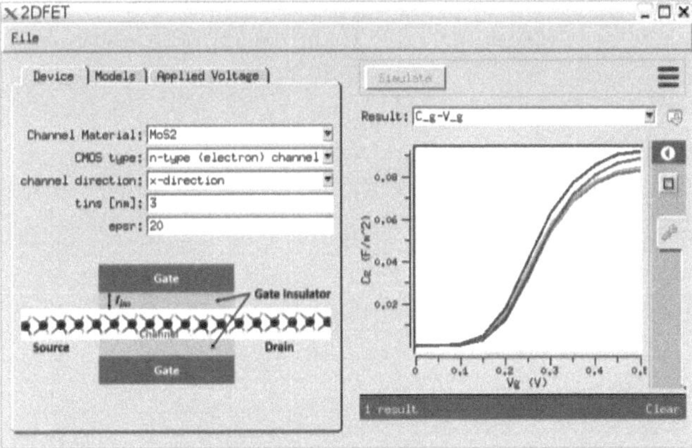

Formelzeichen

a_0	Gitterkonstante	nm
c	Lichtgeschwindigkeit in Vakuum	m/s
C	Kapazität	F
C'	flächenbezogene Kapazität	F/cm^2
C_{diff}	Diffusionskapazität	F
C_{gs}	Gate-Source-Kapazität	F
C_{gd}	Gate-Source-Kapazität	F
C_{gb}	Gate-Source-Kapazität	F
C_{o}	Overlap-Kapazität	F
C_{ox}	Gateoxidkapazität	F
C_{RLZ}	Sperrschichtkapazität	F
C_{x}	Streukapazität	F
C_{μ}	Kollektor-Basis-Kapazität	F
C_{π}	Basis-Emitter-Kapazität	F
d_{RLZ}	Raumladungszonendicke	µm
D	Diffusionskonstante	cm^2/s
D_{n}	Diffusionskonstante Elektronen	cm^2/s
D_{p}	Diffusionskonstante Löcher	cm^2/s
E	Energie	eV
$\lvert\vec{E}\rvert$	Betrag des elektrischen Feldes	V/cm
E_{C}	Unterkante Leitungsband	eV
E_{F}	Fermi-Niveau	eV
E_{Fi}	intrinsisches Fermi-Niveau	eV
E_{Fn}	Quasi-Fermi-Niveau Elektronen	eV
E_{Fp}	Quasi-Fermi-Niveau Löcher	eV
E_{G}	Bandlücke im Halbleiter	eV
E_{Ph}	Photonenenergie	eV
E_{V}	Unterkante Valenzband	eV
E_{vac}	Vakuum-Energielevel	eV
E_y	y-Komponente des elektrischen Feldes	V/cm
f	Frequenz	Hz
f_{d}	Fermi-Verteilung in Drain	–
f_{n}	Fermi-Verteilung der Elektronen	–
f_{p}	Fermi-Verteilung der Löcher	–
f_{s}	Fermi-Verteilung in Source	–

g_c	Zustandsdichte Leitungsband	$1/(cm^3 \cdot eV)$
g_d	Kleinsignalleitwert Diode	A/V
g_{ds}	Kleinsignalausgangsleitwert MOSFET	A/V
g_m	Steilheit	A/V
g_o	Kleinsignalausgangsleitwert Bipolartransistor	A/V
g_v	Zustandsdichte Valenzband	$1/(cm^3 \cdot eV)$
g_μ	Kleinsignalrückwirkungsleitwert zwischen Kollektor und Basis	A/V
g_π	Kleinsignalleitwert zwischen Basis und Emitter	A/V
G	Generationsrate	$cm^{-3} \cdot s^{-1}$
G_{ch}	Kanalleitwert	Ω^{-1}
h	Planck'sches Wirkungsquantum	$J \cdot s$
$\hbar$	reduziertes Planck'sches Wirkungsquantum	$J \cdot s$
H_{Si}	Kanalhöhe (FinFET)	µm
$i(t)$	Strom (zeitlich veränderlich)	A
I	Strom	A
I_B	Basisstrom	A
$I_{B \to C}$	Diffusionsstrom Basis zu Kollektor	A
$I_{B \to E}$	Diffusionsstrom Basis zu Emitter	A
I_C	Kollektorstrom	A
$I_{C \to B}$	Diffusionsstrom Kollektor zu Basis	A
I_{ds}	Drain-zu-Source-Strom	A
I_E	Emitterstrom	A
$I_{E \to B}$	Diffusionsstrom Emitter zu Basis	A
I_s	Sättigungsstrom, Sperrstrom	A
j	imaginäre Einheit	-
j	Stromdichte	A/cm^2
j_n	Elektronenstromdichte	A/cm^2
j_p	Löcherstromdichte	A/cm^2
$\vec{k}$	Wellenzahlvektor	cm^{-1}
k	Wellenzahl, Betrag von $\vec{k}$	cm^{-1}
k_x	Komponente von $\vec{k}$ in x-Richtung	cm^{-1}
k_y	Komponente von $\vec{k}$ in y-Richtung	cm^{-1}
k_z	Komponente von $\vec{k}$ in z-Richtung	cm^{-1}
k_ρ	Komponente von $\vec{k}$ in einer Ebene	cm^{-1}
k_B	Boltzmann-Konstante	eV/K
l	mittlere freie Weglänge	cm
L	Kanallänge	µm
m_0	Ruhemasse eines freien Elektrons	kg
m_n	Elektronenmasse	kg
m_p	Löchermasse	kg

m^*	effektive Masse	kg
n	Elektronenkonzentration	cm^{-3}
n_i	intrinsische Ladungsträgerkonzentration	cm^{-3}
N	Dotierungskonzentration	cm^{-3}
N_b	Dotierungskonzentration im Substrat	cm^{-3}
N_B	Dotierungskonzentration in Basis	cm^{-3}
N_C	Dotierungskonzentration im Kollektor	cm^{-3}
N_C	effektive Zustandsdichte im Leitungsband	cm^{-3}
N_{ch}	Dotierungskonzentration im Kanal	cm^{-3}
N_E	Dotierungskonzentration im Emitter	cm^{-3}
N_{sd}	Dotierungskonzentration in Source/Drain	cm^{-3}
N_V	effektive Zustandsdichte im Valenzband	cm^{-3}
p	Impuls	$kg \cdot m/s$
p	Löcherkonzentration	cm^{-3}
q	Elementarladung	$A \cdot s$
Q	Ladung	$A \cdot s$
Q'	flächenbezogene Ladung	$A \cdot s/cm^2$
Q_b	Raumladung im Substrat	$A \cdot s$
Q_g	Gateladung	$A \cdot s$
Q_i	Inversionsladung	$A \cdot s$
Q_{ox}	Oxidladung	$A \cdot s$
Q_{ss}	Ladungen durch Oberflächenzustände	$A \cdot s$
r	Radius	cm
R	ohmscher Widerstand	Ω
R	Rekombinationsrate	$cm^{-3}s^{-1}$
R	Richardson-Konstante	$A/(cm^2 \cdot K^2)$
R^*	effektive Richardson-Konstante	$A/(cm^2 \cdot K^2)$
$R(\varepsilon)$	Relexionskoeffizient	–
S	Subthreshold-Swing	V/Dek
S	Implantationsdosis	cm^{-2}
t	Zeit	s
t_{inv}	Dicke des Inversionskanals	nm
t_{ox}	Oxiddicke	nm
T	Temperatur	K
T_{Si}	Kanaldicke (Double-Gate-MOSFET)	cm
$\mathbf{T}(\varepsilon)$	Transmissionskoeffizient, Tunnelwahrscheinlichkeit	–
$u(t)$	Spannung (zeitlich veränderlich)	V
U	Spannung	V
U_{BC}	Basis-Kollektor-Spannung	V
U_{BE}	Basis-Emitter-Spannung	V

U_{CB}	Kollektor-Basis-Spannung	V
U_D	Diffusionsspannung	V
U_{EB}	Emitter-Basis-Spannung	V
U_{ds}	Drain-Source-Spannung	V
U_{dsat}	Sättigungsspannung NMOS	V
U_{gd}	Gate-Drain-Spannung	V
U_{gs}	Gate-Source-Spannung	V
U_{sb}	Source-Bulk-Spannung	V
U_{ssat}	Sättigungsspannung PMOS	V
v	Geschwindigkeit	cm/s
v_d	Driftgeschwindigkeit	cm/s
v_{sat}	Driftsättigungsgeschwindigkeit	cm/s
v_{th}	thermische Geschwindigkeit	cm/s
V_0	Parameter des Junctionless-MOSFET	V
V_A	Early-Spannung	V
V_b	Barrierenhöhe	eV
V_{fb}	Flachbandspannung	V
V_T	Schwellspannung MOSFET	V
V_{T0}	Schwellspannung MOSFET ohne Substratvorspannung	V
w_B	Basisweite	cm
W	Kanalweite	µm
x	Koordinate	µm
y	Koordinate	µm
z	Koordinate	µm
α	Stromverstärkung in Basisschaltung	–
α	Absorptionskoeffizient	cm^{-1}
α_i	Parameter der Square-Root-Approximation	–
β	Stromverstärkung in Emitterschaltung	–
γ	Substratfaktor	$\sqrt{V}$
Δp	Überschusskonzentration Löcher	cm^{-3}
Δn	Überschusskonzentration Elektronen	cm^{-3}
ε	Energie eines Elektrons	eV
ε_0	Dielektrizitätskonstante in Vakuum	$A \cdot s/(V \cdot cm)$
ε_n	Eigenenergie der Quantenzahl n	eV
ε_{ox}	Dielektrizitätskonstante des Gateoxids	$A \cdot s/(V \cdot cm)$
ε_r	relative Dielektrizitätskonstante	–

ε_S	Dielektrizitätskonstante des Halbleiters	$A \cdot s/(V \cdot cm)$
ε_{Si}	Dielektrizitätskonstante von Silizium	$A \cdot s/(V \cdot cm)$
η	Wirkungsgrad	–
η_{ext}	externer Wirkungsgrad	–
η_{int}	interner Wirkungsgrad	–
θ	Parameter der Oberflächenbeweglichkeit	V^{-1}
λ	Wellenlänge	cm
λ	Parameter der Kanallängenmodulation	V^{-1}
μ	Beweglichkeit	$cm^2/(V \cdot s)$
μ_{eff}	effektive Beweglichkeit	$cm^2/(V \cdot s)$
μ_n	Elektronenbeweglichkeit	$cm^2/(V \cdot s)$
μ_p	Löcherbeweglichkeit	$cm^2/(V \cdot s)$
μ_{s0}	Oberflächenbeweglichkeit	$cm^2/(V \cdot s)$
ν	Frequenz	s^{-1}
ν_n	Anzahl Leitungsbandminima	–
ρ	Raumladung	$A \cdot s/cm^3$
σ	spezifische Leitfähigkeit	$\Omega^{-1} \cdot cm^{-1}$
σ_i	intrinsische spezifische Leitfähigkeit	$\Omega^{-1} \cdot cm^{-1}$
σ_n	spezifische Leitfähigkeit durch Elektronen	$\Omega^{-1} \cdot cm^{-1}$
σ_p	spezifische Leitfähigkeit durch Löcher	$\Omega^{-1} \cdot cm^{-1}$
τ	Lebensdauer	s
τ	mittlere Zeit zwischen zwei Stößen	s
τ_F	Transitzeit	s
τ_n	Lebensdauer Elektronen	s
τ_p	Lebensdauer Löcher	s
ϕ	Potenzial	V
ϕ_{Bn}	Barrierenhöhe für Elektronen	V
ϕ_{Bp}	Barrierenhöhe für Löcher	V
ϕ_f	Abstand Fermi-Niveau zur Bandmitte	eV
ϕ_m	Austrittsarbeit Metall	V
ϕ_{ms}	Austrittsarbeitsdifferenz Metall zu Halbleiter	V
ϕ_s	Austrittsarbeit Halbleiter	V
χ	Elektronenaffinität	V
ψ_s	Oberflächenpotenzial	V
ψ_{ss}	auf Source bezogenes Oberflächenpotenzial	V
Ψ	Materiewelle	$1/\sqrt{cm}$

ω	Kreisfrequenz	s^{-1}
$\mathscr{F}$	Fermi-Dirac-Integral	–

Literatur

Lehrbücher:

[1] *F. Thuselt:* Physik der Halbleiterbauelemente. 2. Auflage, Springer, 2011

[2] *U. Hilleringmann:* Silizium-Halbleitertechnologie. 4. Auflage, Teubner Verlag, 2004

[3] *W. Demtröder:* Experimentalphysik: Bd. 3 Atome, Moleküle und Festkörper. 5. Auflage, Springer, 2016

[4] *J. D. Plummer, M. D. Deal, P. B. Griffin:* Silicon VLSI technology. Prentice Hall, 2000

[5] *U. Tietze, C. Schenk:* Halbleiter-Schaltungstechnik. 15. Auflage, Springer Vieweg, 2016

[6] *L. Borucki:* Digitaltechnik. 5. Auflage, Teubner Verlag, 2000

[7] *H. Weber:* Laplace-Transformation für Ingenieure der Elektrotechnik. 7. Auflage, Teubner, 2003

[8] *N. Bronstein:* Taschenbuch der Mathematik. 7. Auflage, Verlag Harri Deutsch, 2008

[9] *S. M. Sze, K. K. Ng:* Physics of semiconductor devices. 3. Auflage, Wiley, 2006

[10] *N. Arora:* MOSFET Models for VLSI Circuit Simulation: Theory and Practice, Springer; 1. Auflage, 1993

[11] *V. Mitin, V. Kochelap, M. Stroscio:* Introduction to Nanoelectronics. Cambridge University Press, 2008

[12] *M. Lundstrom, Jing Guo:* Nanoscale Transistors: Device Physics, Modeling and Simulation. Springer, 2006

Quellen zu weiterführende Themen:

[13] *Saptarshi Das, Joshua A. Robinson, Madan Dubey, Humberto Terrones, Mauricio Terrones:* Beyond graphene: progress in novel two-dimensional materials and van der Waals solids. Annual Review of Materials Research (2015), pp. 1–27, *http://doi.org/10.1146/annurev-matsci-070214-021034*

[14] *G. Wentzel:* Eine Verallgemeinerung der Quantenbedingungen für die Zwecke der Wellenmechanik. Zeitschrift für Physik, Vol. 38, No. 6–7, 1926, *https://doi.org/10.1007/BF01397171*

[15] *E. O. Kane:* Theory of tunneling, Journal of Applied Physics vol. 32, pp. 83–91, 1961, *http://doi.org/10.1063/1.1735965*

[16] *R. Landauer:* Spatial variation of currents and fields due to localized scatterers in metallic conduction, IBM Journal of Research and Development, vol. 1, pp. 223–231, July 1957, *http://doi.org/10.1147/rd.13.0223*

[17] *R. Tsu, L. Esaki:* Tunneling in a Finite Superlattice, Appl. Phys. Lett., vol. 22, no. 11, pp. 562-564, 1973, *http://doi.org/10.1063/1.1654509*

[18] *A. Gehring:* Simulation of Tunneling in Semiconductor Devices. PhD thesis, Technische Universität Wien, Austria, 2003, *http://hdl.handle.net/20.500.12708/12170*

[19] *A. Ortiz-Conde, F. J. Garcia-Sanchez, J. Muci, S. Malobabic, J. Liou:* A review of core compact models for undoped double-gate SOI MOSFETs. Journal IEEE Trans. Electron Devices, Vol. 54(1), 2007, *http://doi.org/10.1109/TED.2006.887046*

[20] *G. Darbandy, S. Mothes, M. Schröter, A. Kloes, M. Claus:* Performance analysis of parallel array of nanowires and a nanosheet in SG, DG and GAA FETs. Solid-State Electronics, vol. 162, pp. 10761, 2019, *http://doi.org/10.1016/j.sse.2019.107641*

[21] *M. K. Gupta et al.:* A Comprehensive Study of Nanosheet and Forksheet SRAM for Beyond N5 Node. IEEE Transactions on Electron Devices, vol. 68, no. 8, pp. 3819-3825, Aug. 2021, *http://doi.org/10.1109/TED.2021.3088392*

[22] *S. -G. Jung, D. Jang, S. -J. Min, E. Park, H. -Y. Yu:* Performance Analysis on Complementary FET (CFET) Relative to Standard CMOS With Nanosheet FET. IEEE Journal of the Electron Devices Society, vol. 10, pp. 78-82, 2022, *http://doi.org/10.1109/JEDS.2021.3136605*

[23] *J.-P. Colinge, C.-W. Lee, A. Afzalian, N. D. Akhavan, R. Yan, I. Ferain, et al.:* Nanowire transistors without junctions. Nature Nanotechnology, Vol. 5, 2010, *http://doi.org/10.1038/nnano.2010.15*

[24] *M. Schwarz, T. D. Vethaak, V. Derycke, A. Francheteau, B. Iniguez, S. Kataria, A. Kloes, F. Lefloch, M. C. Lemme, J. P. Snyder, W. M. Weber, L. E. Calvet:* The Schottky barrier transistor in emerging electronic devices, Nanotechnology, 2023, *http://doi.org/10.1088/1361-6528/acd05f*.

[25] *Y. Han, J. Sun, F. Xi, J.-H. Bae, D. Grützmacher, Q.-T. Zhao:* Cryogenic characteristics of UTBB SOI Schottky-Barrier MOSFETs, Solid-State Electronics, vol. 194, 2022, *https://doi.org/10.1016/j.sse.2022.108351*

[26] *M. Schwarz, L. E. Calvet, J.P. Snyder, T. Krauss, U. Schwalke, A. Kloes:* On the physical behavior of cryogenic IV and III-V Schottky Barrier MOSFET devices, IEEE Transactions on Electron Devices, vol. 64, pp. 3808-3815, 2017, *http://doi.org/10.1109/TED.2017.2726899*

[27] *T. Mikolajick, A. Heinzig, J. Trommer, T. Baldauf, W. M. Weber:* The RFET – a reconfigurable nanowire transistor and its application to novel electronic circuits and systems. Semiconductor Science and Technology, Vol. 32(4), 2017, *http://doi.org/10.1088/1361-6641/aa5581*

[28] *J. Knechtel:* Hardware Security for and beyond CMOS Technology. Proceedings 2020 Int. Symposium Phys Des 75–86 (2020), *http://doi.org/10.1145/3372780.3378175*

[29] *M. Raitza, A. Kumar, M. Völp, D. Walter, J. Trommer, T. Mikolajick, W. M. Weber:* Exploiting Transistor-Level Reconfiguration to Optimize Combinational Circuits. Design, Automation & Test in Europe Conference & Exhibition (DATE), 2017, Lausanne, Switzerland, 2017, pp. 338-343, doi: *http://doi.org/10.23919/DATE.2017.7927013.*

[30] *A. M. Ionescu, H. Riel:* Tunnel field-effect transistors as energy-efficient electronic switches. Nature 479, 2011, *http://doi.org/10.1038/nature10679*

[31] *Y. N. Chen, M. L. Fan, V. P. H. Hu, P. Su, C. T. Chuang:* Evaluation of stability, performance of ultra-low voltage MOSFET, TFET, and mixed TFET-MOSFET SRAM cell with write-assist circuits. IEEE Journal on Emerging and Selected Topics in Circuits and Systems, Vol. 4, No. 4, 2014, *http://doi.org/10.1109/JETCAS.2014.2361072*

[32] *K. Gopalakrishnan, R. Woo, C. Jungemann, P. B. Griffin, J. Plummer:* Impact ionization MOS (I-MOS)-Part I: Device and circuit simulations. IEEE Trans. Electron. Devices, Vol. 52, No. 1, 2005, *http://doi.org/10.1109/TED.2004.841344*

[33] *S. Salahuddin, S. Datta:* Use of negative capacitance to provide voltage amplification for low power nanoscale devices. Nano Lett. 8, 2008, *http://doi.org/10.1021/nl071804g*

[34] *I. Luk'yanchuk, A. Razumnaya, A. Sené, Y. Tikhonov, V. M. Vinokur:* The ferroelectric field-effect transistor with negative capacitance. npj Comput Mater 8, 52 (2022), *http://doi.org/10.1038/s41524-022-00738-2*

[35] *M. Kobayashi, K. Jang, N. Ueyama, T. Hiramoto:* Negative capacitance for boosting tunnel FET performance. IEEE Transactions on Nanotechnology, Vol. 16, No. 2, 2017, *http://doi.org/10.1109/TNANO.2017.2658688*

[36] *A. Sebastian, R. Pendurthi, T. H. Choudhury, J. M. Redwing, S. Das:* Benchmarking monolayer MoS2 and WS2 field-effect transistors. Nature Communications 12,693 (2021), *http://doi.org/10.1038/s41467-020-20732-w*

Index